U0210931

钢筋连接技术手册

（第三版）

吴成材　杨熊川　徐有邻　李大宁

李本端　刘子金　吴文飞　戴　军　编著

中国建筑工业出版社

图书在版编目(CIP)数据

钢筋连接技术手册/吴成材等编著. —3 版. —北京:
中国建筑工业出版社,2013.10
ISBN 978-7-112-15891-1

Ⅰ.①钢… Ⅱ.①吴… Ⅲ.①钢筋-连接技术-技术
手册 Ⅳ.①TU755.3-62

中国版本图书馆 CIP 数据核字(2013)第 222863 号

本手册共有四篇 20 章。第一篇绪论,主要介绍了混凝土结构对钢筋连接的要求;钢材与钢筋的性能、处理、加工及加工设备。第二篇钢筋绑扎搭接,主要介绍了设计施工对钢筋搭接连接的要求。第三篇钢筋焊接,主要介绍了常用的焊接方法;质量检验、焊工考试和焊接安全。第四篇钢筋机械连接,主要介绍了常用的机械连接方法。

四篇内容均根据相关的技术标准,总结实践经验,针对每一种钢筋连接方法,阐述其基本原理、工艺特点、适用范围、材料、机具设备、质量验收和工程应用等,内容简明扼要,具有很强的实用性。

本手册可供建筑设计、施工、监理、检测、生产部门工程技术人员和大专院校相关专业师生参考使用。

责任编辑:周世明
责任设计:张　虹
责任校对:张　颖　王雪竹

钢筋连接技术手册
(第三版)

吴成材　杨熊川　徐有邻　李大宁
李本端　刘子金　吴文飞　戴　军　编著

*

中国建筑工业出版社出版、发行(北京西郊百万庄)
各地新华书店、建筑书店经销
北京科地亚盟排版公司制版
北京圣夫亚美印刷有限公司印刷

*

开本:787×1092 毫米　1/16　印张:28¼　字数:700 千字
2014 年 3 月第三版　2014 年 3 月第五次印刷
定价:**69.00 元**
ISBN 978-7-112-15891-1
(24658)

版权所有　翻印必究
如有印装质量问题,可寄本社退换
(邮政编码　100037)

第三版前言

随着国民经济和基本建设的健康、较快发展，各种钢筋混凝土建筑和构筑物大量建造，工程建设的需要推动了钢筋连接技术的进步。新版"手册"内容系结合行业标准《钢筋焊接及验收规程》JGJ 18—2012 和《钢筋机械连接技术规程》JGJ 107—2010 的修订及实施，通过工程实践，对上一版"手册"进行了修订补充。

首先，在手册内容的组织上作了变动。将原来的上、下篇改为四篇：第一篇 绪论，第二篇 钢筋绑扎搭接，第三篇 钢筋焊接；第四篇 钢筋机械连接；使钢筋连接有关内容的表达更加合理。

第二，增加了第 1 章："混凝土结构对钢筋连接的要求"，从结构设计的更高层面上，对钢筋的连接技术进行分析。

第三，反映我国近年的技术进步，增加了新的钢筋连接方法。如：钢筋套筒灌浆连接，预埋件钢筋 T 形接头埋弧螺柱焊等。工程实践表明，应用效果良好。

第四，钢筋连接技术的完善提高，如：钢筋滚轧直螺纹连接技术的大量推广应用；ϕ12 钢筋电渣压力焊在墙筋中的应用等，受到施工单位的欢迎。

本书第 2 章、第 4 章至第 12 章由吴成材编写，参编：张宣关、杨力列、吴文飞；第 1 章、第 3 章由徐有邻编写；第 14 章、第 15 章由杨熊川编写，参编：尹松、钱冠龙；第 16 章由李大宁编写；第 17 章由杨熊川主笔，17.4 节和 17.6 节由李本端编写；第 18 章由徐有邻、吴晓星编写，参编：赵杰；第 19 章由刘子金编写；第 20 章由李本端编写。

第 13 章 钢筋焊接试验研究报告，共 6 篇，是对现行行业标准《钢筋焊接接头试验方法标准》JGJ/T 27 的拉伸、弯曲、剪切、疲劳、硬度等试验方法修订的背景材料，还包括了对细晶粒热轧钢筋和普通热轧钢筋，不同焊接方法、不同接头部位的冲击试验、金相试验和晶粒度的测定，并进行比较分析，是有益的探索。作者姓名见各篇报告的首页。

全书由吴成材汇总整理，修改补充，戴军协助。

各位读者若发现书中有错误和不当之处，恳请批评指正。来信发 E-mail：wuchencai@163.com

谢谢！

主编

吴成材

2013 年 6 月 1 日

第二版前言

20 多年来，我国国民经济快速、健康、持久发展，不仅沿海地区发展迅速，而且西部大开发，振兴东北老工业基地，带动全国经济建设的整体前进，各种钢筋混凝土建筑结构大量建造，促使钢筋连接技术得到很大发展。推广应用先进的钢筋连接技术，对于提高工程质量、加快施工速度、提高劳动生产率、降低成本等具有十分重要意义。

钢筋连接技术可分为两大类：一是钢筋搭接绑扎；二是钢筋机械连接和钢筋焊接。钢筋搭接绑扎为传统技术，在一定条件下仍被广泛采用。钢筋机械连接技术和钢筋焊接技术发展很快，自 1999 年本手册第一版发行以来，又涌现了很多新的连接方法，工艺亦在不断改进和完善，质量检验和验收有了新的规定。在总结科学研究成就和生产实践的基础上，参考国外先进技术和标准，我国原有行业标准《钢筋焊接及验收规程》JGJ 18—96 和《钢筋机械连接通用技术规程》JGJ 107—96 均进行修订，公布实施新规程 JGJ 18—2003 和 JGJ 107—2003。此外，建筑工业行业标准《镦粗直螺纹钢筋接头》JG/T 3057—1999 正在修订，《滚轧直螺纹钢筋连接接头》已经报建设部审批。针对上述情况，对手册第一版进行了修改补充，出版本手册第二版。书中介绍各种方法，均有其自身特点和不同的适用范围，并在不断改进和发展。在生产中，应根据具体的工作条件、工作环境和技术要求，选用合适的方法、设备和工艺，以期达到优良的接头质量和最佳的综合效益。

本手册第 1 章至第 12 章由吴成材、吴文飞执笔；第 13 章、第 14 章由杨熊川、尹松执笔；第 15 章、第 16 章由王金平执笔；第 17 章由杨熊川、李本端、钱冠龙、吴京伟、李君昌、王伟执笔；第 18 章由徐有邻、吴晓星、费前锋、吴文飞、李建国、曹文成执笔；第 19 章由李本端执笔。全书由吴成材汇总整理，修改补充。

书中错误和不当之处，恳请批评指正。

主　编

吴成材

2004 年 10 月 1 日

第一版前言

改革开放以来，随着国民经济的快速、持久发展，各种钢筋混凝土建筑结构大量建造，钢筋连接技术得到很大的发展。因此，推广应用先进的钢筋连接技术，对于提高工程质量、加快施工速度、提高劳动生产率、降低成本，具有十分重要的意义。

钢筋连接技术可分为钢筋焊接和钢筋机械连接两大类。钢筋焊接有 6 种焊接方法，有的适用于预制厂，有的适用于现场施工，有的两者都适用。钢筋机械连接也有多种类型，主要适用于现场施工。已制订技术标准的有 2 种，有的正在制订中。各种方法有其自身特点和不同的适用范围，并在不断发展和改进。在生产中，应根据具体的工作条件、工作环境和技术要求，选用合适的方法，以期达到最佳的综合效益。

为了给设计、施工、监理、教学提供方便，根据相关的技术标准，总结生产实践经验，编写了本手册。针对每一种连接方法，阐述其基本原理、工艺特点、适用范围、材料、机具设备、质量验收和工程应用等，内容简明扼要，具有很大实用性。

本手册第 1 章至第 11 章由吴成材、吴文飞执笔，第 12 章和第 13 章由杨熊川、尹松执笔，第 14 章和第 15 章由王金平执笔；此外，王爱军参加了第 12 章的编写，钱冠龙、刘世民、郝志强、关培人、蒋燕等参加了第 13 章的编写；全书由吴成材汇总整理。

书中错误和不当之处，恳请批评指正。

主 编

吴成材

1998 年 12 月 1 日

目　录

第四篇 钢筋机械连接

概 述

14 钢筋机械连接技术规定

15 钢筋径向套筒挤压连接

16 GK 型等强钢筋锥螺纹接头连接

第 一 篇

绪 论

第一篇

企　　划

1 混凝土结构对钢筋连接的要求

1.1 概 述

1.1.1 钢筋在结构中的作用

混凝土结构是由钢筋与混凝土两种性能完全不同材料组成的结构。混凝土的受压、稳定、耐久性能好，但混凝土是脆性材料，且抗拉强度极低，容易产生裂缝。而钢筋作为抗拉强度很高的延性材料，在混凝土结构中承受全部拉力，并提供了结构的延性，还能够控制裂缝。因此，在混凝土结构中，钢筋起到了"承载骨架"的重要作用。这也就是钢筋混凝土构件性能大大优于素混凝土构件的根本原因。

1.1.2 混凝土结构对钢筋性能的要求

由于混凝土构件承载受力的需要，混凝土结构对受力钢筋提出了许多性能的要求，共计 9 个方面 29 条，简单介绍如下。

1. 强度

（1）屈服强度

钢筋应力停滞而应变不断增加的现象称为"屈服"，屈服强度是热轧钢筋强度等级的标志。预应力筋（硬钢）取非比例应力作为条件屈服强度。屈服强度用于承载力计算，决定了混凝土构件的配筋。

（2）极限强度

钢筋能承受的最大应力为极限强度，达到极限强度后钢筋断裂，受力中止。极限强度用于结构的防连续倒塌设计，决定了混凝土结构的防灾性能。

（3）疲劳强度及包兴格效应

吊车梁的受力钢筋在交变疲劳荷载作用下，受力性能蜕化（降低）。疲劳强度比静力作用下的强度要低得多，与钢筋的性能、外形、疲劳荷载的性质有关。钢筋受力屈服后，再反向受力时性能退化，称为包兴格效应。

2. 延性

延性是钢筋拉断前的变形性能和对外加作用的耗能能力，涉及构件断裂和结构倒塌，是不亚于强度的特别重要的受力性能。

（1）均匀伸长率

钢筋极限强度相应的应变为均匀伸长率 δ_{gt}（也称最大力下总伸长率 A_{gt}），这是钢筋能够达到的极限应变。传统的断口伸长率（δ_5、δ_{100}······）是钢筋断裂后颈缩区域的局部残余变形，且量测标距不统一，不是延性的代表（图 1.1），国际上和我国的设计规范已不再采用。新版《混凝土结构设计规范》GB 50010—2010 根据国际惯例，提出了对钢筋均匀伸长率（最大力下总伸长率）的要求。例如抗震钢筋就要求不小于 9‰ 的均匀伸长率。

（2）强屈比

钢筋拉断与屈服时力学参量的比值为强屈比，其反映了从屈服到断裂过程的长短。

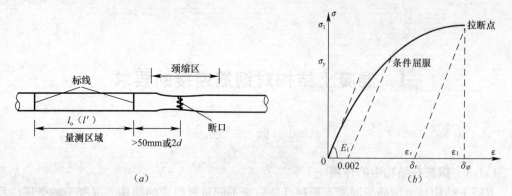

图 1.1 钢筋试件及伸长率

(a) 钢筋均匀伸长率的量测位置；(b) 钢筋的应力-应变曲线及伸长率

极限强度与屈服强度的比值为强度的"强屈比"；极限应变与屈服应变的比值即为"延性"。热轧钢筋的强屈比大、延性好。硬钢的延性差、强屈比小，往往会发生无预兆的脆性断裂破坏，对结构安全不利。

(3) 超强比

一般钢筋的强度高，延性就会变差，反之亦然。如果钢筋的实际强度超过其标准值太多，则表明其延性比较差。而且抗震钢筋如果"超强"太多，甚至还可能造成"塑性铰转移"，干扰抗震结构的延性设计的原则，影响结构的安全。因此钢筋的强度并非越高越好。

(4) 耗能特性

图 1.2 为我国各种钢筋的应力-应变（本构关系）曲线、强度和均匀伸长率。一般钢筋强度高，则延性就差；反之强度低，延性相对就较好。钢筋的耗能特性（达到屈服或断

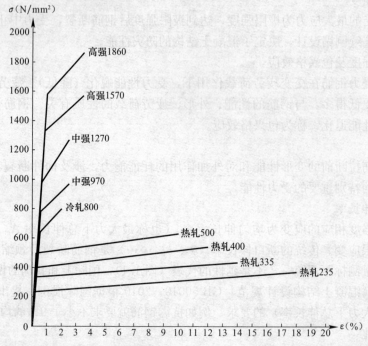

图 1.2 钢筋的应力-应变关系曲线、强度、均匀伸长率、强屈比和耗能特性

裂时，单位质量钢筋所消耗的能量）能够全面反映其强度-变形的综合力学性能。

耗能特性 W 可以用图 1.2 中应力-应变本构关系曲线下的积分面积除以钢材的密度求得，其单位是 N·m/kg。钢筋的耗能特性全面反映了强度和延性的性能，是衡量钢筋力学性能的重要指标。

汶川地震中，不同钢筋延性及断裂耗能的差异，对构件破坏形态及结构倒塌的影响十分明显。热轧钢筋具有很好的延性和耗能能力，在钢筋屈服以后没有断裂而成为抗倒塌拉结模型中的悬索——受力钢筋（图 1.3a）。或者在巨大的反复拉压作用下，虽然楼梯构件的混凝土断裂而钢筋仍连续，保持了生命线的通畅（图 1.3b）。而强度较高的冷加工钢筋，由于延性太差，断裂耗能很小，在地震中往往断裂而引起严重后果。延性很差的冷轧带肋钢筋预应力圆孔板，在地震中普遍断裂，造成了巨大的伤亡（图 1.3c）；而冷轧扭钢筋的楼梯板断裂，则阻断了逃生的通道（图 1.3d）。钢筋延性及断裂耗能对于结构安全的重要性实在是太明显了。

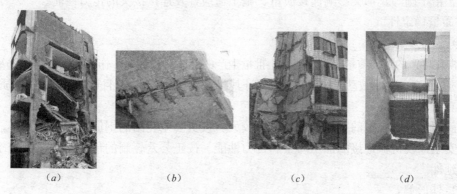

(a)   (b)   (c)   (d)

图 1.3 不同延性和耗能特性的钢筋在汶川地震中的反应

(a) 热轧钢筋以悬索形态受力；(b) 反复荷载作用下的楼梯板热轧钢筋仍能承载受力；

(c) 冷轧带肋钢筋预应力楼板的断裂；(d) 冷轧扭钢筋楼梯板的断裂

3. 锚固性能

钢筋-混凝土之间的粘结锚固是结构承载受力的基础，钢筋的外形决定了其锚固性能及混凝土构件的裂缝形态。

（1）裂缝控制性能

钢筋的外形决定了其与混凝土共同、协调受力的性能，对于混凝土构件裂缝形态及宽度的影响很大。光面钢筋的裂缝控制性能很差；而不同外形的钢筋对裂缝控制性能的影响也不同。

（2）锚固长度

建立承载所需应力的长度为钢筋的锚固长度。由试验研究及可靠度分析可以求得设计中受力钢筋所需的锚固长度，其按基本锚固长度根据锚固条件乘以修正系数而确定。不同钢筋的基本锚固长度不同。

（3）预应力传递长度

先张法预应力筋通过粘结锚固而建立有效预应力值的长度为传递长度。其与预应力筋的外形有关，还取决于预应力值及所在混凝土中的锚固条件。

4. 连接性能

(1) 搭接长度

搭接钢筋通过与周边握裹层混凝土的锚固实现钢筋之间力的传递，搭接传力的机理与锚固类似，也与钢筋的强度以及钢筋的外形有关。设计的搭接长度可由相应的锚固长度通过折算而求得。

(2) 可焊性

焊接钢筋通过焊接接头的熔融金属直接传力。碳当量大的钢筋不易焊接。焊接对钢筋力学性能的影响较大；还可能引起温度应力。由于影响焊接施工的不确定因素很多，焊接质量不太容易得到保证。

(3) 机械连接适应性

钢筋的机械连接通过连接套筒的咬合实现传力，例如挤压套筒的咬合传力；通过钢筋端头的螺纹传力；利用套筒内的填充材料传力……。钢筋的表层硬度、外形偏差（直径、不圆度、错半圆等）都会影响连接质量、施工适应性及连接接头的传力性能。

5. 质量稳定性

(1) 性能离散度

规模化生产的钢筋质量比较稳定；小批量生产的钢筋质量较差；作坊式生产的钢筋离散度很大，质量最差。质量波动大的钢筋很难保证其应有的力学性能，并且难以控制施工的质量。

(2) 重量偏差

目前钢筋标准规定的重量偏差允许值较大。按负公差轧制的钢筋承载面积减小，会影响构件安全以及机械连接的加工质量和传力性能。按正公差轧制的母材，则会影响冷加工钢筋的延性。

(3) 外形偏差

钢筋的不圆度（椭圆）、错半圆（错台）等外形偏差，都会影响机械连接的螺纹加工和传力性能；而钢筋横肋、齿槽形状、尺寸的偏差也会影响其与混凝土的粘结锚固性能。

(4) 加工时效

钢筋经过冷加工和热处理以后，力学性能会随时间而变化。预应力筋的应力松弛会损失张拉力。加工时效还可能造成钢筋断裂的危险后果。

(5) 品牌真实性

不同牌号的钢筋生产工艺不同，性能差异很大。市场经济以后，混淆牌号，以次充好的现象时有发生。钢筋的牌号名不符实会引起施工不便，更可能造成质量隐患，影响结构的安全。

6. 施工适应性

(1) 识别标志

设计规范修订以后，钢筋的牌号及强度等级增多，钢筋的标志（字母或符号）不明显，就可能造成施工时的"混料错批"。如果以钢筋纵肋的条数（双肋、单肋、无肋）和横肋旋向的变化（左旋、右旋、交叉旋）来标志钢筋的品牌及强度等级，将方便施工现场的钢筋识别，减少差错。

(2) 供货状态

直条供货的钢筋需要切断而产生余料；盘卷供货的钢筋则必须加工调直。钢筋定长切断、弯折，以半成品的形式供应，就可以减少现场的施工量。而建立钢筋专业加工配送中心，则是未来钢筋供应及施工的最佳形式。

（3）调直性能

钢筋的冷拉调直，会造成钢筋力学性能的变化，应该加以控制。

（4）弯曲性能

钢筋施工时，难免要进行钢筋的弯曲或反复弯曲。高强度钢筋和延性比较差的钢筋，弯曲或反复弯曲时有可能发生裂缝，甚至断裂。

（5）预应力工艺适应性

先张预应力筋镦头加工时，容易发生"劈裂"或"掉帽"的现象。后张预应力筋如果太硬，则锚具夹片往往会"打滑"；太软则会发生"咬肉"现象而削弱承载力。因此预应力筋的工艺适应性，对预应力构件的结构性能，有很大影响。

7. 耐久性

（1）直径

细直径的钢筋、钢丝、钢绞线对锈蚀比较敏感；而粗钢筋则相对耐腐蚀。

（2）应力腐蚀

高应力状态下的钢筋容易锈蚀；因此预应力筋对锈蚀十分敏感。

（3）表面处理

余热处理钢筋及冷加工钢筋的表面极容易锈蚀，施工时应尽快应用，不得久置。而一般轧制钢筋的表面则不容易长锈。

8. 耐温性能

（1）耐高温性能

钢筋在高温（例如火灾）下"软化"，强度退化，应加以控制。

（2）耐低温性能

在严寒的低温（例如极地）条件下，钢筋会产生"冷脆"现象，应用时应加以控制。

9. 经济性

钢筋经济性表现为其性能价格比，主要是强度价格比，即每元经费能够购买到单位质量钢筋的强度（MPa·kg/元）。按正常的规律，钢筋强度提高一个等级，成本增加约 100 元，市场价格增加约 200 元。一般情况下，高强度钢筋具有较好的经济性。但是在不正常的市场条件下，由于垄断操纵，钢筋价格则呈现无规则的混乱状态。

1.1.3　钢筋的连接

工程结构的尺度很大，而钢筋的长度有限，因此钢筋连接是混凝土结构中不可避免的现象。在混凝土的受力钢筋中出现钢筋的连接接头，也是必然的事情。钢筋的连接接头是钢筋传力中不可缺少的部分，因此了解上述混凝土结构对钢筋性能的要求，对于正确认识钢筋的连接问题，也就具有特别重要的意义。

混凝土结构中的受力钢筋有两种：普通钢筋和预应力筋。预应力钢丝和钢绞线的连接有专门的连接器解决，这里主要讨论非预应力普通钢筋的连接问题。

1.2　混凝土结构对钢筋连接性能的要求

在受力钢筋中出现连接接头以后，混凝土构件通过钢筋接头传力的性能将受到影响，因此从构件结构性能的角度，就要对钢筋连接接头的性能提出各种要求。这些要求，可以归纳为以下 8 方面。

1.2.1 强度

钢筋的连接接头作为受力钢筋的一部分，在混凝土结构中也要承担全部内力（拉力或压力），因此其抗拉（或抗压）强度，也是连接接头最重要的力学性能。混凝土对钢筋连接接头强度的要求共有以下三种。

1. 屈服强度

钢筋的连接接头应具有不小于其屈服强度的传力性能，才能保证具有设计要求承载力的传力性能。这是所有钢筋接头的起码要求。

2. 极限强度

钢筋连接接头达到最大拉力后断裂，连接接头达到最大力相应的应力为极限强度。钢筋的连接接头达到极限强度后，就会使传力中断，造成构件解体，甚至还可能引起结构倒塌的严重后果。但是，如果钢筋连接接头强度过高，可能造成塑性铰转移，也并不有利，容后详述。

3. 疲劳强度

吊车梁中受力钢筋的连接接头在疲劳荷载作用下也可能会发生疲劳破坏。相应的疲劳强度也会影响吊车梁的结构性能。由于目前实际工程中吊车梁多已采用钢结构的形式，钢筋接头的疲劳强度已经不常应用了。

1.2.2 延性

钢筋连接接头同样有延性的要求，延性表明钢筋连接接头在断裂前的变形能力和耗能能力。钢筋连接接头的延性对混凝土构件在地震或其他偶然作用下的破坏形态（过程很长的柔性破坏或突发性的脆性破坏）有着重大的影响。延性是综合评价钢筋连接接头的最重要的力学性能之一，其重要性完全不亚于强度。钢筋接头的延性包括了以下的内容。

1. 均匀伸长率（最大力下的总伸长率）

根据设计规范要求，现在已经不再采用断口伸长率（δ_5），而以钢筋连接接头区段的均匀伸长率（δ_{gt}），即最大力下的总伸长率（A_{gt}），作为其延性的指标。例如，要在抗震结构中重要部位使用的"抗震钢筋"，就应具有不低于 9% 的均匀伸长率。而作为机械连接"高性能"的 I 级、II 级接头，就应具有相应的性能。

2. 超强比

一般钢筋的强度越高，延性就越差，强度太高往往蕴含着非延性断裂破坏的可能。因此设计规范中以强制性条文的形式限制抗震钢筋的"超强比"，即钢筋的实测强度不得超过其标准强度太多。

因此对钢筋的连接接头也应该有同样的要求。这一方面是为了保证其延性；另一方面如果连接接头"超强过多"，就可能造成"塑性铰转移"。根据抗震结构的延性设计要求，在应该形成"塑性铰"的区域，如果不能按要求"屈服"，就会影响到结构抗震"强柱弱梁"和"强剪弱弯"的延性设计效果。

图 1.4 就是汶川地震中，梁端钢筋（或接头）超强过多，造成"强梁弱柱"而在柱端形成了"塑性铰"。而在柱端形成的塑性铰，就引起了结构倒塌的严重后果。因此在地震或其他偶然作用下，"延性"是结构最为重要的性能。片面追求接头的"高强"甚至"超

"高强"，绝对不是钢筋连接应有的发展方向。

1.2.3　变形性能

图 1.4　柱端塑性铰引起的结构倒塌

钢筋在拉力的作用下会发生伸长变形，钢材的弹性模量为确定值，由于是通过套筒的间接传力，钢筋连接接头的变形模量就可能有不同程度的减小，可以称为"割线模量"。这种变形模量的减小（割线模量），就可能引起在同一截面中，整体钢筋与钢筋连接接头之间的受力的不均匀，从而造成构件受力性能的蜕化。因此，对钢筋连接接头的变形性能，也应加以控制，以满足构件正常受力的要求。

1. 弹性模量

除光面钢筋的变形模量与钢材的弹性模量相同以外，所有变形钢筋由于基圆面积率和自重负偏差的影响，弹性模量都有不同程度的减小。

2. 割线模量

除焊接钢筋通过熔融金属直接传力以外，由于绑扎搭接连接钢筋之间的相对滑移；机械连接接头通过套筒间接传力，界面之间的剪切变形和螺纹之间负公差配合的影响，接头的变形性能都会减小。因此，钢筋连接接头伸长变形的数值，不可避免地都会小于相应被连接钢筋的弹性模量，即钢筋连接接头的割线模量都会有不同程度的降低。其结果会造成整体钢筋与连接接头之间受力的不均匀，从而影响到其承载受力性能。

1.2.4　恢复性能

1. 结构的恢复性能

地震（实际是一种强迫位移）或其他的偶然作用，虽然数值巨大但都带有瞬时的性质。只要能够承受这短暂的瞬时作用而不倒塌，结构就有较好的抗灾性能。而且在这类瞬时作用以后，混凝土结构构件的变形还应该有一定的恢复能力。即在偶然作用过去以后，还不希望留下太多不可恢复的变形和破坏。因此，对混凝土结构中受力钢筋的连接接头，也提出了"恢复性能"的要求。

2. 性能蜕化

经历过巨大的偶然作用以后，结构构件及其中的钢筋连接接头，在再度受力的时候，其性能将发生变化——性能蜕化。从构件受力的要求，应该将这种性能的蜕化控制在一定的范围内。

3. 残余变形

遭受地震或其他偶然作用以后，恢复性能的最明显标志是残余变形。这部分不可恢复的残余变形往往表现为残余的裂缝宽度。整体钢筋或焊接接头的恢复性能比较好，只要受力不超过屈服强度，就基本不会发生残余变形，即使有受力裂缝，也可能闭合或者宽度很小。而绑扎搭接和机械连接的接头，由于间接传力造成恢复性能较差，就不可避免地会形成残余变形，并在连接区段两端形成明显的残余裂缝。

1.2.5　连接施工的适应性

不同的钢筋的连接接头，在施工时的适应性不同，下面分别介绍。

1. 绑扎搭接的操作

钢筋在施工现场绑扎搭接连接的操作比较容易实现，无需专门的设备和技术。但是劳动强度比较大，而对于比较粗的大直径钢筋，绑扎搭接连接的操作就很困难，并且施工质量也不易得到保证。

2. 焊接连接的可焊性

低碳钢筋很容易焊接，随着含碳量增加，可焊性就会变差。不仅焊接操作的难度增加，焊接质量也难以保证。碳当量 0.55 以上的高碳钢筋不可焊。此外，大直径的粗钢筋，焊接操作的难度增加，而且焊接的质量更不容易得到保证。

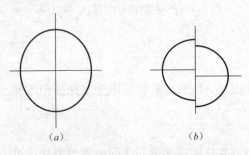

图 1.5 钢筋外形偏差的不圆度和错半圆
(a) 不圆度；(b) 错半圆

3. 机械加工的适应性

不同钢筋机械连接的加工工艺的适应性差别很大。不同牌号钢筋的表面硬度对镦粗和螺纹加工的反应不同：表面硬度很大的余热处理 (RRB) 钢筋很容易在镦粗时劈裂；并且螺纹加工困难。自重不足的钢筋（钢筋标准规定最大可达到—7%）以及外形偏差（不圆度、错半圆）太大的钢筋，难以在钢筋端头加工成完整的螺纹，因此也会影响通过钢筋连接接头的传力性能（图 1.5）。

1.2.6 质量稳定性

不同的钢筋连接接头，施工质量的稳定性不同，就会影响其传力性能。下面分别介绍。

1. 绑扎搭接

钢筋搭接接头的绑扎连接操作简便；搭接长度以及连接区域的配箍约束条件很容易观察、检查，因此连接质量一般能够得到保证。但是粗钢筋的施工操作困难，连接质量不太容易控制。

2. 焊接连接

钢筋的焊接连接受到操作条件（环境、温度、位置、方向……）以及人为因素（素质、技能、心理、情绪……）的影响，不确定性很大，因此焊接接头的质量不太容易得到保证。尤其是在施工现场的原位焊接，质量波动就可能比较大。

此外，焊接质量抽样检验的比例也很小；有些缺陷（虚焊、内裂缝、夹渣……）难以控制，并且很难通过检查发现。这些质量隐患，往往只有在结构遭遇意外的偶然作用时（如地震……）才暴露出来。另外，焊接还会造成金相组织的变化，并引起温度应力。因此，焊接连接的质量稳定性不太容易保证，这是焊接连接的最大弱点。

3. 机械连接

一般情况下，钢筋之间的机械连接施工操作比较简便，连接质量的检查手段也相对可靠，因此一般情况下施工质量的波动比较小，质量也容易得到保证。但是机械连接的质量在很大程度上也还取决于施工时工人的操作水平。

挤压过度造成连接套筒的劈裂；锥螺纹容易发生"自锁"、"倒牙"造成的连接滑脱；镦粗引起金相组织变化——劈裂并容易引起接头脆断；钢筋的外形偏差（自重不足、不圆度、错半圆……）会引起钢筋接头滚轧加工缺陷以及不完整螺纹；套筒内填充介质的施工比较麻烦，且质量和密实性也可能存在问题……这些因素都可能影响钢筋机械连接的质量。因此钢筋的机械连接也同样存有质量稳定性的问题，不能认为采用机械连接的形式质量就能够万无一失了。

1.2.7　接头的尺寸

钢筋连接接头的尺寸决定了钢筋的保护层厚度，因此会影响混凝土结构的耐久性。此外，连接接头的尺寸还影响到钢筋的间距和构件中钢筋的布置。不同钢筋连接接头尺寸的影响介绍如下。

1. 绑扎搭接

重叠绑扎的钢筋搭接连接接头尺寸比较大，影响钢筋的间距，在配筋密集的区域还可能会引起钢筋布置的不便。尤其是大直径的粗钢筋，搭接连接还可能引起更大的施工困难。

2. 焊接连接

焊接连接的尺寸很小，基本与整体钢筋相同。因此基本不会影响保护层的变化，不会造成配筋布置的困难。只是如果在现场原位焊接，施工操作不便，造成焊接质量难以保证。因此，应该尽量避免手工焊接，尽可能实现工厂化的半自动或自动化的焊接工艺。

3. 机械连接

机械连接通过连接套筒传力，而套筒的直径都大于钢筋，这就会减小保护层的厚度，影响混凝土结构的耐久性和构件中配筋的间距。尤其是镦粗钢筋的螺纹连接和套筒灌浆连接的直径都比较大，这种影响更为明显。

1.2.8　经济性

1. 绑扎搭接

钢筋的搭接连接比较简单，用细钢丝对连接区段的钢筋绑扎就可以了，因此这种施工比较经济。但是绑扎操作比较费工，劳动条件也比较差。当采用高强度钢筋时，钢筋重叠的搭接长度也比较大，这就会引起钢筋用量和工程价格的上升。

2. 焊接

钢筋的焊接连接也比较经济，但是比较费工、费时，劳动条件也比较差。避免手工焊接，实现工厂化的半自动或自动化的焊接工艺，情况就可以得到改善。

3. 机械连接

机械连接的价格较高，会引起施工成本增加。但是，随着大规模的工程应用和规模化的配套产品生产，近年价格也正在降低。尤其在应用高强度大直径的粗钢筋时，采用机械连接可以得到较好的经济效应。

1.3　连接接头传力性能分析

1.3.1　分析比较的原则

早期的钢筋连接都采用绑扎搭接的形式。到20世纪七八十年代，各种形式的钢筋焊接连接发展起来，并得到广泛应用。而20世纪末以来，钢筋的机械连接开始应用于工程，并以很快的速度得到发展。对于上述不同类型、不同形式的钢筋连接形式，孰好孰差一直就有争论，免不了就会进行性能优劣的互相比较。

实际上，各种类型、不同形式钢筋连接形式的互相比较，没有太大的意义。其都应该与整体钢筋在传力性能上进行比较才有意义。钢筋的传力性能主要包括：承载力、变形性能、恢复性能和破坏形态。应该通过比较这些连接接头与整体钢筋传力性能的异同，从而确定其优劣。当然，还要全面综合比较其质量稳定性、施工适应性和经济性等。

1.3.2　整体钢筋

作为分析比较的基准，整体钢筋具有最好的传力性能。整体钢筋强度和承载力都应符合有关标准、规范的要求，其承载受力直到钢筋屈服和达到断裂的极限强度都能得到保证，这就是整体钢筋的承载力。在一定长度范围的整体钢筋，受力以后会发生伸长变形，在屈服之前的线性变形服从弹性模量。如若卸载，也不会留下残余变形，因此恢复性能很强。一般热轧钢筋承载受力到最后，其断裂破坏的过程很长，是有明显预兆的延性破坏。因此，整体钢筋的传力性能最好。

1.3.3　绑扎搭接接头

如果钢筋的搭接长度足够，并在搭接区段有相应的配箍约束措施，则钢筋的绑扎搭接接头也能达到规定的强度值，满足承载力的要求。但是由于搭接钢筋之间的相对滑移，在搭接长度范围内的相对伸长变形就会增加，因此连接接头变形的割线模量就会小于钢筋的弹性模量（图1.6）。而且卸载以后还会留下残余变形，表现为搭接接头两端不能闭合的残余裂缝（图1.7）。一般情况下，钢筋搭接接头的破坏有很长的发展过程，因此连接接头的破坏也是延性的。而且只要互相搭接的钢筋不分离，就不会发生承载力突然丧失的非延性破坏。

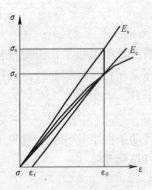

图1.6　钢筋及接头的弹性
模量及割线模量

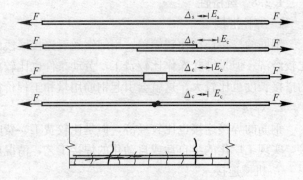

图1.7　钢筋连接接头的性能蜕化

1.3.4　机械连接接头

符合规定质量的机械连接接头，能够达到规定的强度值，满足承载力的要求。但是，同样由于是通过钢筋和套筒之间的间接传力，在连接接头长度范围内由于螺纹配合的负公差间隙，相对伸长变形也会增加，同样也存在连接接头割线模量小于钢筋弹性模量的问题（图1.6）。实际上，正视机械连接接头变形性能的降低而不能回避，应该确定相应割线模量的指标并且加以控制。

此外，如果机械连接的接头片面追求"高强"或"超高强"，就可能会对接头的"延性"带来不利影响，引起连接接头处的脆断，造成破坏形态不良。而且，如果接头"超强比"过大，还可能造成"塑性铰转移"而对结构的安全造成更加不利的影响。

1.3.5 焊接接头

由于焊接接头是通过熔融金属的直接传力，理想的焊接接头具有很好的传力性能。其可以达到规定的强度值，满足承载力的要求。同时变形性能基本未受影响，基本仍服从弹性模量。同时，还有较好的恢复性能和延性的破坏形态。

但是焊接会影响连接接头处的金相组织，同时引起温度应力，也可能会造成不良后果。特别是焊接质量不容易保证，而且很难进行有效的控制和检查。例如，虚焊、内裂缝、夹碴等缺陷，就可能引起无预兆的脆性断裂破坏，造成严重的后果。

1.3.6 结论

通过以上比较，可以得出以下结论：无论何种钢筋连接接头的形式，其传力性能总不如整体钢筋（图1.6、图1.7）。就如人的骨骼折断以后，再好的接骨手术都不可能达到原状骨骼的性能。因此，从来就不存在"可以不受任何限制而可以应用于结构任何部位的接头形式"。对于这种不科学的广告式宣传，稍有头脑的技术人员都不应该相信。因此，在国家标准《混凝土结构设计规范》GB 50010中，就对所有钢筋的连接形式都提出了相应的限制和要求。

1.3.7 钢筋连接接头的检验和试验问题

1. 接头的检验和试验

（1）绑扎搭接

通过系统的试验研究和可靠度分析，并经长期工程实践的考验，钢筋搭接连接的传力性能取决于搭接长度和该范围内的配箍约束条件——箍筋的形式、直径、间距。由于这些要求都是很容易在设计和施工操作中满足，并用观察的方法检查和判断。因此钢筋绑扎搭接接头的连接质量很容易得到保证。按照设计-施工规范的要求认真执行就可以了，无需再进行另外的试验或检验。

（2）焊接

钢筋焊接接头的传力性能，取决于焊接施工的操作状态。由于影响焊接接头质量的不确定因素很多，因此必须进行连接接头的试验检验。这种试验分为两类：工艺试验和现场试验。前者类似于型式检验，目的是通过试验来选择焊接材料、设备，并优化焊接的操作和工艺参数。后者是对实际工程中施工质量的抽样试验检验，目的是为了保证连接接头的实际质量。

由于焊接接头工艺试验和现场试验条件存在着差异，并且现场试验检验的抽样比例比较小，因此质量控制并不太严密。再加上影响现场施工质量的因素很多，以及焊接工艺不可避免地会影响钢筋的金相组织并引起温度应力。因此工程界对焊接连接质量的试验和检验，尚有一些不同的认识，似有改进的必要。

（3）机械连接

机械连接接头的传力性能也取决于施工操作状态，尽管其质量控制相对容易，同样也必须进行连接接头的试验检验。这种试验检验也分为两类："型式检验"和"现场检验"。前者通过试验确定套筒、材料、设备及工艺参数并分等定级。后者是对实际工程施工质量的抽样试验和检验，目的是为了保证连接接头的实际质量。同样由于型式检验和现场检验试验条件的差异，工程界对于"型式检验"的代表性普遍存疑。并且由于现场试验检验的比例比较小，因此质量控制同样也不太严密，存在与焊接连接类似的问题。

目前的《钢筋机械连接通用技术规程》JGJ 107 中，取消和修改了原 JGJ 107—96 规程中的一些合理要求，实际是放宽了对传力性能的控制。原规程就曾明确规定，在加载到 0.7 倍强度（相当于正常使用极限状态）和 0.9 倍强度（接近承载力极限状态）时，对伸长变形的割线模量提出了不同要求。但是，后来的修订规程却回避了对割线模量检验的要求，在型式检验中取消了这个检测项目。

由于割线模量反映了钢筋机械连接接头的非线性变形，会造成机械连接接头与整体钢筋之间受力分配的不均匀，从而影响构件的结构性能。而目前的 JGJ 107 规程，对连接接头的变形性能不以承载受力时的"割线模量"反映，却以卸载以后的"残余变形"（恢复性能）描述，更是名不符实的掩盖。此外，对高性能的Ⅰ级、Ⅱ级接头的均匀伸长率（最大力下的总伸长率）的检验要求远低于抗震钢筋的要求，却认为可以在抗震框架关键受力部位的梁端、柱端箍筋加密区应用。像这种不完善的试验及所确定的检验结论，显然是不妥当的，为此尚有讨论和改进的必要。

因此，对于机械连接接头也应设置在受力较小处，而且应该避免在受力的关键部位设置接头。尤其在地震时极易破坏的梁端，柱端部位不应设置钢筋的连接接头，机械连接也不能例外。

2. 接头试验检验的注意问题

在钢筋连接接头试验检验中，由于钢筋生产中的一些情况，主要是钢筋公称值与实际值的差异，可能会对试验检验的结果造成影响，在此提醒注意。

我国月牙肋钢筋的基圆面积率约为 0.94，即扣除横肋后的实际受力面积减小 6% 左右。加上钢筋产品的自重偏差（最大可达到 -7%），按负公差生产的钢筋实际承载受力面积会更小。因此，按照规范中公称截面积计算的强度和弹性模量就可能受到影响而存在比较大的差距。

这种钢筋实际值与公称值的差异和变化，也可能会对连接接头的试验检验造成影响。针对钢筋性能的试验研究而言，《混凝土结构试验方法标准》GB/T 50152 建议采用钢筋试件"标定"的方法解决。即以钢筋试样的实测性能作为基准，确定对连接接头的工艺参数作出调整，以满足检验的要求，避免不合格。例如，根据钢筋自重不足或尺寸偏差过大的影响，适当加长螺纹长度，以满足检验要求。这对于钢筋连接接头的试验检验，可以提供参考。

1.4　设计规范对钢筋连接的规定

1.4.1　基本原则

鉴于钢筋接头传力性能在混凝土结构中的重要作用，《混凝土结构设计规范》GB 50010 在第 8 章"构造规定"中专门单独列出第 8.4 节"钢筋的连接"作出相应的规定。并且在该节开头的第 8.4.1 条及后面相应的条款中，提出了钢筋连接的基本原则，其中主要的内容如下。

1. 接头位置

由于钢筋接头的传力性能在任何情况下都不如整体钢筋，因此设计规范明确规定：

"混凝土结构中受力钢筋的连接接头宜设置在受力较小处"。一般情况下，最适当的位置是在反弯点附近。因为作为构件中主要内力的弯矩，在反弯点处弯矩为零。而在靠近反弯点的区域，弯矩数值也比较小。

我国传统习惯往往在柱脚和梁端处布置钢筋的连接接头。由于在地震时这里正是梁、柱弯矩最大的区域，因此这是很不妥当的做法。震害调查已经一再表明，柱端和梁端箍筋加密区也正是地震时最容易遭受破坏的地方。如果考虑施工的方便，将钢筋接头移到柱端和梁端箍筋加密区以外的地方实现连接，也并不是太困难的做法。对此，提醒设计、施工人员应该特别注意：最好不要在柱端和梁端箍筋加密区处设置钢筋的连接接头，包括机械连接接头。

2. 接头数量

由于钢筋连接接头是对传力性能的削弱，因此不希望在同一根受力钢筋上有过多的连接接头。规范规定："在同一根受力钢筋上宜少设接头"。

一般情况下，在梁的同一跨度和柱的同一层高的纵向范围内，不宜设置 2 个以上的钢筋连接接头，以免对构件的结构性能造成不利的影响。

3. 接头面积百分率

同样，由于钢筋连接接头对传力性能的不利影响，因此在构件横向范围的同一连接区段内，也应该对钢筋连接接头的面积百分率加以控制。规范规定了不同连接形式连接区段的范围，以及处于同一连接区段范围内，钢筋连接接头面积百分率的限制。

一般情况下，焊接和机械连接接头面积百分率限制均为 50%，即全部钢筋应该分两批实现连接。而对于绑扎搭接连接，则有更详细的规定。工程中，只有对于装配式结构预制构件的连接节点，由于只能采用全部钢筋连接的形式（接头面积百分率 100%），则在采取更为严格构造措施的情况下，可以作为个案，例外处理。

4. 回避原则

设计时特别应该注意的是：受力钢筋的连接接头要避免设置在受力的关键部位。规范特别强调："在结构的重要构件和关键传力部位，纵向受力钢筋不宜设置连接接头"。这是因为如果钢筋在受力的要害处传力出现问题，将会引起严重的后果。尤其是抗震框架结构的柱端和梁端，这是在地震作用下最可能出现塑性铰的要害区域，设置钢筋的连接接头将改变该处的"抗力"，大大不利于结构的抗震性能。

还应该指出的是："抗力"不只是"强度"，还包括"延性"；接头的强度太高，并不完全有利。如果在梁端的连接接头"超强"（例如镦粗直螺纹接头），且不说对延性的影响，还很可能引起塑性铰的转移，从而影响抗震结构"强柱弱梁"和"强剪弱弯"的延性设计原则。如果塑性铰转移到柱端，还有可能引起更严重的后果——结构倒塌（图 1.4）。为此在结构的抗震设计中，还以强制性条文的形式对抗震钢筋的"超强比"作出严格的限制。对于钢筋的连接接头，也有同样的要求。因此，片面追求连接接头的"高强"或者"超高强"，不仅无益，甚至还是有害的。

1.4.2 设计规范对各种连接接头的规定

《混凝土结构设计规范》GB 50010 对钢筋的连接列举了三种目前经常应用的形式："绑扎搭接、机械连接或焊接"。应该指出的是，上述排列的次序并不意味着连接形式的优劣。设计规范无意比较这 3 种连接形式传力性能的好坏，只是认为：不同的钢筋连接形式各具特点，应该扬长避短地应用于其应该发挥作用的地方而已。当然，每种连接形式都应该具有其相应的质量，以保证结构的安全。

1. 绑扎搭接

绑扎搭接连接的钢筋，是通过搭接区段范围内混凝土的握裹和相应区域配箍的约束，来实现钢筋之间内力传递的。这是最简单的传统连接方式，至今仍在工程中得到广泛的应用。并且由于操作简单，检验可靠，连接-传力性能也容易得到保证。

但是这种连接形式也有一定的局限性。完全依靠钢筋拉力承载的受拉杆件，如果采用绑扎搭接连接并不可靠。因此规范规定："轴心受拉及小偏心受拉杆件的纵向受力钢筋不得采用绑扎搭接"。

此外，近年随着钢筋强度提高和大直径粗钢筋应用越来越多，造成搭接长度太长和绑扎施工困难，这些都成为难以解决的问题。因此，设计规范对绑扎搭接连接钢筋的直径作出了如下的限制：受拉钢筋直径不大于 25mm；受压钢筋直径不大于 28mm。这就比传统的规定稍有加严。但是对于中、小直径的钢筋，尤其是直径 16mm 及以下的细钢筋，绑扎搭接连接仍是不错的选择。

为了保证钢筋绑扎搭接连接的传力性能，混凝土结构设计规范对绑扎搭接的连接区段范围、接头面积百分率、搭接长度、配箍约束的构造措施和并筋（钢筋束）搭接的构造要求……都作出了详细的规定。这些得自系统试验研究并经过长期工程实践考验的规定，能够保证搭接钢筋应有的传力性能。还应该特别注意的是：搭接连接区段箍筋的直径和间距，都必须严格遵守规范的要求。如果配箍约束不足，在地震作用下，很可能会导致搭接钢筋的分离而造成传力失效，引起严重后果。

由于钢筋搭接连接的相应内容已经广为熟悉，故不再赘述于此。

2. 机械连接

机械连接是近年发展起来的新型钢筋连接形式，其又有许多不同的形式而各具特点。总的趋势而言，滚轧直螺纹连接应用比较多。其特点是施工相对简便，一般情况下钢筋机械连接的质量也能够得到保证。但是其价格相对比较高，如果操作、检验不严格，同样也会存在传力失效的问题。

设计规范对机械连接的要求，是必须符合《钢筋机械连接通用技术规程》JGJ 107 的规定，即该规程应对钢筋机械连接的质量负完全的责任。同时设计规范对机械连接的连接区段（35d）和接头面积百分率（50%）也作出了明确规定。设计规范认为，钢筋的机械连接适用于高强度钢筋和中、粗直径钢筋的连接。直径太小的钢筋，采用机械连接施工麻烦，并且不经济。一般情况下，直径 16mm 及以下的小直径钢筋不宜采用机械连接的方式。

3. 焊接连接

焊接连接通过熔融金属直接传递内力，具有基本接近整体钢筋的传力性能，焊接接头的价格也不高，因此也是不错的连接形式。但是其质量受到操作条件和人员素质的影响而不确定性很大，质量稳定性存疑。而且焊接质量抽样检验的比例较小，检查方式也不太严密。再加上对金相组织和温度应力的影响，使其推广应用受到影响。近年焊接连接的材料和工艺不断地改进，非手工焊的半自动、全自动的焊接方式得到推广应用。这对于提高焊接质量，保证焊接接头的传力性能，无疑起到促进作用。

　　设计规范对焊接连接的要求是必须符合《钢筋焊接及验收规范》JGJ 18 的规定，即该规程应对焊接连接的质量负完全的责任。同时，设计规范对焊接的连接区段（$35d$ 且 500mm）和接头面积百分率（50%）也作出了明确规定。由于不同品牌钢筋（图 1.8）的可焊性不同，设计规范对这些钢筋焊接连接的适用条件，也作出了相应的规定。

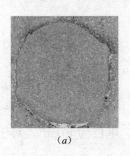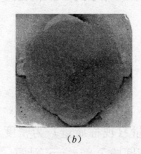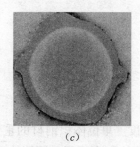

(a)　　　　　　　　(b)　　　　　　　　(c)

图 1.8　不同品牌钢筋的金相组织

(a) HRB 合金化热轧钢筋；(b) HRBF 控轧细晶粒钢筋；(c) RRB 淬水余热处理钢筋

　　对于可焊性较好的合金化普通热轧 HRB 钢筋（图 1.8-a），可以采用焊接连接，但是对于直径 25mm 以上的粗钢筋，由于焊接操作比较困难，应经试验确定。

　　对于可焊性稍差的控轧细晶粒 HRBF 钢筋（图 1.8-b），可以采用焊接连接的形式。但应该进行试验检验，并通过试验优化、调整、确定适当的焊接工艺参数，以保证应有的质量。

　　对于可焊性比较差的淬水余热处理 RRB 钢筋（图 1.8-c），由于焊接的高温可能影响其表层的马氏体组织，导致金相结构的变化和强度降低。因此，对这种钢筋建议不采用焊接的连接方式。

1.4.3　钢筋连接形式的发展

　　随着工程需要的变化和技术的发展进步，今后还可能会有新的钢筋连接形式出现。只要其传力性能可靠、质量稳定、施工适应性好并且价格适当。在经过工程实践考验而技术比较成熟时，不排除将其纳入设计规范的可能性。

　　但是，对于任何形式的钢筋连接接头，其传力性能总不如整体钢筋，因此设计规范仍将坚持第 8.4.1 条及相关条款中提出的钢筋连接的 4 条基本原则，对其提出相应的限制和要求。

2 钢材与钢筋

2.1 钢材的性能

2.1.1 物理性能

1. 密度　单位体积钢材的重量（现称质量）为密度，单位为 g/cm^3。对于不同的钢材，其密度亦稍有不同。钢筋的密度按 $7.85g/cm^3$ 计算。

2. 可熔性　钢材在常温时为固体，当其温度升高到一定程度，就能熔化成液体，这叫做可熔性。钢材开始熔化的温度叫熔点。纯铁的熔点为 1534℃。

3. 线膨胀系数　钢材加热时膨胀的能力，叫热膨胀性。受热膨胀的程度，常用线膨胀系数来表示。钢材温度上升 1℃时，伸长的长度与原来长度之比值，叫钢材的热膨胀系数，单位为 $mm/(mm \cdot ℃)$。铁线膨胀系数为 1.182×10^{-5}。

4. 导热系数　钢材的导热能力用导热系数 λ 来表示，其单位为 $W/(m \cdot K)$。金属材料的导热系数很大，钢材的 λ 约为 $60W/(m \cdot K)$。

2.1.2 化学性能

1. 耐腐蚀性　钢材在介质的侵蚀作用下被破坏的现象，称为腐蚀。钢材抵抗各种介质（大气、水蒸气、酸、碱、盐）侵蚀的能力，称为耐腐蚀性。

2. 抗氧化性　有些钢材在高温下不被氧化而能稳定工作的能力称为抗氧化性。

2.1.3 力学性能

钢材在一定的温度条件和外力作用下抵抗变形和断裂的能力称为力学性能，钢材力学性能主要包括：强度、延性（塑性）、硬度、韧性、疲劳性能等。

拉伸试验

现行国家标准《金属材料　拉伸试验　第一部分：室温试验方法》GB/T 228.1—2010 规定了有关术语和定义，引用如下[1]。

1. 标距　gauge length

L

测量伸长用的试样圆柱或棱柱部分的长度。

（1）原始标距　original gauge length

L_0

室温下施力前的试样标距。

（2）断后标距　final gauge length after fracture

L_u

在室温下将断后的两部分试样紧密地对接在一起，保证两部分的轴线位于同一条直线上，测量试样断裂后的标距[2]。

2. 平行长度　**parallel length**

L_c

试样平行缩减部分的长度。

注：对于未经机加工的试样，平行长度的概念被两夹头之间的距离取代。

3. 伸长　**elongation**

试验期间任一时刻原始标距的增量。

4. 伸长率　**percentage elongation**

原始标距的伸长与原始标距 L_0 之比的百分率。

（1）**残余伸长率**　**percentage permanent elongation**

卸除指定的应力后，伸长相对于原始标距 L_0 的百分率。

（2）**断后伸长率**　**percentage elongation after fracture**

A

断后标距的残余伸长（$L_u - L_o$）与原始标距（L_o）之比的百分率。

注：对于比例试样，若原始标距不为 $5.65\sqrt{S_o}$❶（S_0 为平行长度的原始横截面积），符号 A 应附以下脚注说明所使用的比例系数，例如，$A_{11.3}$ 表示原始标距为 $11.3\sqrt{S_0}$ 的断后伸长率。对于非比例试样，符号 A 应附以下脚注说明所使用的原始标距，以毫米（mm）表示，例如，$A_{80\,mm}$ 表示原始标距为 80 mm 的断后伸长率。

5. 引伸计标距　**extensometer gauge length**

L_e

用引伸计测量试样延伸时所使用引伸计起始标距长度。

注：对于测定屈服强度和规定强度性能，建议 L_e 应尽可能跨越试样平行长度。理想的 L_e 应大于 $L_o/2$ 但小于约 $0.9L_c$。这将保证引伸计检测到发生在试样上的全部屈服。最大力时或在最大力之后的性能，推荐 L_e 等于 L_o。或近似等于 L_o，但测定断后伸长率时 L_e 应等于 L_o。

6. 延伸　**extension**

试验期间任一给定时刻引伸计标距 L_e 的增量。

（1）**延伸率**　**percentage extension** 或 "**strain**"

用引伸计标距 L_e 表示的延伸百分率。

（2）**残余延伸率**　**percentage permanent extension**

试样施加并卸除应力后引伸计标距的增量与引伸计标距 L_e 之比的百分率。

（3）**屈服点延伸率**　**percentage yield point extension**

A_e

呈现明显屈服（不连续屈服）现象的金属材料，屈服开始至均匀加工硬化开始之间引伸计标距的延伸与引伸计标距 L_e 之比的百分率。

（4）**最大力总延伸率**　**percentage total extension at maximum force**

A_{gt}

最大力时原始标距的总延伸（弹性延伸加塑性延伸）与引伸计标距 L_e 之比的百分率，见图 2.1。

---

❶　$5.65\sqrt{S_o} = 5\sqrt{\dfrac{4S_o}{\pi}}$

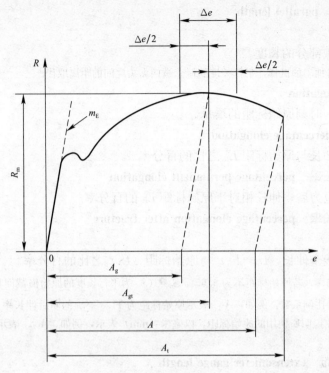

图 2.1　延伸的定义

说明：

A——断后伸长率（从引伸计的信号测得的或者直接从试样上测得这一性能）；

A_g——最大力塑性延伸率；

A_{gt}——最大力总延伸率；

A_t——断裂总延伸率；

e——延伸率；

m_E——应力—延伸率曲线上弹性部分的斜率；

R——应力；

R_m——抗拉强度；

Δe——平台范围。

（5）**最大力塑性延伸率**　**percentage plastic extension at maximum force**

A_g

最大力时原始标距的塑性延伸与引伸计标距 L_e 之比的百分率，见图 2.1。

（6）**断裂总延伸率**　**percentage total extension at fracture**

A_t

断裂时刻原始标距的总延伸（弹性延伸加塑性延伸）与引伸计标距 L_e 之比的百分率，见图 2.1。

7. 试验速率

（1）**应变速率**　**strain rate**

$\dot{e}_{Le}$

用引伸计标距 Le 测量时单位时间的应变增加值。

（2）**平行长度应变速率的估计值　estimated strain rate over the parallel length**

$\dot{e}_{Le}$

根据横梁位移速率和试样平行长度 L_e 计算的试样平行长度的应变单位时间内的增加值。

（3）**横梁位移速率　crosshead separation rate**

v_c

单位时间的横梁位移。

（4）**应力速率　stree rste**

$\dot{R}$

单位时间应力的增加。

注：应力速率只用于方法 B 试验的弹性阶段。

8. **断面收缩率　percentage reduction of area**

Z

断裂后试样横截面积的最大缩减量（$S_o - S_u$）与原始横截面积 S_o 之比的百分率：

$$Z = \frac{S_o - S_u}{S_o} \times 100$$

9. **最大力**

注：对于显示不连续屈服的材料，如果没有加工硬化作用，在本部分就不定义 F_m。

（1）**最大力　maximum force**

F_m

对于无明显屈服（连续屈服）的金属材料，为试验期间的最大力。

（2）**最大力　maximum force**

F_m

对于有不连续屈服的金属材料，在加工硬化开始之后，试样所承受的最大力。

10. **应力　stress**

R

试验期间任一时刻的力除以试样原始横截面积 S_o 之商。

注 1：GB/T 228 的本部分中的应力是工程应力。

注 2：在后续标准文本中，符号"力"和"应力"或"延伸"，"延伸率"和"应变"分别用于各种情况（如图中的坐标轴符号所示，或用于解释不同力学性能的测定）。然而，对于曲线上一已定义点的总描述和定义，符号"力"和"应力"或"延伸"，"延伸率"和"应变"相互之间是可以互换的。

（1）**抗拉强度　tensile strength**

R_m

相应最大力 F_m 对应的应力。

（2）**屈服强度　yield strength**

当金属材料呈现屈服现象时，在试验期间达到塑性变形发生而力不增加的应力点。应区分上屈服强度和下屈服强度。

① **上屈服强度　upper yield strength**

R_{eH}

试样发生屈服而力首次下降前的最大应力，见图 2.2。

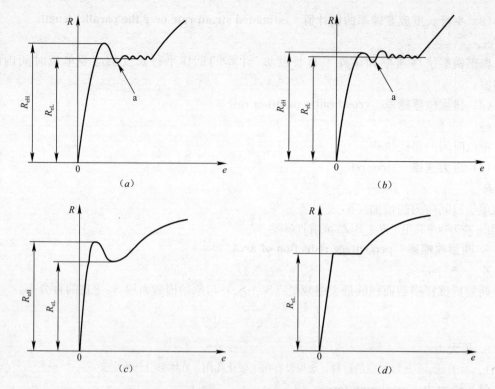

图 2.2   不同类型曲线的上屈服强度和下屈服强度

说明：

　e——延伸率；

　R——应力；

　eH——上屈服强度；

　eL——上屈服强度；

　a——初始瞬时效应。

② **下屈服强度   lower yield strength**

R_{eL}

在屈服期间，不计初始瞬时效应时的最小应力。见图 2.2。

（3） **规定塑性延伸强度   proof strength, plastic extension**

R_p

塑性延伸率等于规定的引伸计标距 L_e 百分率时对应的应力。见图 2.3。

注：使用的符号应附下脚标说明所规定的塑性延伸率，例如，$R_{p0.2}$，表示规定塑性延伸率为 0.2%时的应力。

（4） **规定总延伸强度   proof strength, total extension**

R_t

总延伸率等于规定的引伸计标距 L_e 百分率时的应力。见图 2.4。

注：使用的符号应附下脚标说明所规定的总延伸率，例如 $R_{t0.5}$，表示规定总延伸率为 0.5%时的应力。

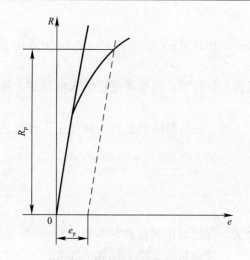

图 2.3 规定塑性延伸强度 R_p

说明：

e——延伸率；

e_p——规定的塑性延伸率；

R——应力；

p——规定塑性延伸强度。

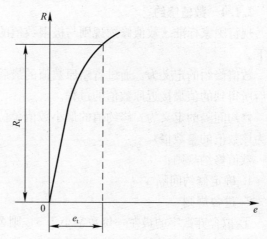

图 2.4 规定总延伸强度 R_t

说明：

e——延伸率；

e_t——规定总延伸率；

R——应力；

R_t——规定总延伸强度。

（5）**规定残余延伸强度** **permanent set strength** **R_r**

卸除应力后残余延伸率等于规定的原始标距 L_o 或引伸计标距 L_e 百分率时对应的应力，见图 2.5。

注：使用的符号应附下脚标说明所规定的残余延伸率。例如 $R_{r0.2}$，表示规定残余延伸率为 0.2% 时的应力。

11. **断裂** **fracture**

当试样发生完全分离时的现象。

测试中几点注意事项

1. 度盘选择十分重要 若采用大度盘测量较小直径的钢筋，数据精度不够。所测得数据应在度盘的有效范围内，一般为度盘的 20%～80%。

2. 读数 一般应有 4 位有效数，度盘上一格应估测至 1/10，目测误差控制在 ±0.1 格数（若采用电脑测值装置，不存在此问题）。

3. 屈服点 一般测定下屈服点作为屈服强度，按图 2.2（a）或（b）中所示，测定 R_{eL}；防止由于初始瞬时效应而产生的最低点误作为下屈服点。

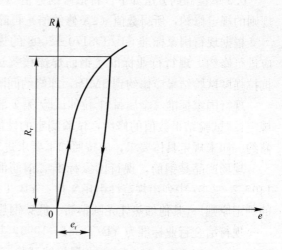

图 2.5 规定残余延伸强度 R_r

说明：

e——延伸率；

e_r——规定残余延伸率；

R——应力；

R_r——规定残余延伸强度。

2.1.4　数值修约

现行国家标准《数值修约规则与极限数值的表示和判定》GB/T 8170—2008 中规定[2]如下。

数值修约的定义为：通过省略原数值的最后若干位数字，调整所保留的末位数字，使最后所得到的值最接近原数值的过程。

修约间隔的定义为：修约值的最小数值单位（注：修约间隔的数值一经确定，修约值即为该数值的整数倍）。

数值修约规则：

1. 确定修约间隔

2. 进舍规则

① 拟舍弃数字的最左一位数字小于 5，则舍去，保留其余各位数字不变。

② 拟舍弃数字的最左一位数字大于 5，则进一，即保留数字的末位数字加 1。

③ 拟舍弃数字的最左一位数字是 5，且其后有非 0 数字时进一，即保留数字的末位数加 1。

④ 拟舍弃数字的最左一位数字是 5，且其后无数字或皆为 0 时，若所保留的末位数字为奇数（1、3、5、7、9），则进一，即保留数字的末位数加 1；若所保留的末位数为偶数（0、2、4、6、8）则舍去。

3. 0.5 单位修约与 0.2 单位修约

① 在对数值进行修约时，也可采用 0.5 单位修约或 0.2 单位修约。

② 0.5 单位修约（半个单位修约）

0.5 单位修约是指按指定修约间隔对拟修约的数值 0.5 单位进行修约。

0.5 单位修约方法如下：将拟修约数值 X 乘以 2，按指定修约间隔对 $2X$ 依上述进舍规则的规定修约，所得数值（$2X$ 修约值）再除以 2。

根据现行国家标准 GB/T 8170—2008 的规定，对钢筋焊接接头拉伸试验结果的数值应进行修约。现行行业标准《钢筋焊棒接头试验方法标准》JGJ/T 27—2001 中规定[3]：抗拉强度试验结果应修约到 5MPa，即修约间隔为 5MPa。其根据如下：

现行国家标准《金属材料 拉伸试验 第 1 部分：室温试验方法》GB/T 228.1—2010 中规定："试验结果数值的修约：试验测定的性能结果数值应按照相关产品标准的要求进行修约。如未规定具体要求，应按照如下要求进行修约："强度性能值修约至 1MPa……"。

现场产品是钢筋，现行国家标准《钢筋混凝土用钢 第 2 部分：热轧带肋钢筋》GB 1499.2—2007 中列出规范性引用文件：YB/T 081《冶金技术标准的数值修约与检测数值的判定原则》（其他如热轧光圆钢筋、低碳钢热轧圆盘条标准均同）。

现行冶金行业标准为 YB/T 081—1996，其中规定[4]：

金属拉伸试验	修约间隔
$\sigma \leqslant 200$MPa	1MPa
200MPa～1000MPa	5MPa
＞1000MPa	10MPa

钢筋焊接接头抗拉强度为 200MPa～1000MPa，由此规定为修约到 5MPa。

假设有 HRB335 钢筋焊接接头拉伸试件若干根，取 4 位有效数字，修约到 5MPa，对测试数值进行修约如下：

　　[例1]　514.2×2＝1028.4 末位为8.4，大于5.0，进入，为1030，除2，修约后为515

　　[例2]　522.3×2＝1044.6 末位为4.6，小于5.0，舍去，为1040，除2，修约后为520

　　[例3]　517.6×2＝1035.2 末位为5.2，大于5.0，进入，为1040，除2，修约后为520

　　[例4]　522.5×2＝1045.0 末位为5.0，5.0＝5.0，看4，双数，舍去，为1040，除2，修约后为520

　　[例5]　517.5×2＝1035.0 末位为5.0，5.0＝5.0，看3，单数，进入，为1040，除2，修约后为520

　　[例6]　537.49 末位为7.49，小于7.50，修约后为535

　　[例7]　533.5 末位为3.5，大于2.50，修约后为535

2.2　钢材的晶体结构和显微组织

2.2.1　钢材晶体结构

含碳量小于2.06%的铁碳合金称为钢。钢材的性能不仅取决于钢材的化学成分，而且取决于钢材的组织。钢材的组织无法直接观察，只有经过取样、打磨、抛光、腐蚀显示后，在金相显微镜下才能观察到钢材的组织，故又称金相组织。

金属的原子按一定方式有规则地排列成一定空间几何形状的结晶格子，称为晶格。金属的晶格常见有体心立方晶格和面心立方晶格，如图2.6所示。体心立方晶格的立方体中心和八个顶点各有一个铁原子；而面心立方晶格的立方体的八个顶点和六个面的中心各有一个铁原子。

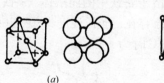

(a)　　　　　　　　　　　　(b)

图 2.6　纯铁的晶格
(a) 体心立方晶格；(b) 面心立方晶格

铁属于立方晶格，由于所处的温度不同，有时是体心立方晶格，有时是面心立方晶格。随着温度的变化，铁可以由一种晶格转变为另一种晶格，这种晶格类型的转变，称为同素异晶转变。纯铁在常温下是体心立方晶格（称为α-Fe），晶格常数为2.8664Å（Å 称埃，1Å＝1×10^{-8}cm）；当温度升高到910℃时，纯铁的晶格由体心立方晶格转变为面心立方晶格（称为γ-Fe），晶格常数为3.571Å；再升温到1390℃时，面心立方晶格又重新转变为体心立方晶格（称为δ-Fe），然后一直保持到纯铁的熔化温度。纯铁的这种特性十分重要，是钢材所以能通过热处理方法来改变其内部组织，从而改善其性能的内在因素之一，也是焊接热影响区中各个区段与母材相比具有不同组织的原因之一。

两种或两种以上的元素（其中至少一种是金属元素），熔合在一起叫做合金。根据两种元素相互作用的关系，以及形成晶体结构和显微组织的特点可将合金的组织分为三类：

1. 固溶体

固溶体是一种物质均匀地溶解在另一种物质内，形成单相晶体结构。根据原子在晶格上分布的形式，固溶体可分为置换固溶体和间隙固溶体。某一元素晶格上的原子部分地被另一元素的原子所取代，称为置换固溶体；如果另一元素的原子挤入某元素晶格原子之间的空隙中，称为间隙固溶体，见图 2.7。

○ 溶剂原子
● 溶质原子
(a)

○ 溶剂原子
● 溶质原子
(b)

图 2.7　固溶体示意图
(a) 置换固溶体；(b) 间隙固溶体

两种元素的原子大小差别越大，形成固溶体后引起的晶格扭曲程度也越大，扭曲的晶格增加了金属塑性变形的阻力，即固溶体比纯金属硬度高、强度大。

2. 化合物

两种元素的原子按一定比例相结合，具有新的晶体结构，在晶格中各元素原子的相互位置是固定的。通常，化合物具有较高的硬度，低的塑性，脆性也较大。

3. 机械混合物

固溶体和化合物均为单相的合金，若合金是由两种不同的晶体结构彼此机械混合组成，称为机械混合物。它往往比单一的固溶体合金有较高的强度、硬度和耐磨性，而塑性和压力加工性能则较差。

2.2.2　钢材显微组织

钢是铁和碳的合金。碳能溶解在 α-Fe 和 γ-Fe 中，形成固溶体。铁和碳还可以形成化合物。

钢材的组织主要有以下几种：

1. 铁素体（F）

铁素体是少量的碳和其他合金元素固溶于 α-铁中的固溶体。α-铁为体心立方晶格，碳原子以填隙状态存在，合金元素以置换状态存在。布氏硬度为80～100，大于 760℃ 时没有磁性。铁素体溶解碳的能力很差，在 723℃ 时为 0.02%，室温时仅 0.006%。见图 2.8。

2. 渗碳体（Fe_3C）

渗碳体是铁与碳的化合物，由 93.33% 铁和 6.67% 碳化合而成。布氏硬度为 745～800，小于 210℃ 有磁性，硬而脆。在珠光体钢中，与铁素体形成机械混合物。

3. 珠光体（P）

珠光体是铁素体和渗碳体的机械混合物，含碳量为 0.8% 左右，它的金相形态有两种：当从奥氏体缓慢冷却下来，得到铁素体和渗碳体相间排列的片状组织，见图 2.9。当在高温(接近 A_1)

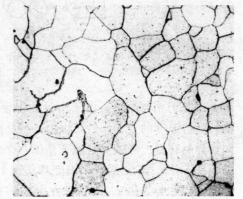

图 2.8　铁素体组织（工业纯铁，200×）

球化退火时，得到球化的碳化物在铁素体内均匀分布的颗粒状组织。一般的低碳钢、中碳钢的组织为铁素体加珠光体，见图 2.10。

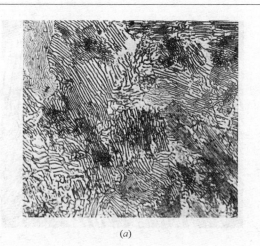
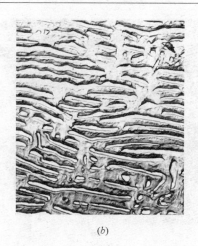

(a)   (b)

图 2.9　珠光体组织（T8 工具钢 700℃等温退火）

(a) 500×；(b) 电镜 3000×

4. 奥氏体（A）

奥氏体是碳和其他合金元素在 γ-铁中的固溶体。在一般钢材中，只有高温时才存在。当含有一定扩大 γ 区的合金元素时，则可能在室温下存在，如铬镍奥氏体不锈钢则在室温时的组织为奥氏体。奥氏体为面心立方晶格，布氏硬度为 170～220，无磁性，韧而软，见图 2.11。

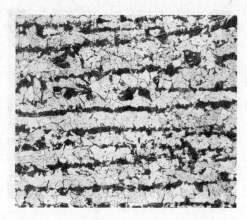
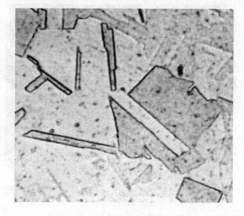

图 2.10　铁素体加珠光体组织　100×	图 2.11　奥氏体组织　400×
（20 号钢热轧状态组织）	（1Cr18Ni9Ti）

5. 索氏体（S）

索氏体又称细珠光体，有很好的韧性。它的金相组织形态有两种：当奥氏体转变冷却速度较快，比形成珠光体较低的温度下得到铁素体和渗碳体薄片状组织，即索氏体，见图 2.12；当马氏体高温回火时，由碳化物凝聚而成，在 1000 倍显微镜下能分辨出其颗粒状组织，称为回火索氏体。

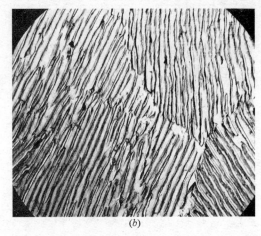

(a)   (b)

图 2.12   索氏体组织（T8 工具钢 650℃等温处理）

(a) 500×；(b) 电镜   3000×

6. 屈氏体（T）

屈氏体又称极细珠光体。它的金相组织形态有两种：一种是当奥氏体快冷时，比形成索氏体更低的温度下转变成极细组织，称为屈氏体，呈层片状，见图2.13；另一种是当马氏体中温回火时，碳以碳化物形式析出，马氏体恢复体心立方晶格而形成的组织，称为回火屈氏体，该组织已失去片状而带粒状，但仍保留马氏体位向。

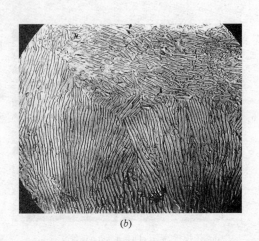

(a)   (b)

图 2.13   屈氏体组织（T8 工具钢 550℃等温回火）

(a) 500×；(b) 电镜   3000×

7. 贝氏体（B）

贝氏体又称贝茵体。当奥氏体过冷至低于珠光体转变温度和高于马氏体形成温度，并在这一温度范围内进行等温冷却时，便分解成铁素体与渗碳体的聚合组织，称为贝氏体。在较高温度下形成的，显微组织呈羽毛状，叫上贝氏体（$B_上$），它的韧性最差；在较低温度下形成的为下贝氏体（$B_下$）。它的硬度比马氏体低，但具有较高的强度，具有良好的韧性。还有一种"粒状贝氏体"的组织，它是铁素体与富碳奥氏体岛状组织的聚合结构，在焊接接头中经常出现。它的强度较低，但具有较好的韧性，见图 2.14。

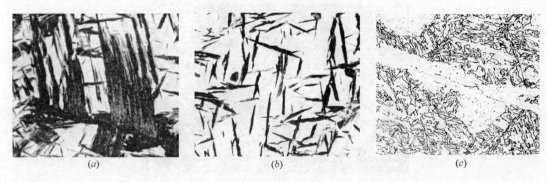

图 2.14 贝氏体组织

(a) 上贝氏体 800× (T8 工具钢)；(b) 下贝氏体 800× (T8 工具钢)；(c) 粒状贝氏体 250× (低碳合金钢)

8. 马氏体（M）

马氏体是碳在 α-铁中的过饱和固溶体。一般可分为低碳马氏体、中碳马氏体和高碳马氏体。高碳淬火马氏体具有很高硬度和强度，但很脆，延展性很低，几乎不能承受冲击荷载。低碳回火马氏体则具有相当的强度和良好的塑性和韧性相结合的特点，由奥氏体转变为马氏体时体积要膨胀。局部体积膨胀后引起的应力往往导致零件变形、开裂，见图 2.15。

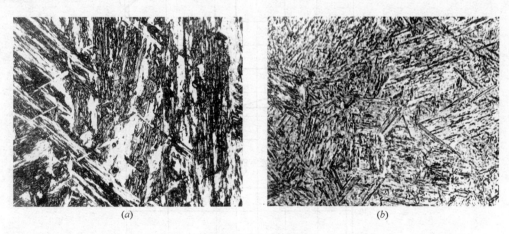

图 2.15 马氏体组织

(a) 低碳板条状马氏体组织 500× (15 号钢淬火)；(b) 板条状马氏体加片状马氏体 500× (40 号钢 1100℃淬火)

9. 魏氏组织（W）

魏氏组织是一种过热组织，是由彼此交叉约 60°的铁素体嵌入基体的显微组织，如图 2.16 所示。碳钢过热，晶粒长大后，高温下晶粒粗大的奥氏体以一定的速度冷却时，很容易形成魏氏组织，粗大的魏氏组织使钢材的塑性和韧性下降，使钢变脆。

2.2.3 钢的状态图

钢和生铁都是铁碳合金。含碳量从 0.02% 到 2.06% 的铁碳合金称为钢，超过 2.06% 的称为生铁。用来表示不同含碳量的铁碳合金在不同温度下所处的状态、晶体结构和显微组织特征的图称为铁碳合金状态图。含碳量小于 2.06% 的铁碳合金状态图又称为钢的状态图。

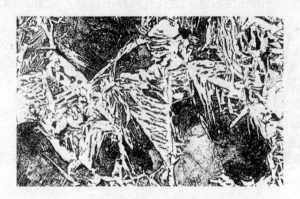

图 2.16　20 号钢焊缝过热区出现的魏氏组织 200×

钢的状态图见图 2.17。

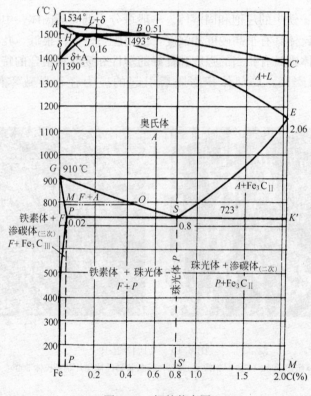

图 2.17　钢的状态图

图上纵坐标表示温度，横坐标表示铁碳合金中碳的百分含量。例如，在横坐标左端，含碳量为零，即为纯铁；在右端，含碳量为 2.06%，含有渗碳体（Fe_3C）约 31%。

图中 ABC' 线为液相线，在该线以上的合金呈液态。这条线说明纯铁在 1534℃ 凝固，随着含碳量的增加，合金的凝固点降低。

$AHJE$ 线为固相线。在该线以下的合金呈固态。在液相线和固相线之间的区域为两相（液相和固相）共存。

NJE 线表示液体合金冷却时全部凝固为奥氏体的温度。

GS 线表示含碳量低于 0.8% 的钢在缓慢冷却时由奥氏体开始析出铁素体的温度。GS 线称为 A_3 线。加热时用 A_{C3} 表示，冷却时用 A_{r3} 表示。

PSK' 水平线，723℃，为共析反应线，表示所有含碳量的铁合金在缓慢冷却时，奥氏体转变为珠光体的温度。为了使用方便，PSK' 线又称为 A_1 线，加热时用 A_{C1} 表示，冷却时用 A_{r1} 表示。

ES 线称为 A_{cm} 线，加热时用 A_{ccm} 表示，冷却时用 A_{rcm} 表示。

E 点是碳在奥氏体中最大溶解度点，也是区分钢与生铁的分界点，其温度为 1147℃，含碳量为 2.06%。

S 点为共析点，温度为 723℃，含碳量为 0.8%。S 点成分的钢是共析钢，其组织全部为珠光体。S 点左边的钢为亚共析钢，组织为铁素体＋珠光体；S 点右边的钢为过共析钢，其组织为渗碳体＋珠光体。

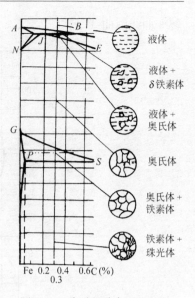

图 2.18　中碳钢冷却过程组织
变化示意图

现以含碳 0.3% 的钢为例，说明从液态冷却到室温过程中的组织变化，见图 2.18。当液体钢冷却至 AB 线时，开始凝固，从钢液中析出 δ 铁素体晶核。当冷却至 JB 水平线时，δ 铁素体消失，开始析出奥氏体。当冷却至 JE 线时，钢液全部凝固为奥氏体，当温度下降到 GS（A_{r3}）线时，从奥氏体中开始析出 α 铁素体晶核，并随温度的下降，晶核不断长大。当温度下降到 PS（A_{r1}）线时，剩余未经转变的奥氏体转变为珠光体。从 A_{r1} 下降至室温，其组织为铁素体＋珠光体，不再变化。

钢的状态图对于热加工具有重要的指导意义，尤其对焊接，可根据状态图来分析焊缝及热影响区的组织变化，选择焊后热处理工艺等。

2.3　钢材的热处理和冷处理

2.3.1　钢的热处理

钢在固态下加热到一定温度，在这个温度下保持一定时间，然后以一定的冷却速度冷却到室温，以获得所希望的组织和性能，这种加工方法称为热处理。在冷却过程中，不同的冷却速度对钢的组织变化将产生重大的影响。

2.3.2　钢的热处理过程

1. 将钢由室温加热到高温（一般在临界点以上），使钢全部或部分地转变为奥氏体，称为奥氏体化。

2. 由奥氏体化温度以各种不同的方式冷却（如水冷、油冷、空冷或炉冷等），以获得所希望的组织。

3. 把冷却后的某种组织（如马氏体），再加热到临界点以下的温度，以获得所要求的回火组织（如回火索氏体等）。

2.3.3　奥氏体恒温转变曲线

生产中常采用奥氏体恒温转变曲线来分析奥氏体冷却时的组织转变情况。奥氏体恒温转变曲线因曲线呈"*C*"字形，故又称"*C*"曲线，如图 2.19 所示。

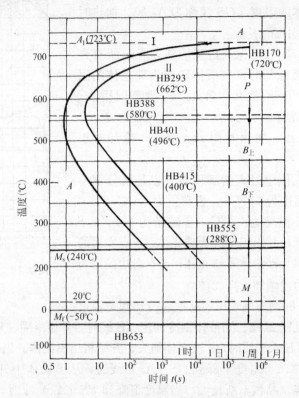

图 2.19　钢的奥氏体恒温转变曲线

A—奥氏体；P—珠光体；$B_\text{上}$—上贝氏体；$B_\text{下}$—下贝氏体；

M—马氏体；M_s—马氏体转变开始；M_f—马氏体转变终了；

Ⅰ—奥氏体转变开始；Ⅱ—转变完成

图中有两根 *C* 字形曲线。左边的曲线Ⅰ是奥氏体转变开始线。曲线Ⅰ以左的区域为过冷奥氏体区，即过冷到 A_1（723℃）以下温度奥氏体尚未发生转变的区域。此时，处于过冷状态的奥氏体是不稳定的。在恒温下经过一段时间（称为孕育期）便开始转变。恒温温度不同，孕育期的长短也不同，并由转变开始线Ⅰ所确定。曲线Ⅰ距离纵坐标最近的位置约为550℃左右，在此温度范围内孕育期最短，奥氏体最不稳定，最容易发生转变。右边的曲线Ⅱ是奥氏体转变终了线。曲线Ⅱ以右的区域为转变产物区，按转变温度和转变产物不同可分为三个区域：

1. 在 A_1（723℃）～550℃之间为珠光体转变，称为高温转变区，按转变温度的高低，转变产物分别为粗珠光体、索氏体和屈氏体。

2. 在 550℃～M_s（240℃）之间为贝氏体转变，称为中温转变区，按转变温度的高低，转变产物分别为粒状贝氏体，上贝氏体和下贝氏体。

3. 在 M_s（240℃）～M_f 之间为马氏体转变，称为低温转变区，转变产物为马氏体。

图 2.19 中 M_s 和 M_f 分别为奥氏体向马氏体转变的开始温度和终了温度。碳钢中的马氏体转变没有孕育期，当奥氏体过冷至 M_s 温度以下就立即形成马氏体。M_s 和 M_f 温度范围与冷却速度无关，在图 2.19 中为两条水平线。

[**例如**] 45 号钢加热到高温奥氏体状态后，用不同的冷却方式，相当于以不同的冷却速度 V_1，V_2，V_3，V_4 冷却时，其转变产物也各不相同。如图 2.20 所示。

炉冷（V_1）时得到珠光体组织；空冷（V_2）时得到索氏体组织；油冷（V_3）时得到屈氏体加马氏体组织；而冷却速度最大的水淬（V_4）时得到全马氏体组织。通常以 V_c 表示得到全马氏体组织的最低冷却速度，称为临界冷却速度。

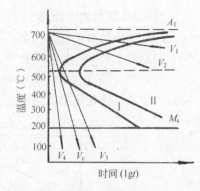

图 2.20 钢的奥氏体恒温转变曲线
与不同冷却方式的关系

应当指出，钢中碳含量、合金元素和奥氏体化温度对"C"曲线的形状和位置有一定影响，在分析应用时须加以注意。

2.3.4 热处理工艺

1. 淬火

对于亚共析钢（低碳钢和中碳钢）加热到 A_{C3} 以上 30～50℃，在此温度下保持一段时间，使钢的组织全部变成奥氏体，然后快速冷却（水冷或油冷），使奥氏体来不及分解和合金元素的扩散而形成马氏体组织，称为淬火。

在焊接 HRB500 钢筋时，近缝区可能会产生淬火现象而变硬，易形成冷裂纹，这是在焊接过程中要设法防止的。

2. 回火

淬火后进行回火，可以保持在一定强度的基础上恢复钢的韧性。回火温度在 A_1 以下。按回火温度的不同，可分为低温回火（150～250℃）、中温回火（350～450℃）、高温回火（500～650℃）。低温回火后得到回火马氏体组织，硬度稍有降低，韧性有所提高。中温回火后得到回火屈氏体组织，提高了钢的弹性极限和屈服极限，同时也有较好的韧性。高温回火后得到回火索氏体组织，可消除内应力，降低钢的强度和硬度，提高钢的塑性和韧性。

3. 调质

某些合金钢的淬火后随即进行高温回火，这一连续热处理操作称为调质。调质能得到韧性和强度的最好配合，获得优良的综合力学性能。预应力混凝土用热处理钢筋就是用热轧的螺纹钢筋经淬火和回火的调质热处理而制成。

4. 正火

将钢加热到 A_{C3} 或 A_{CCm} 以上 30～50℃，保温后，在空气中冷却，称为正火。许多碳素钢和低合金结构钢经正火后，各项力学性能均好，可以细化晶粒，常用来作为最终热处理。对于焊接结构，经正火后，能改善焊缝质量，可消除粗晶组织、淬硬组织及组织不均匀等。

5. 退火

将钢加热到 A_{C3} 或 A_{C1} 以上 30～50℃，保温一段时间后，缓慢而均匀地冷却，称为退火。退火可降低硬度，使钢材便于切削加工，能使钢的晶粒细化，消除应力等。

如果加热温度在 A_{C1} 以下，一般为 600～650℃，保温一段时间，然后在空气中或炉中冷却，则称为消除应力退火，主要用于消除焊接残余应力。

2.3.5   钢材的冷处理

冷处理钢筋有多种，包括：冷拔低碳钢丝、冷轧带肋钢筋、冷轧扭钢筋以及钢筋冷镦粗、钢筋冷滚轧等。虽然冷处理工艺有所不同，但其钢材冷作强化的基本原理相同。

冷处理，即冷加工，使钢材产生明显塑性变形，使强度、硬度提高，塑性、韧性下降，产生加工硬化现象，即冷作强化，见图 2.21。

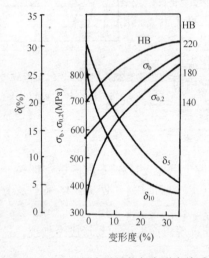 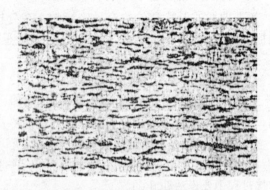

图 2.21   45 号钢力学性能与变形度关系   图 2.22   10 号钢冷变形组织   200×
                                                   （变形量 48%，晶粒被拉长）

塑性变形改变了金属的显微组织，随着塑性变形的进行，金属晶粒产生滑移、破碎和晶格畸变，使晶粒沿着变形方向被拉长，或被压扁，称为冷变形的纤维组织，见图 2.22；当变形量很大时，在破碎和拉长了的晶粒内部出现许多鱼鳞状的小晶块。它的出现对滑移过程的进行有巨大阻碍作用，使晶体变形抗力大大提高，使各晶粒的取向大致趋于一致。在宏观的力学性能上，发生上述变化[15]。

2.4   钢筋的生产、化学成分和力学性能

我国钢筋产量在全部钢材产量中占有相当大的份额，众多钢铁生产企业，如鞍山钢铁（集团）公司、首钢总公司、承德钢铁公司、湖南湘钢、涟钢等均大量生产各种牌号、多种规格的钢筋，包括直条和盘条，以满足建筑工程中日益增长的需要，为此作出重大贡献。

2.4.1   钢筋棒材生产

以唐山钢铁股份有限公司为例，该公司引进棒材生产线，可生产 $\phi12 \sim \phi40$ 热轧 HRB 400 钢筋，其生产工艺流程为：高炉铁水热装——转炉冶炼——底吹氩精炼处理——连续浇注 165 方坯——棒材连续轧制，定尺、定重（定支）包装[5]。

其工艺特点：

1. 全连铸坯直接轧制，可有效降低生产成本。

2. 全面采用先进轧制技术——全连续、高精度、低温轧制、切分技术，计算机全线

控制，终轧速度最高为 18m/s。

3. 采用长尺冷却技术，可实现全长性能和组织均匀。

4. 精整工序机械化、自动化，可实现自动记数、自动打捆，包装上秤。

在冶炼时，采用 V-N 合金应用技术，精确控制合金成分，使 20MnSiV 钢筋组织性能稳定。

2.4.2 钢筋线材生产

当生产 $\phi6\sim\phi10$ HRB 400 钢筋线材时，唐钢引进国外 75°/15° 德马克精轧机组[5]，全线 PLC 控制，生产工艺流程为：转炉冶炼——连铸——135 方坯——高速轧机生产，盘重 1500kg，亦可根据需要矫直定尺交货。

该生产线中配有斯太尔摩冷却线，有效控制线材的组织与性能，见图 2.23。

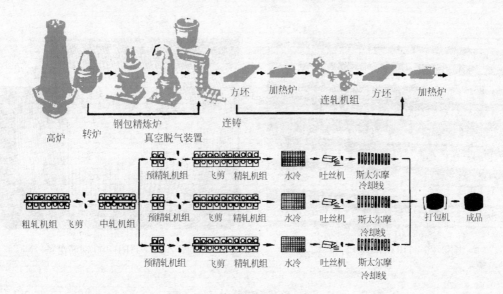

图 2.23 高速线材轧制工艺流程

鞍钢新轧钢股份有限公司线材厂引进摩根高速轧机，以后又进行技术改造，达到年产 90 万 t 规模。可生产 $\phi5.5\sim\phi13$ 光圆钢筋和公称直径为 6mm、8mm、10mm、12mm 热轧带肋钢筋，盘重 1300kg；最大轧制速度达到 90m/s。对轧体进行控制冷却，保证终轧温度和吐丝温度，将直线线材形成圈形，以获得所需要的金相组织和良好性能，其生产工艺流程见图 2.23；盘条成品 P/F 运输机见图 2.24；热轧带肋钢筋线材除大量用于土木建筑工程外，还可用于生产预制大型水泥管，节约钢材，见图 2.25[6]。

邢台钢铁有限责任公司生产的 HRB 400 钢筋具有强度高、冷弯性能好、焊接性能好、强屈比不小于 1.25、规格齐全的特点。小规格直径为 6~12mm，大规格直径可至 42mm。钢筋棒材见图 2.26，盘条见图 2.27[7]。

2.4.3 低碳钢热轧圆盘条 hot-rolled low carbon steel wire rods

1. 牌号和化学成分[8]

钢的牌号和化学成分（熔炼分析）应符合表 2.1 的规定：

图 2.24   盘条 P/F 运输机

图 2.25   大型水泥管

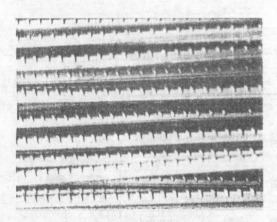

图 2.26   HRB 400 钢筋棒材

图 2.27   HRB 400 钢筋盘条

化学成分   表 2.1

| 牌号 | 化学成分（质量分数）（%） | | | | |
| | C | Mn | Si | S | P |
			不大于		
Q195	≤0.12	0.25~0.50	0.30	0.040	0.035
Q215	0.09~0.15	0.25~0.60			
Q235	0.12~0.20	0.30~0.70	0.30	0.045	0.045
Q275	0.14~0.22	0.40~1.00			

2. 力学性能和工艺性能

盘条的力学性能和工艺性能应符合表 2.2 规定。经供需双方协商并在合同中注明，可做冷弯性能试验。直径大于 12mm 的盘条，冷弯性能指标由供需双方协商确定。

力学性能和工艺性能　　　　　　　　　　　表 2.2

牌号	力学性能		冷弯试验 180° d＝弯心直径 a＝试样直径
	抗拉强度 R_m（N/mm²）不大于	断后伸长率 $A_{11.3}$（%）不小于	
Q195	410	30	d＝0
Q215	435	28	d＝0
Q235	500	23	d＝0.5a
Q275	540	21	d＝1.5a

3. 表面质量

（1）盘条应将头尾有害缺陷切除。盘条的截面不应有缩孔、分层及夹杂。

（2）盘条表面应光滑，不应有裂纹、折叠、耳子、结疤，允许有压痕及局部的凸块、划痕、麻面，其深度或高度（从实际尺寸算起）B级和C级精度不应大于 0.10 mm，A级精度不得大于 0.20mm。

2.4.4 热轧光圆钢筋 hat rolled plain bais

现行国家标准《钢筋混凝土用钢 第1部分：热轧光圆钢筋》GB 1499.1—2008 中规定[9]：

1. 热轧光圆钢筋的定义：经热轧成型，横截面通常为圆形，表面光滑成品钢筋。

2. 钢筋的牌号和化学成分应符合表 2.3 的规定。

热轧光圆钢筋的化学成分　　　　　　　　　表 2.3

牌号	化学成分（质量分数）%　不大于				
	C	Si	Mn	P	S
HRB235	0.22	0.30	0.65	0.045	0.050
HRB300	0.25	0.55	1.50		

注：1. 钢中残余元素铬、（镍）、铜含量应各不大于 0.30%。供方如能保证，可不作分析。
　　2. 钢筋的成品化学成分允许偏差应符合 GB/T 222 的规定。

3. 钢筋的力学性能和工艺性能应符合表 2.4 的规定。

热轧光圆钢筋的力学性能和工艺性能　　　　　表 2.4

牌号	R_{eL}（MPa）	R_m（MPa）	A（%）	A_{gt}（%）	冷弯试验 180° d-弯芯直径 a-钢筋公称直径
	不大于				
HRB235	235	370	25.0	10.0	d＝a
HRB300	300	420			

注：1. 根据供需双方协议，伸长率类型可从 A 或 A_{gt} 中选定。如伸长率类型未经协议确定，则伸长率采用 A，仲裁检验时采用 A_{gt}；
　　2. 按表 2.4 规定的弯芯直径弯曲 180°后，钢筋受弯曲部位表面不得产生裂纹。

4. 表面质量

（1）钢筋应无有害的表面缺陷，按盘卷交货的钢筋应将头尾有害缺陷部分切除。

（2）试样可使用钢丝刷清理，清理后的重量、尺寸、横截面积和拉伸性能满足本部分的要求，锈皮、表面不平整或氧化铁皮不作为拒收的理由。

（3）当带有以上（2）规定的缺陷以外的表面缺陷的试样不符合拉伸性能或弯曲性能

要求时，则认为这些缺陷是有害的。

5. 热轧光圆钢筋的公称直径范围为 6～22mm；推荐的公称直径为 6mm、8mm、10mm、12mm、16mm、20mm。

2.4.5 热轧带肋钢筋 hot rolled ribbed bars

现行国家标准《钢筋混凝土用钢 第 2 部分：热轧带肋钢筋》GB 1449.2—2007 中规定[10]：热轧钢筋分为普通热轧钢筋和细晶粒热轧钢筋二类，其定义如下：

1. 普通热轧钢筋 hot rolled bars

按热轧状态交货的钢筋。其金相组织主要是铁素体加珠光体，不得有影响使用性能的其他组织（如基圆上出现的同火马氏体组织）存在。

2. 细晶粒热轧钢筋 hot rolled bars of fine grains

在热轧过程中，通过控轧和控冷工艺形成的细晶粒钢筋。其金相组织主要是铁素体加珠光体，不得有影响使用性能的其他组织（如基圆上出现的回火马氏体组织）存在，晶粒度不粗于 9 级。

3. 钢筋外形

带肋钢筋通常带有纵肋，也可不带纵肋。

带有纵肋的月牙形肋钢筋，其外形如图 2.28 所示。

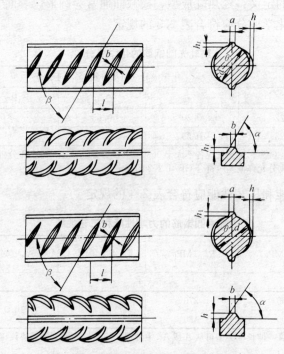

图 2.28 月牙肋钢筋表面及截面形状

d—钢筋内径；α—横肋斜角；h—横肋高度；β—横肋与轴线夹角；h_1—纵肋高度；

θ—纵肋斜角；a—纵肋顶宽；l—横肋间距；b—横肋顶宽

4. 牌号和化学成分

（1）钢筋牌号及化学成分和碳当量（熔炼分析）应符合表 2.5 的规定。根据需要，钢中还可加入 V、Nb、Ti 等元素。

热轧带肋钢筋的化学成分 表 2.5

牌号	化学成分（质量分数）（%）不大于					
	C	Si	Mn	P	S	C_{eq}
HRB335 HRBF335						0.52
HRB400 HRBF400	0.25	0.80	1.60	0.045	0.045	0.54
HRB500 HRBF500						0.55

（2）碳当量 C_{eq}（百分比）值可按下式计算：

$$C_{eq}=C+Mn/6+(Cr+V+Mo)/5+(Cu+Ni)/15$$

（3）钢的氮含量应不大于 0.012%。供方如能保证可不作分析。钢中如有足够数量的氮结合元素，含氮量的限制可适当放宽。

（4）钢筋的成品化学成分允许偏差应符合 GB/T 222 的规定，碳当量 C_{eq} 的允许偏差为 +0.03%。

5. 力学性能

钢筋的屈服强度 R_{eL}，抗拉强度 R_m，断后伸长率 A，最大力总伸长率 A_{gt}，等力学性能特征值应符合表 2.6 的规定。表 2.6 所列各力学性能特征值，可作为交货检验的最小保证值。

热轧带肋钢筋的力学性能 表 2.6

牌号	R_{eL}（MPa）	R_m（MPa）	A（%）	A_{gt}（%）
	不小于			
HRB335 HRBF335	335	455	17	
HRB400 HRBF400	400	540	16	7.5
HRB500 HRBF500	500	630	15	

注：（1）直径 28mm～40mm 各牌号的断后伸长率 A 可降低 1%；直径大于 40mm 各牌号钢筋的断后伸长率 A 可降低 2%。

（2）有较高要求的抗震结构适用牌号为：在表 2.5 中已有牌号后加 E（例如：HRB400E、HRBF400E）的钢筋。该类钢筋除应满足以下 a）、b）、c）的要求外，其他要求与相对应的已有牌号钢筋相同。（R_m^o 为钢筋实测抗拉强度；R_{eL}^o 为钢筋实测屈服强度。）

a）钢筋实测抗拉强度与实测屈服强度特征值之比 R_{eL}^o/R_{eL}^o 不小于 1.25。

b）钢筋实测屈服强度与表 2.6 规定的屈服强度特征值之比 R_{eL}^o/R_{eL} 不大于 1.30。

c）钢筋的最大力总伸长率 A_{gt} 不小于 9%。

（3）对于没有明显屈服强度的钢，屈服强度特征值 R_{eL} 应采用规定非比例延伸强度 R_{p02}。

（4）根据供需双方协议，伸长率类型可从 A 或 A_{gt} 中选定。如伸长率类型未经协议确定，则伸长率采用 A，仲裁检验时采用 A_{gt}。

6. 最大力总伸长率

该标准规定：钢筋在最大力下的总伸长率 A_{gt} 不小于 7.5%。以下列出测定方法。

试样长度：

试样夹具之间的最小自由长度应符合下列要求：

d 为钢筋公称直径；

当 $d \leqslant 25$mm 时，取 350mm；

25mm$<d \leqslant 32$mm 时，取 400mm；

32mm$<d \leqslant 50$mm 时，取 500mm。

原始标距的标记和测量：

在试祥自由长度范围内，均匀划分 10mm 或 5mm 的等间距标记，标记的划分和测量应符合 GB/T 228.1 的有关要求。

拉伸试验按 GB/T 228.1 规定进行，直至试样断裂。

断裂后的测量：

选择 Y 和 V 两个标记，这两个标记之间的距离在拉伸试验之前至少应为 100mm。两个标记都应当位于夹具离断裂点最远一侧。两个标记离开夹具的距离应不小于 20mm 或钢筋公称直径 d（取二者之较大者）；两个标记与断裂点之间的距离应不小于 50mm 或 $2d$（取二者之较大者）。见图 2.29。

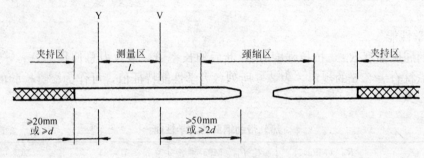

图 2.29　断裂后的测量

在最大力作用下试样总伸长率 A_{gt}（%）可按以下公式下计算：

$$A_{gt} = \left[\frac{L - L_0}{L} + \frac{R_m^o}{E} \right] \times 100$$

式中　L——图 2.29 所示断裂后的距离，单位为毫米（mm）；

L_0——试验前同样标记间的距离，单位为毫米（mm）；

R_m^o——抗接强度实测值，单位为兆帕（MPa）；

E——弹性模量，其值可取为 2×10^5，单位为兆帕（MPa）。

7. 工艺性能和其他性能

（1）弯曲性能

按表 2.7 规定的弯芯直径弯曲 180°后，钢筋受弯曲部位表面不得产生裂纹。

不同牌号和不同直径钢筋的弯芯直径　　　　　　　　　表 2.7

牌号	公称直径 d	弯芯直径（mm）
HRB335 HRBF335	6～25	$3d$
	28～40	$4d$
	>40～50	$5d$

续表

牌号	公称直径 d	弯芯直径（mm）
HRB400 HRBF400	6～25	4d
	28～40	5d
	>40～50	6d
HRB500 HRBF500	6～25	6d
	28～40	7d
	>40～50	8d

注：根据需方要求，钢筋可进行反向弯曲性能试验，反向弯曲试验的弯芯直径比弯曲试验相应增加一个钢筋公称直径。反向弯曲试验：先正向弯曲 90°后再反向弯曲 20°。两个弯曲角度均应在去载之前测量。经反向弯曲试验后，钢筋受弯曲部位表面不得产生裂纹。

（2）疲劳性能

如需方要求，经供需双方协议，可进行疲劳性能试验。疲劳试验的技术要求和试验方法由供需双方协商确定。

（3）焊接性能

钢筋的焊接工艺及接头的质量检验与验收应符合相关行业标准的规定。普通热轧钢筋生产工艺、设备有重大变化及新产品生产时进行型式检验。细晶粒热轧钢筋的焊接工艺应经试验确定。

（4）晶粒度

细晶粒热轧钢筋应做晶粒度检验，其晶粒度不粗于 9 级，如供方能保证可不做晶粒度检验。

（5）表面质量

钢筋应无有害的表面缺陷，只要经钢丝刷刷过的试样的重量、尺寸、横截面积和拉伸性能不低于本部分的要求，锈皮、表面不平整或氧化铁皮不作为拒收的理由。当带有上述规定的缺陷以外的表面缺陷的试样不符合拉伸性能或弯曲性能要求，则认为这些缺陷是有害的。

8. 热轧带肋钢筋的公称直径范围为 6～50mm。推荐的公称直径为 6mm、8mm、10mm、12mm、16mm、20mm、25mm、32mm、40mm、50mm。

9. 细晶粒钢筋基本知识

根据资料[11]介绍，细晶粒钢筋的基本知识见图 2.30～图 2.34。

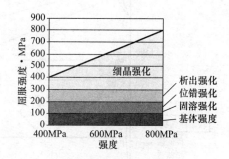

图 2.30　改变工艺使晶粒细化　　图 2.31　细晶强化提高屈服强度

F—铁素体；P—珠光体；d_a—铁素体晶粒尺寸；

DIFT—形变诱导铁素体相变，是动态相变

	细晶钢（Fine Grain）	超细晶钢（Ultra-fine）
铁素体晶粒尺寸 （Ferrite Grain Size）	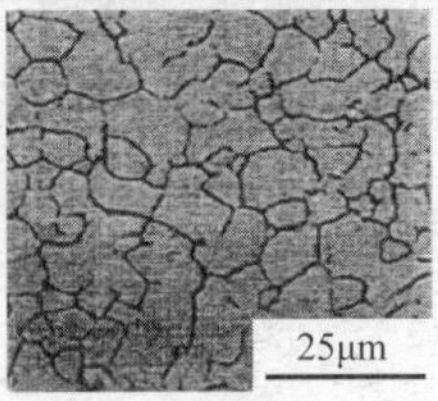 25μm	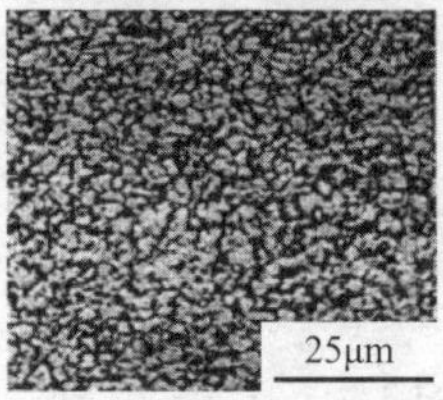 25μm
碳素钢（Plain Carbon Steel）	≤20μm ASTM≤No.8 GB6394-86	≤5μm ASTM≤No.12 GB6394-86
低（微）合金钢 （HSLA Steel & Microalloying Steel）	≤10μm ASTM≤No.10	≤2.5μm ASTM≤No.14

图 2.32   细晶粒钢筋的人为定义

"控轧控冷"（TMCP）是形成细晶钢的技术基础

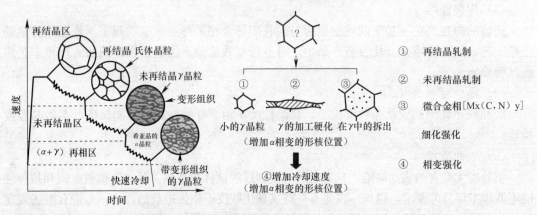

图 2.33   细晶粒钢筋的技术基础

在"控轧控冷"（TMCP）技术基础上，发展：形变和相变耦合——超细晶工艺流程集合

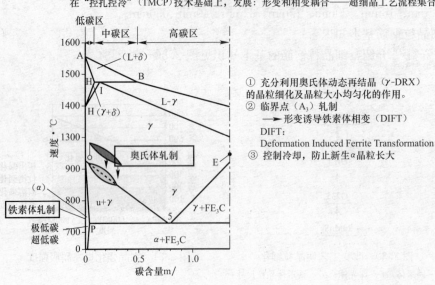

图 2.34   超细晶工艺流程集合

编者按：1. 2009 年 10 月 20 日，在中国科学院专报信息上刊登"两院院士关于加强微合金化高强抗震钢筋研究、应用与推广的建议"，详细论述该建议的技术依据和重要意义。

2. 现行行业标准《钢筋焊接及难收规程》JGJ 18—2012 表 4.1.1 中，规定了各种牌号钢筋的适用焊接方法。

2.4.6　余热处理钢筋 remained heat treatment ribbed steel bars for the reinforcement of concrete（RRB）[12]

RRB 400 余热处理钢筋是将 20MnSi 钢筋进行轧后余热处理，使其强度达到或大于 HRB 400 的要求。

轧后余热处理工艺是将终轧温度在 1000℃ 左右的钢筋，采用喷水，迅速将钢筋外层冷却到 M_s 点以下，利用钢材心部余热进行自回火。通过控制终轧温度、冷却水的水量、水压和冷却时间，以控制钢筋冷却速度和冷却后组织，从而获得不同性能等级的钢筋。上钢三厂余热处理设备平面布置示意图见图 2.35[13]。

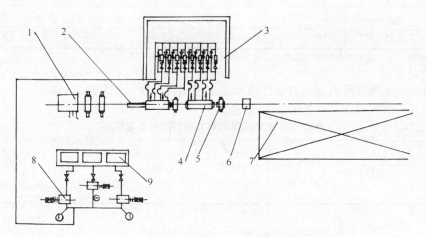

图 2.35　钢筋余热设备平面布置示意图

1—ϕ330 轧机；速度＝8.5m/s；2—滚道；3—仪表房；4—冷却器；5—夹送辊；

6—飞剪；7—冷床；8—高压泵；9—集水池

RRB 400 余热处理钢筋金相试验表明，其表层为回火索氏体，心部为细化的珠光体＋铁素体，过渡层为珠光体＋铁素体＋回火索氏体，见图 2.36～图 2.38。

图 2.36　ϕ25 余热处理钢筋由表层到心部（自左向右）显微组织　50×

回火索氏体具有较高的强度和很好的韧性。由此可见，轧后余热处理钢筋具有良好的综合性能。

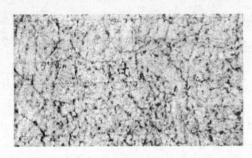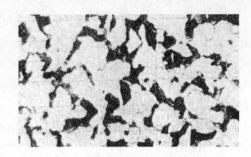

图 2.37　表层组织回火索氏体　500×　　　图 2.38　心部组织珠光体＋铁素体　500×

RRB 400 余热处理钢筋的化学成分应符合表 2.8 规定。

RRB 400 钢筋的化学成分　　　　　　　　　　　　表 2.8

表面形状	钢筋牌号	原材牌号	化学成分（%）				
			C	Si	Mn	P	S
						不大于	
月牙形	RRB 400 (KL400)	20MnSi	0.17～0.25	0.40～0.80	1.20～1.60	0.045	0.045

注：钢中铬、镍、铜的残余含量应各不大于 0.30%，其总量不大于 0.60%。

RRB 400 余热处理钢筋的力学性能和工艺性能应符合表 2.9 规定。

RRB 400 余热处理钢筋力学性能和工艺性能　　　　　表 2.9

表面形状	钢筋牌号	公称直径 (mm)	屈服点 σ_s (MPa)	抗拉强度 σ_b (MPa)	伸长率 δ (%)	冷弯 d—弯心直径 a—钢筋公称直径	代号
			不 小 于				
月牙形	RRB 400 (KL400)	8～25 28～40	440	600	14	90° $d=3a$ 90° $d=4a$	Φ^R

2.4.7　预应力混凝土用钢棒 steel bars prestressed conrete

许多管桩钢筋骨架采用高强度预应力混凝土用钢棒与 Q235 低碳钢热轧圆盘条自动电阻点焊制成。

根据现行国家标准《预应力混凝土用钢棒》GB/T 52233—2005 规定[14]，钢棒的表面形状分为光圆钢棒、螺旋槽钢棒、螺旋肋钢棒、带肋钢棒四种。

代号

预应力混凝土用钢棒　　　　PCB

光圆钢棒　　　　　　　　　P

螺旋槽钢棒　　　　　　　　HG

螺旋肋钢棒　　　　　　　　HR

带肋钢棒　　　　　　　　　R

普通松弛　　　　　　　　　N

低松弛　　　　　　　　　　L

制造钢棒用原材料为低合金钢热轧圆盘条；杂质含量应符合；（％）

S 不大于 0.025；P 不大于 0.025；Cu 不大于 0.25。

制造方法

热轧盘条经冷加工后（或不经冷加工）淬火和回火所得。

螺旋槽钢棒公称直径、横截面积、重量、抗拉强度、延伸强度应符合表 2.10 的规定。伸长特性应符合表 2.11 的规定。

钢棒的公称直径、横截面积、重量及性能　　　　　　　　　表 2.10

表面形状类型	公称直径 D_N （mm）	公称横截面积 S_n （mm）	横截面积 S （mm²）		每米参考重量 （g/m）	抗拉强度 R_m 不小于（MPa）	规定非比例延伸强度 $R_{p0.2}$ 不小于（MPa）
			最小	最大			
螺旋槽	7.1	40	39.0	41.7	314	1018 1230 1420 1570	930 1080 1280 1420
	9	64	62.4	66.5	502		
	10.7	90	87.5	93.6	707		
	12.6	125	121.5	129.5	981		

伸长特性要求　　　　　　　　　表 2.11

延性级别	最大力总伸长率，A_{gt} （％）	断后伸长率（$L_0 = 8d_n$）A （％）不小于
延性 35	3.5	7.0
延性 25	2.5	5.0

注 1：日常检验可用断后伸长率，仲裁试验以最大力总伸长率为准。

注 2：最大力总伸长率标距 $L_0 = 200$mm。

注 3：断后伸长率标距 L_0 为钢棒公称直径的 8 倍，$L_0 = 8d_n$。

螺旋槽钢棒的尺寸及偏差应符合表 2.12 的规定，外形见图 2.39 和图 2.40。

螺旋槽钢棒的尺寸及偏差　　　　　　　　　表 2.12

公称直径 D_n （mm）	螺旋槽数量（条）	外轮廓直径及偏差		螺旋槽尺寸				导程及偏差	
		直径 D （mm）	偏差 （mm）	深度 a （mm）	偏差 （mm）	宽度 b （mm）	偏差 （mm）	导程 （mm）	偏差 （mm）
7.1	3	7.75	±0.15	0.20		1.70			
9	6	9.5		0.30	±0.10	1.50	±1.10	公称直径的十倍	±10
10.7	6	11.10	±0.20	0.30		2.00			
12.6	6	13.10		0.45	±0.15	2.20			

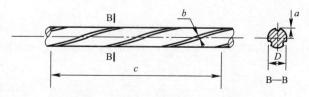

图 2.39　3 条螺旋槽钢棒外形示意图

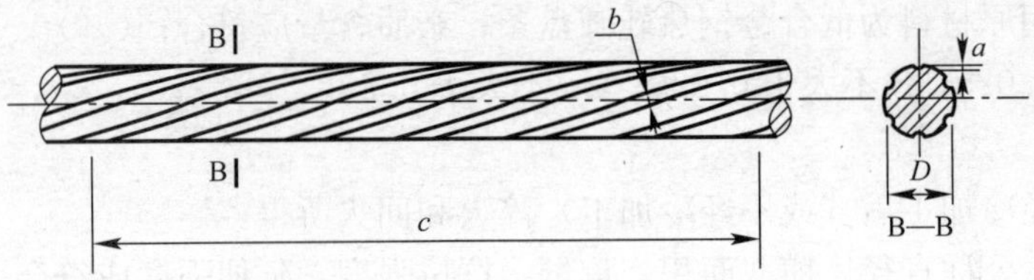

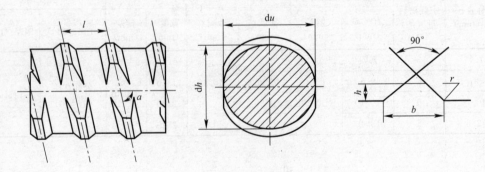

图 2.40　6 条螺旋槽钢棒外形示意图

2.4.8　预应力混凝土用螺纹钢筋[15] Screw-thread steel bars for the prestressing of concrete

现行国家标准《预应力混凝土用螺纹钢筋》GB/T 20065—2006 主要规定如下：

1. 术语

（1）螺纹钢筋 screw—thread steel bars

本标准定义的螺纹钢筋是一种热轧成带有不连续的外螺纹的直条钢筋，该钢筋在任意截面处，均可用带有匹配形状的内螺纹的连接器或锚具进行连接或锚固。

（2）公称截面面积 nominal circle arca

不含螺纹的钢筋截面面积

（3）有效截面系数 coefficient of efficiency section

钢筋公称截面面积与理论截面面积（含螺纹的截面面积的比值。）

2. 强度等级代号

预应力混凝土用螺纹钢筋以屈服强度划分级别，其代号为"PSB"加上规定屈服强度最小值表示。P、S、B 分别为 Prestressing、Screw、Bars 的英文首位字母。例如：PSB830 表示屈服强度最小值为 830MPa 的钢筋。

3. 公称直径范围及推荐直径

钢筋的公称直径范围为 18～50mm，本标准推荐的钢筋公称直径为 25mm、32mm。可根据用户要求提供其他规格的钢筋。

4. 钢筋外形采用螺纹状无纵肋且钢筋两侧螺纹在同一螺旋线上，其外形如图 2.41 所示。

图 2.41　钢筋表面及截面形状

dh—基圆直径；du—基圆直径；h—螺纹高；b—螺纹底宽；l—螺距；r—螺纹根弧；a—导角

5. 牌号及化学成分

钢筋钢的熔炼分析中，硫、磷含量不大于 0.035%。生产厂应进行化学成分和合金元素的选择。

6. 力学性能

钢筋的力学性能应符合表 2.13 的规定。

钢筋的力学性能 表 2.13

级别	屈服强度 R_{eL}（MPa）	抗拉强度 R_m（MPa）	断后伸长率 A（%）	最大力下总伸长率 A_{gt}（%）	应力松弛性能	
					初始应力	1000h 后应力松弛 V_r（%）
	不小于					
PSB785	785	980	7	3.5	$0.8R_{eL}$	≤3
PSB830	830	1030	6			
PSB930	930	1080	6			
PSB1080	1080	1230	6			

注：无明显屈服时，用规定非比例延伸强度（$R_{p0.2}$）代替（据悉，国外有用于普通混凝土的低强度精轧螺纹钢筋）。

2.4.9　冷轧带肋钢筋[16] cold-rolled ribbed steel wires and bars

热轧圆盘条经冷轧后，在其表面带有沿长度方向均匀分布的三面或二面横肋的钢筋，见图 2.42 和图 2.43。冷轧带肋钢筋分为 CRB500、CRB650、CRB800、CRB970 四个牌号。CRB550 为普通钢筋混凝土用钢筋，其他牌号为预应力混凝土用钢筋。

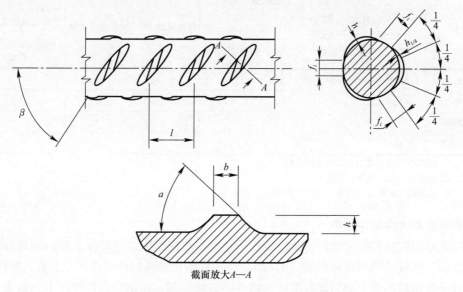

图 2.42　三面肋钢筋表面及截面形状

a—横肋斜角；β—横肋与钢筋轴线夹角；h—横肋中点高；

l—横肋间距；b—横肋顶宽；f_i—横肋间隙

CRB550 钢筋的公称直径范围为 4～12mm。CRB650 及以上牌号钢筋的公称直径为 4mm、5mm、6mm。其力学性能和工艺性能见表 2.14。

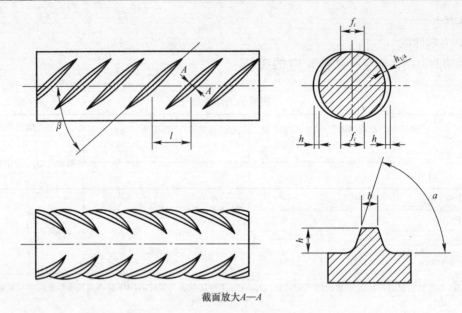

截面放大A—A

图 2.43　二面肋钢筋表面及截面形状

a—横肋斜角；β—横肋与钢筋轴线夹角；h—横肋中点高度；

l—横肋间距；b—横肋顶宽；f_i—横肋间隙

冷轧带肋钢筋力学性能和工艺性能　　　　　　　　　　　表 2.14

牌号	$R_{P0.2}$（MPa）不小于	R_m（MPa）不小于	伸长率（%）不小于		弯曲试验 180°	反复弯曲次数	应力松弛初始应力应相当于公称抗拉强度的 70%
			$A_{11.3}$	A_{100}			1000h 松弛率（%）不大于
CRB550	500	550	8.0	—	$D = 3d$	—	—
CRB650	585	650	—	4.0	—	3	8
CRB800	720	800	—	4.0	—	3	8
CRB970	875	970	—	4.0	—	3	8

注：1. 表中 D 为弯芯直径；d 为钢筋公称直径；

　　2. 强度 $R_m/R_{p0.2}$ 比不得小于 1.03；

　　3. 经供需双方协议可用 $A_{gt} \geqslant 2.0\%$ 代替 A。

钢筋的最大均匀伸长率[17]

冷轧带肋钢筋拉断时测得的极限伸长率是由分布在整个试件长度上的均匀延伸和集中在"颈缩"区域的局部延伸组成（图 2.44）。钢筋的延性对构件的破坏形态有直接的影响，确切地说是钢筋的最大均匀伸长率影响构件的破坏形态。在钢筋的拉伸图上，最大荷载点（B 点）所对应的变形即是钢筋的最大均匀伸长率（图 2.45）从 B 点开始钢筋产生"颈缩"，在 B 点前钢筋的变形理论可以假定为均匀的，即钢筋在各部分的相对伸长是相等的。这是因为在 B 点以前的变形过程中，当某部位产生塑性变形，该部位就立即强化，强化后再变形就需要更大的应力，于是变形开始"转移"，未强化部位，从而使变形不是集中于某一局部区域，而是时刻在"转移"，促使钢筋成为均匀变形。但随着变形增加，形变强化能力逐渐减弱，至"颈缩"出现的瞬间（即 B 点）均匀变形能力达到最大值，故称为最大均匀伸长率（ε_{max}），而形变强化能力却趋于最小值。继续变形时，形变强化的作用不能使变形"转移"，致使变形集中在某一处，产生"颈缩"，使该处截面急剧减小，比较小荷载就可继续变形，造成曲线开始下降，最后钢筋拉断。上述的荷载—变形过程表明，对于无明显屈服点的冷轧带肋钢筋，只有最大荷载点（B 点）以前钢筋的承载能力和变形值对构件的破坏形态有直接影响，最大均匀伸长率是衡量钢筋延性的主要内容。

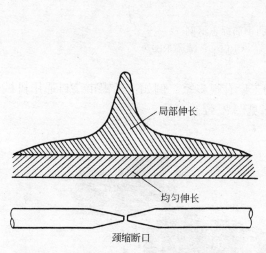

图 2.44　钢筋伸长率沿试件长度分布示意图　　　图 2.45　冷轧带肋钢筋应力-变形关系

　　冷轧带肋钢筋进行弯曲试验时，受弯曲部位表面不得产生裂纹。反复弯曲试验的弯曲半径应符合表 2.15 规定。

反复弯曲试验的弯曲半径　　　　　　　　　　　　　　　　表 2.15

钢筋公称直径（mm）	4	5	6
弯曲半径（mm）	10	15	15

　　冷轧带肋钢筋用盘条的参考牌号和化学成分见表 2.16。

冷轧带肋钢筋用盘条的参考牌号和化学成分　　　　　　　　　表 2.16

钢筋	盘条牌号	化学成分（%）					
		C	Si	Mn	V、Ti	S	P
CRB550	Q215	0.09～0.15	≤0.30	0.25～0.55	—	≤0.050	≤0.045
CRB650	Q235	0.14～0.22	≤0.30	0.30～0.65	—	≤0.50	≤0.045
CRB800	24MnTi	0.19～0.27	0.17～0.37	1.20～1.60	Ti：0.01～0.05	≤0.045	0.045
	20MnSi	0.17～0.25	0.40～0.80	1.20～1.60	—	≤0.045	≤0.045
CRB970	41MnSiV	0.37～0.45	0.60～1.10	1.00～1.40	V：0.05～0.12	≤0.045	≤0.045
	60	0.57～0.65	0.17～0.37	0.50～0.80	—	≤0.035	0.035

四种牌号冷轧带肋钢筋的识别标志见图 2.46。

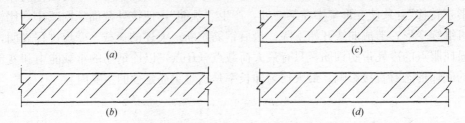

图 2.46 冷轧带肋钢筋标志示例

(*a*) CRB550；(*b*) CRB650；(*c*) CRB800；(*d*) CRB970

在国内，制造冷轧带肋钢筋生产线设备的工厂有很多家。例如：无锡市荡口通用机械有限公司制程的 ZJ-7A、ZJ-10A 型生产线设备见图 2.47。

图 2.47 ZJ-7A、ZJ-10A 冷轧带肋钢筋生产线

2.4.10 冷轧扭钢筋[18] cold-rolled and twisted bars

冷轧扭钢筋是由低碳钢热轧圆盘条经专用钢筋冷轧扭机调直、冷轧并冷扭（或冷滚）一次成型，具有规定截面形状和相应节距的连续螺旋状钢筋，见图 2.48。

1. 术语

(1) 节距（l_1）pitch

冷轧扭钢筋截面位置沿钢筋轴线旋转变化［Ⅰ型为二分之一周期（180°），Ⅱ型为四分之一周期（90°），Ⅲ型为三分之一周期（120°）］的前进距离（见图 2.48）。

(2) 截面控制尺寸 controlled dimensions of section

冷轧扭钢筋成型控制的尺寸，根据截面形式可分为：

1）当截面是近似矩形时为较小边尺寸，称轧扁厚度 rolled thickness（t_1）；

2）当截面是近似正方形时为边长（a_1）；

3）当截面是近似圆形时为其外圆直径（d_1）。

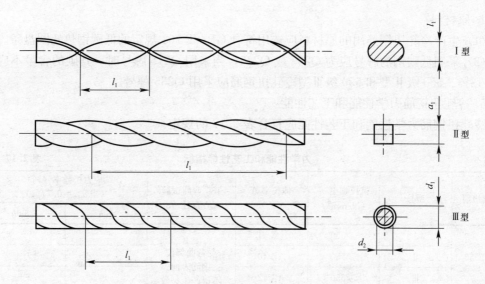

图 2.48 冷轧扭钢筋形状及截面控制尺寸

（3）标志直径 marked diameter

冷轧扭钢筋加工前原材料（母材）的公称直径（d）。

（4）外圆直径 diameter of outer circle

带螺旋状纵肋的Ⅲ型冷轧扭钢筋的外圆直径（d_1）。

2. 分类

冷轧扭钢筋按其截面形状不同分为三种类型：

① 近似矩形截面为Ⅰ型；

② 近似正方形截面为Ⅱ型；

③ 近似圆形截面为Ⅲ型。

冷轧扭钢筋按其强度级别不同分为二级：

① 550 级；

② 650 级。

3. 标记

冷轧扭钢筋的标记由产品名称代号，强度级别代号、标志代号、主参数代号以及类型代号组成。

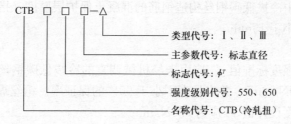

示例 1：冷轧扭钢筋 550 级Ⅱ型，标志直径 10mm，标记为：CTB550ϕ^T10—Ⅱ。

示例 2：冷轧扭钢筋 650 级Ⅲ型，标志直径 8mm，标记为：CTB650ϕ^T8—Ⅲ。

4. 原材料

（1）生产冷轧扭钢筋用的原材料应选用符合 GB/T 701 规定的低碳钢热轧圆盘条。

（2）采用低碳钢的牌号应为 Q235 或 Q215，当采用 Q215 牌号时，其碳的含量不应低于 0.12%。550 级 Ⅱ 型和 650 级 Ⅲ 型冷轧扭钢筋应采用 Q235 牌号。

5. 冷轧扭钢筋力学性能和工艺性能

冷轧扭钢筋力学性能和工艺性能应符合表 2.17 的规定。

力学性能和工艺性能指标　　　　　　　　　　　　　　表 2.17

强度级别	型号	抗拉强度 σ_b (N/mm²)	伸长率 A (%)	180°弯曲试验 (弯心直径=3d)	应力松弛率（%）（当 $\sigma_{con}=0.7f_{ptk}$）	
					10h	1000h
CTB550	Ⅰ	≥550	$A_{11.3}$≥4.5	受弯曲部位钢筋表面不得产生裂纹	—	—
	Ⅱ	≥550	A≥10		—	—
	Ⅲ	≥550	A≥12		—	—
CTB650	Ⅲ	≥650	A_{100}≥4		≤5	≤8

注 1：d 为冷轧扭钢筋标志直径。

注 2：A、$A_{11.3}$ 分别表示以标距 $5.65\sqrt{S_0}$ 或 $11.3\sqrt{S_0}$（S_0 为试样原始截面面积）的试样拉断伸长率，A_{100} 表示标距为 100mm 的试样拉断伸长率。

注 3：σ_{con} 为预应力钢筋张拉控制应力；f_{ptk} 为预应力冷轧扭钢筋抗拉强度标准值。

2.4.11　冷拔低碳钢丝[19]

现行行业标准《冷拔低碳钢丝应用技术规程》JGJ 19—2010 已经发布实施。

1. 一般规定

（1）冷拔低碳钢丝宜作为构造钢筋使用，作为结构构件中纵向受力钢筋使用时应采用钢丝焊接网。冷拔低碳钢丝不得作预应力钢筋使用。

（2）作为箍筋使用时，冷拔低碳钢丝的直径不小于 5mm，间距不应大于 20mm，构造应符合国家现行相关标准的有关规定。

（3）采用冷拔低碳钢丝的混凝土构件，混凝土强度等级不应低于 C20。预应力混凝土桩、钢筋混凝土排水管、环形混凝土电杆中的混凝土强度等级尚应符合有关标准的规定。混凝土强度和弹性模量应按现行国家标准《混凝土结构设计规范》GB 50010 的有关规定取值。

（4）混凝土构件中冷拔低碳钢丝构造钢筋的混凝土保护层厚度（指钢丝外边缘至混凝土表面的距离）不应小于 15mm。

2. 强度标准值

冷拔低碳钢丝的强度标准值 f_{stk} 应由未经机械调直的冷拔低碳钢丝抗拉强度表示。强度标准值 f_{stk} 应为 550N/mm²，并应具有不小于 95% 的保证率。钢丝焊接网和焊接骨架中冷拔低碳钢丝抗拉强度设计值 f_y 应为 320N/mm²。

3. 母材牌号及直径

冷拔低碳钢丝的母材牌号及直径可按表 2.18 的规定确定。冷拔加工时，每次拉拔的面缩率不宜大于 25%。

冷拔低碳钢丝直径（mm）	母材牌号	母材直径（mm）
3	Q195、Q215	6.5、6
4	Q195、Q215	6.5、6
5	Q215、Q235、HPB235	6.5、8
6	Q215、Q235、HPB235	8
7	Q215、Q235、HPB235	10
8	Q235、HPB235	10

4. 钢丝焊接网外观质量检查

钢丝焊接网的外观质量应符合下列规定：

（1）钢丝焊接网表面不得有影响使用的缺陷；

（2）钢丝焊接网交叉点开焊数量不应超过整张网片交叉点总数的 1%；任一根钢丝上开焊点数不得超过该根钢丝上交叉点总数的 50%；钢丝焊接网最外边钢丝上的交叉点不得开焊。

5. 钢筋焊接网的拉伸试验和反复弯曲试验

钢丝焊接网拉伸试验和反复弯曲试验应符合下列规定：

（1）应在所抽取网片的纵、横向钢丝上各截取 2 根，分别进行拉伸试验和反复弯曲试验。每个试样应含有不少于 1 个焊接点。钢丝焊接网试样长度应足以保证夹具之间的距离不小于 180mm。

（2）拉伸试验结果中抗拉强度实测值不应小于 500N/mm²。

6. 钢筋焊接网的抗剪试验

钢丝焊接网的抗剪试验应符合下列规定：

应在所抽取的同一根非受力钢丝（或直径较小的钢丝）上随机截取 3 个试样进行试验。每个试样应含有 1 个焊接点，钢丝焊接网试样长度应足以保证夹具范围之外的受力钢丝长度不小于 200mm

受力钢丝焊接网焊点的抗剪力应符合下列规定：

$$F \geqslant 150 A_s$$

系数 150 的单位为 N/mm²。（注：150＝500×0.3）

式中　F——实测抗剪力（N）；

　　　A_s——受拉钢丝面积（mm²）。

试验结果平均值合格时，可判定该检验批检验合格。

冷拔低碳钢丝可用作预应力混凝土桩中焊接骨架的螺旋筋。

冷拔低碳钢丝可用作钢筋混凝土排水管中焊接骨架的纵向钢筋及环向钢筋。

2.4.12 钢筋中合金元素的影响

在钢中，除绝大部分是铁元素外，还存在很多其他元素。在钢筋中，这些元素有：碳、硅、锰、钒、钛、铌等；此外还有杂质元素硫、磷，以及可能存在的氧、氢、氮。

碳（C）：碳与铁形成化合物渗碳体，分子式 Fe_3C，性硬而脆。随着钢中含碳量的增加，钢中渗碳体的量也增多，钢的硬度、强度也提高，而塑性、韧性则下降，性能变脆，焊接性能也随之变坏。

硅（Si）：硅是强脱氧剂，在含量小于 1% 时，能使钢的强度和硬度增加；但含量超过

2%时，会降低钢的塑性和韧性，并使焊接性能变差。

锰（Mn）：锰是一种良好的脱氧剂，又是一种良好的脱硫剂。锰能提高钢的强度和硬度；但如果含量过高，会降低钢的塑性和韧性。

钒（V）：钒是良好的脱氧剂，能除去钢中的氧，钒能形成碳化物碳化钒，提高钢的强度和淬透性。

钛（Ti）：钛与碳形成稳定的碳化物，能提高钢的强度和韧性，还能改善钢的焊接性。

铌（Nb）：铌作为微合金元素，在钢中形成稳定的化合物碳化铌，（NbC）、氮化铌（NbN），或它们的固溶体 Nb（CN），弥散析出，可以阻止奥氏体晶粒粗化，从而细化铁素体晶粒，提高钢的强度。

硫（S）：硫是一种有害杂质。硫几乎不溶于钢，它与铁生成低熔点的硫化铁（FeS），导致热脆性。焊接时，容易产生焊缝热裂纹和热影响区出现液化裂纹，使焊接性能变坏，硫以薄膜形式存在于晶界，使钢的塑性和韧性下降。

磷（P）：磷亦是一种有害杂质。磷使钢的塑性和韧性下降，提高钢的脆性转变温度，引起冷脆性。磷还恶化钢的焊接性能，使焊缝和热影响区产生裂纹。

除此之外，钢中还可能存在氧、氢、氮，部分是从原材料中带来的；部分是在冶炼过程中从空气中吸收的，氧、氮超过溶解度时，多数以氧化物、氮化物形式存在。这些元素存在均会导致钢材强度、塑性、韧性的降低，使钢材性能变坏。但是，当钢中含有钒元素时，由于 VN 的存在，能起到沉淀强化、细化晶粒等有利作用。

2.4.13　钢筋的公称横截面面积与公称质量

钢筋的公称横截面面积与公称质量见表 2.19。

钢丝及钢筋公称横截面面积与公称质量　　　　　　　　　表 2.19

公称直径 （mm）	公称横截面面积 （mm^2）	公称质量 （kg/m）	公称直径 （mm）	公称横截面面积 （mm^2）	公称质量 （kg/m）
3	7.07	0.056	14	153.9	1.21
4	12.57	0.099	16	201.1	1.58
5	19.64	0.154	18	254.5	2.00
5.5	23.76	0.187	20	314.2	2.47
6	28.27	0.222	22	380.1	2.98
6.5	33.18	0.261	25	490.9	3.85
7	38.48	0.302	28	615.8	4.83
8	50.27	0.395	32	804.2	6.31
9	63.62	0.499	36	1018	7.99
10	78.54	0.617	40	1257	9.87
12	113.1	0.888	50	1964	15.42

注：表中公称质量按钢材密度为 7.85cm^3 计算。

2.5　进场钢筋复验和钢筋加工的规定

编者按： 本节内容摘自现行国家标准《混凝土结构工程施工质量验收规范》GB 50204—2002（2010 年版）[20]，节号、条号均未改动。

5.2 原 材 料

主控项目

5.2.1 钢筋进场时，应按国家现行相关标准的规定抽取试件作力学性能和重量偏差检验，检验结果必须符合有关标准规定。

检查数量：按进场的批次和产品的抽样检验方案确定。

检验方法：检查产品合格证、出厂检验报告和进场复验报告。

【说明】钢筋对混凝土结构的承载能力至关重要，对其质量应从严要求。本次局部修定根据建筑钢筋市场的实际情况，增加了重量偏差作为钢筋进场验收的要求。

与热轧光圆钢筋、热轧带肋钢筋、余热处理钢筋、钢筋焊接网性能及检验相关的国家现行标准有：《钢筋混凝土用钢 第 1 部分：热轧光圆钢筋》GB 1499.1、《钢筋混凝土用钢 第 2 部分：热轧带肋钢筋》GB 1499.2、《钢筋混凝土用余热处理钢筋》GB 13014、《钢筋混凝土用钢 第 3 部分：钢筋焊接网》GB 1499.3。与冷加工钢筋性能及检验相关的国家现行标准有：《冷轧带肋钢筋》GB 13788、《冷轧扭钢筋》JG 190 及《冷轧带肋钢筋混凝土结构技术规程》JGJ 95、《冷轧扭钢筋混凝土构件技术规程》JGJ 115、《冷拔低碳钢丝应用技术规程》JGJ 19 等。

钢筋进场时，应检查产品合格证和出厂检验报告，并按相关标准的规定进行抽样检验。由于工程量、运输条件和各种钢筋的用量等的差异，很难对钢筋进场的批量大小作出统一规定。实际检查时，若有关标准中对进场检验作了具体规定，应遵照执行；若有关标准中只有对产品出厂检验的规定，则在进场检验时，批量应按下列情况确定：

1. 对同一厂家、同一牌号、同一规格的钢筋，当一次进场的数量大于该产品的出厂检验批量时，应划分为若干个出厂检验批量，按出厂检验的抽样方案执行；

2. 对同一厂家、同一牌号、同一规格的钢筋，当一次进场的数量小于或等于该产品的出厂检验批量时，应作为一个检验批量，然后按出厂检验的抽样方案执行。

3. 对不同时间进场的同批钢筋，当确有可靠依据时，可按一次进场的钢筋处理。

本条的检验方法中，产品合格证、出厂检验报告是对产品质量的证明资料，应列出产品的主要性能指标；当用户有特别要求时，还应列出某些专门检验数据，有时，产品合格证、出厂检验报告可以合并。进场复验报告是进场抽样检验的结果，并作为材料能否在工程中应用的判断依据。

5.2.2 对有抗震设防要求的结构，其纵向受力钢筋的性能应满足设计要求；当设计无具体要求时，对按一、二、三级抗震等级设计的框架和斜撑构件（含梯段）中的纵向受力钢筋应采用 HRB335E、HRB400E、HRB500E、HRBF335E、HRBF400E 或 HRBF500E 钢筋，其强度和最大力下总伸长率的实测值应符合下列规定：

1 钢筋的抗拉强度实测值与屈服强度实测值的比值不应小于 1.25；

2 钢筋的屈服强度实测值与屈服强度标准值的比值不应大于 1.30；

3 钢筋的最大力下总伸长率不应小于 9%。

检查数量：按进场的批次和产品的抽样检验方案确定。

检验方法：检查进场复验报告。

【说明】根据新颁布的国家标准《混凝土结构设计规范》GB 50010、《建筑抗震设计规范》GB 50011 的规定，本条提出了针对部分框架、斜撑构件（含梯段）中纵向受力钢筋强度、伸长率的规定，其目的是保证重要结构构件的抗震性能。本条第 1 款中抗拉强度实测值与屈服强度实测值的比值工程中习惯称为"强屈比"，第 2 款中屈服强度实测值与屈服强度标准值的比值工程中习惯称为"超强比"或"超屈比"，第 3 款中最大力下总伸长率习惯称为"均匀伸长率"。

本条中的框架包括各类混凝土结构中的框架梁、框架柱、框支梁、框支柱及板柱—抗震墙的柱等，其抗震等级应根据国家现行相关标准由设计确定；斜撑构件包括伸臂桁架的斜撑、楼梯的梯段等，相关标准中未对斜撑构件规定抗震等级，所有斜撑构件均应满足本条规定。

牌号带"E"的钢筋是专门为满足本条性能要求生产的钢筋，其表面轧有专用标志。

本条为强制性条文，应严格执行。

5.2.3　当发现钢筋脆断、焊接性能不良或力学性能显著不正常等现象时，应对该批钢筋进行化学成分检验或其他专项检验。检验方法：检查化学成分等专项检验报告。

【说明】在钢筋分项工程施工过程中，若发现钢筋性能异常，应立即停止使用，并对同批钢筋进行专项检验。

一般项目

5.2.4　钢筋应平直、无损伤，表面不得有裂纹、油污、颗粒状或片状老锈。

检查数量：进场时和使用前全数检查。

检验方法：观察。

【说明】为了加强对钢筋外观质量的控制，钢筋进场时和使用前均应对外观质量进行检查。弯折钢筋不得敲直后作为受力钢筋使用。钢筋表面不应有颗粒状或片状老锈，以免影响钢筋强度和锚固性能。本条也适用于加工以后较长时期未使用而可能造成外观质量达不到要求的钢筋半成品的检查。

5.3　钢筋加工
主控项目

5.3.2A　钢筋调直后应进行力学性能和重量偏差的检验，其强度应符合有关标准的规定。

盘卷钢筋和直条钢筋调直后的断后伸长率、重量负偏差应符合表 5.3.2A 的规定。

表 5.3.2A　盘卷钢筋和直条钢筋调直后的断后伸长率、重量负偏差要求

钢筋牌号	断后伸长率 A（%）	重量负偏差（%）		
		直径 6～12mm	直径 14～20mm	直径 22～50mm
HRB235、HRB300	≥21	≤10	—	—
HRB335、HRBF335	≥16	≤8	≤6	≤5
HRB400、HRBF400	≥15			
HRB400	≥13			
HRB500、HRBF500	≥14			

注：1. 断后伸长率 A 的量测标距为 5 倍钢筋公称直径；
　　2. 重量总偏差（%）按公式 $(W_0-W_d)/W_0 \times 100$ 计算，其中 W_0 为钢筋理论重量（kg/m），W_d 为调直后钢筋的实际重量（kg/m）；
　　3. 对直径为 28～40mm 的带肋钢筋，表中断后伸长率可降低 1%；直径大于 40mm 的带肋钢筋，表中断后伸长率可降低 2%。

采用无延伸功能的机械设备调直的钢筋，可不进行本条规定的检验。

检查数量：同一厂家、同一牌号、同一规格调直钢筋，重量不大于 30t 为一吨；每批见证取 **3** 个试件。

检验方法：3 个试件先进行重量偏差检验，再取其中 **2** 个试件经时效处理后进行力学性能检验。检验重量偏差时，试件切口应平滑且与长度方向垂直，且长度不应小于 **500mm**；长度和重量的量测精度分别不应低于 **1mm** 和 **1g**。

【说明】本条规定了钢筋调直后力学性能和重量偏差的检验要求，为本次局部修订新增条文，所有用于工程的调直钢筋均应按本条规定执行。钢筋调直包括盘卷钢筋的调直和直条钢筋的调直两种情况。直条钢筋调直指直条供货钢筋对焊后进行冷拉，调直连接点处弯折并检验焊接接头质量。增加本条检验规定是为加强对调直后钢筋性能质量的控制，防止冷拉加工过度改变钢筋的力学性能。

钢筋的相关国家现行标准有：《钢筋混凝土用钢 第 1 部分：热轧光圆钢筋》GB 1449.1、《钢筋混凝土用钢 第 2 部分：热轧带肋钢筋》GB 1499.2、《钢筋混凝土用余热处理钢筋》GB 13014 等。表 5.3.2A 规定的断后伸长率、重量负偏差要求是在上述标准规定的指标基础上考虑了正常冷拉调直对指标的影响给出的，并按新颁布的国家标准《混凝土结构设计规范》GB 50010 的规定增加了部分钢筋新品种。

对钢筋调直机械设备是否有延伸功能的判定，可由施工单位检查并经监理（建设）单位确认；当不能判定或对判定结果有争议时，应按本条规定进行检验。对于场外委托加工或专业化加工厂生产的成型钢筋、相关人员应到加工设备所在地进行检查。

钢筋冷拉调直后的时效处理可采用人工时效方法，即将试件在 100℃ 沸水中煮 60min，然后在空气中冷却至室温。

一 般 项 目

5.3.3 钢筋宜采用无延伸功能的机械设备进行调直，也可采用冷拉方法调直。当采用冷拉方法调直时，HPB235、HPB300 光圆钢筋的冷拉率不宜大于 4%；HRB335、HRB400、HRB500、HRBF335、HRBF400、HRBF500 及 RRB400 带肋钢筋的冷拉率不宜大于 1%。

检查数量：每工作班按同一类型钢筋、同一加工设备抽查不应少于 3 件。

检验方法：观察，钢筋检查。

【说明】本条规定了钢筋调直加工过程控制要求。钢筋调直宜采用机械调直方法，其设备不应有延伸功能。当采用冷拉方法调直时，应按规定控制冷拉率，以免过度影响钢筋的力学性能。本条规定的冷拉率指冷拉过程中的钢筋伸长率。

2.6　钢筋加工设备

2.6.1　钢筋矫直切断机

钢筋盘条在使用前，需要矫直切断，国内有众多厂家生产各种型号的矫直切断机。

1. 显前牌 CTS 系列新Ⅲ级钢筋数控开卷矫直切断机

由湖南衡阳前进线材机器有限公司制造的 CTS 系列新Ⅲ级钢筋数控开卷矫直切断机的外形见图 2.49。

该机具有高效率、低能耗、无连切、操作简单、维护方便、结构紧凑、机电一体化等

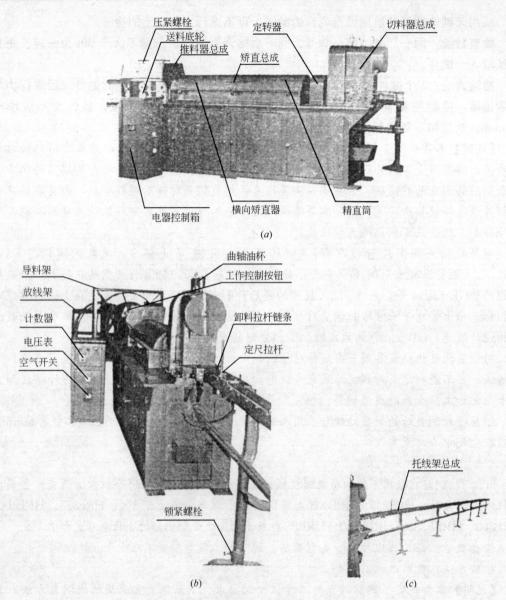

图 2.49　显前牌数控全能型钢筋矫直切断机
(a) 主机及控制箱正面；(b) 侧面；(c) 托线架总成

特点，主要技术参数如下：

　　(1) 钢筋直径：$\phi6\sim\phi14$；

　　(2) 矫直速度 $20\sim60$m/min；

　　(3) 定尺长度 $600\sim9000$mm（可增至 15mm）；

　　(4) 定长精度：±2mm；

　　(5) 平直度：2mm/m；

　　(6) 纵筋无扭转，肋无损伤；

　　(7) 整机动率：7.5kW；

　　(8) 整机质量：3860kg；

（9）外形尺寸：长×宽×高

13000mm×760mm×1460mm。

安装、调式、操作：

（1）主机和托线架为同一水平面混凝土基础，其厚度宜在150mm上，主机调整为最佳位置后，用地脚螺栓固紧。

（2）安装托线架时，按顺序安装好，与主机衔接后，并校好中心和水平，使托线平面与矫直中心、刀孔中心、导线筒中心位低19mm时，再锁紧好托线部位的锁紧螺钉和螺母。

（3）将定尺拉杆置于托线架上方的导套内，分三段或几段都用全螺纹螺栓连接，之后再与主机刀头连接好，并固好锁紧螺母。定尺挡板为任意可装位置（即按所需任意尺寸）；但必须保持挡板可来回拉动40mm无阻挡。否则，将托线架内固套拆除。尺寸变化时，将拆除的套及时安装上和移动导套位置，并保持前、后相邻导套安装在最近位置。

（4）将曲轴油杯注满20～40号机油，随时保持油杯有油，绝不允许使用废机油。

（5）电路为三相四线，按空气开关（即总开关）指示零线和相线位置接好（N字样为零线接处），进出线一致即可。合上总闸，此时计数器上数字为零，电压表上显示电压这380V左右（±10V），如任意不正常，立即查明原因，使之正常。之后，手动进料按钮，送料底轮为顺时针方向为正常，否则，对调任意相线位即可。

（6）根据矫直钢筋直径大小，更换送料轮。

（7）根据矫直钢筋直径大小，调节好横向轮位置，被调出的钢筋纵肋不扭转，纵横肋只许轻微去表面氧化皮为宜。

（8）根据矫直钢筋直径大小，对号调节好精直筒内轮位、角度等，被调直出的成品既直且不损坏外表为宜。

（9）根据矫直钢筋直径大小，ϕ6～9为高速，ϕ10～14为低速。

（10）当一盘圈钢筋将调完时，压紧定转轮螺栓，直到料全出旋转筒。此时，打开托料方杆，用手将料拉出，即可再工作。

2. LG4-12及LG10-20型自动校直切断机

无锡市荡口通用机械有限公司生产的LG4-12型自动校直切断机见图2.50。

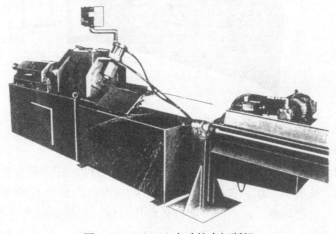

图2.50　LG4-12自动校直切断机

该调直机适用于预制厂及建筑工地对 $\phi4\sim\phi12$ 光圆钢筋和 $\phi4\sim\phi10$ HRB 400 钢筋的调直切断。该机具有对钢筋表面基本无划伤、强度无损失、直线度好、操作简便、调节方便、落料简便、生产效率高等特点。

切断长度：1500~15000mm

调直速度：≤3mm/m

直线度：35m/min

外形尺寸：长×宽×高（mm）

8600×680×1400

该公司生产 LG10-20 型自动校直切断机，适用于 $\phi10\sim\phi20$ 光圆钢筋或 $\phi10\sim\phi16$ 热轧带肋钢筋。

3. TF-YLGT 5/12B 型液压螺纹钢调直切断机

杭州腾飞拉丝机厂生产钢筋液压调直切断机有多种型号：

（1）TF-YLGT5/12-A 型；（2）TF-YGJ4/14-A 型；（3）TF-YLGT5/12-B 型；

（4）TF-YGT4/14-B 型；（5）TF-YGT6/12 型

以下 TF-YLGT5/12-B 型为例该机适用于水泥预制构件厂、冷轧带肋钢筋生产厂、水泥制品厂、建筑施工单位等，供直径 5~12mm 钢筋调直切断使用。该机能自动计数、计米，断面光滑，基本无划伤，具有强度损失小、直线度好、操作简便、调节方便之优点。

该机主要技术参数见表 2.20，外形见图 2.51。

TF-YLGT5/12-B 型调直切断机技术参数 表 2.20

调直切断圆钢筋直径	调直切断螺纹钢筋直径	切断长度误差	调直线速度
$\phi5\sim\phi12$mm	$\phi5\sim\phi10$mm	±5mm	45m/min
电机型号	剪切最短长度	外形尺寸	重量
7.5kW~4P	260mm	1750mm×550mm×1350mm	1000kg

图 2.51　TF-YLGT5/12-B 型调直切断机外形

4. GJC 系列钢筋定长剪切机

石家庄自动化研究所生产的 GJC 系列钢筋定长剪切机，其外形见图 2.52。该系列剪切机采用液压随动式剪切方法，定长精度高，应用范围广，其中 GJC-W 型剪切机能对冷轧带肋钢筋调直、定长切断，不伤肋。调直机操作简便，压紧采用凸轮式手柄，送料辊依据加工钢筋直径不同，以轴向方便地调整。GJC-Ⅱ型、Ⅲ型、Ⅳ型采用调直模调直钢筋，分别适用不同规格的冷拔或高强钢筋。

图 2.52 GJC 系列钢筋定长剪切机

GJC 系列定长剪切机采用液压传动，由单片计算机控制电磁阀动作，完成自动调直、定长切断钢筋。设备具有计数功能，显示下列根数，自动停车。

定长下料范围：1.9～12.2m，最长可加到16m；

下料长度误差：≤1mm；

调直切断速度：GJC-Ⅱ、Ⅲ、Ⅳ型为 30m/min；

GJC-W 型为 38m/min；

5. 全自动钢筋调直液压切断数控机

由广东佛山市华洋宇机械设备有限公司制造的华洋宇牌全自动钢筋调直液压切断数控机有 4 种型号，见表 2.21，其中 GT5-12-A 型和 G15-12-B 型的外形见图 2.53。

钢筋液压切断数控机主要技术参数　　　　　　　　　　　表 2.21

型号 技术参数	GT5-10-A	GT5-12-A	GT5-12-B	GT5-14-A
整机重量	200kg	250kg	280kg	380kg
适用线径	圆钢 $\phi5\sim10$mm 二级螺纹钢 $\phi6\sim8$mm	圆钢 $\phi5\sim12$mm 三级螺纹钢 $\phi6\sim10$mm	圆钢 $\phi5\sim12$mm 三级螺纹钢 $\phi6\sim10$mm	圆钢 $\phi5\sim14$mm 三级螺纹钢 $\phi6\sim12$mm
最大定尺长度	100m	100m	100m	100m
调直速度	40m/min	40m/min	40m/min	40m/min
功率	4kW	4kW	5.5kW	7.5kW
主轴转速	680r/min	680r/min	680r/min	680r/min
外形尺寸	136cm×53cm×106cm	140cm×62cm×115cm	140cm×62cm×115cm	160cm×72cm×125cm

切断方式：

采用液压随动切断，电脑数据处理，质量稳定，解决了普通调直切断机过程中钢筋无法输送引起的弯头、调直轮刷伤钢筋、钢筋发生缠绕、连切碎料头、定长精度差等的弊端。

优点：

1. 操作简单，效率高。

2. 采用电脑芯片集中控制，自动调直、自定尺寸、自动切断。

3. 自动储存批次，同时输入长度和数量。

4. 误差小，可精确到毫米。

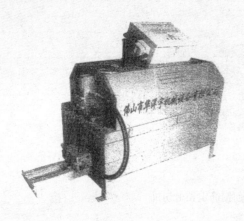 

GT5-12-A　　　　　　　　　　GT5-12-B

图 2.53　钢筋液压切断数控机外形

2.6.2　钢筋切断机

钢筋切断机是钢筋直条在施工中最常用的加工设备之一，国内有多家工厂生产。

GQ 系列钢筋切断机

陕西渭通农科股份有限公司黑虎建筑机械公司生产多种型号钢筋切断机，包括：GQ40-1 型为开启式切断机，齿轮用钢丝网保护，每分钟切断 32 次，见图 2.54；GQ40-3 型、GQ40-4 型为封闭型，见图 2.55，技术参数见表 2.22。该公司还开发生产半封闭半开启式结构 GQ40-5 型钢筋切断机和 GQ55 型切断机，很受施工单位的欢迎，技术参数见表 2.23。

 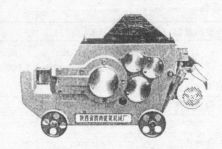

图 2.54　GQ40-1 型钢筋切断机　　　　图 2.55　GQ40-3 型、GQ40-4 型钢筋切断机

GQ 系列钢筋切断机技术参数　　　　　　　　　　　表 2.22

型　号	切断钢筋直径 (mm)	切断次数 (次/min)	电机型号	功率 (kW)	外形尺寸 (mm)	整机质量 (kg)
GQ60	6～60	25	Y132M-4	7.5	1930×880×1067	1200
GQ55	6～55	35	Y132S$_1$-2	5.5	1493×613×823	950
GQ50	6～50	40	Y112M-2	4	1280×580×615	705
GQ40-1	6～40	32	Y112M-4	4	1485×324×740	670
GQ40-3	6～40	28	Y90L-2	2.2	1142×324×661	470
GQ40-4	6～40	33	Y90L-2	2.2	1142×324×661	475

GQ40-5 型钢筋切断机技术参数 表 2.23

序号	项目		技术参数
1	切断钢筋直径（mm）	HPB 235 钢筋	6～40
		HRB 335 钢筋	6～32
2	动刀片每分钟往反次数		33
3	电动机	型号	Y90L-2
		功率（kW）	2.2kW
		电压（V）	380V
		转速（r/min）	2840
4	动刀行程（mm）		34
5	整机质量（kg）		490
6	外形尺寸	长（mm）	1142
		宽（mm）	480
		高（mm）	661

使用前的准备工作

1）旋开机器前部的吊环螺栓，向机内加入 20 号机械油约 5kg，使油达到油标上线即可，加完油后，拧紧吊环螺栓。

2）用手转动皮带轮，检查各部运动是否正常。

3）检查刀具安装是否正确劳固，两刀片侧隙是否在 0.1～0.5mm 范围内，必要时可在固定刀片侧面加垫（0.5mm、1mm 钢板）调整。

4）紧固各松动的螺栓，紧固防护罩，清理机器上和工作场地周围的障碍物。

5）电器线路应完好无损、安全接地。接线时，应使飞轮转动方向与外罩箭头方向一致。

6）给针阀式油杯内加足 20 号机械油，调整好滴油次数，使其每分钟滴 8～10 次，并检查油滴是否准确地滴入 M7 齿圈和离合器体的结合面凹槽处，空运转前滴油时间不得少于 5min。

7）空运转 10min，踩踏离合器 3～5 次，检查机器运转是否正常。如有异常现象应立即停机，检查原因，排除故障。

使用时注意事项：

1）机器运转时，禁止进行任何清理及修理工作。

2）机器运转时，禁止取下防护罩，以免发生事故。

3）钢筋必须在刀片的中下部切断，以延长机器的使用寿命。

4）钢筋只能用锋利的刀具切断，如果产生崩刃或刀口磨钝时，应及时更换或修磨刀片。

5）机器启动后，应在运转正常后开始切料。

6）机器工作时，应避免在满负荷下连续工作，以防电机过热。

7）切断多根钢筋时，须将钢筋上下整齐排放，见图 2.56 使每根钢筋均达到两刀片同时切料，以免刀片崩刃、钢筋弯头等。

8）切断钢筋时，应按图 2.57 要求，使钢筋紧贴挡料块及固定刀片。切粗料时，转动挡料块，使支承面后移，反之则前移，以达到切料正常。

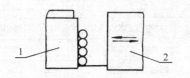

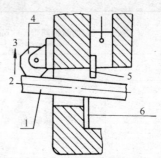

图 2.56　多根钢筋切断
1—固定刀片；2—活动刀片

图 2.57　钢筋切断
1—钢筋；2—前；3—后；4—挡料块；
5—活动刀片；6—固定刀片

2.6.3　钢筋弯曲机

图 2.58　钢筋弯曲机

钢筋弯曲机亦是建筑施工中常用机械之一，国内有多家工厂生产。陕西渭通农科股份有限公司黑虎建筑机械公司生产多种型号钢筋弯曲机，外形见图 2.58，CW40A、GW50 钢筋弯曲机主要技术参数见表 2.24。

GW50 型钢筋弯曲机介绍如下。

GW50 型钢筋弯曲机结构紧凑，操作安全，维修保养方便，当工作圆盘转速为 3.3r/min 时，弯曲钢筋直径为：HPB 235 钢筋，6～50mm；HRB 335 钢筋，6～40mm。工作圆盘转速为 13r/min 时，弯曲钢筋直径为：HPB 235，6～36mm；HRB 335 钢筋，6～24mm。

CW 系列钢筋弯曲机主要技术参数　　　　表 2.24

型　号	GW40A	GW50
弯曲钢筋直径（mm）	$\phi6\sim40\phi$	$\phi6\sim\phi50$
工作盘直径（mm）	350	425
工作盘转速（r/min）	510	3.3　13
电机型号	$Y100L_2$-4	T112M-4
功率（kW）	3	4
外形尺寸（mm）	870×760×710	970×770×710
整机质量（kg）	380	400

弯曲钢筋形状见图 2.59。

电动机型号为 Y112M-4，功率 4kW，转速 1440r/min，电压 380V。整机质量 400kg。该机由传动机构、机架、工作台面及附件等部分组成。电动机经一级三角皮带传动，两级正齿轮传动及一级蜗轮蜗杆传动，带动工作圆盘转动，利用附件来弯曲钢筋。更换齿轮，可得到两种不同的工作圆盘转速。

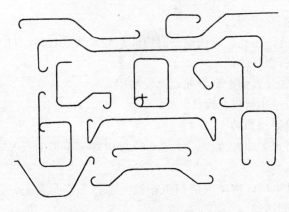

图 2.59 常见钢筋弯曲形状

附件选用

（1）弯曲 $\phi8\sim\phi20$HPB 235 钢筋、弯曲 $\phi6\sim\phi20$HPB 335 钢筋时，附件的选用见图 2.60。

（2）弯曲 $\phi22\sim\phi20$HRB 335 螺纹钢筋时，附件的选用见图 2.61。

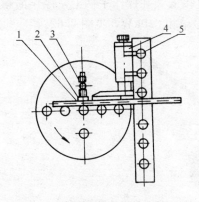

图 2.60 弯曲钢筋时附件选用图一

1—中心柱；2—钢筋；3—钢筋卡子的总成；
4—可变档钢筋架总成；5—柱体

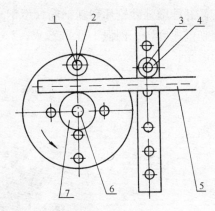

图 2.61 弯曲钢筋时附件选用图二

1、3—柱体；2、4、7—柱套；
5—钢筋；6—中心柱

机器使用及注意事项

（1）使用前的准备工作 根据钢筋牌号、规格，按照产品使用说明书中规定，选用合适的中心柱和柱套。

（2）机内加油 包括蜗轮箱内加油，上套加油。

（3）空运转试验 正反转空运转 10min，观察有无异常现象。

（4）弯曲钢筋较长，根数较多时，应做承料架。承料架上平面应与插入座上平面齐平。

（5）弯曲钢筋时，应选试弯钢筋，在工作台面上或承料架上定好尺寸后，再弯所需钢筋。

（6）弯曲钢筋时，钢筋应于工作圆盘上平面平行放置，不得倾斜，以免钢筋滑出伤人或陨坏附件。

（7）通过手动控制倒顺开关实现工作圆盘的正转与反转。弯曲钢筋时，手不得离开开关手柄，以免失控，损坏机器。

（8）工作圆盘上有许多孔，弯曲钢筋时应注意经常改变柱体、柱套在工作圆盘上的安装位置，以延长蜗轮、蜗杆的使用寿命。

（9）严禁缺油运转，以免上套烧死，蜗轮磨损，

（10）严禁超负荷使用整机及附件。

（11）严禁电动机缺相动转。

（12）应有专人负责管理及维修，并注意经常调整三角带的松紧，检查轴承、电机的发热情况。

（13）每班作业结束后，应彻底清扫工作台面上、工作圆盘上、插入座及各孔中的氧化皮等杂物，保持机器清洁。

（14）机器连续使用时，每年大修一次。

2.6.4　砂轮片切割机

在钢筋连接施工中，为了获得平整的钢筋端面，经常采用砂轮片切割机，不同工厂生产的切割机，其型号也不一样，但基本原理和主要构造相同。

上海创强制造有限公司生产的 J3G-400 切割机主轴采用高精度密封润滑轴承，利用高速旋转纤维增强砂轮片切割钢筋（型钢），电源开关直接安装在操作手柄上，操作简单可靠，切割速度快。创强 1 号 2.2kW，2 号 3.0kW，3 号单相 3.0kW，见图 2.62。

图 2.62　创强 2 号切割机

1. 操作要求

（1）操作前详细检查各部件及防护装置是否紧固完好。

（2）操作人员必须衣着合适，手戴橡皮手套、脚穿防滑绝缘鞋，戴好护目镜、安全帽等防护设施。

（3）安装砂轮片之前，先试砂轮轴旋转方向是否同防护罩指示相同。

（4）当钢筋切割时，切割片应于钢筋轴线相垂直。把握机器要平衡，用力均匀，掌握好切割速度。

（5）应采用优质砂轮片。严禁使用有损伤破裂、过期受潮、无生产可许证和安钱线速度不到 70m/s 的砂轮片。更换砂轮片或调整切割机角度时，要先切断电源。使用切割机

时，必须有良好接地。切割材料（钢筋）必须在夹板内夹紧。操作人员不准站在砂轮片正对的位置。使用时，要用力均匀，不能用力过猛。当速度明显降低时，应适当减少用力。切割机在使用中，发现电机有异常声音、发热或有异常气味时，应立即停机检查，排除故障后方可使用。

2. 主要技术参数

功　　率：2.2kW/3.0kW　　两种　　切割角度：0～45°

电　　压：380V/220V　　　　　最大钳距：150mm

空载转速：2800r/min　　　　　切割能力：钢管 $\phi150mm\times3mm$；

频　　率：50Hz　　　　　　　　圆钢（钢筋）$\phi50mm$；

砂轮片规格：$\phi400\times3\times\phi32$　　角钢 100mm×10mm

2.6.5　角向磨光机

在钢筋连接施工中，为了磨平钢筋坡口面，或者磨去连接套筒边角毛刺时，需要采用角向磨光机。深圳市良明电动工具有限公司制作 DA-100A 角向磨光机的构造简图见图 2.63。

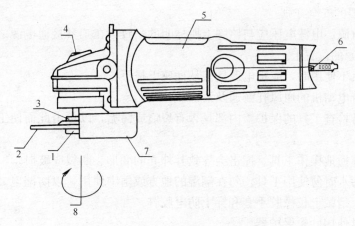

图 2.63　DA-100A 角向磨光机构造简图

1—砂轮压板；2—砂轮片；3—砂轮托；4—止动锁；5—机壳；

6—电源开关；7—砂轮罩；8—旋转方向

1. 电源及工具安全守则

（1）保持工作场地及工作台清洁，否则会引起事故。

（2）不要使电源或工具受雨淋，不要在潮湿的场合工作，要确保工作场地有良好的照明。

（3）勿使小孩靠近，禁止闲人进入工作场地。

（4）工作使用完毕，应放在干燥的高处以免被小孩拿到。

（5）不要使工具超负荷运转，必须在适当的转速下使用工具，确保安全操作。

（6）要选择合适的工具，勿将小工具用于需用大工具加工之工件上。

（7）穿专用工作服，勿使任何物件掉进工具运转部位；在室外作业时，穿戴橡胶手套及胶鞋。

（8）始终配戴安全眼镜，切削屑尘多时应戴口罩。

（9）不要滥用导线，勿拖着导线移动工具。勿用力拉导线来切断电源；应使导线远离高温，油及尖端的东西。

（10）操作时，勿用手拿着工件，工件应用夹子或台钳固定住。

（11）操作时要脚步站稳，并保持身体姿势平衡。

（12）工肯应妥善保养，只有经常保持锋利、清洁才能发挥其性能；应按规定加注润滑剂及更换附件。

（13）更换附件、砂轮片、砂纸片时必须切断电源。

（14）开动前必须把调整用键和扳手等拆除下来。为了安全必须养成习惯，并严格遵守。

（15）谨防误开动。插头一旦插进电源插座，手指就不可随意接触电源开关。插头插进电源插座之前，应检查开关是否已关上。

（16）不要在可燃液体、可燃气体存放之处使用此工具，以防开关或操作时所产生之火花引起火灾。

（17）室外操作时，必须使用专用的延伸电缆。

2. 其他重要的安全守则

（1）确认电源：电源电压应与铭牌上所标明的一致，在工具接通电源之前，开关应放在"关"（OFF）的位置上。

（2）在工具不使用时，应把电源插头从插座上拔下。

（3）应保持电动机的通风孔畅通及清洁。

（4）要经常检查工具的保护盖内部是否有裂痕或污垢，以免由此而使工具的绝缘性能降低。

（5）不要莽撞地操作工具。撞击会导致其外壳的变形、断裂或破损。

（6）手上污水时勿使用工具。勿在潮湿的地方或雨中使用，以防漏电。如必须在潮湿的环境中使用，请戴上长橡胶手套和穿上防电胶鞋。

（7）要经常使用砂轮保护器。

（8）应使用人造树脂凝结的砂轮，研磨时应使用砂轮的适当部位，并确保砂轮没有缺口或断裂。

（9）要运离易燃物或危险品，避免研磨时的火花引起火灾，同时注意勿让人体接触火花。

（10）必须使用铭牌所示圆周速度（4300m/min）以上规格的砂轮。

3. 技术参数

技术参数见表 2.25。

角向磨光机技术参数   表 2.25

砂轮规格（mm）	100（4″）
型号	DA-100A
电源	单向交流 200V 50～60Hz
输入功率	680W
无负载转速（min⁻¹）	11000
砂轮	A36＝人造树脂砂轮
质量（kg）	1.6

4. 砂轮的安装方法

（1）关闭电源开关，把电源插头从插座拔下；

（2）将砂轮机以主轴朝上的位置放置，把砂轮托板的直径 16mm 侧向上拧到主轴上并用扳手拧紧固定；

（3）将砂轮凸面向下穿进主轴；

（4）把砂轮压板螺母的凹面向下拧到主轴上；

（5）按下止动锁固定住主轴，然后用扳手牢固地拧紧砂轮压板；

（6）安装好砂轮后，在无人处进行 3min 以上的试运转，以确认砂轮是否有异常。

主要参考文献

[1] 国家标准. GB/T 228.1—2010 金属材料 拉伸试验 第 1 部分：室温试验方法.

[2] 国家标准. GB/T 8170—2008 数值修约规则与极限数值的表示和判定.

[3] 行业表准. JGJ/T 27—2001 钢筋焊接接头试验方法标准.

[4] 冶金行业标准. YB/T 081—1996 冶金技术标准的数值修约与检测数值的判定标准.

[5] 唐山钢铁股份有限公司，唐山螺纹钢筋简介. 2001.

[6] 鞍钢新轧钢股份有限公司线材厂. HRB400 热轧带肋钢筋. 2001.

[7] 邢台钢铁股份有限公司. HRB400 新Ⅲ级钢筋混凝土热轧带肋钢筋介绍. 2001.

[8] 国家标准. GB/T 701—2008 低碳钢热轧圆盘条.

[9] 国家标准. GB 1499.1—2008 钢筋混凝土用钢 第 1 部分：热轧光圆钢筋.

[10] 国家标准. GB 1499.2—2007 钢筋混凝土用钢 第 2 部分：热轧带肋钢筋.

[11] 翁宇庆. 细晶建筑钢筋的技术原理. 2009 年全国建筑用钢筋生产、设计与应用技术交流研讨会，北京. 2009.

[12] 国家标准. GB 13014—1991 钢筋混凝土用余热处理钢筋.

[13] 罗佩珊，周裕申. K 20MnSi 钢筋的研制. 上海第三钢铁厂，1985.

[14] 国家标准. GB/T 5223.3—2005 预应力混凝钢棒.

[15] 国家标准. GB/T 20065—2006 预应力混凝土用螺纹钢筋.

[16] 国家标准. GB 13788—2008 冷轧带肋钢筋.

[17] 顾万黎. 高效钢筋和预应力混凝土技术. 高效钢筋. 建筑业 10 项新技术及其应用. 中国建筑工业出版社，2001.

[18] 建筑工业行业标准. JG 190—2006 冷轧扭钢筋.

[19] 行业标准. JGJ 19—2010 冷拔低碳钢丝应用技术规程.

[20] 国家标准. GB 50204—2002（2011 年版）混凝土结构工程施工质量验收规范.

第 二 篇

钢筋绑扎搭接

3 钢筋的绑扎搭接连接

3.1 概　　述

3.1.1 基本概念

钢筋产品的长度有限，而混凝土结构的尺度很大，因而工程结构中钢筋的连接就难以避免。绑扎搭接连接是最早应用，并且至今仍在广泛采用的钢筋连接形式。从结构受力的角度而言，连接接头应该具有尽量接近整体钢筋的传力性能，才能维持结构应有的力学性能。传力性能——主要是指连接钢筋之间承载内力（拉力或压力）的传递；其次是连接区域的刚度和变形——接头范围内的钢筋相对伸长；此外就是恢复性能——在构件受力卸载以后，接头区域是否有残余变形或残余裂缝；当然还有破坏形态——即钢筋连接接头承载达到最后，是发生有预兆的延性屈服，还是无预兆的脆性断裂。从构件的结构性能而言，希望钢筋的连接接头具有接近整体钢筋的传力性能。

3.1.2 钢筋绑扎搭接的传力机理

1. 传力机理

（1）搭接传力的本质

搭接钢筋之间能够传递内力，完全仰仗周围握裹层混凝土的粘结锚固作用。相背受力的两根钢筋分别将内力传递给混凝土，实际上就是通过握裹层混凝土完成了内力的过渡。因此钢筋搭接传力的本质，就是钢筋与混凝土的粘结锚固作用。

深入分析钢筋与混凝土的粘结锚固机理，主要是依靠钢筋横肋对混凝土咬合齿的挤压作用。由于钢筋横肋的挤压面是斜向的，因此挤压推力也是斜向的，这就形成了粘结锚固在界面上的锥楔作用（图 3.1a）。锥楔作用在纵向的分力即为锚固力，而在径向的推挤力，往往就引起握裹层混凝土顺着钢筋方向的纵向劈裂力（图 3.1b），并形成沿钢筋轴线方向的劈裂裂缝。

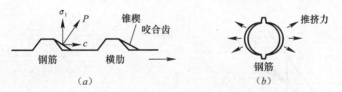

图 3.1　钢筋与混凝土界面的锥楔作用和纵问劈裂
(a) 界面的锥楔作用；(b) 纵问劈裂力

（2）搭接传力的特点

钢筋的搭接传力基本是锚固问题，但也有其特点：一是两根钢筋的重叠部位混凝土握裹力受到削弱，因此钢筋的搭接强度小于其锚固强度，钢筋的搭接长度通常以相应的锚固长度折算，并且长度也稍大。二是搭接的两根钢筋锥楔作用的推力都是向外的（图 3.2a、b），因此在两根搭接钢筋之间就特别容易产生劈裂裂缝,即搭接钢筋之间的缝间裂缝(图3.2c)。而搭接长度范围内的围箍约束作用,对于保证搭接连接的传力,有着防止搭接钢筋分离的控制作用(图3.2b)。搭接钢筋之间的这种裂缝继续发展,最终将形成构件搭接传力的破坏(图3.2d)。

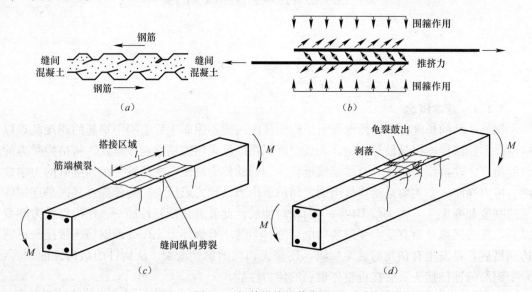

图 3.2   钢筋搭接的传力机理
(a) 搭接钢筋之间的推力;(b) 钢筋之间的推挤力及劈裂裂缝;
(c) 受弯构件的搭接裂缝;(d) 构件搭接接头的破坏

2. 传力性能

绑扎搭接连接是施工最为简便的钢筋连接方式。经过系统的试验研究和长期的工程经验,采取一定的构造措施,绑扎搭接连接能够满足可靠传力的承载力要求。但是,由于两根钢筋之间的相对滑移,搭接连接区段的伸长变形往往加大,割线模量 E_c 肯定会减小,小于钢筋弹性模量 E_s(图3.3)。而且构件卸载以后,搭接连接区段还会留下残余变形 ε_r 和在搭接接头两端的残余裂缝(图3.4),因此搭接接头处受力以后的恢复性能变差。通常,钢筋搭接连接的破坏是延性的,只要有配箍约束使绑扎搭接的两根钢筋不分离,就不会发生钢筋传力中断的突然性破坏(图3.2d)。

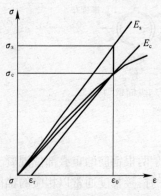
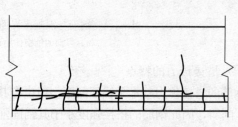

图 3.3   搭接钢筋的割线模量   图 3.4   连接接头处的残余裂缝

3.1.3 钢筋搭接的工程应用

1. 应用范围

一般情况下，钢筋绑扎搭接的施工操作比较简单。但是近年高强度钢筋和大直径的粗钢筋应用增多，因此搭接长度加大，造成施工困难，耗钢较多而成本增加。因此，绑扎搭接连接只适用于直径较小的钢筋。一般直径 16mm 及以下中、小直径的钢筋，适宜采用搭接连接的方式。

2. 直径限制

鉴于近年各种连接技术的迅速发展，加之粗钢筋绑扎搭接连接施工不便，而且耗费材料，故对搭接连接的应用的范围，较之原规范适当加严。新修订的规范，对搭接连接钢筋直径的限制如下：受拉钢筋由 28mm 改为 25mm；受压钢筋由 32mm 改为 28mm。

3. 受力状态限制

（1）受拉构件

绑扎搭接的连接方式，对于完全依靠钢筋拉力承载的轴心受拉及小偏心受拉杆件，受力就不十分可靠。例如，混凝土结构屋架的下弦拉杆，以及混凝土结构抗连续倒塌设计的拉接构件法，配置的受力钢筋就不能有绑扎搭接的连接。

因此设计规范规定："轴心受拉及小偏心受拉杆件的纵向受力钢筋，不得采用绑扎搭接"。

（2）疲劳构件

承受疲劳荷载作用的构件，由于受力钢筋要经受反复疲劳荷载的作用，搭接连接的传力性能将蜕化而受到削弱。因此设计规范规定："需进行疲劳验算的构件，其纵向受拉钢筋不得采用绑扎搭接接头……"。

3.2　设计对搭接连接的要求

3.2.1 搭接连接的位置

1. 布置原则

（1）受力较小处

与所有的连接接头一样，搭接连接的位置宜设置在受力较小处，最好布置在反弯点区域。对一般构件而言，弯矩是主要内力，而反弯点附近弯矩不会太大，传力性能稍差的搭接连接布置在此，不会对结构的受力造成明显影响。具体地说，在梁的跨边 1/4 倍跨度处，或柱的非端部区域，比较适合布置搭接连接接头。

（2）回避原则

应该注意的是：钢筋的搭接接头应该避免布置在梁端、柱端（尤其是箍筋加密区）这样的关键受力区域。因为这里不仅是内力（弯矩、剪力）最大的位置，而且也是地震作用下最容易形成"塑性铰"，发生"倾覆"或"压溃"的地方。根据设计中钢筋连接接头的"回避原则"，应避免在该处布置搭接连接。

我国传统的设计、施工习惯，往往在梁端、柱端布置搭接接头，实际这是对结构受力很不利的做法。地震震害的调查一再表明：梁端、柱端是地震中最容易破坏的地方，并且往往还可能由于该处的局部破坏而引起结构的连续倒塌。因此，在这种关键的受力区域设置搭接连接,实在是非常不明智的做法,应该尽快改正。

（3）纵向接头数量

搭接连接不仅削弱了钢筋的传力性能,而且接头的长度也比较大。在一根受力钢筋上设置过多的搭接接头,就会影响到整个构件的受力性能。因此,设计规范规定:"在同一根受力钢筋上宜少设置接头"。

一般的做法,以梁的同一跨度和柱的同一层高为钢筋的纵向受力区域,在该范围内,不宜设置2个以上的钢筋连接接头,以免过多地削弱构件的结构性能。

2. 接头面积百分率

（1）连接区段

由于钢筋绑扎搭接接头传力性能被削弱,搭接钢筋在横向也应该错开布置。在钢筋的连接接头处,端面的位置应保持一定间距,避免通过接头的传力集中于同一区域而造成应力集中。搭接钢筋首尾相接的布置形式很不利,会在搭接端面引起应力集中和局部裂缝,应予以避免。

设计规范定义搭接连接区段为1.3倍搭接长度,而在同一连接区段内还应控制接头面积百分率。当搭接钢筋接头中心之间的纵向间距不大于1.3倍搭接长度（即搭接钢筋端部距离不大于0.3倍搭接长度）时,该搭接钢筋均属位于同一连接区段的搭接接头。按此原则,图3.5所示的同一连接区段内的搭接钢筋为2根,接头面积百分率为50%。

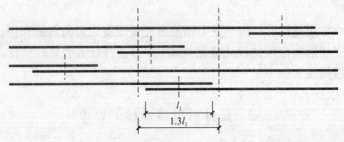

图3.5   同一连接区段内纵向受拉钢筋绑扎搭接接头

（2）接头面积百分率

规范对在同一连接区段内的搭接钢筋的接头面积百分率作出了限制,对于梁、板、墙、柱类构件的受拉钢筋搭接接头面积百分率,分别提出了要求。其中,对板类、墙类及柱类构件,尤其是预制装配整体式构件,在实现传力性能的条件下,可根据实际情况适当放宽。

当粗、细钢筋在同一区段搭接时,按较细钢筋的截面积计算接头面积百分率及搭接长度。这是因为钢筋通过接头传力时,均按受力较小的细直径钢筋考虑承载受力,而粗直径钢筋往往有较大的受力余量。此原则对于其他连接方式也同样适用。

3.2.2 搭接长度

1. 搭接长度

受拉钢筋绑扎搭接的搭接长度,是两根钢筋在长度方向上的重叠部分。钢筋的搭接长度,应根据锚固长度折算,并反映接头面积百分率的影响计算而得。根据有关的试验研究及可靠度分析,并参考国外有关规范的做法,确定了能够保证传力性能的搭接长度。

搭接长度随接头面积百分率的提高而增大。这是因为搭接接头受力后,搭接钢筋之间将产生相对滑移。为了使接头在充分受力的同时，变形刚度不致过差，相对伸长不过大，这就需要相应增大钢筋搭接的长度。受拉钢筋的搭接长度 l_l 由锚固长度 l_a 乘搭接长度修正系数 ζ_l 按下列公式计算。

$$l_l = \zeta_l l_a$$

搭接长度修正系数 ζ_l 与接头面积百分率有关，见表 3.1。规范修订还规定：当纵向搭接钢筋接头面积百分率为表中数值的中间值时，修正系数可以按内插取值，这比传统定点取值的做法更为合理。例如，当接头面积百分率为 67% 时，修正系数为 1.47；当接头面积百分率为 75% 时，修正系数为 1.5。

纵向受拉钢筋搭接长度修正系数 表 3.1

纵向搭接钢筋接头面积百分率（%）	≤25	50	100
搭接长度修正系数 ζ_l	1.2	1.4	1.6

2. 搭接条件的修正

由于搭接长度是由锚固长度折算而得到的，因此计算锚固长度时的修正系数 ζ_a 也同样适用于搭接的情况。其中，如果搭接钢筋的保护层厚度比较大，或者搭接钢筋的应力丰度不太高（即实际受力的应力低于设计强度），都可以利用这个修正系数 ζ_a 来减短设计的搭接长度。当然，对于不利的情况，也可能要增加搭接长度。有关内容详见钢筋锚固设计的相关部分，不再赘述于此。

3. 最小搭接长度

为保证受力钢筋的传力性能，按接头百分率修正搭接长度以后，为保证安全，还提出了最小搭接长度 300mm 的限制。

3.2.3 其他搭接问题

1. 并筋的搭接

本次规范修订，增加了并筋（钢筋束）的配筋形式。并筋（钢筋束）分散、错开的搭接方式有利于各根钢筋内力传递的均匀过渡，改善了搭接钢筋的传力性能及裂缝分布状态。因此并筋（钢筋束）的各根钢筋应采用分散、错开搭接的方式实施连接；并按截面内各根单筋计算搭接长度及接头面积百分率。

2. 受压钢筋的搭接

受压构件中（包括柱、撑杆、屋架上弦等）纵向受压钢筋的搭接长度，规定为受拉钢筋的 0.7 倍。为了防止偏压引起钢筋的屈曲，受压纵向钢筋端头不应设置弯钩，或采用单侧贴焊锚筋的做法。

3.2.4 搭接区域的构造要求

1. 机理

钢筋通过搭接实现传力的接头区域，其握裹层混凝土必须受到充分的约束，否则如果在受力时就发生混凝土裂缝、破碎、散落而失去对钢筋的粘结锚固作用，就会造成搭接钢筋的分离，从而使传力中断，引起严重后果。

图 3.6 是汶川地震中某一柱子在搭接连接处的破坏状态。可以看出：由于在搭接连接接头处的配箍太少，未能满足设计规范的要求。因此在地震的反复作用下，稀疏的几根箍筋完全不能实现有效的约束。搭接连接范围内的混凝土破碎、散落，搭接钢筋受压屈曲，

图 3.6　失去箍筋约束的柱搭接接头被压溃

已经完全丧失了承载传力的功能，构件被彻底破坏了。因此，搭接钢筋在接头范围内必须有强有力的配箍进行约束。

2. 配箍构造要求

由于搭接接头区域的配箍构造措施（直径、间距等）对约束搭接区域的混凝土，保证钢筋之间的传力至关重要。设计规范规定：钢筋搭接区域的配箍应与钢筋锚固区域完全相同。即当搭接钢筋的保护层厚度不大于 $5d$ 时，搭接长度范围内应配置横向构造钢筋，其直径不应小于 $d/4$；对梁、柱、斜撑等构件，箍筋间距不应大于 $5d$，对板、墙等平面构件，分布筋间距不大于 $10d$，且均不应大于 100mm，此处 d 为搭接钢筋的直径。

对于受压的搭接钢筋，上述接头区域的配箍构造措施（直径、间距等）完全相同。而且，当受压钢筋直径大于 25mm 时，尚应在搭接接头两个端面外 100mm 的范围内各设置 2 个箍筋。这是为了防止粗钢筋端面对保护层混凝土的局部挤压力造成裂缝和破碎。这些要求比原规范的规定是加严得多了。

3.3　搭接连接的施工验收

混凝土结构中，设计提出的要求必须通过"施工"得以实现，还要通过"验收"加以确认。《混凝土结构工程施工规范》GB 50666 解决施工技术的问题，而《混凝土结构工程施工质量验收规范》GB 50204 则解决施工质量达到设计要求的检验问题。

3.3.1　搭接连接的位置

1. 搭接位置

遵循设计规范的要求，施工规范也明确规定："钢筋接头宜设置在受力较小处；有抗震设防要求的结构中，梁端、柱端加密区范围内不宜设置钢筋接头，且不应进行钢筋搭接。"这就完全杜绝了钢筋搭接接头布置在梁端、柱端这种关键传力区域的可能性。即使回避了重要-关键的受力区域，规范还是要求其布置在受力较小处，最好在反弯点附近，因为这里的弯矩比较小，因此钢筋的应力不会太大，在此连接钢筋比较安全。

2. 接头数量

施工规范还规定："同一纵向受力钢筋不宜设置两个或两个以上的接头。"这是因为同一钢筋接头过多，必然会影响其传力性能。一般情况下，在梁的同一跨度和柱的同一层高范围内，不宜设置两个以上的搭接接头。

3.3.2　搭接连接的接头面积百分率

1. 接头的布置

施工规范的规定，为了保证钢筋的传力性能，除了在纵向要保持钢筋接头的间隔距离以外，还要控制在横向截面中钢筋的接头面积百分率。为了落实设计的要求，施工规范对绑扎搭接接头做出了更为详细的规定。

（1）接头的横向间距

同一构件内的接头宜分批、错开。各接头的横向净间距 S，不应小于钢筋的直径，且不应小于 25mm。

（2）接头的连接区段

钢筋搭接接头连接区段的长度为 1.3 倍搭接长度。当搭接钢筋的直径不同时，搭接长度可取相互连接两根钢筋中较小的直径计算。

2. 接头面积百分率

在同一连接区段内，纵向受力钢筋接头面积百分率应满足下列要求：

（1）梁类、板类、墙类构件不宜超过 25％；基础筏板不宜超过 50％。

（2）柱类构件不宜超过 50％。

（3）当工程中确有必要增大接头面积百分率时，梁类构件不应大于 50％；其他构件可根据实际情况适当放宽。

（4）受压钢筋的接头面积百分率可不受限制。

3.3.3 搭接长度

1. 最小搭接长度

在设计规范中，纵向受力钢筋的搭接长度由相应的锚固长度折算得到，且与其接头面积百分率有关。施工规范则采用表格的形式表达，以方便现场人员的应用。表 3.2 为纵向受拉钢筋接头面积百分率不大于 25％时的最小搭接长度。

纵向受拉钢筋的最小搭接长度　　　　　　　　　　　　表 3.2

钢筋类型		混凝土强度等级								
		C20	C25	C30	C35	C40	C45	C50	C55	≥C60
光面钢筋	300MPa 级	48d	41d	37d	34d	31d	29d	28d	—	—
带肋钢筋	335MPa 级	46d	40d	36d	33d	30d	29d	27d	26d	25d
	400MPa 级	—	48d	43d	39d	36d	34d	33d	31d	30d
	500MPa 级	—	58d	52d	47d	43d	41d	39d	38d	36d

当接头面积百分率为 50％时，以表中数值乘 1.15 取值；当为 100％时，则乘 1.35 取值；当为中间值时，内插取值。例如，接头面积百分率为 67％时，乘 1.22；接头面积百分率为 75％时乘 1.25。

2. 搭接长度的修正

（1）由于大直径粗钢筋的相对肋高减小，锚固性能相对不良。故直径大于 25mm 的钢筋，搭接长度乘 1.1 取用；

（2）为耐久性而采用环氧树脂涂层钢筋时，由于粘结锚固性能不良，搭接长度应乘 1.25 取用；

（3）施工过程中受到干扰的情况（如滑模施工），搭接长度乘 1.25 取用；

（4）当搭接接头所处位置的混凝土保护层厚度较大时，搭接长度可以减小。当保护层厚度为钢筋直径的 3 倍时，乘 0.8 取用；为钢筋直径的 5 倍时乘 0.7 取用；中间可以内插取值；

（5）当搭接接头处于受力较小处而实际应力较小时，可以缩短搭接长度。修正系数取为实际应力与设计强度的比值（即计算截面积与实际配筋面积的比值）。

（6）有抗震要求时，一、二级抗震等级乘 1.15 取用；三级抗震等级乘 1.05 取用。

3. 搭接长度的下限

在任何情况下，经过修正以后的受拉钢筋搭接长度，不应小于 300mm。

4. 受压搭接长度

受压钢筋的搭接长度为相应受拉钢筋搭接长度的 0.7 倍，且不应小于 200mm。

3.3.4 搭接区域的构造要求

根据设计规范的要求，施工规范对梁、柱类构件的纵向受力钢筋在搭接长度范围内的配箍构造提出了更具体的要求：

1. 箍筋直径

箍筋直径应不小于搭接钢筋较大直径的 25%。

2. 箍筋间距

箍筋间距应不大于搭接钢筋较小直径的 10 倍，且不大于 100mm。

3. 受压搭接

受压搭接区段的箍筋间距应不大于搭接钢筋较小直径的 10 倍，且不大于 200mm。

4. 柱中压筋端头

为了防止钢筋端面对保护层混凝土挤压引起裂缝和破碎，柱中纵向受力钢筋的直径大于 25mm 时，应在搭接钢筋端面外 100mm 的范围设置两个箍筋，间距 50mm。

3.3.5 搭接连接的检查及验收

1. 绑扎搭接的操作

钢筋搭接接头的绑札操作，要求在接头的中心和两端都要求用细钢丝扎牢。

2. 检查方法

搭接接头施工质量的检查，可以采用观察的方式解决。上述规定的接头位置、数量、面积百分率、搭接长度、箍筋直径、间距和绑扎质量……都能够通过目测、观察的方法检查。对难以判断或有争议的个别项目，可以辅以钢尺量测解决。很容易检查和落实，这也是绑扎搭接接头施工质量能够得到保证的重要原因。

钢筋的绑札搭接接头的施工质量检查有两个层次：在施工过程中按检验批的检查验收和隐蔽工程验收。

3. 施工过程的检查

1) 检验批

在施工过程中，钢筋的安装质量（包括绑扎搭接的质量）按检验批进行检查。施工质量验收规范（GB 50204）规定：对钢筋的施工质量，根据与施工方式相一致，且便于控制施工质量的原则，按工作班、楼层、结构缝或施工段划分为若干检验批，进行检查和验收。

2) 抽查比例

《混凝土结构工程施工质量验收规范》GB 50204 的规定：在同一检验批内，对梁、柱和独立基础，应抽查构件数量的 10%，且不少于 3 件；对墙、板，应按有代表性的自然间抽查 10%，且不少于 3 间；对大空间结构、墙可按相邻轴线间高度 5m 左右划分检查面，板可按纵、横轴线划分检查面，抽查 10%，且不少于 3 面。

3) 检查验收条件

对于影响构件结构传力的主控项目，必须满足设计的要求；而对于对传力性能没有决定性影响的一般项目，则允许有不超过 20% 的缺陷。即检查合格点率达到 80% 及以上，即可按检验批合格验收。

4. 隐蔽工程验收

在钢筋工程按检验批验收合格以后，浇筑混凝土之前，还必须进行隐蔽工程的检查和验收。隐蔽工程验收包括对钢筋工程的全部质量要求，当然也包括钢筋搭接连接的内容：接头位置、接头数量；接头面积百分率；箍筋的规格、数量、间距等。

隐蔽工程的检查和验收是由有关质量的各方面进行的全面检查，并需要相应各方签字确认。隐蔽工程验收以后就开始浇筑混凝土，被混凝土掩盖以后，钢筋的施工质量，包括搭接接头的质量，就很难再进行检查了。

第 三 篇

钢 筋 焊 接

概　　述

在我国，钢筋焊接技术从科学研究、推广应用算起，已有 60 多年历史，并随建设事业的发展而不断创新；节材节能、保护环境，提高工效，保证质量，为国家经济建设作出巨大贡献。行业标准《钢筋焊接及验收规程》，从第 1 版 BJG 18—65 起，经历次修订，形成 JGJ 18—84、JGJ 18—96、JGJ 18—2003、JGJ 18—2012，就是见证。现举数例如下。

[例1]　竖向钢筋电渣压力焊　为我国首创，曾经大量推广应用。陕西建工集团总公司近二年来完成房屋建筑 2000 万 m²，采用钢筋电渣压力焊接头 3000 万个，与手工绑扎相比，节约钢筋 2338 万吨。

在 JGJ 18—2003 中，钢筋电渣压力焊的下限直径为 φ14；根据很多施工单位来电、来信，为了解决墙筋连接的需要，通过试验研究，在 JGJ 18—2012 中，下延至 φ12；受到建设、设计、施工单位的欢迎。

[例2]　箍筋闪光对焊　由贵州省质监总站首先提出，获实用新型专利；并在贵州、广州、西安等地 500 个工程项目推广应用，节材 5500t，节省成本 2035 万元。

[例3]　半自动钢筋固态气压焊　由宁波市富豪标线工程有限公司在梅山大桥工程中推广采用半自动钢筋固态气压焊技术，施焊 φ32 钢筋接头 7.8 万个，质量优良，节省大量钢材。之后，在杭州湾第二跨海大桥、象山港大桥继续推广应用；研制成功半自动钢筋固态气压焊成套设备和钢筋常温直角切断机，取得两项国家实用新型专利。

[例4]　钢筋氧液化石油气熔态气压焊　贵州钢龙焊接公司采用无锡市日新机械厂提供梅花型喷嘴加热器，对钢筋氧液化石油气熔态气压焊进行试验研究，成功地在贵州等地区推广应用，达到年施焊钢筋接头一千万个以上。

[例5]　不同直径、不同牌号钢筋对焊试验研究　陕西省建科院对不同直径、不同牌号钢筋进行对焊试验研究，提出工艺措施，列入行业标准《钢筋焊接及验收规程》。

[例6]　预埋件钢筋 T 形接头埋弧螺柱焊　由成都斯达特焊接研究所试验研究，取得发明专利，在北京鸟巢工程和上海世博会中国馆工程中成功应用。

2012 年，工业和信息化部、住房和城乡建设部联合发出"指导意见"，逐渐淘汰低强钢筋，推广应用高强度钢筋。一些科研单位积极进行 φ25 以下 HRB500 钢筋多种焊接试验，为今后工程应用积累技术储备。

应该指出，当前钢筋焊接施工中，还存在一些问题，主要是：对工人着重使用，缺少培养训练；有些设备陈旧；接头质量把关不严。这些，有待努力改进。

在国外，钢筋焊接技术应用情况如何？现摘要介绍几本标准如下。

1. 德国 欧洲 国际标准（德、法、英、意等 30 个国家参加）

《钢筋焊接 第 1 部分，承载焊接接头》（DIN EN ISO 17660—1：2006）Welding of reinforcing steel Part 1: Load-bearing welded joints

焊接方法有：焊条电弧焊，自保护药芯焊丝电弧焊，活性气体保护电弧焊，活性气体保护药芯焊丝电弧焊、电阻点焊、凸焊、闪光对焊、电阻对焊，摩擦焊、氧-燃料气体气压焊。

按接头型式有：十字接头，对接接头，与其他钢构件连接接头，带状接头（单面帮条焊接头）等。

规定焊工资格证书的试件数量与范围。

规定生产之前的检查与试验。

规定钢筋生产焊接的实施与质量检查。

该标准共 15 章，附录 8 个，42 页。

2. 美国标准

美国焊接协会 美国国家标准《结构焊接规范——钢筋》AWS D1.4/D1.4M：2005 An American National Standard　Structure Welding Code—Reinforcing Steel

该标准分 7 章，5 个附录，共 83 页。

7 章的名称是：一般规定，允许应力，结构详图，工人技能，技术、资料、检验。

焊接的方法主要包括：焊条电弧焊（SMAW）、气体保护电弧焊（GMAW）、药芯焊丝电弧焊（FCAW）共 3 种。

接头型式有：坡口焊，搭接焊，帮条焊，T 形接头搭接焊、T 形接头坡口焊等。

接头质量检查方法包括：X 光照相、磁粉探伤、液浸法等。

3. 俄罗斯标准

沿用原苏联国家标准 ГОСТ 14098—91：《钢筋混凝土结构中钢筋和预埋件焊接接头》包括：十字接头 3 种；对接接头 32 种；搭接接头 4 种；T 形接头 13 种，共 52 种接头的型式、构造及尺寸，全书共 39 页。

该标准涉及很多焊接方法，归纳起来有以下数种：①焊条电弧焊；②熔池焊；③药芯焊丝电弧焊；④CO_2 气体保护焊；⑤电阻焊；⑥电阻对焊，闪光对焊；⑦电阻凸焊。

4. 日本标准

① 日本压接协会《钢筋气压焊工程标准》（2005 年修订版）正文，7 章 15 页，连同解说、附录共 168 页。

② 日本工业标准《钢筋混凝土用钢棒气压焊接头的试验方法及判定标准》JIS Z 3120：2009。

③ 日本工业标准《钢筋气压焊接技术的试验方法及判定标准》JIS Z 3881：2009。

三本标准详细规定了钢筋气压焊技术的设备、操作、生产、焊工考试、质量检查等。

从以上介绍可以看出，在国外，科学技术主管领导部门对于钢筋焊接技术十分重视，技术发展比较快，应用范围比较宽广。标准中某些技术内容和规定值得参考和借鉴。

主要参考文献

[1] 行业标准. JGJ 18—2012 钢筋焊接及验收规程. 北京：中国建筑工业出版社，2012.

[2] 吴成材，宫平，林志勤，魏惠昌，阮章华. Φ12 钢筋电渣压力焊接技术与经济效益. 施工技术，Vol. 39No. 10 2010.

[3] 杨力列. 实用新型专利证书　新型柱箍筋和梁箍筋，ZL 96 2 10121. 4.

[4] 郑奶谷，叶仁亦，吴成材. 半自动钢筋气压焊在梅山大桥工程中的应用. 施工技术，Vol. 38，增刊 2009，10.

[5] 吴文飞，张宣关，邹士平，袁远刚. 钢筋氧液化石油气熔态气压焊的研究与应用. 陕西建筑与建

材，2004，11.

[6]　黄贤聪，戴为志，费新华，李本端，吴成材，郑奶谷. 预埋件钢筋埋弧螺柱焊及其应用. 施工技术，Vol. 39，No. 10，2010. 10.

[7]　DIN EN ISO 17660—1：2006. Weiding of reinforcing steel-Part 1：Load-bearing welded joints.

[8]　AWS D1. 4/D1. 4M：2005. An American National Standard. Structural Welding Code-Reinforcing Steel.

[9]　ГОСТ 14098—91 СОЕДИНЕНИЯ СВАРНЫЕ АРМАТУРЫ И ЗАКЛАДНЫХ ИЗДЕЛИЙ ЖЕЛЕЗОБЕТОННЫХ КОНСТРУКЦИЙ

[10]　日本圧接協会. 鉄筋のガス圧接工事標準仕様書（2005 年）.

[11]　日本工業規格 JIS Z 3120：2009. 鉄筋コソクリート用棒鋼ガス圧接継手の試験方法及び判定基準.

[12]　日本工業規格 JIS Z 3881：2009. 鉄筋のガス圧接技術検定における試験方法及び判定基準.

4 钢筋的焊接性和基本规定

4.1 钢筋的焊接性

4.1.1 钢材的焊接性[1]

钢材的焊接性直接影响到所采用的焊接工艺和焊接质量。钢材的焊接性系指被焊钢材在采用一定焊接材料、焊接工艺方法及工艺规范参数条件下，获得优质焊接接头的难易程度，也就是钢材对焊接加工的适应性。不同类别的钢材，其焊接性不一样；同一钢材、采用不同焊接方法或焊接材料，其焊接性可能也有很大差别。焊接性包括以下两个方面：

1. 工艺焊接性　也就是接合性能，指在一定焊接工艺条件下焊接接头中出现各种裂纹及其他工艺缺陷的敏感性和可能性。这种敏感性和可能性越大，则其工艺焊接性越差。

2. 使用焊接性　指在一定焊接条件下焊接接头对使用要求的适应性，以及影响使用可靠性的程度。这种适应性和使用可靠性越大，则其使用焊接性越好。

钢材的焊接性常用碳当量来估计。所谓碳当量就是把钢中包括碳在内的各项元素对焊缝和热影响区产生淬硬冷裂纹及脆化等的影响折合成碳的相当含量，碳当量法就是粗略地评价焊接时产生冷裂纹的倾向的一种估算方法。

碳当量的计算公式有很多，国际焊接学会（IIW）推荐的和我国国家标准《钢筋混凝土用钢　第2部分：热轧带肋钢筋》GB 1499.2—2007中使用的计算公式如下：

$$C_{eq} = C + \frac{Mn}{6} + \frac{Cr + Mo + V}{5} + \frac{Ni + Cu}{15}$$

式中右边各项中的元素符号表示钢材中化学成分元素含量，%；公式左边 C_{eq} 为碳当量，%。

经验表明，当 $C_{eq} < 0.4\%$ 时，钢材的淬硬倾向不大，焊接性优良，焊接时可不预热；当 $C_{eq} = 0.4\% \sim 0.6\%$ 时，钢材的淬硬倾向增大，焊接时需采取预热、控制焊接参数等工艺措施；当 $C_{eq} > 0.6\%$ 时，钢材的淬硬倾向强，属于较难焊钢材，需要采取较高的预热温度、焊后热处理和严格的工艺措施。

碳当量法只考虑了化学成分对焊接性的影响，没有考虑结构刚性、板厚、扩散氢含量等因素。所以，使用碳当量法估价钢材的焊接性时，还应考虑上述诸因素的影响。

4.1.2 钢筋的焊接性

钢筋的碳当量，按公式计算结果，见表 2.5 所列，可以看出 HRB335、HRB400、HRB500、钢筋焊接时，应该采取合适的工艺参数和有效工艺措施。

4.2 基本规定

4.2.1 各种焊接方法的适用范围

钢筋焊接时，各种焊接方法的适用范围应符合表 4.1 的规定[2]。

钢筋焊接方法的适用范围 表 4.1

焊接方法		接头型式	适用范围	
			钢筋牌号	钢筋直径（mm）
电阻点焊			HPB300	6～16
			HRB335　HRBF335	6～16
			HRB400　HRBF400	6～16
			HRB500　HRBF500	6～16
			CRB550	4～12
			CDW550	3～8
闪光对焊			HPB300	8～22
			HRB335　HRBF335	8～40
			HRB400　HRBF400	8～40
			HRB500　HRBF500	8～40
			RRB400W	8～32
箍筋闪光对焊			HPB300	6～18
			HRB335　HRBF335	6～18
			HRB400　HRBF400	6～18
			HRB500　HRBF500	6～18
			RRB400W	8～18
电弧焊	帮条焊	双面焊	HPB300	10～22
			HRB335　HRBF335	10～40
			HRB400　HRBF400	10～40
			HRB500　HRBF500	10～32
			RRB400W	10～25
		单面焊	HPB300	10～22
			HRB335　HRBF335	10～40
			HRB400　HRBF400	10～40
			HRB500　HRBF500	10～32
			RRB400W	10～25
	搭接焊	双面焊	HPB300	10～22
			HRB335　HRBF335	10～40
			HRB400　HRBF400	10～40
			HRB500　HRBF500	10～32
			RRB400W	10～25
		单面焊	HPB300	10～22
			HRB335　HRBF335	10～40
			HRB400　HRBF400	10～40
			HRB500　HRBF500	10～32
			RRB400W	10～25

焊接方法		接头型式	适用范围	
			钢筋牌号	钢筋直径（mm）
电弧焊	熔槽帮条 一		HPB300	20~22
			HRB335　HRBF335	20~40
			HRB400　HRBF400	20~40
			HRB500　HRBF500	20~32
			RRB400W	20~25
	坡口焊 平焊		HPB300	18~22
			HRB335　HRBF335	18~40
			HRB400　HRBF400	18~40
			HRB500　HRBF500	18~32
			RRB400W	18~25
	坡口焊 立焊		HPB300	18~22
			HRB335　HRBF335	18~40
			HRB400　HRBF400	18~40
			HRB500　HRBF500	18~32
			RRB400W	18~25
	钢筋与钢板搭接焊		HPB300	8~22
			HRB335　HRBF335	8~40
			HRB400　HRBF400	8~40
			HRB500　HRBF500	8~32
			RRB400W	8~25
	窄间隙焊		HPB300	16~22
			HRB335　HRBF335	16~40
			HRB400　HRBF400	16~40
			HRB500　HRBF500	18~32
			RRB400W	18~25
预埋件钢筋	角焊		HPB300	6~22
			HRB335　HRBF335	6~25
			HRB400　HRBF400	6~25
			HRB500　HRBF500	10~20
			RRB400W	10~20
	穿孔塞焊		HPB300	20~22
			HRB335　HRBF335	20~32
			HRB400　HRBF400	20~32
			HRB500	20~28
			RRB400W	20~28
	埋弧压力焊		HRB300	6~22
	埋弧螺柱焊		HRB335　HRB335	6~28
			HRB400　HRB400	6~28

续表

焊接方法		接头型式	适用范围	
			钢筋牌号	钢筋直径（mm）
电渣压力焊			HPB300	12～22
			HRB335	12～32
			HRB400	12～32
			HRB500	12～32
气压焊	固态		HPB300	12～22
			HRB335	12～40
	熔态		HRB400	12～40
			HRB500	12～32

注：1. 电阻点焊时，适用范围的钢筋直径指两根不同直径钢筋交叉叠接中较小钢筋的直径。
  2. 电弧焊含焊条电弧焊和二氧化碳气体保护电弧焊两种工艺方法。
  3. 在生产中，对于有较高要求的抗震结构用钢筋，在牌号后加 E，焊接工艺可按同级别热轧钢筋施焊；焊条应采用低氢型碱性焊条。
  4. 生产中。如果有 HPB235 钢筋需要进行焊接时，可按 HPB300 钢筋的焊接材料和焊接工艺参数，以及接头质量检验与验收的有关规定施焊。

4.2.2 电渣压力焊的适用范围

电渣压力焊应用于柱、墙等构筑物现浇混凝土结构中竖向受力钢筋的连接；不得用于梁、板等构件中水平钢筋的连接。最小钢筋直径从原来规定为 φ14mm，现延伸至 φ12mm。

4.2.3 焊接工艺试验

在钢筋工程焊接开工之前，参与该项目工程施焊的焊工必须进行现场条件下的焊接工艺试验，应经试验合格之后，方准于焊接生产。（注：在 JGJ 18—2012 中，该条文为强制性条文）。

4.2.4 焊前准备

钢筋焊接施工之前，应清除钢筋、钢板焊接部位以及钢筋与电极触处表面上的锈斑、油污、杂物等；钢筋端部当有弯折、扭曲时，应予以矫直或切除。

4.2.5 纵肋对纵肋

带肋钢筋进行闪光对焊、电弧焊、电渣压力焊和气压焊时，应将纵肋对纵肋安放和焊接。

4.2.6 焊条烘焙

焊条按药皮熔化后的熔渣特性来分，有酸性焊条和碱性焊条两大类。

当采用低氢型碱性焊条时，应按使用说明书的要求烘焙，且宜放入保温筒内保温使用；酸性焊条若在运输或存放中受潮，使用前亦应烘焙后方能使用。

4.2.7 焊剂烘焙

焊剂应放在干燥的库房内，若受潮时，在使用前应经 250～350℃烘焙 2h。使用中回收的焊剂应清除熔渣和杂物，并应与新焊剂混合均匀后使用。

4.2.8 异径焊接

两根同牌号、不同直径的钢筋可进行闪光对焊、电渣压力焊或气压焊。闪光对焊时钢筋径差不得超过 4mm，电渣压力焊或气压焊时，钢筋径差不得超过 7mm。焊接工艺参数可在大、小直径钢筋焊接工艺参数之间偏大选用，两根钢筋的轴线应同一直线上，轴线偏移的允许值应按较小直径钢筋计算；对接头强度的要求，亦按较小直径钢筋计算。

4.2.9 不同牌号钢筋焊接

两根同直径、不同牌号的钢筋可进行闪光对焊、电弧焊、电渣压力焊或气压焊，其钢筋牌号应在表 4.1 规定的范围内。焊条、焊丝和焊接工艺参数应按较高牌号钢筋选用，对接头强度的要求应按较低牌号钢筋强度计算。

4.2.10 低温焊接

在环境温度低于 −5℃ 条件下施焊时，焊接工艺应符合下列要求：

1. 闪光对焊时，宜采用预热闪光焊或闪光—预热闪光焊；可增加调伸长度，采用较低变压器级数，增加预热次数和间歇时间。

2. 电弧焊时，宜增大焊接电流，减低焊接速度。

电弧帮条焊或搭接焊接时，第一层焊缝应从中间引弧，向两端施焊；以后各层控温施焊，层间温度控制地 150~350℃ 之间。多层施焊时，可采用回火焊道施焊。

3. 当环境温度低于 −20℃ 时，不应进行各种焊接。

根据黑龙江省寒地建筑科学研究院（原黑龙江省低温建筑科学研究所）试验资料表明[3]，在实验室条件下对普通低合金钢筋 23 个钢钟、230 个负温焊接接头的工艺性能、力学性能、金相、硬度以及冷却速度等作了系统的试验研究，认为闪光对焊在 −28℃ 施焊，电弧焊在 −50℃ 下进行焊接时，如焊接工艺和参数选择适当，其接头的综合性能良好。但是考虑到试点工程最低温度为 −20℃，因此规定，当环境温度低于 −20℃ 时，不宜进行各种焊接。

负温焊焊与常温焊接相比，主要是一个负温引起的冷却速度加快的问题。因此，其接头构造和焊接工艺除必须遵守常温焊接的规定外，还需在焊接工艺参数上作一些必要的调整。

1. 预热：在负温条件 F 进行帮条电弧焊或搭接电弧焊时，从中部引弧，这样对两端就起到了预热的作用。

2. 缓冷：采用多层施焊时，层间温度控制在 150~350℃ 之间，使接头热影响区附近的冷却速度减慢 1~2 倍左右，从而减弱了淬硬倾向，改善了接头的综合性能。

3. 回火：如果采用上述两种工艺，还不能保证焊接质量时，则采用"回火焊道施焊法"，其作用是对原来的热影响区起到回火的效果。回火温度为 500℃ 左右。如一旦生产淬硬组织，经回火后将生产回火马氏体、回火索氏体组织，从而改善接头的综合性能。回火焊道施焊法见图 4.1。

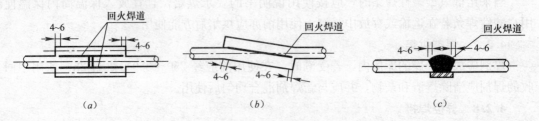

图 4.1 钢筋负温电弧焊回火焊道示意图
(a) 帮条焊；(b) 搭接焊；(c) 坡口焊

4.2.11 雨、雪、风的影响

雨天、雪天不宜在现场进行施焊；必须施焊时，应采取有效遮蔽措施，焊后未冷却接头不得碰到冰雪。

焊后未冷却接头若碰到冰雪，易产生淬硬组织，应该防止。

在现场进行闪光对焊或电弧焊时，当风速超过 8m/s 时；进行气压焊，当风速超过 5m/s 时；进行 CO_2 焊，当风速超过 2m/s 时，均应采取挡风措施。（注：7.9m/s 为四级风力；5.4m/s 为三级风力）

风速不仅决定于自然气候，并且与所处高度有关。离地面愈近，建筑物对风的摩阻力愈大，风速愈小；反之，离地面愈高，风速愈大，这种变化见表 4.2[4]。

风速与高度的关系　　　　　　　　　　　　　　　　表 4.2

高度（m）	0.5	1	2	16	32	100
风速（m/s）	2.4	2.8	3.3	4.7	5.5	8.2

风级的划分见表 4.3。

风级　　　　　　　　　　　　　　　　　　　　　　表 4.3

风　级	风　名	相当风速（m/s）	地面上物体的象征
0	无　风	0～0.2	炊烟直上，树叶不动
1	软　风	0.3～1.5	风信不动，烟能表示风向
2	轻　风	1.6～3.3	脸感觉有微风，树叶微响，风信开始转动
3	微　风	3.4～5.4	树叶及微枝摇动不息，旌旗飘展
4	和　风	5.5～7.9	地面尘土及纸片飞扬，树的小枝摇动
5	清　风	8.0～10.7	小枝摇动，水面起波
6	强　风	10.8～13.8	大树枝摇动，电线呼呼作响，举伞困难
7	疾　风	13.9～17.1	大树摇动，迎风步行感到阻力
8	大　风	17.2～20.7	可折断树枝，迎风步行感到阻力很大
9	烈　风	20.8～24.4	屋瓦吹落，稍有破坏
10	狂　风	24.5～28.4	树木连根拔起或摧毁建筑物，陆地少见
11	暴　风	28.5～32.6	有严重破坏力，陆上很少见
12	飓　风	32.6 以上	摧毁力极大，陆上极少见

在施焊中，不仅要关心天气预报的风级，还要注意施焊地点所处的高度。

4.2.12 电源电压

进行电阻点焊、闪光对焊、电渣压力焊、埋弧压力焊时，应随时观察电源电压的波动情况，当电源电压下降大于 5%、小于 8% 时，应采取提高焊接变压器级数的措施；当大于或等于 8% 时，不得进行焊接。

实践证明，在进行电阻点焊、闪光对焊、电渣压力焊或埋弧压力焊时，电源电压的波动对焊接质量有较大的影响。在现场施工时，由于用电设备多，往往造成电压降较大。为此要求焊接电源的开关箱内，装设电压表，焊工要随时观察电压波动情况，及时调整焊接

参数，以保证焊接质量。

4.2.13   焊机检修

焊机应经常维护保养和定期检修，确保正常使用。在施工现场，经常发生因焊机故障影响施工。这里包含两个因素，一是焊机本身质量；二是使用。因此，既要选购优质焊机，又要合理使用。

4.2.14   安全操作

对从事钢筋焊接施工的班组及有关人员应经常进行安全生产教育，执行现行国家标准《焊接与切割安全》GB 9448 中有关规定，对氧、乙炔、液化石油气等易燃、易爆材料，应妥善管理，注意周边环境，制定和实施各项安全技术措施，加强焊工的劳动保护，防止发生烧伤、触电、火灾、爆炸以及烧坏焊接设备等事故[5]。

在现行国家标准《焊接与切割安全》GB 9448—1999 中，详细规定了气焊与气割设备及操作安全、电焊设备的操作安全、焊接切割劳动保护、焊接切割中防火等[5]。在钢筋焊接中应按国家标准中规定，认真执行，防止各类安全事故的发生。焊工还应注意周围环境有无易燃、易爆材料堆放，防止焊接火花引起火灾。详见第 12 章。

5 钢筋电阻点焊

5.1 基本原理

5.1.1 名词解释[6]

1. 钢筋电阻点焊 resistance spot welding of reinforcing steel bar

将两钢筋安放成交叉叠接形式，压紧于两电极之间，利用电阻热熔化母材金属，加压形成焊点的一种压焊方法，是电阻焊的一种。

2. 熔合区 bond

焊接接头一般由焊缝、熔合区、热影响区、母材四部分组成。

熔合区是指焊缝与热影响区相互过渡的区域。

3. 热影响区 heat-affected zone（HAZ）

焊接或热切割过程中，钢筋母材因受热的影响（但未熔化），使金属组织和力学性能发生变化的区域。

热影响区又可分为过热区、正火区（又称重结晶区）、不完全相变区（不完全重结晶区）和再结晶区四部分。再结晶区只有在冷处理钢筋焊接时才存在。

钢筋焊接接头热影响区宽度主要决定于焊接方法；其次，为热输入。当采用较大热输入，对不同焊接接头进行测定时，其热影响区宽度如下，供参考：

（1）钢筋电阻点焊焊点　0.5d；

（2）钢筋闪光对焊接头　0.7d；

（3）钢筋电弧焊接头　6～10mm；

（4）钢筋电渣压力焊接头　0.8d；

（5）钢筋气压焊接头　1.0d；

（6）预埋件钢筋埋弧压力焊接头，埋弧螺柱焊接头　0.8d。

注：d 为钢筋直径（mm）。

5.1.2 电阻热[7]

电阻焊是利用电流通过工件内部产生的热源来进行焊接。根据焦耳定律，其总发热量 Q 的简化式为：

$$Q = I_w^2 R t_w \quad \text{（J）}$$

在上式中，焊接电流 I_w，焊接时间 t_w 都是给定条件，而电阻 R 是工件内部热源的基础。

5.1.3 电阻

钢筋电阻点焊时，导电通路上的总电阻 R，由钢筋内部电阻、钢筋间接触电阻、电极与钢筋间接触电阻组成（图 5.1），即：

$$R = 2R_g + R_c + 2R_j$$

式中　R_g——工件（钢筋）内部电阻；

R_c——工件（钢筋）间接触电阻；

R_j——电极与工件（钢筋）间接触电阻。

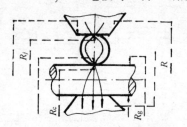

图 5.1 钢筋点焊时电阻的组成

1. 接触电阻

钢筋表面是圆的，是不光滑的，在压力作用下，两钢筋之间，电极与钢筋之间，总是部分点的接触。当电流从这些点通过时，由于导电面积突然减小，造成电流线的弯曲与收缩，从而形成了接触电阻。

影响接触电阻的主要因素为电极压力、钢筋表面状态及加热温度。

电极压力越大，两电极间钢筋的变形越大，接触电阻 R_c 和 R_j 减小。

钢筋表面状态对接触电阻有很大影响，若钢筋表面有氧化膜、锈皮、污物等不良导体，通电初期，使接触电阻 R_c 和 R_j 突然增大，加热极不均匀，造成焊点烧伤、飞溅。

随着温度的提高，接触点附近钢筋电阻率 ρ（又称电阻系数）增加，接触电阻理应增加，实际上，当温度升高到 600℃ 左右时，它的影响已很小。

相对而言，由于电极材料比较软，与钢筋接触较好，因此，电极与钢筋之间的接触电阻 R_j 要比钢筋之间的接触电阻 R_c 为小甚多。

2. 内部电阻

随着电流场分布的变化，钢筋内部电阻 R_g 也不同，影响内部电阻变化的因素有：

(1) 几何尺寸特征 d_0/δ_0（d_0——焊点接触面直径；δ_0——两钢筋直径之和）的影响。若 d_0/δ_0 增加，R_g 则降低。

(2) 当电极压力 F_w 增加时，焊点接触面积增大，电流场分布均匀，R_g 减小。

(3) 当温度增高，材料压溃强度下降，电流场分布均匀，故 R_g 降低。但同时，钢材 ρ 也增加，R_g 有所增高。

以上三个因素合起来，在焊接过程中钢筋内部电阻有所降低。

上述表明，钢筋电阻点焊时的总电阻 R 包括内部电阻和接触电阻两部分。凡是影响电流场分布的诸因素都直接影响 R 的大小。钢筋电阻点焊正是利用电流通过两钢筋接触点的电阻而产生的热量，形成熔核，冷却凝固而形成焊点，将两钢筋交叉连接在一起。

5.2 特点和适用范围

5.2.1 特点

混凝土结构中的钢筋焊接骨架和焊接网，宜采用电阻点焊制作。

在钢筋骨架和钢筋网中，以电阻点焊代替绑扎，可以提高劳动生产率，提高骨架和网的刚度，可以提高钢筋（丝）的设计计算强度，因此宜积极推广应用。

5.2.2 适用范围

电阻点焊适用于 $\phi 8 \sim \phi 16$ 的 HPB235 热轧光圆钢筋、HRB335、HRB400、HRB500 普通热轧钢筋、HRBF335、HRBF400、HRBF500 细晶粒热轧钢筋，和 $\phi 4 \sim \phi 12$CRB550 冷轧带肋钢筋、$\phi 3 \sim \phi 8$CDW550 冷拔低碳钢丝的焊接。

5.2.3 焊接骨架和大小钢筋直径之比

纵向钢筋和横向或斜向钢筋分别以一定间距排列，全部交叉点均进行焊接在一起形成三向立体骨架称焊接骨架。焊接骨架有两种类型：一是在建筑构件厂生产的用于预制梁、柱的钢筋骨架；二是用于先张法预应力混凝土管桩中钢筋焊接骨架。三是用于钢筋混凝土排水管和综合型大直径钢筋混凝土管中钢筋焊接骨架。

当焊接不同直径钢筋，其较小钢筋直径不大于 10mm 时，大小直径之比不宜大于 3；若较小钢筋直径为 12mm、14mm 时，大小钢筋直径之比，不宜大于 2。

钢筋电阻点焊时，当两钢筋直径差异过大时，会对焊接带来困难，即：采用一定工艺参数条件下，由接触电阻产生的热量，分别传导给两根钢筋，对较小直径钢筋，可能已经过热，造成塌陷；而对较大直径钢筋，可能加热不足，造成焊点结合不良，即未熔合。因此，对大小钢筋直径之比，有一定限制。

5.2.4 焊接网和大小钢筋直径之比

纵向钢筋和横向钢筋分别以一定的间距排列且互成直角、全部交叉点均焊接在一起的网片称焊接网。钢筋焊接网有两种类型：一是在建筑构件厂生产的用于沟盖板、楼板、单层工业厂房屋面板等预制构件中的钢筋焊接网；二是在工业、民用高层建筑楼板、屋面板、墙板、公路、桥梁、飞机场等现浇结构中钢筋混凝土用大型钢筋焊接网（welded steel fabric for the reinforcement of concrete）[8]，见图 5.2。

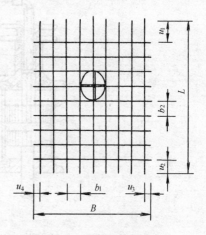

图 5.2 钢筋焊接网形状
B—网片宽度；L—网片长度；
b_1、b_2—间距；u_1、u_2、u_3、u_4—伸出长度

焊接网的纵向钢筋可采用单根钢筋或双根钢筋（并筋），横向钢筋只能采用单根钢筋，见图 5.3。

钢筋焊接网两个方向均为单根钢筋时，较细钢筋的公称直径不小于较粗钢筋的公称直径的 0.6 倍。

当纵向钢筋采用双根钢筋（并筋）时，纵向钢筋的公称直径不小于横向钢筋公称直径的 0.7 倍，也不大于横向钢筋公称直径的 1.25 倍。

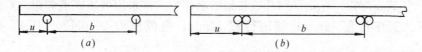

图 5.3 焊接网纵向钢筋和横向钢筋
(a) 纵向单根钢筋；(b) 纵向双根钢筋
u—伸出长度；b—钢筋间距

5.3 电阻点焊设备

5.3.1 技术要求

点焊机是电阻焊机的一种。

电阻焊机除了满足制造简单，成本低，使用方便，工作可靠、稳定，维修容易等基本

要求之外，尚应具有：

　　1. 焊机结构强度及刚性好；

　　2. 焊接回路有良好适应性；

　　3. 程序动作的转换迅速、可靠；

　　4. 调整焊机（焊接电流）及更换电极方便。

5.3.2　点焊机的构造

1. 加压机构

（1）原有脚踏式点焊机、电动凸轮式点焊机、目前已不多见。

（2）气压式　气缸是加压系统的主要部件，由一个活塞隔开的双气室，可使电极产生这样一种行程：抬起电极、安放钢筋、放下电极、对钢筋加压，如图 5.4 所示。配有气压式加压机构的点焊机有 DN2-100A 型、DN3-75 型、DN3-100 型等，目前应用最多，其外形见图 5.5。

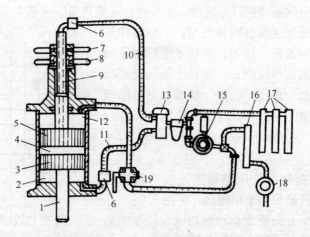

图 5.4　气压式加压系统

1—活塞杆；2、4—下气室与中气室；5、3—上、下活塞；6—节流阀；7—锁紧螺母；
8—调节螺母；9—导气活塞杆；10、11—气管；12—上气室；13—电磁气阀；14—油杯；
15—调压阀；16—高压贮气筒；17—低压贮气筒；18—气阀；19—三通开关

　　（3）气压式点焊钳　在钢筋网片、骨架的制作中，常采用气压式点焊钳。点焊钳的构造见图 5.6。工作行程 15mm；辅助行程 40mm；电极压力 3000N、气压 0.5MPa；重 16kg。

2. 焊接回路

点焊机的焊接回路包括变压器次级绕组引出铜排 7，连接母线 6，电极夹 3 等，见图 5.7。

机臂一般用铜棒制成，交流点焊机的机臂直径不小于 60mm，大容量焊机的机臂应更粗些，在最大电极压力作用下，一般机臂挠度不大于 2mm，焊接回路尺寸为 $L = 200 \sim 1200$mm；机臂间距 $H = 500 \sim 800$mm；臂距可调范围 $h = 10 \sim 50$mm。

电极夹用来夹持电极、导电和传递压力，故应有良好力学性能和导电性能。因断面尺寸小，电流密度高，故与机臂及电极都应有良好的接触。

机架是由焊机各部件总装成一体的托架，应有足够的刚度和强度。

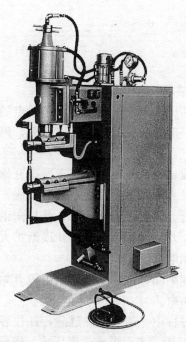

图 5.5　DN2-100-A 型点焊机

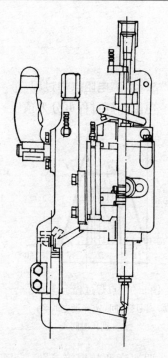

图 5.6　气压式点焊钳

3. 电极

电极用来导电和加压，并决定主要的散热量，所以电极材料、形状、工作端面尺寸，以至冷却条件对焊接质量和生产率都有重大影响。

电极采用铜合金制作。为了提高铜的高温强度、硬度和其他性能，可加入铬、镉、铍、铝、锌、镁等合金元素。

电极的形式有很多种，用于钢筋点焊时，一般均采用平面电极，见图5.8。图中 L、H、D 等均为电极的尺寸参数，根据需要设计。

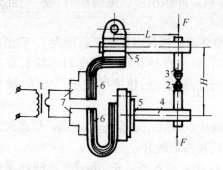

图 5.7　焊接回路

1—变压器；2—电极；3—电极夹；4—机臂；
5—导电盖板；6—母线；7—导电铜排

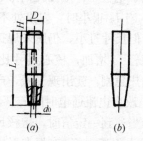

图 5.8　点焊电极

(a) 锥形电极；(b) 平面电极

电极端头靠近焊件，在不断重复加热下，温度上升，因此，一般均需通水冷却。冷却水孔与电极端面距离必须恰当，以防冷却条件变坏，或者电流场分布变坏。

5.4   电阻点焊工艺

5.4.1   电阻点焊过程

电阻点焊过程可分为预压、加热熔化、冷却结晶三个阶段，见图5.9。

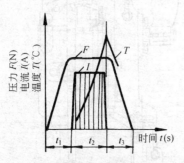

预压阶段，在压力作用下，两钢筋接触点的原子开始靠近，逐步消除一部分表面的不平和氧化膜，形成物理接触点。

加热熔化阶段，包括两个过程：在通电开始一段时间内，接触点面积扩大，固态金属因加热而膨胀，在焊接压力作用下，焊接处金属产生塑性变形，并挤向钢筋间缝隙中；继续加热后，开始出现熔化点，并逐渐扩大成所要求的核心尺寸时切断电流。

图 5.9   点焊过程示意图

t_1—预压时间；t_2—通电时间；
t_3—锻压时间

第三阶段冷却结晶，由减小或切断电流开始，至熔核完全冷却凝固后结束。

在加热熔化过程中，如果加热过急，往往容易发生飞溅，要注意调整焊接参数，飞溅使核心液态金属减少，表面形成深度压坑，影响美观，降低力学性能；当产生飞溅时，应适当提高电极压力，降低加热速度。

在冷却结晶阶段中，其熔核是在封闭塑性环中结晶，加热集中，温度分布陡，加热与冷却速度极快，因此当参数选用不当时，会出现裂纹、缩孔等缺陷。点焊的裂纹有核心内部裂纹，结合线裂纹及热影响区裂纹。当熔核内部裂纹穿透到工件表面时，也成为表面裂纹，点焊裂纹一般都属于热裂纹。当液态金属结晶而收缩时，如果冷却过快，锻压力不足，塑性区的变形来不及补充，则会形成缩孔，这时就要调整参数。

5.4.2   点焊参数

点焊质量与焊机性能、焊接工艺参数有很大关系。焊接工艺参数指组成焊接循环过程和决定点焊工艺特点的参数，主要有焊接电流 I_w、焊接压力（电极压力）F_w、焊接通电时间 t_w、电极工作端面几何形状与尺寸等。

1. 当 I_w 很小时，焊接处不能充分加热，始终不能达到熔化温度，增大 I_w 后出现熔化核心，但尺寸过小，仍属未焊透。当达到规定的最小直径和压入深度时，接头有一定强度。随着 I_w 增加，核心尺寸比较大时，电流密度降低，加热速度变缓。当 I_w 增加过大时，加热急剧，就出现飞溅，产生缩孔等缺陷。

2. 改变电流通电时间 t_w，与改变 I_w 的影响基本相似，随着 t_w 的增加，焊点尺寸不断增加，当达到一定值时，熔核尺寸比较稳定，这种参数较好。

3. 电极压力 F_w 对焊点形成有双重作用。从热的观点看，F_w 决定工件间接触面各接点变形程度，因而决定了电流场的分布，影响着热源 R_c 及 R_j 的变化。F_w 增大时，工件——电极间接触改善，散热加强，因而总热量减少，熔核尺寸减小，从力的观点看，F_w 决定了焊接区周围塑性环变形程度，因此，对形成裂纹、缩孔也有很大关系。

采用 DN3-75 型点焊机焊接 HPB 235 钢筋和冷拔低碳钢丝时，焊接通电时间和电极压力分别见表 5.1 和表 5.2。

采用 DN3-75 型点焊机焊接通电时间（s） 表 5.1

变压器级数	较小钢筋直径（mm）							
	3	4	5	6	8	10	12	14
1	0.08	0.10	0.12	—	—	—	—	—
2	0.05	0.06	0.07	—	—	—	—	—
3	—	—	—	0.22	0.70	1.50	—	—
4	—	—	—	0.20	0.60	1.25	2.50	4.00
5	—	—	—	—	0.50	1.00	2.00	3.50
6	—	—	—	—	0.40	0.75	1.50	3.00
7	—	—	—	—	—	0.50	1.20	2.50

注：点焊 HRB 335、HRB 400 钢筋或冷轧带肋钢筋时，焊接通电时间延长 20%～25%。

钢筋点焊时的电极压力（N） 表 5.2

较小钢筋直径（mm）	HPB 235 钢筋、冷拔低碳钢丝	HRB 335、HRB 400 钢筋、冷轧带肋钢筋
3	980～1470	—
4	980～1470	1470～1960
5	1470～1960	1960～2450
6	1960～2450	2450～2940
8	2450～2940	2940～3430
10	2940～3920	3430～3920
12	3430～4410	4410～4900
14	3920～4900	4900～5880

4. 不同的 I_w 与 F_w 可匹配成以加热速度快慢为主要特点的两种不同参数：强参数与弱参数。

强参数是电流大、时间短，加热速度很快，焊接区温度分布陡、加热区窄、表面质量好、接头过热组织少，接头综合性能好，生产率高。只要参数控制较精确，而且焊机容量足够（包括电与机械两个方面），便可采用。但因加热速度快，如果控制不当，易出现飞溅等缺陷，所以，必须相应提高电极压力 F_w，以避免出现缺陷，并获得较稳定的接头质量。

当焊机容量不足，钢筋直径大，变形困难或塑性温度区过窄，并有淬火组织时，可采用加热时间较长、电流较小的弱参数。弱参数温度分布平缓，塑性区宽，在压力作用下易变形，可消除缩孔，降低内应力，图 5.10 为强、弱两种参数点焊时，焊接区的温度分布示意图。

5.4.3 压入深度

一个好的焊点，从外观上，要求表面压坑浅、平滑，呈均匀过渡，表面无裂纹及粘附的铜合金。从内部看，熔核形状应规则、均匀，熔核尺寸应满足结构和强度的要求；熔核内部无贯穿性或超越规定值的裂纹；熔核周围无严重过热组

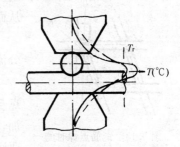

图 5.10 钢筋点焊时温度分布
——强参数；－－弱参数
T_r—熔化温度

织及不允许的焊接缺陷。

如果焊点没有缺陷，或者缺陷在规定的限值之内，那么，决定接头强度与质量的就是熔核的形状与尺寸。钢筋熔核直径难以测量，但可以用压入深度 d_y 来表示。所谓压入深度（pressed depth）就是两钢筋（丝）相互压入的深度，见图 5.11，其计算式如下：

$$d_y = (d_1 + d_2) - h$$

式中 d_1——较小钢筋直径；
　　d_2——较大钢筋直径；
　　h——焊点钢筋高度。

以 $\phi6 + \phi6$ 钢筋焊点为例，当压入深度为 0 时，焊点钢筋高度为 12mm，熔核直径 d_r 为零。当压入深度为较小钢筋直径的 20％时，焊点钢筋高度为 10.8mm，计算熔核直径 d_r 为 4.6mm，见图 5.12（a）。当压入深度为较小钢筋直径的 30％时，焊点钢筋高度为 10.2mm，计算熔核直径 d_r 为 5.4mm，见图 5.12（b）[9]。

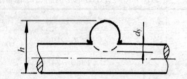

图 5.11 压入深度
d_y—压入深度；h—焊点钢筋高度

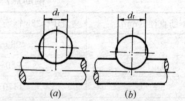

图 5.12 钢筋电阻点焊的熔核直径
d_r—熔核直径

规程 JGJ 18—2012 规定焊点压入深度应为较小钢筋直径的 18％～25％。

规定钢筋电阻焊点压入深度的最小比值，是为了保证焊点的抗剪强度；规定最大比值，对冷拔低碳钢丝和冷轧带肋钢筋，是为了保证焊点的抗拉强度。对热轧钢筋，是为了防止焊点压塌。

5.4.4 表面准备与分流

焊件表面状态对焊接质量有很大影响。点焊时，电流大、阻抗小，故次级电压低，一般不大于 10V。这样，工件上的油污、氧化皮等均属不良导体。在电极压力作用下，氧化膜等局部破碎，导电时改变了焊件上电流场的分布，使个别部位电流线密集，热量过于集中，易造成焊件表面烧伤或沿焊点外缘烧伤。清理良好的表面将使焊接区接触良好，熔核周围金属压紧范围也将扩大，在同样参数下焊接时塑性环较宽，从而提高了抗剪力。

点焊时不经过焊接区，未参加形成焊点的那一部分电流叫作分流电流，简称分流。见图 5.13。

钢筋网片焊点点距是影响分流大小的主要因素。已形成的焊点与焊接处中心距离越小，分流电阻 R_f 就越小，分流电流 I_f 增加，使熔核直径 d_r 减小，抗剪力降低。因此，在焊接生产中，要注意分流的影响。

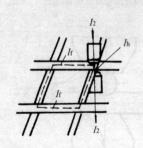

图 5.13 钢筋点焊时的分流现象
I_2—次级电流；I_h—流经焊点焊接电流；I_f—分流电流

5.4.5 钢筋多点焊

在钢筋焊接网生产中，宜采用钢筋多点焊机。这时，要根据网的纵筋间距调整好多点焊机电极的间距，注意检查各个电极的电极压力、焊接电流以及焊接通电时间等各项参数的一致，以保持各个焊点质量的稳定性。

5.4.6 电极直径

因为电极决定着电流场分布和40%以上热量的散失，所以电极材料、形状、冷却条件及工作端面的尺寸都直接影响着焊点强度。在焊接生产时，要根据钢筋直径选用合适的电极端面尺寸，见表5.3，并经常保持电极与钢筋之间接触表面的清洁平整。若电极使用变形，应及时修整。安装时，上下电极的轴线必须成一直线，不得偏斜和漏水。

电极直径 表5.3

较小钢筋直径（mm）	电极直径（mm）
3～10	30
12～14	40

5.4.7 钢筋焊点缺陷及消除措施

在钢筋点焊生产中，若发现焊接制品有外观缺陷，应及时查找原因，并且采取措施予以防止和消除，见表5.4。

焊接制品的外观缺陷及消除措施 表5.4

项 次	缺陷种类	产生原因	防止措施
1	焊点过烧	1. 变压器级数过高 2. 通电时间太长 3. 上下电极不对中心 4. 继电器接触失灵	1. 降低变压器级数 2. 缩短通电时间 3. 切断电源、校正电极 4. 调节间隙、清理触点
2	焊点脱落	1. 电流过小 2. 压力不够 3. 压入深度不足 4. 通电时间太短	1. 提高变压器级数 2. 加大弹簧压力或调大气压 3. 调整两电极间距离，符合压入深度要求 4. 延长通电时间
3	钢筋表面烧伤	1. 钢筋和电极接触表面太脏 2. 焊接时没有预压过程或预压力过小 3. 电流过大	1. 清刷电极与钢筋表面的铁锈和油污 2. 保证预压过程和适当的预压力 3. 降低变压器级数

5.4.8 悬挂式点焊钳的应用

使用悬挂式点焊钳进行焊接，有很大优越性，由于点焊钳挂在轨道上，而各操作按钮均在点焊钳面板上，可以随意灵活移动，适合于焊接各种几何形状的焊接钢筋网片和钢筋骨架，见图5.14[10]。

焊接工艺参数根据钢筋牌号、直径选用，与采用气压式点焊机时相同，焊点压入深度一般为较小钢筋（丝）的25%。焊点质量检验做抗剪试验和拉伸试验，全部合格。

使用该种点焊钳，工作面宽，灵活，适用性强，既能减轻焊工劳动强度，又可提高生产率。

5.4.9 钢筋多点焊生产

构件厂制作小型网片时，采用自制全自动钢筋网片8头点焊机，见图5.15。可焊钢筋

直径 $\phi 4 \sim \phi 8$，网片尺寸：

图 5.14   使用悬挂式点焊钳进行网片生产

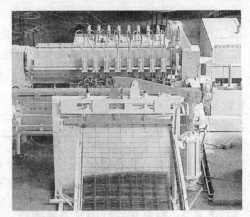

图 5.15   钢筋多点焊生产[11]

最大宽度　　2450mm

最大长度　　6000～10000mm

焊机中装有 32kVA 焊接变压器 4 个，每个焊接变压器的焊接回路串联 2 对电极，同时焊接两个焊点。

该焊机每年最大生产能力：10600t；每小时生产率：2.56t/h（钢筋直径 8mm＋8mm），0.85t/h（钢筋直径 4mm＋4mm）。

钢筋多点焊机的生产与应用，带来显著的技术经济效果。

5.5   管桩钢筋骨架滚焊机及使用

5.5.1   先张法预应力混凝土管桩

现行国家标准《先张法预应力混凝土管桩》GB 13476—2009 对先张法预应力混凝土管桩（以下简称管桩）的产品分类、技术要求等作出规定。该管桩广泛用于工业与民用建筑、铁路、公路、港口、水利等现浇混凝土工程中，管桩外径分为 300、350、400、450、500、550、600、800mm 和 1000mm 等规定。管桩长度 7～15m，管桩的结构形状见图 5.16[12]。

图 5.16   管桩的结构形状

t—最小壁厚；D 管桩外径；L—管桩长度

预应力钢筋应采用预应力混凝土用钢棒，其质量应符合 GB/T 5223.3 中低松弛螺旋槽钢棒的规定，且抗拉强度不小于 1420MPa、规定非比例延伸强度不小于 1280MPa，断后伸长率应大于 7.0%。

螺旋宜采用低碳钢热轧圆盘条、混凝土制品用冷拔低碳钢丝，其质量应符合有关标准规定。

5.5.2 管桩焊接骨架

管桩焊接骨架采用预应力混凝土用钢棒或预应力混凝土用钢丝作为主筋，冷拔低碳钢丝或低碳钢热轧圆盘条作为螺旋筋，经电阻点焊加工制成，见图 5.17。

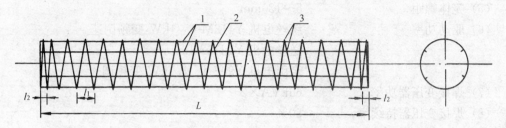

图 5.17 管桩焊接骨架示意图

l_1—螺距；l_2—两端螺距；L—骨架长度；1—主筋；2—螺旋筋；3—焊点

端部锚固钢筋、架立圈宜采用低碳钢热轧圆盘条或钢筋混凝土用热轧带肋钢筋。预应力钢筋沿其分布圆周均匀配置，不得小于 6 根。管桩外径 450mm 以下，螺旋筋的直径应不小于 4mm；外径 500～600mm，螺旋筋的直径不应小于 5mm；外径 800～1000mm，螺旋筋直径不应小于 6mm。管桩螺距最大不超过 110mm，管桩两端螺旋筋长度范围 1000～1500mm，螺距范围在 40～60mm。

5.6.3 管桩钢筋骨架滚焊机[13]

1. 用途和特点

无锡市荡口通用机械有限公司生产的 GH-600 型管桩钢筋骨架滚焊机是将高强度混凝土管桩钢筋自动滚焊（电阻点焊）成骨架的专用焊机，广泛用于预应力先张法的钢筋架笼体焊接成型。该机具有可焊主筋强度失小、骨架长而不扭曲、整体性能好、调节方便、性能稳定、操作维修简便等特点。其外形见图 5.18。

图 5.18 GH-600 型管桩钢筋骨架滚焊机

2. 技术参数

(1) 焊接骨架直径（mm）φ230～φ560（可生产管桩直径：250、300、350、400、450、500、550、600mm）

(2) 焊接钢筋骨架长度　　　3000～15000mm

(3) 纵筋直径　　　　　　　φ7～φ12

(4) 环筋直径　　　　　　　φ4～φ6

(5) 笼体螺距　　　　　　　5～120mm

(6) 驱动功率　　　　　　　绕丝电机 Y112M-4　4kW 变频调速

　　　　　　　　　　　　　送丝电机 YLJ132-16-4

　　　　　　　　　　　　　牵引电机 Y90S-4　1.1kW 变频调速

(7) 焊接变压器功率　　　　63kVA×2

(8) 焊接变压器持续率　　　50%

(9) 主机电源　　　　　　　380V　三相　（变压器　二相）

(10) 焊接主机转速　　　　　0～60r/min

(11) 焊接变压器冷却方式　　自冷

(12) 外形展寸（长×宽×高）20000mm×2000mm×1645mm

(13) 焊机质量　　　　　　　约 12t

3. 结构

钢筋骨架滚焊机主要由焊接主机、环筋料放松旋转机架、钢筋骨架牵引机构、焊接变压器及电气控制机构等组成。

旋转电极的电极臂由铜带、电刷导电环、铜排等组成的次级线圈的一端连接。电极臂可根据焊接骨架直径大小调节，整个电极装置固定在旋转焊接机构的大滚套上。在旋转机构的中心安装了固定电极轮，并同焊接变压器的次级线圈的另一端连接。各电极同主机互相绝缘。

旋转焊接机构中的大滚套由两只较大深沟球轴承固定。电动机通过三角带轮传动二级齿轮拖动大滚套旋转。在大滚套作旋转的同时，环筋钢筋料通过滑轮绕在纵筋钢筋上，并通过分度信号使焊接变压器导通，进行对钢筋交叉点通电焊接，由此同时钢筋骨架牵引电机经减速装置拖动链条带动小车使骨架直线向后移动。整个动作按设定的螺距及长度焊接成型。

焊机有自动焊接和手动焊接两种焊接模式，工作时根据需要自行选择。

4. 使用和使用单位举例

该滚焊机主要用于焊接管桩的钢筋骨架；骨架主筋为预应力混凝土用钢棒，强度为 1275/1420MPa，规格一般为 φ7.1、φ9.0、φ10.7、φ12.6。螺旋筋一般用 φ4、φ5、φ6 的 Q235 低碳钢热轧圆盘条，采用两台焊接变压器并联，主要是为加大焊接时的输出电流，螺旋筋边绕边焊，当螺旋筋绕到一根主筋时就焊一次。该焊机也能焊普通混凝土管桩的钢筋骨架。焊机上的手动焊和自动焊主要是为使用者多一种选择焊接的模式。

假设有一根 10m 长管桩焊接骨架，采用该滚焊机，其生产效率计算如下。

(1) 螺旋筋总圈数

设骨架两端 1500mm 长度范围内，螺旋筋间距为 50mm，中间部分为 100mm，则总圈数为：$(1500×2)/50+(10000-1500×2)/100=60+70=130$ 圈。

（2）焊接时间

按焊机焊接速度每分钟旋转 45 圈计，则 $130/45≈3min$。

（3）焊点总数

如果主筋为 9 根，焊点总数为：$9×130=1170$ 点；每分钟焊接 $1170/3=390$ 焊点。

该滚焊机已在上海宝力管桩厂、上海富盛浙工建材有限公司、天津宝力管桩厂、南京六合宝力管桩厂、宁波镇海永大构件有限公司、浙江嘉善凝新混凝土构件有限公司等很多单位使用，取得良好效果。

5.5.4 管桩焊接骨架质量检验

焊接骨架外观检查结果，焊点应无漏焊和脱落；力学性能检验时，3 个焊点试件拉伸试验结果，主筋抗拉强度不得小于钢筋规定抗拉强度的 0.95 倍。

5.6 大型钢筋焊接网

5.6.1 钢筋焊接网的应用与发展

钢筋焊接网是将纵向和横向钢筋定距排列，全部交叉点均焊接在一起的钢筋网片，是一种工厂化加工的钢筋制品，是一种新型、高效、优质的钢筋混凝土结构用建筑钢材。

钢筋焊接网在欧美等国家已经得到非常广泛的应用，形成商品化供应。

5.6.2 钢筋焊接网的应用领域

钢筋焊接网宜作为钢筋混凝土结构、构件的受力钢筋、构造钢筋以及预应力混凝土结构、构件中的非预应力钢筋，具体应用领域如下：

建筑业：工业、民用高层建筑楼板、剪力墙面、地坪、梁、柱等；

交通业：公路路面、桥面、飞机场、隧道、桥梁、市政建设等；

环保体育：污水处理池、区域保护、体育场馆等；

水利电力工程：发电厂、坝基、港口、输水渠道、加固坝堤；

煤矿：防护网、基础网；

农业和地表稳定：防洪、边坡稳定、崩塌防护；

其他。

5.6.3 钢筋焊接网优点

1. 钢筋焊接网受力特点

与普通绑扎不同，焊接网各焊点具有一定抗剪能力，纵横钢筋连成整体，使钢筋混凝土受力传递有利于整体作用的发挥。同时由于纵向和横向钢筋都可以起到粘结锚固的作用，限制了混凝土裂缝在钢筋间距区格间的传递，从而减少裂缝长度和裂缝宽度的发展，相应也减少了构件的挠度。

2. 现场施工工艺的改进

钢筋焊接网由自动的钢筋焊接网设备生产，只要操作得当，网片的焊点质量、网格尺寸、网片尺寸等均能得到保证。

3. 提高工作质量

钢筋焊接网安装简单，便于检查，安装质量易于控制。在混凝土浇筑过程中不易弯折变形，更好保证网面受力筋的设计高度和混凝土保护层厚度。

4. 提高施工速度

钢筋焊接网安装简单，只需按布置图就位，并保证网片入梁（或柱）的锚固长度及网片间的搭接长度，即可达到安装质量要求，大大提高施工速度。

5. 有利于文明施工

钢筋焊接网安装简便，现场工作量小，安装时间短，减少现场钢筋加工和堆放，有利于文明施工。

6. 良好技术经济效益

虽然钢筋焊接网每吨价格比绑扎钢筋直接费用高出35％左右，但因为钢筋用量的降低和其他费用的大大降低，总的钢筋价格和绑扎钢筋相比降低5％～10％。所以它具有很好的技术经济效益和社会效益。

5.6.4　工程应用实例

采用 GWC 钢筋网焊接设备生产的钢筋焊接网在工程中应用举例见图 5.19[14]。

(a)　　　　　　　　　　　　　(b)

(c)　　　　　　　　　　　　　(d)

图 5.19　钢筋焊接网在工程中应用

(a) 广州鹤洞大桥；(b) 深圳地王大厦；(c) 广州江南中心；(d) 松下万宝工厂

6　钢筋闪光对焊

6.1　基　本　原　理

6.1.1　名词解释

钢筋闪光对焊 flash butt welding of reinforcing steel bar。

将两钢筋安放成对接形式，利用焊接电流通过两钢筋接触点产生的电阻热，使金属熔化，产生强烈飞溅、闪光，使钢筋端部产生塑性区及均匀的液体金属层，迅速施加顶锻力完成的一种压焊方法，是电阻焊的一种。

6.1.2　闪光对焊的加热

闪光对焊是利用焊件内部电阻和接触电阻所产生的电阻热对焊件进行加热来实现焊接的。闪光对焊时，焊件内部电阻可按钢筋电阻估算，其中某温度下的电阻系数 ρ 可根据闪光对焊温度下分布曲线的规律来确定。

闪光对焊过程中，在焊缝端面上形成连续不断的液体过梁（液体小桥），又连续不断地爆破，因而在焊缝端面上逐渐形成一层很薄的液体金属层。闪光对焊的接触电阻决定于端面形成的液体过梁，即与闪光速度以及钢筋截面有关，钢筋截面积越大，闪光速度越快，电流密度越大；接触电阻越小。

闪光对焊时，接触电阻很大，其电阻变化见图6.1。

闪光对焊过程中，其总电阻略有增加。

如图6.2所示，在连续闪光焊时，焊件内部电阻所产生的热把焊件加热到温度 T_1；

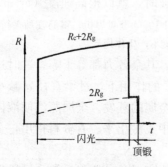

图6.1　闪光过程的电阻变化

R_c—工件（钢筋）间接触电阻；R_g—工件（钢筋）内部电阻

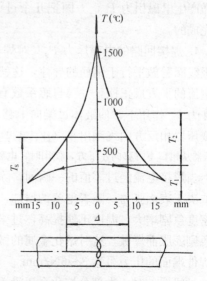

图6.2　连续闪光对焊时，焊件温度场的分布

T_S—塑性温度；Δ—塑性温度区

接触电阻所产生的热把焊件加热到温度 T_2，$T_2 \gg T_1$。由于连续闪光对焊的热源主要在钢筋接触面处，所以，沿焊件轴向温度分布的特点是梯度大，曲线很陡。

6.1.3 闪光阶段

焊接开始时，在接通电源后，将两焊件逐渐移近，在钢筋间形成很多具有很大电阻的小接触点，并很快熔化成一系列液体金属过梁，过梁的不断爆破和不断生成，就形成闪光。图 6.3 为一个过梁的示意图。

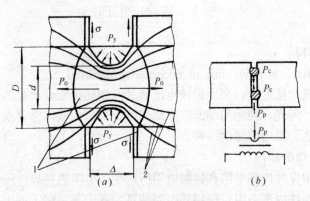

图 6.3 熔化过梁示意图

(*a*) 作用在过梁上的内力；(*b*) 作用在过梁上的外力

1—熔化金属；2—电流线

过梁的形状和尺寸由下述各力来决定。

1. 液体表面张力 σ 在钢筋移近时（间隙 Δ 减小），力图扩大过梁的内径 d。

2. 径向压缩效应力 P_y 力图将电流所通过的过梁压细并拉断。由于过梁形状近似于两个对着的圆锥体，因此 P_y 在轴线方向的分力，即液体导体的拉力 P_0 与电流平方成正比。

3. 电磁引力 P_c。当有一个以上的过梁同时存在时，就如同载有同向电流的平行导线一样产生电磁引力 P_c，力图把几个过梁合并，但由于过梁存在的时间很短，这种是来不及完成的。

4. 焊接回路的电磁斥力 P_p。对焊机的变压器一般都在钳口的下方，可以把变压器的次级线圈看做平行于钢筋的导体，这就相当于载有异向电流的平行导线相互排斥。这个力与电流的平方成正比，并与自感系数有关，因为 P_p 的方向指向与变压器相反的一边，因此在力 P_p 作用下，使液体过梁向上移动。当过梁爆破时，就以很高速度（5～6m/s）向与变压器相反方向飞溅出来（注：某焊接设备厂生产 UNI-100Q 型对焊机，钢筋气动夹持，将焊接变压器从钳口下方移向左下方，使用时，电磁斥力 P_p 将对过梁不产生作用）。

当焊接电流经过零值的一瞬间，除了表面张力外，其余各力都等于零。这时过梁的形状取决于表面张力。随着电流的增加，在径向压力 P_y 的作用下，过梁直径 d 减小，使电流密度急剧增大，温度迅速提高，过梁内部便出现了金属的蒸发。金属蒸汽使液体过梁体积急剧膨胀而爆破，这时熔化金属的微粒从对口间隙中飞溅出来。有资料指出，金属蒸汽对焊件端面的压力可达 3～6N/mm² 。

过梁爆破时，大部分熔化金属沿着力 P_p 的方向排挤到对口外部，部分过梁没有来得及爆破就排挤到焊缝的边缘。在闪光过程稳定进行的情况下，每秒钟过梁爆破可达 500 次以上，为了使闪光过程不间断，钢筋瞬时移动速度 v' 应当和钢筋实际缩短速度（即烧化速度 v_1）相适应，当 $v' \gg v_1$ 时，间隙 Δ 减小，过梁直径 d 增大，甚至使爆破停止，最后使钢筋短路，闪光终止。当 $v' \ll v_1$ 时，间隙 Δ 增大，造成闪光过程中断。

熔化金属过梁在不断形成和爆破的过程中析出大量的热，使钢筋对口及附近区域的金属被强烈加热，这就是闪光阶段的作用，在接触处每秒钟析出的热量：

$$q_1 = 0.24 R_c I_w^2$$

此热量用于液体金属过梁的形成（q'）和向对口两侧钢筋的传导（q''）。

瞬时烧化速度 v_1 是随着接触而析出的热量 q_1 和端面金属平均温度的增加而增加，并随着端面的温度梯度增加而减小。开始闪光时，闪光过程进行很缓慢，随着钢筋加热使 v_1 增加。因此，为了保持闪光过程的连续性，钢筋的移近速度也应相应的变化，即由慢而快。另外，通过预热来提高端面金属平均温度，也可提高烧化速度。

在闪光开始阶段的加热是很不均匀的。随着连续不断的闪光使焊接区的温度逐渐均匀，直至钢筋顶锻前接头加热到足够温度，这对焊接质量很重要。因为它决定了顶锻前金属塑性变形的条件和氧化物夹杂的排除。

闪光的主要作用一是析出大量的热，加热工件；二是闪光微粒带走空气中的氧、氮，保护工件端面，免受侵袭。

6.1.4 预热阶段

当钢筋直径较粗，焊机容量相对较小时，应采取预热闪光焊。预热可提高瞬时烧化速度，加宽对口两侧的加热区，降低冷却速度，防止接头在冷却中产生淬火组织；缩短闪光时间，减少烧化量。

预热的方法有两种，即电阻预热和闪光预热。规程规定，为电阻预热。系在连续闪光之前，将两钢筋轻微接触数次。当接触时，接触电阻很大，焊接电流通过产生大量电阻热，使钢筋端部温度提高，达到预热的目的。

6.1.5 顶锻阶段

顶锻为连续闪光焊的第二阶段，也是预热闪光焊的第三阶段。顶锻包括有电顶锻和无电顶锻两部分。

顶锻是在闪光结束前，对焊接处迅速地施加足够大的顶锻压力，使液体金属及可能产生的氧化物夹渣迅速地从钢筋端面间隙中挤出来，以保证接头处产生足够的塑性变形而形成共同晶粒，获得牢固的对焊接头。

顶锻时，焊机动夹具的移动速度突然提高，往往比闪光速度高出十几倍至数十倍。这时接头间隙开始迅速减小，过梁断面增大而不易破坏，最后不再爆破。闪光截止，钢筋端面同时进入有电顶锻阶段，应注意的是：随着闪光阶段的结束，端头间隙内气体保护作用也逐渐消失，因为这时间隙尚未完全封闭，故高温下的接头极易氧化。当钢筋端面进一步移近时间隙才完全封闭，将熔化金属从间隙中排挤出对口外围，形成毛刺状。顶锻进行得愈快，金属在未完全封闭的间隙中遭受氧化的时间愈短，所得接头的质量愈高。

如果顶锻阶段中电流过早地断开，则同顶锻速度过小时一样，使接头质量降低。这不但是因为气体介质保护作用消失，使间隙缓慢封闭时金属被强烈地氧化；另外，也因为端面上熔化金属已冷却，顶锻时氧化物难以从间隙中挤出而保留在结合面中成为缺陷。

顶锻中的无电流顶锻阶段，是在切断电流后进行，所需的单位面积上的顶锻力应保证把全部熔化了的金属及氧化物夹渣从接口内挤出，并使近缝区的金属有适当的塑性变形。

总之，焊接过程中的顶锻力作用如下：

1. 封闭钢筋端面的间隙和火口；

2. 排除氧化物夹渣及所有的液体，使接合面的金属紧密接触；

3. 产生一定的塑性变形，促进焊缝结晶的进行。

闪光对焊过程中，在接头端面形成一层很薄的液体层，这是将液体金属排挤掉后在高温塑性变形状态下形成的。

6.1.6 获得优质接头的条件

闪光对焊时，接头的温度分布较陡，加热区比较窄。如果焊接参数选择适当，在顶锻时能将全部液态金属和氧化物夹渣挤出来，能获得优质接头。如果焊接参数不当，液态金属残留在焊口内，接头结晶后就可能产生夹渣、疏松组织等焊接缺陷。

当过梁爆破时，加热到高温的金属微粒被强烈氧化，使间隙中氧的含量降低；另外，过梁爆破所造成的高压也使空气难以进入间隙，这对减少氧化物夹渣都是有利的。对钢筋而言，因为碳的烧损，使间隙内氧的含量减少，并在接头周围的大气中生成 CO、CO_2 保护气体。当闪光过程不稳定时（闪光阶段的稳定指金属微粒爆破的连续，即闪光时不能中断，更不能短路），如闪光速度与钢筋移近速度不相适应时，就会破坏上述保护条件，影响接头质量。实践证明，闪光过程中，闪光的间断并不影响钢筋的加热和温度的均匀，关键是，应控制好闪光后期至顶锻开始这一瞬间，闪光应强烈，而不得中断。

闪光过程中，金属中元素与氧化合产生挥发性气体时，对防止氧化是有利的。但实际上，在闪光过程中绝对防止氧化是困难的。为了保证接头中无氧化物，主要是在顶锻过程中能否将对口中的氧化物全部挤出去。

若产生的氧化物是低熔点的，如 FeO，其熔点为 1370℃，比低碳钢的熔点低，顶锻时液态金属虽已凝固，但只要氧化物还有流动性，便可以从对口中排挤出来。

若产生的是高熔点氧化物，如 SiO_2、Al_2O_3 等，必须在熔化金属还处在熔化状态时，方有条件将氧化物排挤出去。因此，焊接操作时，顶锻速度要快而有力。

6.2 特点和适用范围

6.2.1 特点

钢筋闪光对焊具有生产效率高、操作方便、节约能源、节约钢材、接头受力性能好、焊接质量高等很多优点，故钢筋的对接焊接宜优先采用闪光对焊。

6.2.2 适用范围

钢筋闪光对焊适用于 HPB 300、HRB 335、HRB 400、HRB 500、Q235 热轧圆盘条，以及 RRB 400 余热处理钢筋。

6.2.3 闪光对焊工艺方法的选用

钢筋闪光对焊按工艺方法来分，可分为连续闪光焊、预热闪光焊、闪光-预热闪光焊 3 种，可根据具体情况选择。

当钢筋直径较小，钢筋牌号较低时，可采用"连续闪光焊"；当钢筋直径较大、端面较平整，宜采用"预热闪光焊"；当钢筋直径较大，端面不够平整时，则应采用"闪光-预热闪光焊"。

6.2.4 连续闪光焊的钢筋上限直径

连续闪光焊所能焊接的钢筋上限直径，应根据焊机容量、钢筋牌号等具体情况而定，见表6.1。

连续闪光焊钢筋上限直径 表 6.1

焊机容量（kV·A）	钢筋牌号	钢筋直径（mm）
160（150）	HPB 300	20
	HRB 335	22
	HRB 400	20
	RRB 400	20
100	HPB 300	20
	HRB 335	18
	HRB 400	16
	RRB 400	16
80（75）	HPB 300	16
	HRB 335	14
	HRB 400	12
	RRB 400	12
40	HPB 300	
	Q235	
	HRB 335	10
	HRB 400	
	RRB 400	

6.2.5 不同牌号、不同直径钢筋的焊接

不同牌号的钢筋可以进行闪光对焊；但钢筋牌号应在表4.1范围之内；不同直径钢筋闪光对焊时，径差不得超过4mm，直径小的一侧的钳口应加垫一块薄铜片，以确保两钢筋的轴线在一直线上。

6.3 闪光对焊设备

6.3.1 钢筋对焊机型号表示方法

钢筋对焊机型号由类别、主参数代号、特征代号等组成，见图6.4。

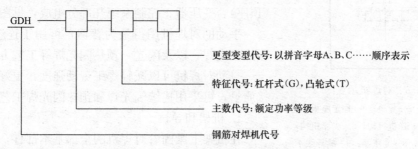

图 6.4 钢筋对焊机型号表示方法

标记示例

额定功率为 80kVA 凸轮式钢筋对焊机：

钢筋对焊机 GDH80T

6.3.2　技术要求

原机械行业标准[15]规定如下。

（1）焊机变压器绕组的温升限值应符合表 6.2 的规定。

焊接变压器绕组温升限值（℃）　　　　　　　　表 6.2

冷却介质	测定方法	不同绝缘等级时的温升限值				
		A	E	B	F	H
空气	电阻法	60	75	85	105	130
	热电偶法	60	75	85	110	135
	温度计法	55	70	80	100	120
水	电阻法	70	85	95	115	140
	热电偶法	70	85	95	120	145
	温度计法	65	80	90	110	130

注：当采用温度计法及热电偶法时应在绕组的最热点上测定。

（2）气路系统的额定压力规定为 0.5MPa，所有零件及连接处应能在 0.6MPa 下可靠地工作。

（3）焊机水路系统中所有零部件及连接处，应保证在 0.15～0.3MPa 的工作压力下能可靠地进行工作，并应装有溢流装置。

（4）加压机构应保证电极间压力稳定，夹紧力及顶锻力的实际值与额定值之差不应超过额定值的±8%。

（5）焊机应具有足够的刚度，在最大顶锻力下，焊机的刚度应保证焊件纵轴线之间的正切值不超过 0.012。

（6）焊接回路有良好适应性，能焊接不同直径的钢筋，能进行连续闪光焊、预热闪光焊和闪光-预热闪光焊等不同的工艺方法。

（7）在自动或半自动闪光对焊机中，各项程序动作转换迅速、准确。

（8）调整焊机的焊接电流及更换电极方便。

6.3.3　对焊机的构造

对焊机属电阻焊机的一种。对焊机由机架、导向机构、动夹具和固定夹具、送进机构、夹紧机构、支点（顶座）、变压器、控制系统几部分组成，见图 6.5。

手动的对焊机用得最为普遍，可用于连续闪光焊、预热闪光焊，以及闪光—预热闪光焊等工艺方法。

自动对焊机可以减轻焊工劳动强度，更好地保证焊接质量，可采用连续闪光焊和预热闪光焊工艺方法。

1. 机架和导轨

在机架上紧固着对焊机的全部基本部件，机架应有足够的强度和刚性；否则，在顶锻时，会使焊件产生弯

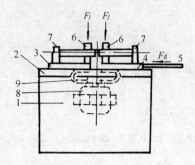

图 6.5　对焊机示意图

1—机架；2—导轨；3—固定座板；

4—动板；5—送进机构；6—夹紧机构；

7—顶座；8—变压器；9—软导线

F_j—夹紧力；F_d—顶锻力

曲。机架常采用型钢焊成或用铸铁、铸钢制成,导轨是供动板移动时导向用的,有圆柱形、长方形或平面形。

2. 送进机构

送进机构的作用是使焊件同动夹具一起移动,并保证有必要的顶锻力;使动板按所要求的移动曲线前进;当预热时,能往返移动;没有振动和冲动。

送进机构有几种类型:

(1)手动杠杆式 其作用原理与结构见图6.6(b)。它由绕固定轴0转动的曲柄杠杆1和长度可调的连杆2所组成,连杆的一端与曲柄杠杆相铰接,另一端与动座板5相铰接,当转动杠杆1时,动座板即按所需方向前后移动。杠杆移动的极限位置由支点来控制。顶锻力随着 α 角的减小而增大(在 $\alpha=0$ 时,即在曲柄死点上,它是理论上达到无限大)。若曲柄达到死点后,顶锻力的方向立即转变,可将已焊好的焊件拉断。所以不允许杠杆伸直到死点位置。一般限制顶锻终了位置为 $\alpha=5°$ 左右,由限位开关3、4来控制,所以实际能发挥的最大顶锻力不超过 $(3\sim4)\times10^4$ N。这种送进机构的优点是结构简单;缺点是所发挥的顶锻力不够稳定,顶锻速度较小(15~20mm/s),并易使焊工疲劳。UNI-75型对焊机的送进机构即为手动杠杆式。

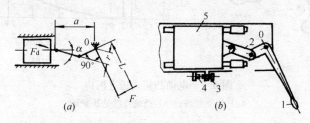

图6.6 手动杠杆式送进机构
(a)计算图解;(b)杠杆传动机构

(2)电动凸轮式 其传动原理如图6.7(a)所示,电动机D的转动经过三角皮带装置P,一对正齿轮ch及蜗杆减速器传送到凸轮K,螺杆L可用于调整电动机与皮带轮的中心距,以实现凸轮转速的均匀调节。为了使电流的切断,电动机的停转与动座板移动可靠的配合,在凸轮K上部装置了两个辅助凸轮 K_1 和 K_2,以便在指定时间关断行程开关。凸轮外形满足闪光和顶锻的要求,典型的凸轮及其展开图示于图6.7(b)。该种送进机构的主要优点是结构简单、工作可靠,减轻焊工劳动强度。缺点是电动机功率大而利用率低;顶锻速度有限制,一般为20~25mm/s。例如,UN2-150-2型对焊机就是采用这种送进机构。

(3)气动或气液压复合式 UN17-150型对焊机的送进机构就是气液压复合式的,其原理见图6.8。

动作过程如下:

a. 预热 只有向前和向后电磁气阀交替动作,推动夹具前后移动,向前移动速度由油缸排油速度决定;夹具返回速度由阻尼油缸后室排油速度决定,速度较慢。

b. 闪光 向前电磁气阀动作,气缸活塞推动夹具前移,闪光速度由油缸前室排油速度决定。

c. 顶锻 顶锻由气液缸9进行。当闪光终了时,顶锻电磁气阀动作,气缸通入压缩空气，给顶锻油缸的液体增压，作用于活塞上，以很大的压力推动夹具迅速移动，进行顶锻。

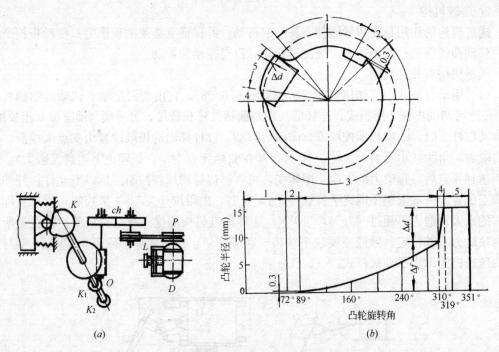

图 6.7 电动凸轮式送进机构

（*a*）传动原理；（*b*）凸轮外形及其展开

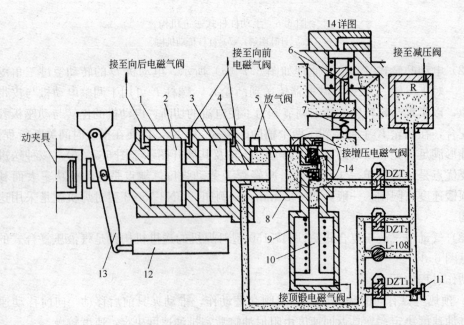

图 6.8 UN17-150 型对焊机的送进机构

1—缸体；2、3—气缸活塞；4—活塞杆；5—油缸活塞；6—针形活塞；7—球形阀；8—阻尼油缸；
9—顶锻气缸；10—顶锻缸的活塞杆兼油缸活塞；11—调预热速度的手轮；12—标尺；13—行程放大杆；
DZT_1、DZT_3—电磁换向阀（常开）；DZT_2——电磁换向阀（常闭）；L-108—节流阀；R—油箱

闪光和顶锻留量均由装在焊机上的行程开关和凸轮来控制，调节各个凸轮和行程开关的位置就可调节各留量。

这类送进机构的优点是顶锻力大，控制准确；缺点就是构造复杂。

3. 夹紧机构

夹紧机构由两个夹具构成，一个是固定的，称为静夹具；另一个是可移动的，称为动夹具。前者直接安装在机架上，与焊接变压器次级线圈的一端相接，但在电气上与机架绝缘；后者安装在动板上，可随动板左右移动，在电气上与焊接变压器次级线圈的另一端相连接。

常见夹具型式有：手动偏心轮夹紧，手动螺旋夹紧，气压式、气液压式及液压式。

4. 对焊机焊接回路

对焊机的焊接回路一般包括电极、导电平板、次级软导线及变压器次级线圈，如图6.9所示。

焊接回路是由刚性和柔性的导线元件相互串联（有时并联）构成的导电回路，同时也是传递力的系统，回路尺寸增大，焊机阻抗增大，使焊机的功率因数和效率均下降。为了提高闪光过程的稳定性，要减少焊机的短路阻抗，特别是减少其中有效电阻分量。

对焊机的外特性决定于焊接回路的电阻分量，当电阻很大时，在给定的空载电压下，短路电流 I_2 急剧减小，是为陡降的外特性，如图6.10所示。当电阻很小时，外特性具有缓降的特点。对于闪光对焊要求焊机具有缓降的外特性比较适宜。因为闪光时，缓降的外特性可以保证在金属过梁的电阻减小时使焊接电流骤然增大，使过梁易于加热和爆破，从而稳定了闪光过程。

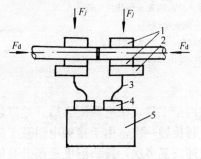

图6.9 对焊机的焊接回路

1—电极；2—动板；3—次级软导线；

4—次级线圈；5—变压器；

F_j—夹紧力；F_d—顶锻力

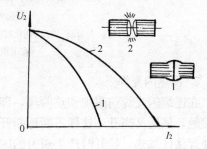

图6.10 外特性

1—陡降特性；2—缓降特性

6.4 闪光对焊工艺

6.4.1 闪光对焊的三种工艺方法

1. 连续闪光焊

将工件夹紧在钳口上，接通电源后，使工件逐渐移近，端面局部接触，见图6.11 (a)、(b)，工件端面的接触点在高电流密度作用下迅速熔化、蒸发、爆破，呈高温粒状金

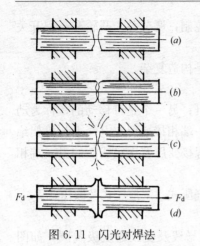

图 6.11　闪光对焊法

属，从焊口内高速飞溅出来，见图 6.11（c）。当旧的接触点爆破后又形成新的接触点，这就形成了连续不断的爆破过程，并伴随着工件金属的烧损，因而称之为烧化或闪光过程。为了保证连续不断地闪光，随着金属的烧损，工件需要连续不断地送进，即以一定的送进速度适应其焊接过程的烧化速度。工件经过一定时间的烧化，使其焊口达到所需要的温度，并使热量扩散到焊口两边，形成一定宽度的温度区，在撞击式的顶锻压力作用下液态金属排挤在焊口之外，使工件焊合，并在焊口周围形成大量毛刺，由于热影响区较窄，故在结合面周围形成较小的凸起，见图 6.11（d）。

焊接工艺过程的示意图见图 6.12。钢筋直径较小时，宜采用连续闪光焊。

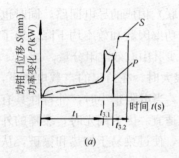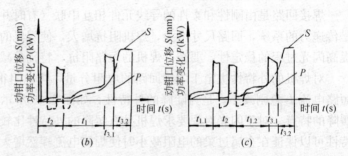

图 6.12　钢筋闪光对焊工艺过程图解

（a）连续闪光焊；（b）预热闪光焊；（c）闪光—预热闪光焊

t_1—烧化时间；$t_{1.1}$—一次烧化时间；

$t_{1.2}$—二次烧化时间；t_2—预热时间；t_3—顶锻时间；

$t_{3.1}$—有电顶锻时间；$t_{3.2}$—无电顶锻时间

2. 预热闪光焊

在连续闪光焊前附加预热阶段，即将夹紧的两个工件，在电源闭合后开始以较小的压力接触，然后又离开，这样不断地断开又接触，每接触一次，由于接触电阻及工件内部电阻使焊接区加热，拉开时产生瞬时的闪光。经上述反复多次，接头温度逐渐升高形成预热阶段。焊件达到预热温度后进入闪光阶段，随后以顶锻而结束。钢筋直径较粗，并且端面比较平整时，宜采用预热闪光焊。

3. 闪光—预热闪光焊

在钢筋闪光对焊生产中，钢筋多数采用钢筋切断机断料，端部有压伤痕迹，端面不够平整，这时宜采用闪光—预热闪光焊。

闪光—预热闪光焊就是在预热闪光焊之前，预加闪光阶段，其目的就是把钢筋端部压伤部分烧去，使其端面达到比较平整，在整个断面上加热温度比较均匀。这样，有利于提高和保证焊接接头的质量。

6.4.2　对焊工艺参数

连续闪光焊的主要工艺参数有：调伸长度、焊接电流密度（常用次级空载电压来表示）、闪光速度、顶锻压力、顶锻留量、顶锻速度，见图 6.13（a）。

预热闪光焊工艺参数还包括预热留量，见图 6.13 (b)。

闪光—预热闪光焊工艺参数包括一次烧化留量和二次烧化留量见图 6.13 (c)。

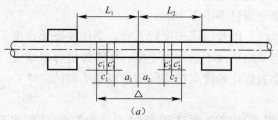

(a)

L_1、L_2—调伸长度；a_1+a_2—烧化留量；c_1+c_2—顶锻留量；
$c_1'+c_2'$—有电顶锻留量；$c_1''+c_2''$—无电顶锻留量；
△—焊接总留量

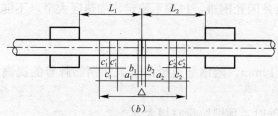

(b)

L_1、L_2—调伸长度；b_1+b_2—预热留量；a_1+a_2—烧化留量；
c_1+c_2—顶锻留量；$c_1'+c_2'$—有电顶锻留量；
$c_1''+c_2''$—无电顶锻留量；△—焊接总留量

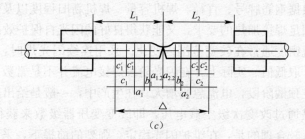

(c)

L_1、L_2—调伸长度；$a_{1.1}+a_{2.1}$—一次烧化留量；$a_{1.2}+a_{2.2}$—二次烧化留量；
b_1+b_2—预热留量；c_1+c_2—有电顶锻留量；$c_1'+c_2'$—有电顶锻留量；
$c_1''+c_2''$—无电顶锻留量；△—焊接总留量

图 6.13 钢筋闪光对焊三种工艺方法留量图解
(a) 连续闪光焊；(b) 预热闪光焊；(c) 闪光—预热闪光焊

在闪光对焊中应合理选择各项工艺参数。

1. 调伸长度

调伸长度的选择，应随着钢筋牌号的提高和钢筋直径的加大而增长，尤其是在焊接 HRB 400、HRB 500 钢筋时，在不致产生旁弯的前提下，调伸长度应尽可能选择长一些。若长度过小，向电极散热增加，加热区变窄，不利于塑性变形，顶锻时所需压力较大；当长度过大时，加热区变宽，若钢筋较细，容易产生弯曲。

2. 烧化留量

烧化留量的选择应根据焊接工艺方法而定。连续闪光焊接时，为了获得必要的加热，烧化过程应该较长。

闪光—预热闪光焊时，应区分一次烧化留量和二次烧化留量。一次烧化留量等于两钢筋在断料时端面的不平整度加切断机刀口严重压伤部分，二次烧化留量不小于 10mm。

预热闪光焊时的烧化留量不小于 10mm。

当采用预热闪光焊时，以及电流密度较大时，会加快烧化速度。在烧化留量不变的情况下，提高烧化速度会使加热区不适当地变窄，所需焊机容量增大，并引起爆破后火口深度的增加。反之，过小的烧化速度对接头的质量也是不利的。

3. 预热留量

在采用预热闪光焊或闪光—预热闪光焊中，预热宜采用电阻预热法，预热留量 1～2mm，预热次数 1～4 次，每次预热时间 1.5～2.0s，间歇时间 3～4s。

预热温度太高或者预热留量太大，会引起接头附近金属组织晶粒长大，降低接头塑性；预热温度不足，会使闪光困难，过程不稳定，加热区太窄，不能保证顶锻时足够塑性变形。

4. 顶锻留量

顶锻留量应为 4～10mm，随钢筋直径的增大和钢筋牌号的提高而增加；其中，有电顶锻留量约占 1/3。

焊接 HRB 500 钢筋时，顶锻留量宜增大 30%。

顶锻速度越快越好，顶锻力的大小应足以保证液体金属和氧化物夹渣全部挤出。

5. 变压器级数

变压器级数应根据钢筋牌号、直径、焊机容量、焊机新旧程度以及焊接工艺方法等具体情况选择，既要满足焊接加热的要求，又能获得良好的闪光自保护效果。

闪光对焊的电流密度通常在较宽范围内变化。采用连续闪光焊时，电流密度取高值，采用预热闪光焊时，取低值。实际上，在闪光阶段焊接电流并不是常数，而是随着接触电阻的变化而变化。在顶锻阶段，电流急剧增大。在生产中，一般是给出次级空载电压 U_{20}。焊接电流的调节也是通过改变次级空载电压，即改变变压器级数来获得。因为 U_{20} 愈大，焊接电流也愈大。比较合理的是，在维护闪光稳定、强烈的前提下，采用较小的次级空载电压。不论钢筋直径的粗细，一律采用高的次级空载电压是不适当的。

6. 钢筋闪光对焊操作要领

在焊接前，钢筋端部要正直、除锈，安装钢筋要放正、夹牢。

在焊接中，闪光要强烈，特别是顶锻前一瞬间；钢筋较粗时，预热要充分；顶锻时一定要快而有力。

大直径钢筋焊接时技术要求如下：

（1）变压器级数应较高，并选择较快的凸轮转速，确保闪光过程有足够的强烈程度和稳定性；

（2）采取垫高顶锻凸块等措施，确保接头处获得足够的镦粗变形；

（3）准确调整并严格控制各过程的起、止点，保证夹具的释放和顶锻机构的复位按时动作。

6.4.3 HRB 400 钢筋闪光对焊工艺性能试验[16]

首钢总公司技术研究院对该公司生产的 HRB 400 钢筋进行焊接工艺性能试验，其中，包括闪光对焊、焊条电弧焊、电渣压力焊、气压焊四种焊接方法。

试验用钢筋的化学成分见表 6.3。

试验用钢筋化学成分（%）　　　　　　　　　　　　表 6.3

钢筋直径 (mm)	C	Si	Mn	P	S	V	N
25	0.22	0.50	1.46	0.030	0.022	0.038	0.0084
32	0.22	0.53	1.42	0.031	0.022	0.035	0.0078
36	0.21	0.50	1.38	0.019	0.026	0.041	0.0110

试验用钢筋的力学性能见表 6.4。

试验用钢筋力学性能　　　　　　　　　　　　表 6.4

钢筋直径 (mm)	σ_s (MPa)	σ_b (MPa)	δ_5 (%)	冷弯
25	455，455	635，630	24，18	完好（$180°d=4a$）
32	440，435	615，610	26，20	完好（$180°d=5a$）
36	440，445	615，615	23，19	完好（$180°d=5a$）

对于该三种规格的钢筋，全部采用预热闪光焊工艺，控制闪光预热留量；对每种规格的钢筋，采用了大、中、小三种不同焊接能量进行焊接，见表 6.5。采用华东电焊机厂生产的 UN1-100 型对焊机，第八级级数进行焊接。

预热闪光焊焊接参数　　　　　　　　　　　　表 6.5

钢筋直径 (mm)	组号	预热留量 (mm)	闪光时间 (s)	有电顶锻留量 (mm)	无电顶锻留量 (mm)
25	1	3	15	3	4
	2	6	15	3	4
	3	7	15	3	4
32	1	5	15	3	4
	2	7	15	3	4
	3	9	15	3	4
36	1	6	15	3	4
	2	8	15	3	4
	3	10	15	3	4

试验结果表明，闪光对焊接头的力学性能整体上均很好，$\phi25$ 钢筋接头 3 组试件，共 9 根拉伸试件和 9 根弯曲试件均合格，说明 $\phi25$ 钢筋对于闪光对焊有良好的焊接适应性。

$\phi32$ 钢筋接头拉伸试件中，有 3 根断于焊缝，其中 1 根强度为 540MPa，未达到规定抗拉强度，考虑是焊工操作失误所致，其余 8 根抗拉强度均合格；冷弯试验结果，9 根试件均完好。

$\phi36$ 钢筋接头试件中，9 根拉伸试件全部断于母材，合格；但在冷弯试验中，有 3 根试件弯至 45°左右断裂，其中第 1 组中 1 根，第 3 组中 2 根，由此可见，选用第 2 组预热留量较为合适。

总之，首钢生产的 HRB 400 钢筋（$\phi25$、$\phi32$、$\phi36$）均适合采用闪光对焊进行焊接。

此外，还对钢筋闪光对焊接头试件纵剖面进行维氏硬度检验，宏观观察及微观金相分析[19]。采用的试验设备为 HV1-10A 低负荷硬度计，Neophot 21 显微镜。

图 6.14　HRB 400 钢筋显微组织　200×

维氏硬度检验时，每种规格取 3 个试件，每一试件面上测上、中、下三行，每行测 7 个测点，其中 1 个在熔合区（焊缝），3 个测点在左热影响区，3 个测点在右热影响区，热影响区 3 个测点中一个距熔合区 0.60～0.80mm，一个距熔合区 1.50～2.10mm，另一个距熔合区 11～13.5mm。

试验结果表明，母材为 HV10，191；金相组织为铁素体和珠光体组织，呈带状分布，见图 6.14。

接头维氏硬度有一定幅度，最低为 202，最高为 260。

接头宏观照片共 9 个，取其 2 个见图 6.15。

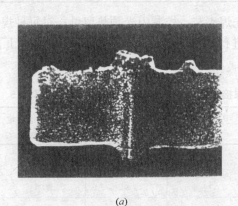
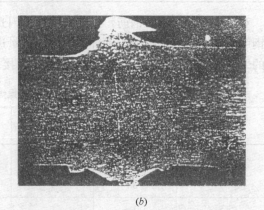

(a)　　　　　　　　　　　　　(b)

图 6.15　闪光对焊接头宏观照片
(a) 直径 25mm；(b) 直径 36mm

金相组织照片共有 3 个，$\phi25$、$\phi32$、$\phi36$，现取 $\phi25$ 钢筋接头试样金相检验结果如下：

a. 熔合区：原奥氏体粗大晶粒边界为先共析铁素体，晶内多数为针状铁素体，珠光体和少量粒状贝氏体（以下简称粒贝），偶见方向性分布的粒贝，粒贝中岛状相已有分解。见照片 6.16。

b. HAZ 粗晶区：粗大原奥氏体晶粒边界分布有先共析铁素体，晶内多为珠光体，还有一些针状铁素体和块状铁素体；有些针状铁素体是晶界向晶内生长的，较为粗大。晶内偶尔可见局部小区域分布的针状铁素体和少量粒贝的混合组织，其中粒贝中的岛状相已有分解，见图 6.17。照片中，左下部分为熔合区，右部为 HAZ 粗晶区。

c. HAZ 细晶区：铁素体、珠光体组织呈带状分布，见图 6.18。

d. HAZ 不完全重结晶区：铁素体、珠光体组织呈波纹状分布，见图 6.19。

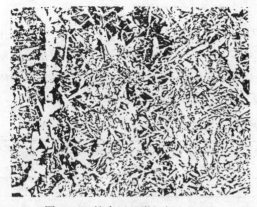
图 6.16　熔合区显微组织　200×

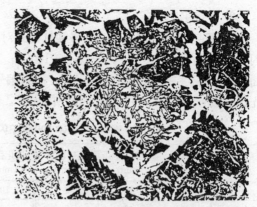
图 6.17　粗晶区显微组织　200×

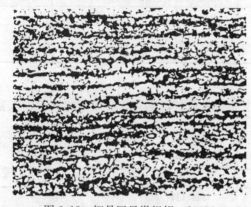
图 6.18　细晶区显微组织　200×

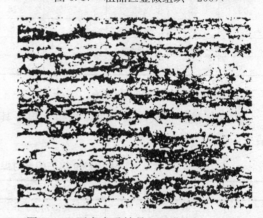
图 6.19　不完全重结晶区显微组织　200×

　　根据以上试验结果认为，HRB 400 钢筋闪光对焊在施工现场应用时间还不长，积累的经验亦少；施工单位在遇到粗直径，例如 $\phi32$、$\phi36$ 钢筋时，应提前进行焊接工艺试验，摸索合适工艺参数，精心施焊。当冷弯试验未能达到要求时，可采取焊后通电热处理，以改善其接头弯曲性能。

6.4.4　HRB 500 钢筋的研制和闪光对焊试验研究

1. 钢筋研制

　　首钢技术研究院对首钢集团生产的 HRB500 热轧带肋钢筋 $\phi25$、$\phi18$ 两种规格进行闪光对焊焊接性能试验。钢筋化学成分见表 6.6，力学性能见表 6.7。

HRB 500 钢筋化学成分（%）　　　　　　　　表 6.6

C	Si	Mn	V	P	S	Ceq
0.23	0.54	1.47	添加	0.018	0.027	0.482

HRB 500 钢筋力学性能　　　　　　　　表 6.7

规格（mm）	屈服强度（MPa）	抗拉强度	伸长率 δ_5（%）
18	570	695	24
	565	705	24
25	570	720	23
	570	720	21

2. 焊接工艺

焊接试验使用 UN1-100 型手动杠杆式对焊机。$\phi 25$ 钢筋采用两种工艺方法，一是采用闪光—预热闪光焊，共 2 组，编号 01、03，其中一组是钢筋端面较平整，另一组是钢筋端面极不平整。二是采用预热闪光焊，一组编号 02。$\phi 18$ 钢筋亦为 3 组，其中 2 组为连续闪光焊，编号 05、06。另一组为预热闪光焊，编号 04。工艺参数见表 6.8。

HRB 500 钢筋闪光对焊工艺参数　　　　表 6.8

编　号	规格 (mm)	调伸长度 (mm)	预热留量 (mm)	烧化留量 (mm)	闪光速度 (mm/s)	顶锻留量 (mm)	顶锻压力 (KN)	变压器级数
01	25	40	5	10	1.5	12	40	8
02	25	40	5	10	1.5	12	40	8
03	25	45	5	15	1.5	12	40	8
04	18	25	5	8	1.5	8	40	8
05	18	25	—	8	1.5	8	40	8
06	18	25	—	8	1.5	8	40	8

3. 焊接接头力学性能检验

钢筋焊接接头试件共 6 组，每组 6 根，其中 3 根做拉伸试验，3 根做弯曲试验。试验结果，全部合格，见表 6.9。

HRB500 钢筋闪光对焊接头拉伸、弯曲试验　　　　表 6.9

编　号	规格 (mm)	抗拉强度 (MPa)	断裂位置	冷弯 d=7a, 90°
01	25	720/715/720	母材/母材/母材	合格
02	25	710/715/725	母材/母材/母材	合格
03	25	700/695/695	母材/母材/母材	合格
04	18	715/695/700	母材/母材/母材	合格
05	18	690/695/700	母材/母材/母材	合格
06	18	705/700/695	母材/母材/母材	合格

4. 焊接接头金相、晶粒度、硬度检验

试样经打磨、抛光后用 4‰硝酸酒精溶液腐蚀后检验其低倍组织，焊缝、粗晶区、细晶区金相组织，测试维氏硬度。低倍组织宏观检验，未见焊接缺陷，其纵剖面如图 6.20 和图 6.21 所示。

图 6.20　$\phi 25$ 接头试样（×1）　　　　图 6.21　$\phi 18$ 接头试样（×1）

　　金相显微组织检验结果见表 6.10。用饱和苦酸水溶液腐蚀，检验其晶粒度，从基本到晶粒区，晶粒逐渐变大，见表 6.11。维氏硬度分布见图 6.22 和图 6.23。

焊缝、粗晶区、细晶区金相组织检验结果　　　　　　　　　　　　　表 6.10

试样编号	焊　缝	粗晶区	细晶区
2003W-27 (ϕ25)	沿晶界分布的块状铁素体＋针状素体＋魏氏组织＋粒状贝氏体＋珠光体	珠光体＋沿晶界分布的块状铁素体＋针状素体＋魏氏组织＋粒状贝氏体	珠光体＋沿晶界分布、带状分布块及块状铁素体＋针状铁素体＋粒状贝氏体
2003W-128 (ϕ18)	沿晶界分布的块状铁素体＋针状铁素体＋魏氏组织＋粒状贝氏体＋珠光体	珠光体＋沿晶界分布的块状铁素体＋针状铁素体＋魏氏组织＋粒氏贝状体	珠光体＋块状铁素体＋针状铁素体＋粒状贝氏体

焊缝、粗晶区、细晶区原奥氏体晶粒度检验结果　　　　　　　　　　表 6.11

试样编号	焊　缝	粗晶区	细晶区
2003W-127（ϕ25）	2～1	1～3	5～10
2003W-128（ϕ18）	2～3	3～1	5～10

注：细晶区的晶粒度是从 5 级到 10 级逐渐过渡。

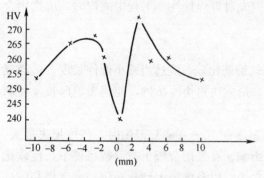

图 6.22　ϕ25 接头维氏硬度分布图

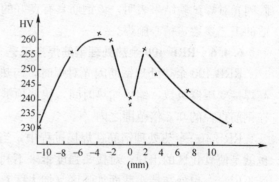

图 6.23　ϕ18 接头维氏硬度分布图

5. 试验评定

　　首钢生产的 HRB 500 热轧带肋钢筋符合 GB 1499 中 HRB 500 钢筋规定的标准。钢筋采用闪光对焊是可行的。在使用 UNI-100 型对焊机条件下，ϕ25 钢筋应采用预热闪光焊或闪光—预热闪光焊工艺。ϕ18 钢筋可采用预热闪光焊或连续闪光焊工艺。通过焊接接头力学性能检验，符合行业标准《钢筋焊接及验收规程》JGJ 18 规定的要求，说明该钢筋的闪光对焊焊接性能良好，该牌号钢筋有良好发展前景。

6.4.5　HRB 500 钢筋闪光对焊接试验

　　为了贯彻工业和信息化部，住房和城乡建设部关于加快应用高强度钢筋的指导意见，2010 年 12 月，陕西省建筑科学研究院对陕西龙门钢铁股份有限公司生产的 HRB500 钢筋进行了闪光对焊试验。钢筋规格为 Φ18、Φ20、Φ22 共 3 种，化学成分见表 9.16；力学性能见表 9.17。焊接设备为 UN-150 型手动杠杆式对焊机。

　　焊接板插入 8 档。

　　试件数量：

Φ18 钢筋对焊接头　　　5 拉 5 弯　　　共 10 根；

Φ20 钢筋对焊接头　　　5 拉 5 弯　　　共 10 根；

Φ22 钢筋对焊接头　　　5 拉 4 弯　　　共 9 根。

试验结果见表 6.12～表 6.14。

Φ18 钢筋对焊
试件力学性能试验结果
表 6.12

试件编号	抗拉强度（MPa）	断裂形式	弯曲试验 90°
601	692		
602	715	焊缝外延断	5 根试件弯曲部位未见裂纹
603	707		
604	715		
605	715		

Φ20 钢筋对焊
试件力学性能试验结果
表 6.13

试件编号	抗拉强度（MPa）	断裂形式	弯曲试验 90°
701	738		
702	738	焊缝外延断	5 根试件弯曲部位未见裂纹
703	732		
704	751		
705	738		

Φ22 钢筋对焊
试件力学性能试验结果
表 6.14

试件编号	抗拉强度（MPa）	断裂形式	弯曲试验 90°
801	726		
802	710	焊缝外延断	4 根试件弯曲部位未见裂纹
803	710		
804	710		
805	710		

结论：

陕西龙门钢铁股份有限公司生产Φ18、Φ20、Φ22HRB500 钢筋经陕西省科学院研究院闪光对焊试验结果表明，该钢筋具有良好的闪光对焊焊接性。工程中施焊时，应选用合适的工艺参数，精心施焊。

6.4.6 RRB 400 余热处理钢筋焊接工艺

RRB 400 余热处理钢筋闪光对焊时，与热轧钢筋比较，应适当减小调伸长度，适当提高焊接变压器级数，缩短加热时间，快速顶锻，形成快热快冷条件，使热影响区长度控制在钢筋直径的 0.6 倍范围之内[18]。

RRB 400 余热处理钢筋在焊接过程中，当温度在 700～900℃ 范围时，强度损失最大，也就是使软化区的出现，对接头强度带来不利影响。在采用合理工艺参数条件下，使软化区不但窄，也处在接头截面加强区（加大区）之内，以及微淬火硬化和位错密度增高的部位，这样，可以获得良好焊接质量，见图 6.24。

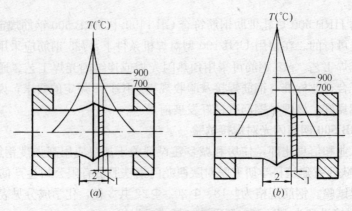

图 6.24 钳口距离与软化区的关系
(a) 钳口距 20mm；(b) 钳口距 35mm
1—软化区；2—截面加强区

6.4.7　焊接异常现象、缺陷及消除措施

在闪光对焊生产中，应重视焊接过程中的任何一个环节，以确保焊接质量。若出现异常现象或焊接缺陷时，应参照表 6.15 查找原因，及时消除。

闪光对焊异常现象、焊接缺陷及消除措施　　　　　　　　　表 6.15

项　次	异常现象和焊接缺陷	消除措施
1	烧化过分剧烈并产生强烈的爆炸声	1. 降低变压器级数 2. 减慢烧化速度
2	闪光不稳定	1. 消除电报底部和内表面的氧化物 2. 提高变压器级数 3. 加快烧化速度
3	接头中有氧化膜、未焊透或夹渣	1. 增加预热程度 2. 加快临近顶锻时的烧化速度 3. 确保带电顶锻过程 4. 加快顶锻速度 5. 增大顶锻压力
4	接头中有缩孔	1. 降低变压器级数 2. 避免烧化过程中过分强烈 3. 适当增大顶锻压力
5	焊缝金属过烧	1. 减少预热程度 2. 加快烧化速度，缩短焊接时间 3. 适当增加顶锻压力
6	接头区域裂缝	1. 检验钢筋的碳、硫、磷含量；若不符合规定时，应该换钢筋 2. 采取低频预热方法，增加预热程度
7	钢筋表面微熔及烧伤	1. 消除钢筋被夹紧部位的铁锈和油污 2. 消除电极内表面的氧化物 3. 改进电极内的槽口形状，增大接触面积 4. 夹紧钢筋
8	接头弯折或轴线偏移	1. 正确调整电极位置 2. 修整电极钳口或更换已变形的电极 3. 切除或矫直钢筋的弯头

7 箍筋闪光对焊

编者按： 箍筋闪光对焊技术最早由贵州省建设工程质量监督总站杨力列提出，并取得国家实用新型专利，现已在贵州、广东、陕西等省推广应用，据不完全统计，已在 500 多个工程项目中应用，节省钢材 5500t，按 3700 元/t 计算，节省成本 2035 万元。

最近，广东省清远市住建局总工杨秀敏等人研制出数控箍筋闪光对焊机，有良好发展前景。

7.1 基 本 原 理

7.1.1 名词解释[9]

1. 待焊箍筋 Waiting Weld stirrup

用调直的钢筋，按箍筋的内净空尺寸和角度弯制成设计规定的形状，等待进行闪光对焊的箍筋。

2. 对焊箍筋 butt welded stirrup

待焊箍筋经闪光对焊而成的封闭环式箍筋。

3. 箍筋闪光对焊 flash butt welding of stirrup

将待焊箍筋两端以对接形式安放在对焊机上，利用电阻热使接触点金属熔化，产生强烈飞溅，形成闪光，迅速施加顶锻力完成的一种压焊方法。

4. 对焊箍筋检验批 inspection group of butt welded stirup

同一组班完成且不超过 600 个同牌号、同直径钢筋的对焊箍筋作为一个检验批

7.1.2 特点

箍筋闪光对焊与普通钢筋闪光对焊比较，其特点是，二次电流中存在分流现象，见图 7.1；因此，焊接时，应采用较大容量的焊机，适当提高变压器级数。

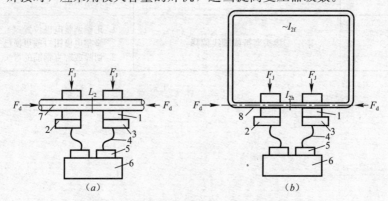

图 7.1 对焊机的焊接回路与分流

(a) 钢筋闪光对焊；(b) 箍筋闪光对焊

1—电极；2—定板；3—动板；4—次级软导线；5—次级线圈；

6—变压器；7—钢筋；8—箍筋；

F_j—夹紧力；F_d—顶锻力；I_{2h}—二次焊接电流；I_{2f}—二次分流电流

箍筋闪光对焊的焊接生产特点是，生产效率高，一个台班，以 φ12mm 为例，可以达到一千多个对焊箍筋。

7.2 适 用 范 围

7.2.1 适用钢筋

用于箍筋闪光对焊的钢筋，应是符合国家标准《钢筋混凝土用钢 第 1 部分：热轧光圆钢筋》GB 1499.1、《钢筋混凝土用钢 第 2 部分：热轧带肋钢筋》GB 1499.2 或《钢筋混凝土用余热处理钢筋》GB 13014 规定的钢筋，其抗拉强度见表 7.1。

用于箍筋闪光对焊的钢筋的抗拉强度   表 7.1

序　号	钢筋牌号	符　号	抗拉强度 R_m（MPa）不小于
1	HPB300	Φ	420
2	HRB335　HRBF335	Φ　ΦF	455
3	HRB400　HRBF400	Φ　ΦF	540
4	HRB500　HRBF500	Φ　ΦF	630
5	RRB400W	ΦRW	600

注：施工中，如有 HPB235 热轧光圆钢筋需要进行焊接时，可参照 HPB 300 钢筋焊接的规定使用。

7.2.2 钢筋直径

箍筋闪光对焊的钢筋直径，最常用的为 8mm～18mm，最大可达到 25mm。

7.2.3 箍筋闪光对焊的优越性

在建筑工程的梁、柱构件中，使用大量箍筋。在以往，箍筋的连接采用以下两种方法：

（1）箍筋两端绕过主筋作 135°弯钩，锚固在混凝土中，即弯钩箍筋。

（2）箍筋两端相互搭接 10 倍箍筋直径，采用单面搭接电弧焊。

以上两种方法均费工费料，施工不甚方便。

近十年来，采用闪光对焊封闭环式箍筋，取得了很大成效，梁柱箍筋和前两者对比，见图 7.2。

箍筋闪光对焊优点如下：

1. 接头质量可靠

对焊箍筋接头质量可靠，有利于结构受力和满足抗震设防要求。

2. 节约钢筋，降低工程造价

由于采用对焊工艺，每道箍筋可节约两个弯钩的钢材，在工程中箍筋的数量比较大，节约箍筋弯钩钢材也可观，而且，箍筋的直径越大，效果越明显。

3. 施工方便

（1）以往柱弯钩箍筋安装时，是先把箍筋水平拉开，再往柱主筋上卡，费力费时。使用这种新型对焊箍筋，可以从上往下套，比较省力省时。

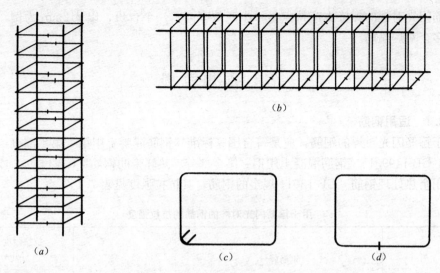

图 7.2 梁柱箍筋及两种方法对比

(a) 柱箍筋；(b) 梁箍筋；(c) 弯钩箍筋；(d) 对焊箍筋

还可以采取先将柱主筋接头以下的对焊箍筋先套扎好，完成主筋接头后，再套入主筋上段对焊箍筋。

(2) 梁的主筋安装时，先将对焊箍筋分垛立放，再将梁主筋穿入，比较方便。

对四肢箍的梁筋安装时，可采用专用钢筋支架控制四肢箍的位置，分成几垛放置，再穿入梁主筋的办法。

(3) 以往的箍筋由于弯钩多，不好振捣，容易卡振动棒。而使用这种对焊箍筋就不存在这个问题。

7.3 设   备

对设备提出下列要求。

7.3.1 钢筋调直切断机

(1) 保证调直后钢筋无弯折。

(2) 钢筋切断长度误差不得超过 5mm。

(3) 钢筋端头表面应垂直于钢筋轴线。无压弯，无斜口。

7.3.2 钢筋切断机

(1) 活动刀片无晃动。

(2) 活动刀片与固定刀片之间的间隙可调至 0.3mm。

(3) 刀片应保持锋利。

7.3.3 箍筋弯曲机

(1) 弯曲角能按需要调整。

(2) 弯曲角度准确，符合设计要求。

7.3.4 箍筋焊接设备

(1) 调整压杆高度位置，可使箍筋两端部轴线在同一中心线上。

（2）箍筋钳口压紧机构操作方便，压紧后无松动。

（3）顶锻机构滑动装置沿导轨左右滑动灵便，无晃动。

（4）改换插把位置方便，以获得所需要的次级空载电压；电气系统安全可靠。

在焊接生产中，对于直径为 8mm～10mm 的箍筋，可配置 80（75）kV·A 的闪光对焊机，对于直径 12mm～18mm 的箍筋，应配置 100kV·A 的闪光对焊机。

7.3.5 性能完好

所有箍筋加工、焊接的设备应性能完好，符合使用说明书的规定。使用过程中一旦出现故障，或配件磨损，影响加工精度，应立即停机检查，进行维修。

7.4 箍筋焊点位置

7.4.1 焊点位置

应根据构件受力情况选择对焊箍筋的焊点位置，宜将焊点位置布置在箍筋受力较小的一边。

7.4.2 柱梁箍筋焊点

柱梁中箍筋的焊点位置应符合下列规定：

1. 矩形柱箍筋焊点应放在柱的宽度边（短边），见图 7.3（*a*）；异形柱箍筋焊点应放在柱的两个宽度边（短边），见图 7.3（*b*）；

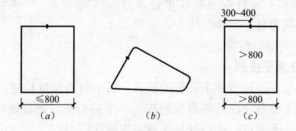

图 7.3 箍筋焊点位置

（*a*）矩形箍筋（短边≤800mm）；（*b*）异形箍筋；（*c*）矩形箍筋（短边＞800mm）

2. 梁箍筋的焊点应设置在梁的顶边或底边；

3. 当箍筋短边内净空尺寸在 80mm～800mm 时，焊点应取该短边的中间；

4. 当箍筋短边内净空尺寸大于 800mm 时，焊点应选择在焊工操作方便的位置，距箍筋弯折点 300mm～400mm 处，见图 7.3（*c*）。

7.5 待焊箍筋加工制作

7.5.1 设备安装

应按使用说明书规定，正确安装各加工设备，掌握操作技能，专人负责，确保待焊箍筋的加工质量。

7.5.2 钢筋平直

钢筋调直后应平直，无局部弯折。

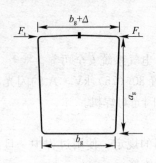

图 7.4 待焊箍筋

a_g—箍筋内净长度；b_g—箍筋内净宽度；

Δ—焊接总留量；F_t—弹性压力

7.5.3 下料长度

钢筋切断下料时，矩形箍筋下料长度可按下式计算：

$$L_g = 2(a_g + b_g) + \Delta$$

式中：L_g——箍筋下料长度（mm）；

a_g——箍筋内净长度（mm）；

b_g——箍筋内净宽度（mm）；

Δ——焊接总留量（mm）见图 7.4。

上列计算值经试焊后核对，箍筋的外皮尺寸应符合设计图纸的规定。

7.5.4 切断机下料

采用钢筋切断机下料时，应将切断机的刀口间隙调整到 0.3mm；多根钢筋应单列垂直排放，紧贴固定刀片，见图 7.5。切断后的钢筋端面应与轴线垂直，无压弯，无斜口。

7.5.5 箍筋弯曲

矩形箍筋弯曲时，应符合下列规定：

1. 对焊边内侧的两角应成直角，另外两角宜为 $90°-(1°\sim3°)$。

2. 箍筋弯曲成形后，将待焊箍筋和重叠部分拉至完全对准，使箍筋对焊端面有一定弹性压力，见图 7.4。

3. 待焊箍筋应分类堆放整齐。

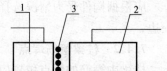

图 7.5 多根钢筋用切断机断料示意图

1—固定刀片；2—活动刀片；

3—钢筋单列垂直排放

7.5.6 待焊箍筋质量检测

待焊箍筋为半成品，应进行加工质量的检查，属中间的质量检查。按每一工作班、同一牌号钢筋、同一加工设备完成的待焊箍筋作为一个检验批，每批随机抽查 5%。检查两钢筋头端面是否闭合，无斜口；接口处是否有一定弹性压力。

7.6   箍筋对焊操作

7.6.1 箍筋对焊生产准备

1. 清理待焊箍筋两端约为 120mm 部位的铁锈及其他污物；若发现箍筋有局部变形，应矫直调整。

2. 安装闪光对焊机，应平稳牢固；设置配电箱，要求一机一箱，接通电源。

3. 接通焊机冷却用水；应检查焊机各项性能是否完好。

4. 在大量下料前，要进行箍筋长度的下料和施焊试验，核对下料长度是否准确。

5. 由于分流现象产生电阻热，焊毕后，箍筋温度约为 45℃～100℃。操作工人应戴手套防止烫伤。

7.6.2 三种工艺方法焊接参数

箍筋闪光对焊有 3 种工艺方法：小直径箍筋采用连续闪光对焊、中直径箍筋采用预热闪光对焊、大直径或歪斜箍筋采用闪光—预热闪光对焊，其应用原则与钢筋闪光对焊相同，但应适当提高焊机容量，选择较大变压器级数，具体焊接参数，见表7.2至表7.4，最常用的为预热闪光对焊。

箍筋连续闪光对焊的焊接参数（mm） 表7.2

箍筋直径	烧化留量	顶锻留量	焊接总留量	调伸长度
8	5	2	7	25
10	7	2	9	25
12	8	2	10	30
14	9	2	11	30

箍筋预热闪光对焊的焊接参数（mm） 表7.3

箍筋直径	预热留量	烧化留量	顶锻留量	焊接总留量	调伸长度
10	2	5	2	9	25
12	2	8	2	12	30
14	3	8	2	13	30
16	3	9	3	15	35
18	3	10	3	16	30

箍筋闪光—预热闪光对焊的焊接参数（mm） 表7.4

箍筋直径	一次烧化留量	预热留量	二次烧化留量	顶锻留量	焊接总留量	调伸长度
10	4	1	3	2	10	25
12	4	1	5	2	12	30
14	4	1	7	2	14	30
16	4	1	9	3	17	35
18	4	1	10	3	18	35

箍筋闪光对焊过程与焊毕箍筋见图7.6。

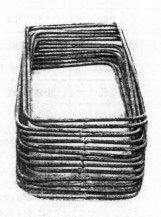

图7.6 对焊过程及焊毕箍筋

7.7 生产应用实例

7.7.1 贵阳华颐蓝天商住楼

1. 工称概况

工程名称：华颐蓝天商住楼三标段

建设单位：贵阳华颐房地产开发有限公司

设计单位：中国华西工程设计有限公司

监理单位：重庆华兴工程监理公司

施工单位：中铁五局建筑工程责任有限公司

本工程三标段总建筑面积 $100966m^2$，包含全部地下室及地上部分 1～4 号楼、11 号楼五栋单体建筑，其中 1 号楼、3 号楼 29 层，2 号楼 32 层，4 号楼、11 号楼 25 层。结构形式为框架剪力墙结构。

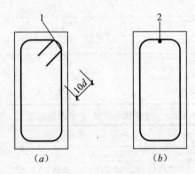

图 7.7 2 种箍筋比较

(*a*) 弯钩箍筋；(*b*) 对焊箍筋

1—弯钩；2—焊点

2. 三大优点

本工程梁、柱箍筋均采用封闭式闪光对焊箍筋。2 种箍筋比较见图 7.7，采用封闭箍筋有以下三大优点：

（1）节省原材料的用量

传统箍筋弯钩部分的钢筋用量为：抗震结构弯钩平直长度为 $10d$。两个弯钩共 $20d$；采用封闭箍筋后节省弯钩部分的钢筋用量；$\phi 8$ 箍筋每个可节约 0.083kg，$\phi 10$ 每个可节约 0.162kg。本工程共节约钢筋用量约 60 吨。

（2）提高项目经济效益

累计可节约成本约 10 万元。

（3）提高工作效率和质量。

7.7.2 贵阳百灵阳光商住楼

1. 工程概况			
工程名称	百灵·阳光商住楼	工程地点	贵阳市友谊路 86 号
建设单位	贵阳林恒房地产开发有限公司	建筑面积	$64920m^2$
监理单位	深龙港建设监理有限公司	层数	35 层
施工单位	中建四局第一建筑工程有限公司	结构类型	框支剪力墙结构
应用范围	梁箍、柱箍		
2. 应用效果	1. 能很好控制梁二排钢筋和柱角筋的位置；节约钢材、提高工效，加快工程施工进度。 2. 百灵·阳光商住楼工程使用闪光对焊封闭箍筋，节约钢材如下： （1）$\phi 6.5$ 钢筋按常规加工需要用量为 45.53 吨，采用闪光对焊封闭箍筋节约钢材 1.25 吨。 （2）$\phi 8$ 钢筋按常规加工需要用量为 355.65 吨，采用闪光对焊封闭箍筋节约钢材 22.35 吨。 （3）$\phi 10$ 钢筋按常规加工需要用量为 179.35 吨，采用闪光对焊封闭箍筋节约钢材 10.26 吨。 （4）$\phi 12$ 钢筋按常规加工需要用量为 257.73 吨，采用闪光对焊封闭箍筋节约钢材 10.78 吨		

3. 质量检验	对焊箍筋质量控制: 　1. 成品箍筋焊接接头力学性能检验为主控制项目,必须全部全格;外观质量检验为一般项目;合格率不得小于80%。 　2. 对焊箍筋焊接接头检验批数量应按同一焊工完成的不超过600个同钢筋牌号,同直径的成品箍筋焊接接头作为一个检验批。当同一台班内焊接的接头数量较多,或较少时,可按累计数量分批检验;最后一批不足600个,应按一批计算。 　3. 每个检验批应随机抽取12个成品箍筋作外观检验,应随机截取3个焊接接头作拉伸试验。 　4. 百灵·阳光商住楼箍筋焊接接头质量经检验均符合有关标准

7.7.3 广东省清远市凤城世家住宅小区

1. 工程概况:

江苏省第一建筑集团公司于2006年3月至2009年3月施工,建筑面积17.06万 m²,框架剪力墙结构,施工采用了箍筋闪光对焊工艺技术,应用情况如下:

(1) 钢筋牌号:Q235、HRB335

(2) 焊接方法:箍筋闪光对焊

(3) 钢筋接头总数:共计2194856个,其中

Q235 直径 8mm 1220920 个、直径 10mm 705454 个;

HRB335 直径 12mm 256942 个、直径 14mm 8662 个;

直径 16mm 2100 个、18mm 780 个。

2. 焊机型号:UN-100 型闪光对焊机。

3. 焊接工艺参数:焊接功率视钢筋直径调节,档位在6～8挡。直径10mm以下的箍筋采用"连续闪光焊";直径10mm以上的箍筋采用"预热闪光焊"。

4. 焊接接头外观检查结果:接头基本无错位,焊缝位置略有镦粗,均无裂纹,外观检查全部合格。

5. 焊接接头力学性能试验结果:所有焊接接头试件,经清远市建筑工程质量监督检测站(CMA认证机构)检测,抗拉试验力学性能均为合格。

6. 优越性和经济分析:

(1) 解决了传统弯钩箍筋在主筋密集或箍筋较粗时,无法将箍筋两端均弯成135°弯钩的质量问题。

(2) 用闪光对焊箍筋安装的柱梁钢筋骨架,成型尺寸准确,观感质量好。

(3) 柱梁钢筋安装时,由于闪光对焊箍筋没有弯钩,好滑动,明显提高了安装速度。

(4) 本工程应用闪光对焊箍筋共计2194856个,与传统135°弯钩箍筋比较,节约钢材301034kg,按每千克3.80元计算,经济价值114.39万元。

7.7.4 数控箍筋闪光对焊机的研制和试用

2013年11月7日,由陕西省建筑科学研究院组织的建筑工业行业标准《箍筋闪光对焊机》申请立项预备会在广东省清远市召开,到会的有陕西省建筑科学研究院总工办主任戴军和科研院所、检测中心、安装公司、劳务公司等科技人员14人。上午,参观由清远市住房和城乡建设局总工程师杨秀敏以及华为研发中心罗玮韬等人研制的数控箍筋闪光对焊机和手动凸轮夹持式箍筋闪光对焊机的操作示范,见图7.8。箍筋对焊接头外形美观,经手锤猛击,未见裂缝产生。该数控箍筋闪光对焊机曾在工地试用半年,效果良好。在

φ10 盘条自动调直、弯曲、切断机的配合下，每台班可生产箍筋 1500 多个，该焊机虽属雏形，但有良好发展前景。下午，讨论标准"编制大纲"。

图 7.8   代表们参观箍筋闪光对焊机合影

8 钢筋电弧焊

8.1 基本原理

钢筋电弧焊分为钢筋焊条电弧焊和钢筋二氧化碳气体保护电弧焊两种。

8.1.1 名词解释

（1）钢筋焊条电弧焊 shielded metal arc welding of reinforcing stcel bar

以焊条作为一极，钢筋为另一极，利用焊接电流通过产生的电弧热进行焊接的一种熔焊方法，应用广泛，见图 8.1（a）。焊条电弧焊英文缩写：SMAW。

（2）钢筋二氧化碳气体保护电弧焊 carbon-dioxide arc welding of reinforcing steel bar

以焊丝作为一极，钢筋为另一极，通过焊接电流产生电弧和热量，并以二氧化碳气体作为电弧介质，保护金属熔滴，焊接熔池和焊接区高温金属的一种熔焊方法。

二氧化碳气体保护电弧焊简称 CO_2 焊，在国内，在钢结构制造中应用比较普遍；但是钢筋工程现场施工，目前尚属试验试用阶段。

氩加二氧化碳混合气体保护电弧焊属活性气体保护电弧焊（MAG 焊）范畴，有良好发展前景。

（3）焊缝余高 reinforcement；excess weld metai

焊缝表面焊趾连线上的那部分金属的高度，见图 8.1（b）。

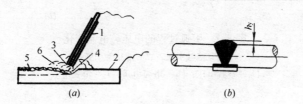

图 8.1　钢筋焊条电弧焊

(a) 示意图；(b) 焊缝余高

1—焊条；2—钢筋；3—电弧；4—熔池；5—熔渣；6—保护气体；h_y—焊缝余高

8.1.2　焊接电弧的物理本质[20]

气体原来是不能导电的，为了在气体中产生电弧而通过电流，就必须使气体分子（或原子）游离成为离子和电子（负离子）。同时，为了使电弧维持燃烧，就必须不断地输送电能给电弧，以补充能量的消耗，要求电弧的阴极不断发射电子。

电弧是气体放电的一种形式，和其他气体放电的区别在于它的阴极压降低，电流密度大，而气体的游离和电子发射是电弧中最基本的物理现象。

气体游离主要有以下 3 种：

（1）撞击游离　气体粒子在运动过程中相互碰撞得到足够的能量而引起游离的现象。

(2) 光游离   气体原子或分子吸收了光射线的光子能而产生的游离。

(3) 热游离   在高温下，具有高动能的气体粒子彼此作非弹性碰撞而引起的游离。

同时，带异性电荷的粒子也会发生碰撞使正离子和电子复合成中性粒子，即产生中和现象，还有，原子或分子结合电子成为负离子，这对于电弧物理过程有很大影响。

电子发射可分为下列 4 种：

(1) 光电发射   物质表面接受光射线能量而释放出自由电子的现象。

(2) 热发射   物质表面受热后，某些电子逸出到空间中去的现象。

(3) 自发射   物质表面存在强电场和较大电位差时，在阴极有较多电子发射出来。

(4) 重粒子撞击发射   能量大的重粒子（如正离子）撞到阴极上，引起电子的逸出。

焊接电弧的产生和维持是由于在光、热、电场和动能作用下，气体粒子不断地被激励、游离（同时又存在着中和），以及电子发射的结果。

在电场的作用下，大量电子、负离子以极高速度飞向阳极，正离子飞向阴极；这样不仅传递了电荷，并且由于相互碰撞产生大量的热，电弧使电能转变为热能和光能。电弧焊就是利用电弧产生的热能熔化金属进行焊接的一种方法。电弧焊属熔焊的一种。

8.1.3 焊接电弧的引燃

焊接电弧的引燃一般有两种方式，即接触引弧和非接触引弧。引弧过程电压和电流的变化大致如图 8.2 所示。

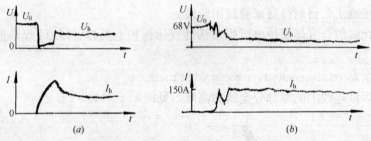

图 8.2 引弧过程的电压、电流变化

(a) 接触引弧；(b) 非接触引弧

U_0—空载电压；U_h—电弧电压；I_h—电弧电流

1. 接触引弧

在弧焊电源接通后，焊条与工件直接接触短路并随后上提、拉开而引燃电弧。这是一种最常用的引弧方式。

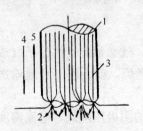

图 8.3 接触引弧示意图

1—焊条；2—工件；3—电流线；

4—接触；5—上提

当接触短路时，由于焊条和工件表面都不是绝对平整的，只在少数突出点上接触，见图 8.3。通过这些接触点的短路电流比正常的焊接电流大得多，而接触点的面积又小，因此，电流密度极大；这就可能产生大量的电阻热，使焊条金属表面发热、熔化，甚至蒸发、汽化，引起相当强烈的热发射和热游离。

随后，在拉开电弧瞬间，电弧间隙极小，使电场强度达到很大数值。这样，又产生自发射，同时使已产生的带电粒子被加速，并在高温条件下互相碰撞，引起撞击游离。随着温度的增加，光游离和热游离也进一步起作用，从而使带电粒子的数量猛增，维持电弧的稳定燃烧。在电弧引燃之后，游离和中和处于动平衡状态。由于弧焊电源不断供以电能，新的带电粒子不断得到补充，弥补了消耗的带电粒子和能量。

2. 非接触引弧

在电极与工件之间，存在一定间隙施以高电压击穿间隙，使电弧点燃，这就称为非接触引弧。

非接触引弧一般是利用引弧器的。从原理上，可分为高频高压电引弧和高压脉冲引弧，见图8.4。

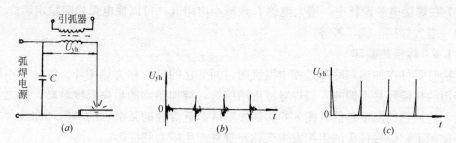

图 8.4　　高频和脉冲引弧示意图

(a) 引弧器接入方式；(b) 高频引弧电压波形；(c) 脉冲引弧电压波形

U_{yh}—引弧电压；t—时间

高压脉冲引弧一般采用 $50\sim100$ 次/s，电压峰值为 $5000\sim10000V$。高频电一般采用每秒振荡 100 次，每次振荡频率为 $150\sim260kHz$，电压峰值为 $2500\sim5000V$。可见，这是一种依靠高压电使电极表面产生电子的自发射而把电弧引燃的方法。

在预埋件钢筋埋弧压力焊机中，经常配置高频高压电引弧器来引燃电弧。

8.1.4　焊接电弧的结构和伏安特性

电弧沿着长度方向可以分为三个区域，见图8.5，即：阴极区、阳极区和弧柱。前两者的距离很小，电弧长度可以认为等于弧柱长度。

沿着电弧方向的电压也是不均匀的，靠近电极部分产生强烈电压降，而沿弧柱长度方向可以认为是均匀的。

一定长度的电弧在稳定状态下，电弧电压 U_h 和电弧电流 I_h 之间关系称为焊接电弧的静态伏安特性，简称伏安特性或静特性，见图8.8。

图中曲线可分三个阶段。在 I 段电弧呈负阻特性，电弧电阻随电流增加而减小，电弧电压随电流增加而下降，是下降特性段。在 II 段，呈等压特性，即电弧电压在电流变化时基本不变，是平特性

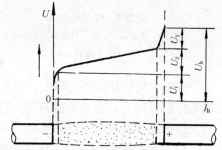

图 8.5　电弧结构和压降分布

U_i—阴极压降；U_z—弧柱压降；

U_y—阳极压降

段。在 III 段，电弧电阻随电流增加而增加，电弧电压随电流增加而上升，是上升特性段。

焊条电弧焊和埋弧焊均采用伏安特性中的水平段（II 段）。

8.1.5　交流电弧

交流电弧的特点：

（1）电弧周期性地熄灭并引燃。

（2）电弧电压和电流波形发生畸变。

（3）热的变化落后于电的变化。

与直流电弧比较，交流电弧的燃烧稳定性要比直流电弧差。为了使交流电弧稳定地连续燃烧，可以采取以下措施：

（1）提高焊接电源空载电压，但空载电压高会带来对人体的不安全，增加材料消耗，降低功率因素，所以，提高空载电压有一定限度。

（2）在电弧空间增加游离势低的元素，如钾、钠，以减小电弧引燃电压。

（3）在焊接电源设计中，增大电感 L 或减小电阻 R，可以使电弧趋向稳定燃烧。

（4）增大焊接电流，等等。

8.1.6 焊接热循环

焊接时焊件在加热和冷却过程中温度随时间变化的过程称为热循环。焊件上不同位置处所经历的热循环是不同的。离焊缝越近的位置，被加热到的最高温度越高；反之，越远的位置，被加热的温度越低。图 8.6 为热影响区靠近焊缝的某个点的热循环曲线。在焊接热循环作用下，焊接接头的组织发生变化，焊件产生应力和变形。

图 8.7 为焊接过程中热场（等温线）示意图。

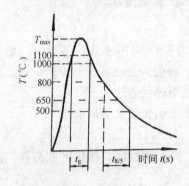

图 8.6 焊接热循环

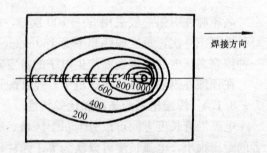

图 8.7 焊接热场（等温线）示意图（℃）

T_{max}—最高温度；t_g—过热温度时间；

$t_{8/5}$—从 800℃ 下降到 500℃ 时间

在整个焊接热循环过程中，起重要影响的因素是：加热速度、最高加热温度 T_{max}、在高温停留时间 t_g 以及冷却速度等。其主要特点是加热和冷却速度都很快，一般可用两个指标反映焊接热循环的特点：

（1）加热到 1100℃ 以上区域的宽度，或在 1100℃ 以上停留的时间 t_g；

（2）800～500℃ 的冷却时间 $t_{8/5}$，焊缝和热影响区的组织和性能，不仅与加热过程中达到的最高温度及高温停留时间有关，而且与焊后冷却速度的快慢有直接关系。在 1100℃ 以上停留时间越长，过热区越宽，晶粒粗化越严重，金属的塑性和韧性就越差。当钢材具有一定淬硬倾向时，冷却速度过快可能形成淬硬组织，容易产生焊接裂纹。通常，用 800～500℃ 的冷却时间 $t_{8/5}$ 来表示。

8.1.7 影响焊接热循环的因素

影响焊接热循环的因素有：焊接参数和热输入、预热和层间温度、板厚（钢筋直径）、接头型式以及材料本身的导热性能等。

1. 焊接参数和热输入

电弧焊时的焊接参数如电流、电压和焊接速度等，对焊接热循环有很大影响，焊接电流与电弧电压的乘积就是电弧的功率。当其他条件不变时，电弧功率越大，加热范围越大。在同样大小电弧功率下，焊接速度不同，热循环过程也不同，焊接速度快时，加热时间短，加热范围窄，冷却得快；焊接速度慢时，则相反。

热输入综合考虑了焊接电流、电弧电压和焊接速度三个参数对热循环的影响。热输入 q 为单位长度焊缝内输入的焊接热量：

$$q = \frac{IU}{v}$$

式中　I——焊接电流，A；

　　　U——电弧电压，V；

　　　v——焊接速度，mm/s；

　　　q——热输入，J/mm。

计算热输入的另一公式：

$$q = \frac{36 \cdot I \cdot U}{v}$$

式中　I——焊接电流，A；

　　　U——电弧电压，V；

　　　v——焊接速度，m/h；

　　　q——热输入，J/cm。

以上两个公式本质是一样的，都可以采用，所得结果也是一样。其差别在于焊接速度的单位不一样，前者是 mm/s，后者是 m/h；热输入的单位也不一样，前者是 J/mm，后者是 J/cm。因此使用热输入公式时，要特别注意，不要把单位搞错。

实际上，在焊接过程中，还有相当一部分的热量散失于空气中。因此，真正的热输入值还应该再乘以一个有效系数。对于焊条电弧焊来说，这系数一般取 0.7。

生产中根据钢材成分等，在保证焊缝成形良好的前提下，适当调节焊接参数，以合适的热输入焊接，可以保证焊接接头具有良好性能。工件装配定位焊接时，由于定位焊缝短、截面积小，所以冷却速度快，较易开裂。在 HRB 400 钢筋作主筋，HPB 235 钢筋为箍筋的交叉连接中，不宜采用电弧点焊。就是由于上述原因，它使焊缝开裂，或使钢筋产生淬硬组织而发生脆断。

2. 预热和层间温度

焊接有淬硬倾向的钢材时，往往焊前需要预热。预热的主要目的是为了降低焊缝和热影响区的冷却速度，减小淬硬倾向，防止冷裂纹。

层间温度是指多层多道焊时，后一层（道）焊缝焊接前，前层（道）焊缝的最低温度。对于要求预热焊接的钢材，一般层间温度应等于或略高于预热温度。控制层间温度也是为了降低冷却速度，并可促进扩散氢逸出焊接区，有利于防止产生裂纹。

3. 其他因素的影响

除热输入、预热温度和层间温度对焊接热循环有很大影响外，板厚（钢筋直径）、接头型式和材料的导热性等也有影响。

钢筋直径增大时，冷却速度加快，高温停留时间减短。

8.2 特点和接头型式

8.2.1 特点

焊条电弧焊的特点是，轻便、灵活，可用于平、立、横、仰全位置焊接，适应性强、应用范围广。它适用于构件厂内，也适用于施工现场；可用于钢筋与钢筋，以及钢筋与钢板、型钢的焊接。

当采用交流电弧焊时，焊机结构简单，价格较低，坚固耐用。当采用三相整流直流电弧焊机时，可使网路负载均衡，电弧过程稳定。

8.2.2 接头型式

钢筋电弧焊的接头型式较多，主要有帮条焊、搭接焊、熔槽帮条焊、坡口焊、窄间隙电弧焊 5 种。帮条焊、搭接焊有双面焊、单面焊之分；坡口焊有平焊、立焊两种。

此外，还有钢筋与钢板的搭接焊、钢筋与钢板垂直的预埋件 T 形接头电弧焊。

所有这些，分别适用于不同牌号、不同直径的钢筋。

8.3 交流弧焊电源

交流弧焊电源也称弧焊变压器、交流弧焊机，是一种最常用的焊接电源，具有材料省、成本低、效率高、使用可靠、维修容易等优点。

弧焊变压器是一种特殊的降压变压器，具有陡降的外特性；为了保证外特性陡降及交流电弧稳定燃烧，在电源内部应有较大的感抗。获得感抗的方法，一般是靠增加变压器本身的漏磁或在漏磁变压器的次级回路中串联电抗器。为了能够调节焊接电流，变压器的感抗值是可调的（改变动铁芯、动绕组的位置或调节铁芯的磁饱和程度）。

根据获得陡降外特性的方法不同，弧焊变压器可归纳为两大类，即串联电抗器类和漏磁类。常用的有三种系列：BX1 系列，BX2 系列，BX3 系列。BX2 系列属于串联电抗器类；BX1 系列和 BX3 系列属于漏磁类。此外，还有 BX6 系列抽头式便携交流弧焊机等。

8.3.1 对弧焊电源的基本要求

电弧能否稳定地燃烧，是保证获得优质焊接接头的主要因素之一，为了使电弧稳定燃烧，对弧焊电源有以下基本要求：

1. 陡降的外特性（下降外特性）

焊接电弧具有把电能转变为热能的作用。电弧燃烧时，电弧两端的电压降与通过电弧的电流值不是固定成正比，其比值随电流大小的不同而变化，电压降与电流的关系可用电弧的静特性曲线来表示，见图 8.8。焊接时，电弧的静特性曲线随电弧长度变化而不同。在弧长一定的条件下，小电流时，电弧电压随电流的增加而急剧下降；当电流继续增加，大于 60A 时，则电弧电压趋于一个常数。焊条电弧焊时，常用的电流范围在水平段，即焊条电弧焊时，可单独调节电流的大小，而保持电弧电压基本不变。

为了达到焊接电弧由引弧到稳定燃烧，并且短路时，不会因产生过大电流而将弧焊机烧毁，要求引弧时，供给较高的电压和较小的电流；当电弧稳定燃烧时，电流增大，而电压应急剧降低；当焊条与工件短路时，短路电流不应太大，而应限制在一定范围内，一般弧焊机的短路电流不超过焊接电流的 1.5 倍，能够满足这样要求的电源称为具有陡降外特性或称下降外特性的电源。陡降外特性曲线见图 8.9。

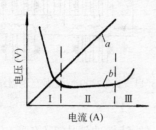

图 8.8　电阻特性与电弧静特性的比较

a—电阻特性；*b*—电弧静特性

Ⅰ—下降特性段；Ⅱ—平特性段；Ⅲ—上升特性段

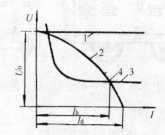

图 8.9　焊接电源的陡降外特性曲线

1—普通照明电源平直外特性曲线；

2—焊接电源陡降外特性曲线；

3—电弧燃烧的静特性曲线；4—电弧燃烧点

U_0—空载电压；I_h—焊接电流；I_d—短路电流

2. 适当的空载电压

目前我国生产的直流弧焊机的空载电压大多在 40～90V 之间；交流弧焊机的空载电压大多在 60～80V 之间。弧焊机的空载电压过低，不易引燃电弧；过高，在灭弧时，易连弧，过低或过高都会给操作带来困难。空载电压过高，还对焊工安全不利。

3. 良好的动特性

焊接过程中，弧焊机的负荷总是在不断地变化。例如，引弧时，先将焊条与工件短路，随后又将焊条拉开；焊接过程中，熔滴从焊条向熔池过渡时，可能发生短路，接着电弧又拉长等，都会引起弧焊机的负荷发生急剧的变化。由于在焊接回路中总有一定感抗存在，再加上某些弧焊机控制回路的影响，弧焊机的输出电流和电压不可能迅速地依照外特性曲线来变化，而要经过一定时间后才能在外特性曲线上的某一点稳定下来。弧焊机的结构不同，这个过程的长短也不同，这种性能称为弧焊机的动特性。

弧焊机动特性良好时，其使用性能也好，引弧容易，电弧燃烧稳定，飞溅较少，施焊者明显地感到焊接过程很"平静"。

常用的弧焊变压器有 4 种系列：BX1 系列，动铁式；BX2 系列，同体式；BX3 系列，动圈式；BX6 系列，抽头式[25]。

8.3.2 BX1-300 型弧焊变压器

BX1 系列弧焊变压器有 BX1-200 型、BX1-300 型、BX1-400 型和 BX1-500 型等多种型号，其外形见图 8.10。

1. BX1-300 型弧焊变压器结构

该种弧焊变压器结构原理见图 8.11，其初级绕组和次级绕组均一分为二，制成盘形或筒形；分别绕在上下铁轭上。初级上下两组串联之后，接入电源。次级是上、下两组并联之后，接入负载。中间为动铁芯，可以内外移动，以调节焊接电流。

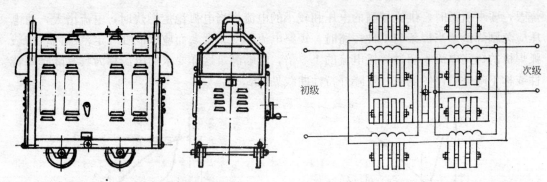

图 8.10　BX1 系列弧焊变压器外形　　　图 8.11　BX1-300 型弧焊变压器结构原理图

2. 外特性

BX1-300 型弧焊变压器的外特性如图 8.12 所示,外特性曲线中 1、2 所包围的面积,便是焊接参数可调范围。从电弧电压与焊接电流的关系曲线和外特性相交点 a、b 可见,焊接电流可调范围为 75～360A。

3. 特点

(1) 这类弧焊变压器电流调节方便,仅用动铁芯的移动,从最里移到最外,外特性从 1 变到 2,电流可以在 75～360A 范围内连续变化,范围足够宽广。

(2) 外特性曲线陡降较大,焊接过程比较稳定,工艺性能较好,空载电压较高(70～80V),可以用低氢型碱性焊条进行交流施焊,保证焊接质量。

(3) 动铁芯上下有两个对称的空气隙,动铁芯上下为斜面,其上所受磁力的水平分力,使动铁芯与传动螺杆有单向压紧作用,它使振动进一步减小,噪声较小,焊接过程稳定。

(4) 由于漏抗代替电抗器及采用梯形动铁芯,见图 8.13,省去了换档抽头的麻烦,使用方便,节省原材料消耗。

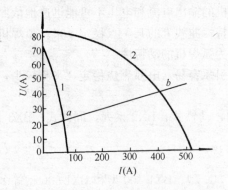

图 8.12　BX1-300 型弧焊变压器外特性曲线

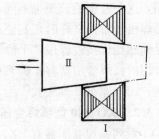

图 8.13　动铁芯移动示意图
Ⅰ—上下铁轭;Ⅱ—动铁芯

该种焊机结构简单、制造容易,维护使用方便。

注:由于制造厂的不同,各种型号焊机的技术性能有所差异。

8.3.3　BX2-1000 型弧焊变压器

BX2 系列弧焊变压器有 BX2-500 型、BX2-700 型、BX2-1000 型和 BX2-2000 型等多种

型号。

BX2-1000 型弧焊变压器的结构属于同体组合电抗器式。弧焊变压器的空载电压为 69~78V，工作电压为 42V，电流调节范围为 400~1200A。该种弧焊变压器常用作预埋件钢筋埋弧压力焊的焊接电源。

1. BX2-1000 型弧焊变压器结构

BX2-1000 型弧焊变压器是一台与普通变压器不同的同体式降压变压器。其变压器部分和电抗器部分是装在一起的，铁芯形状像一"日"字形，并在上部装有可动铁芯，改变它与固定铁芯的间隙大小，即可改变感抗的大小，达到调节电流的目的。

在变压器的铁芯上绕有三个线圈：初级、次级及电抗线圈，初级线圈和次级线圈绕在铁芯的下部，电抗线圈绕在铁芯的上部，与次接线圈串联。在弧焊变压器的前后装有一块接线板，电流调节电动机和次级接线板在同一方向。

2. 工作原理

BX2-1000 型弧焊变压器的工作原理及线路结构见图 8.14。弧焊变压器的陡降外特性是借电抗线圈所产生的电压降来获得。

空载时，由于无焊接电流通过，电抗线圈不产生电压降。

因此，空载电压基本上等于次级电压，便于引弧。

焊接时，由于焊接电流通过，电抗线圈产生电压降，从而获得陡降的外特性。

短路时，由于很大短路电流通过电抗线圈。产生很大的电压降，使次级线圈的电压接近于零，限制了短路电流。

3. 焊接电流的调节

BX2-1000 型弧焊变压器只有一种调节电流的方法，它是利用移动可动铁芯，改变它与固定铁芯的间隙。当电动机顺时针方向转动时，使铁芯间隙增大，电抗减小，焊接电流增加；反之，焊接电流则减小。

变压器的初级接线板上装有铜接片，当电网电压正常时，金属连接片 80、81 两点接通，使用较多的初级匝数，若电网电压下降 10%，即 340V 以下时，应将连接片换至 79、82 两点接通，使初级匝数降低，使次级空载电压提高。

BX2-1000 型的外特性曲线见图 8.15。其中，曲线 1 为动铁芯在最内位置，曲线 2 为动铁芯在最外位置。

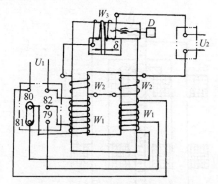

图 8.14　同体式弧焊变压器原理图

W_1—初级绕组；W_2—次级绕组；W_3—电抗器绕组；

δ—空气隙；D—电流调节电动机

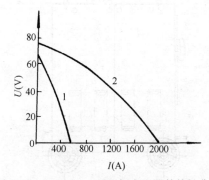

图 8.15　BX2-1000 型弧焊变压器外特性曲线

BX2-1000 型弧焊变压器性能见表 8.1。

BX2-1000 型弧焊变压器性能 表 8.1

输出	额定工作电压（V）	42（40～46）
	额定负载持续率（%）	60
	额定焊接电流（A）	1000
	空载电压（V）	69～78
	焊接电流调节范围（A）	400～1200
	额定输出功率（kW）	42
输入	额定输入容量（kVA）	76
	初级电压（V）	220 或 380
	频率（Hz）	50
效率（%）		90
功率因数（cosψ）		0.62
质量（kg）		560

8.3.4   BX3-300/500-2 型弧焊变压器

BX3 系列弧焊变压器有 BX3-200 型、BX3-300-2 型、BX3-1-400 型、BX3-500-2 型、BX3-630 型等多种型号，其外形见图 8.16。BX3-500-2 型及 BX3-630 型弧焊变压器常用作钢筋电渣压力焊的焊接电源，做到一机两用。

1. 结构

BX3-300/500-2 型弧焊变压器是动圈式单相交流弧焊机，铁芯采用口字形，一次侧绕组分成两部分，固定在两铁芯柱的底部；二次侧绕组也分成两部分，装在铁芯柱上非导磁材料做成的活动架上。可借手柄转动螺杆，使二次侧绕组沿铁芯柱做上下移动，其示意图如图 8.17 所示。改变一次侧与二次侧两个绕组间的距离，可改变它们之间的漏抗大小，从而改变焊接电流。一、二次绕组距离越大，漏抗越大，焊接电流越小；反之，焊接电流越大。

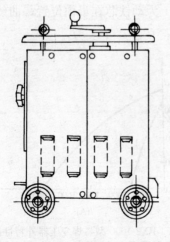

图 8.16   BX3 系列弧焊变压器外形

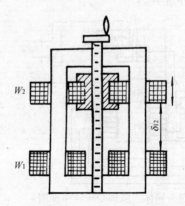

图 8.17   BX3-300/500-2 型弧焊变压器结构示意图

W_1—初级绕组；W_2—一次级绕组；δ_{12}—间隙

除移动绕组位置以调节电流之外，还可以将绕组接成串联或并联，从而扩大焊接电流的调节范围。一、二次侧绕组有串联（接法Ⅰ；即Ⅰ档）和并联（接法Ⅱ；即Ⅱ档）两种，电气原理图如图 8.18 所示。

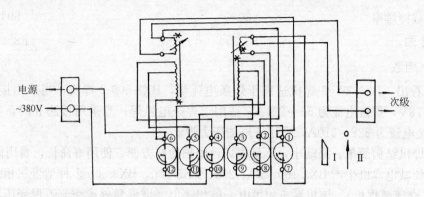

图 8.18　BX3-300/500-2 型弧焊变压器电气原理图

接法Ⅰ——开关 3、9；5、11 接通
接法Ⅱ——开关 1、7；2、8；4、10；6、12 接通

2. 外特性

BX3-300-2 型弧焊变压器外特性曲线见图 8.19。

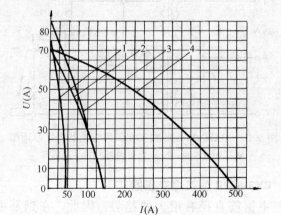

图 8.19　BX3-300-2 型弧焊变压器外特性曲线

曲线 1、2—接法Ⅰ；曲线 3、4—接法Ⅱ

3. 技术数据

	BX3-300-2		BX3-500-2
输入电压	380V		380V
工作电压	40（额定）V		23～44V
空载电压	接法Ⅰ	78V	78V
	接法Ⅱ	70V	70V

额定容量			36.8kVA
电流调节范围	接法Ⅰ	60～120A	68～224A
	接法Ⅱ	120～360A	222～610A
额定负载持续率		60%	60%
效率		82.5%	88.5%
功率因数			0.61

可以看出，BX3-300-2 焊机适用于焊条电弧焊，BX3-500-2 焊机，当采用接法Ⅰ时，空载电压 78V，焊接电流为 68～224A，适用于焊条电弧焊；当采用接法Ⅱ时，空载电压 70V，焊接电流为 222～610A，适用于电渣压力焊。

该种焊机结构简单、振动小，不易损坏，维护检修方便，使用寿命长，费用低。

大连长城电焊机生产 BX3-160、BX3-200、BX3-300、BX3-500 多种型号三相弧焊变压器（HHJ 交流弧焊机），该机系三相供电，单相输出，增强漏磁式交流弧焊变压器，初级线圈接成 V 形，三相输入端接 380V 三相电源，次级线圈接成逆 V 形后，供给焊把线与地线进行焊接。该弧焊变压器有利于三相平衡供电，为施工现场带来方便。

调节电流靠改变初、次级线圈位置（距离）来完成。BX3-300/500 型外加电抗器和次级线圈串联进行粗调。

BX3-300/500 型三相弧焊变压器电气原理图见图 8.20[21]。

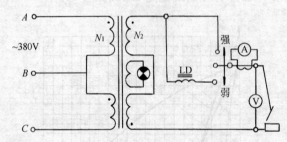

图 8.20 BX3-300/500 型三相弧焊变压器电气原理图

N_1—初级线圈；N_2—次级线圈；LD—电抗器

8.3.5 BX3-630、BX3-630B 型弧焊变压器[22]

前几年，建筑工程中钢筋直径有增大的趋势，因此，在钢筋电渣压力焊中，采用 BX3-500-2 型弧焊变压器已经不能满足要求，随之出现 BX3-630、BX3-630B 型弧焊变压器。该种弧焊变压器的构造原理和结构型式与 BX3-500-2 型基本相同。

BX3-630 型弧焊变压器配有低电压使用档，在电源电压 330～340V 之间，保证额定输出电流不变。

BX3-630B 型弧焊变压器配有大滚轮及推把，适宜于工地使用。

1. 技术数据

输入电压	380V	（340V）
工作电压	23.2～44V	
空载电压	接法Ⅰ	77V
	接法Ⅱ	67V

	接法Ⅲ	67V
额定容量	46.5kVA	
电流调节范围	接法Ⅰ	80～300A
	接法Ⅱ	285～790A
	接法Ⅲ	285～790A
额定负载持续率	35%	
效　率	85%	

不同负载持续率下次级电流见表 8.2。

不同负载持续率下次级电流　　　　　　　　　　表 8.2

负载持续率（%）	100	60	35
次级电流（A）	373	481	630

质　量	254kg
外形尺寸	720mm×640mm×900mm
	720mm×540mm×960mm　B 型

注：负载持续率为焊接电流通电时间与焊接周期之比，即：

负载持续率$=t/T\times100\%$

式中　t 为焊接电流通电时间；

　　　T 为整个周期（工作和休息时间总和，周期为 5min）。

2. 焊接电流的调整

(1) 组合转换开关完成初级绕组的换接。分为接法Ⅰ、接法Ⅱ、接法Ⅲ；接法Ⅲ在电源电压 330～340V 之间使用。接法Ⅰ适用于焊条电弧焊；接法Ⅱ适用于电渣压力焊。

(2) 次级输出采用倒连接片位置来完成。

使用方法见表 8.3。

次级连接片位置　　　　　　　　　　表 8.3

组合开关位置	接法Ⅰ	接法Ⅱ	接法Ⅲ
次级连接片位置			
输出电流	80～300A	285～790A	285～790A
空载电压	77V	67V	67V

连接片采用开口式，即松开紧固件（不用取下来），便可转换位置。

焊接电流的细调节靠转动手柄，调节次级线圈的位置来实现。

3. 电气原理图

电气原理图见图 8.21。

根据生产实践，在钢筋电渣压力焊中，一般焊接 $\phi32$ 及以下的钢筋，可选用 BX3-500-2 型弧焊变压器；也可选用 BX3-630 型（BX3-630B 型）弧焊变压器。

8.3.6　BX6-250 型弧焊变压器

BX6 型弧焊变压器为抽头式、便携式交流弧焊机，由单相焊接变压器、外壳、分头开

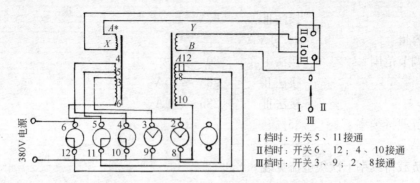

图 8.21   BX3-630、BX3-630B 型弧焊变压器电气原理图

关等组成。单相焊接变压器的基本原理是利用自然漏磁、增加阻抗、调节电流并获得陡降外特性。两只初级绕组分别置于两铁芯柱上。次级绕组与初级绕组 I 共同绕制在一个铁芯柱上。每只初级绕组有 7～9 个抽头，利用分头开关改变两线圈的匝数分配，改变漏抗，从而调节电流，一般的可调 5～8 级。BX6 型焊机有多种型号：BX6-125、BX6-160、BX6-200、BX6-250、BX6-300。各主要技术参数随各生产厂均有所不同。以某电焊机厂生产的 BX6-250 型焊机为例，额定输出功率 7.5kW，单相，电源电压 380/220V，50Hz，初级输入电流 38/65A，额定负载持续率 20%，次级额定焊接电流 250A，焊接电流调节范围 110～280A，自 1 档至 7 档调节，焊接电流由小调大，空载电压 58V，额定工作电压 30V，焊机质量 55kg，电气原理图和初级接线位置见图 8.22。

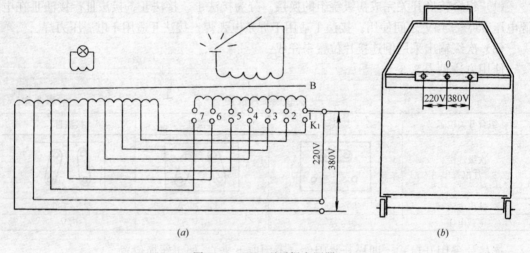

图 8.22   BX6 型弧焊变压器
(a) 电气原理图；(b) 初级接线位置

BX6 型焊机适用于钢筋安装、焊接任务不大的场合。若连续工作，负载持续率超过 20%，使用的焊接电流就应降低。若焊接电流较小，负载持续率可相应提高。焊机工作时各部位最高温度不得超过 90℃。焊机应避免雨淋受潮，保持干净。

8.3.7   交流弧焊电源常见故障及消除方法

交流弧焊电源的常见故障及消除方法见表 8.4。

交流弧焊电源的常见故障及消除方法   表 8.4

故障现象	产生原因	消除方法
变压器过热	1. 变压器过载 2. 变压器绕组短路	1. 降低焊接电流 2. 消除短路处
导线接线处过热	接线处接触电阻过大或接线螺栓松动	将接线松开，用砂纸或小刀将接触面清理出金属光泽，然后旋紧螺栓
手柄摇不动，次级绕组无法移动	次级绕组引出电缆卡住或挤在次级绕组中，螺套过紧	拨开引出电缆，使绕组能顺利移动；松开紧固螺母，适当调节螺套，再旋紧紧固螺母
可动铁芯在焊接时发出响声	可动铁芯的制动螺栓或弹簧太松	旋紧螺栓，调整弹簧
焊接电流忽大忽小	动铁芯在焊接时位置不稳定	将动铁芯调节手柄固定或将铁芯固定
焊接电流过小	1. 焊接导线过长、电阻大 2. 焊接导线盘成盘形，电感大 3. 电缆线接头或与工件接触不良	1. 减短导线长度或加大线径 2. 将导线放开，不要成盘形 3. 使接头处接触良好

8.3.8 辅助设备和工具

1. 自控远红外电焊条烘干炉（箱）

用于焊条脱水烘干，具有自动控温、定时报警的功能，分单门和双门两种。单门只具有脱水烘干功能；双门具有脱水烘干和贮藏保温的功能。一般工程选用每次能烘干 20kg 焊条的烘干炉已足够。

2. 焊条保温筒

将烘干的焊条装入筒内，带到工地，接到电弧焊机上，利用电弧焊机次级电流加热，使筒内始终保持 $135 \pm 15℃$ 温度，避免焊条再次受潮。

3. 钳形电流表

用来测量焊接时次级电流值，其量程应大于使用的最大焊接电流。

4. 焊接电缆

焊接电缆为特制多股橡皮套软电缆，焊条电弧焊时，其导线截面积一般为 $50mm^2$；电渣压力焊时，其导线截面积一般为 $75mm^2$。

5. 面罩及护目玻璃

面罩及护目玻璃都是防护用具，以保护焊工面部及眼睛不受弧光灼伤，面罩上的护目玻璃有减弱电弧光和过滤红外线、紫外线的作用。它有各种色泽，以墨绿色和橙色为多。

选择护目玻璃的色号，应根据焊工年龄和视力情况；装在面罩上的护目玻璃，外加白玻璃，以防金属飞溅脏污护目玻璃。

6. 清理工具

清理工具包括錾子、钢丝刷、锉刀、锯条、榔头等。这些工具用于修理焊缝，清除飞溅物，挖除缺陷。

8.4 直流弧焊电源

直流弧焊电源，也称直流弧焊机，有直流弧焊发电机、硅弧焊整流器、晶闸管弧焊整流器、晶体管弧焊整流器、逆变弧焊整流器等多种类型。

8.4.1　直流弧焊发电机

直流弧焊发电机坚固耐用，不易出故障，工作电流稳定，深受施工单位的欢迎。但是它效率低，电能消耗多，磁极材料消耗多，噪声大，故由电动机驱动的弧焊发电机，已很少生产逐渐被淘汰；但内燃机驱动的弧焊发电机是野外施工常用焊机。

直流弧焊发电机按照结构的不同，有差复激式弧焊发电机、裂极式弧焊发电机、换向极去磁式弧焊发电机三种，其中，以前两种弧焊发电机应用较多。

1. AX-320 型直流弧焊发电机

该种焊机属裂极式，空载电压 50～80V，工作电压 30V，电流调节范围 45～320A。它有 4 个磁极，在水平方向磁极称为主极，垂直方向的磁极称为交极，南北极不是互相交替，而是两个北极、两个南极相邻配置，主极和交极仿佛由一个电极分裂而成，故称裂极式。

2. AX-250 型差复激式弧焊发电机

该种焊机原理图见图 8.23 (a)。负载时它的工作磁通是他激磁通 Φ_1 与串激去磁磁通 Φ_2 之差，故名差复激式。负载电压 $U=K(\Phi_1-\Phi_2)$，Φ_1 恒定，Φ_2 与负载电流成正比，故 I 增加则 U 下降，输出为下降特性。

AX-250 型焊机的额定焊接电流 250A，电流调节范围 50～300A，空载电压 50～70V，工作电压 22～32V。AX1-165 型直流弧焊机外形见图 8.23 (b)。

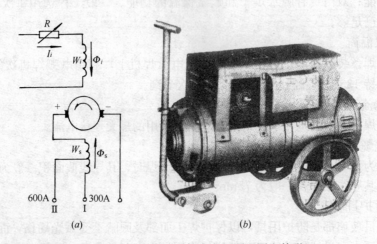

图 8.23　差复激式弧焊发电机原理图和外形
(a) 原理图；(b) 外形

这种焊机的优点是：结构简单、坚固、耐用、工作可靠，噪声小，维修方便和效率高。但与电子控制的弧焊电源比较，其可调的焊接工艺参数少，调节不够灵活，不够精确，并受网路电压波动影响较大等缺点。因此，已逐步被晶闸管（可控硅）弧焊电源所代替。

8.4.2　硅弧焊整流器

硅弧焊整流器是弧焊整流器的基本形式之一，它以硅二极管作为弧焊整流器的元件，故称硅弧焊整流器或硅整流焊机。

硅弧焊整流器是将 50/60Hz 的单相或三相交流网路电压，利用降压变压器 T 降为几十伏的电压，经硅整流器 Z 整流和输出电抗器 L_{dc} 滤波，从而获得直流电，对电弧供电，见图 8.24 （a）。此外，还有外特性调节机构，用以获得所需的外特性和进行焊接电压和电流的调节，一般有机械调节和电磁调节两种，在机械调节中，其所采用的动铁式、动圈式的主变压器与弧焊变压器基本相同；在电磁调节中，利用接在降压变压器和硅整流器之间的磁饱和电抗器（磁放大器）以获得所需要的外特性。

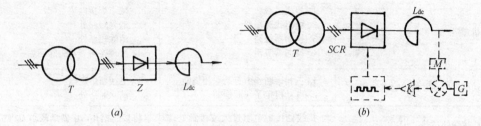

图 8.24 基本原理框图

（a）硅弧焊整流器基本原理框图；（b）晶闸管弧焊整流器基本原理框图

8.4.3 ZX5-400 型晶闸管弧焊整流器

晶闸管弧焊整流器是利用晶闸管桥来整流，可获得所需要的外特性以及调节电压和电流，而且完全用电子电路来实现控制功能。如图 8.24 （b）所示，T 为降压变压器，SCR 为晶闸管桥，L_{de} 为滤波用电抗器，M 为电流、电压反馈检测电路，G 为给定电压电路，K 为运算放大器电路。

ZX5 系列晶闸管弧焊整流器有 ZX5-250、ZX5-400、ZX5-630 多种型号。

8.4.4 逆变弧焊整流器

逆变弧焊整流器是弧焊电源的最新发展，它是采用单相或三相 50/60Hz（f_1）的交流网路电压经输入整流器 Z_1 整流和电抗器滤波，借助大功率电子开关的交替开关作用，又将直流变换成几千至几万赫兹的中高频（f_2）交流电，再分别经中频变压器 T、整流器 Z_2 和电抗器 L_{de} 的降压、整流和滤波，就得到所需的焊接电压和电流，即：AC—DC—AC—DC。基本原理方框图见图 8.25。

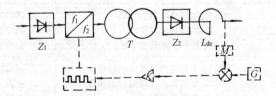

图 8.25 逆变弧焊整流器基本原理框图

该种焊机的优点是：高效节能，重量轻，体积小，良好动特性，调节速度快，应用越来越广泛。

8.4.5 直流弧焊电源常见故障及消除方法

1. 直流弧焊发电机常见故障及消除方法见表 8.5。

直流弧焊发电机的常见故障及消除方法   表 8.5

故障现象	产生原因	消除方法
电动机反转	三相电动机与电源网路接线错误	三相中任意两相调换
焊接过程中电流忽大忽小	1. 电缆线与工件接触不良 2. 网路电压不稳 3. 电流调节器可动部分松动 4. 电刷与铜头接触不良	1. 使电缆线与工件接触良好 2. 使网路电压稳定 3. 固定好电流调节器的松动部分 4. 使电刷与铜头接触良好
焊机过热	1. 焊机过载 2. 电枢线圈短路 3. 换向器短路 4. 换向器脏污	1. 减小焊接电流 2. 消除短路处 3. 消除短路处 4. 清理换向器，去除污垢
电动机不启动并发出响声	1. 三相熔断丝中有某一相烧断 2. 电动机定子线圈烧断	1. 更换新熔断丝 2. 消除断路处
导线接触处过热	接线处接触电阻过大或接触处螺栓松动	将接线松开，用砂纸或小刀将接触面清理出金属光泽

2. 弧焊整流器的使用和维护与交流弧焊机相似，不同的是它装有整流部分。因此，必须根据弧焊机整流和控制部分的特点进行使用和维护。当硅整流器损坏时，要查明原因，排除故障后，才能更换新的硅整流器。弧焊整流器的常见故障及消除方法见表 8.6。

弧焊整流器的常见故障及消除方法   表 8.6

故障现象	产生原因	消除方法
机壳漏电	1. 电源接线误碰机壳 2. 变压器、电抗器、风扇及控制线圈元件等碰机壳	1. 消除碰处 2. 消除碰处
空载电压过低	1. 电源电压过低 2. 变压器绕组短路 3. 硅元件或晶闸管损坏	1. 调高电源电压 2. 消除短路 3. 更换硅元件或晶闸管
电流调节失灵	1. 控制绕组短路 2. 控制回路接触不良 3. 控制整流器回路元件击穿 4. 印刷线路板损坏	1. 消除短路 2. 使接触良好 3. 更换元件 4. 更换印刷线路板
焊接电流不稳定	1. 主回路接触器抖动 2. 风压开关抖动 3. 控制回路接触不良、工作失常	1. 消除抖动 2. 消除抖动 3. 检修控制回路
工作中焊接电压突然降低	1. 主回路部分或全部短路 2. 整流元件或晶闸管击穿或短路 3. 控制回路断路	1. 消除短路 2. 更换元件 3. 检修控制整流回路
电表无指示	1. 电表或相应接线短路 2. 主回路出故障 3. 饱和电抗器和交流绕组断线	1. 修复电表或接线短路处 2. 排除故障 3. 消除断路处
风扇电机不动	1. 熔断器熔断 2. 电动机引线或绕组断线 3. 开关接触不良	1. 更换熔断器 2. 接好或修好断线 3. 使接触良好

8.5 焊 条

8.5.1 焊条的组成材料及其作用

1. 焊芯

焊芯是焊条中的钢芯。焊芯在电弧高温作用下与母材熔化在一起，形成焊缝，焊芯的成分对焊缝质量有很大影响。

焊芯的牌号用"H"表示，后面的数字表示含碳量。其他合金元素含量的表示方法与钢号大致相同。质量水平不同的焊芯在最后标以一定符号以示区别。如 H08 表示含碳量为 $0.08\%\sim0.10\%$ 的低碳钢焊芯；H08A 中的"A"表示优质钢，其硫、磷含量均不超过 0.03%；含硅量不超过 0.03%；含锰量 $0.30\%\sim0.55\%$。

熔敷金属的合金成分主要从焊芯中过渡，也可以通过焊条药皮来过渡合金成分。

常用焊芯的直径为 $\phi2.0$、$\phi2.5$、$\phi3.2$、$\phi4.0$、$\phi5.0$、$\phi5.8$。焊条的规格通常用焊芯的直径来表示。焊条长度取决于焊芯的直径、材料、焊条药皮类型等。随着直径的增加，焊条长度也相应增加。

2. 焊条药皮

(1) 药皮的作用 ①保证电弧稳定燃烧，使焊接过程正常进行；②利用药皮熔化后产生的气体保护电弧和熔池，防止空气中的氮、氧进入熔池；③药皮熔化后形成熔渣覆盖在焊缝表面保护焊缝金属，使它缓慢冷却，有助于气体逸出，防止气孔的产生，改善焊缝的组织和性能；④进行各种冶金反应，如脱氧、还原、去硫、去磷等，从而提高焊缝质量，减少合金元素烧损；⑤通过药皮将所需要的合金元素掺入到焊缝金属中，改进和控制焊缝金属的化学成分，以获得所希望的性能；⑥药皮在焊接时形成套筒，保证熔滴过渡到熔池，可进行全位置焊接，同时使电弧热量集中，减少飞溅，提高焊缝金属熔敷效率。

(2) 药皮的组成 焊条的药皮成分比较复杂，根据不同用途，有下列数种：

① 稳弧剂 是一些容易电离的物质，多采用钾、钠、钙的化合物，如碳酸钾、长石、白垩、水玻璃等，能提高电弧燃烧的稳定性，并使电弧易于引燃。

② 造渣剂 都是些矿物，如大理石、锰矿、赤铁矿、金红石、高岭土、花岗石、长石、石英砂等。造成熔渣后，主要是一些氧化物，其中有酸性的 SiO_2、TiO_2、P_2O_5 等，也有碱性的 CaO、MnO、FeO 等。

③ 造气剂 有机物，如淀粉、糊精、木屑等；无机物，如 $CaCO_3$ 等，这些物质在焊条熔化时能产生大量的一氧化碳、二氧化碳、氢气等，包围电弧，保护金属不被氧化和氮化。

④ 脱氧剂 常用的有锰铁、硅铁、钛铁等。

⑤ 合金剂 常用的有锰铁、铬铁、钼铁、钒铁等铁合金。

⑥ 稀渣剂 常用萤石或二氧化钛来稀释熔渣，以增加其活性。

⑦ 胶粘剂 用水玻璃，其作用使药皮各组成物粘结起来并粘结于焊芯周围。

8.5.2 焊条分类

现行国家标准《非合金钢及细晶粒钢焊条》GB/T 5117—2012 规定如下：

焊条型号由五部分组成[23]：

a）第一部分用字母"E"表示焊条；

b）第二部分为字母"E"后面的紧邻两位数字，表示熔敷金属的最小抗拉强度代号，见表 8.7；

c）第三部分为字母"E"后面的第三和第四两位数字，表示药皮类型、焊接位置和电流类型，见表 8.8；

d）第四部分为熔敷金属的化学成分分类代号，可为"无标记"或短划"—"后的字母、数字或字母和数字的组合；

e）第五部分为熔敷金属的化学成分代号之后的焊后状态代号，其中"无标记"表示焊态，"P"表示热处理状态，"AP"表示焊态和焊后热处理两种状态均可。

除以上强制分类代号外，根据供需双方协商，可在型号后依次附加可选代号：

a）字母"U"，表示在规定试验温度下，冲击吸收能量可以达到 47J 以上。

b）扩散氢代号"HX"，其中 X 代表 15、10 或 5，分别表示每 100g 熔敷金属中扩散氢含量的最大值（mL）。

熔敷金属抗拉强度代号　　　　　　　　　　表 8.7

抗压强度代号	最小抗拉强度值（MPa）
43	430
50	490
55	550
57	570

药皮类型代号　　　　　　　　　　表 8.8

代号	药皮类型	焊接位置[a]	电流类型
03	钛型	全位置[b]	交流和直流正、反接
10	纤维素	全位置	直流反接
11	纤维素	全位置	交流和直流反接
12	金红石	全位置[b]	交流和直流正接
13	金红石	全位置[b]	交流和直流正、反接
14	金红石＋铁粉	全位置[b]	交流和直流正、反接
15	碱性	全位置[b]	直流反接
16	碱性	全位置[b]	交流和直流反接
18	碱性＋铁粉	全位置[b]	交流和直流反接
19	钛铁矿	全位置[b]	交流和直流正、反接
20	氧化铁	PA、PB	交流和直流正接
24	金红石＋铁粉	PA、PB	交流和直流正、反接
27	氧化铁＋铁粉	PA、PB	交流和直流正、反接
28	碱性＋铁粉	PA、PB、PC	交流和直流反接
40	不做规定	由制造商确定	
45	碱性	全位置	直流反接
48	碱性	全位置	交流和直流反接

[a] 焊接位置见 GB/T 16672，其中 PA＝平焊、PB＝平角焊、PC＝横焊、PG＝向下立焊。

[b] 此处"全位置"并不一定包含向下立焊，由制造商确定。

焊条药皮类型

A.1 概述

药皮焊条的性能（如焊接特性和焊缝金属的力学性能）主要受药皮影响。药皮中的组成物可以概括为如下 6 类：

a) 造渣剂；

b) 脱氧剂；

c) 造气剂；

d) 稳弧剂；

e) 粘接剂；

f) 合金化元素（如需要）。

此外，加入铁粉可以提高焊条熔敷效率，但对焊接位置有影响。

交直流两用的焊条，可根据制造商按照特定市场需求设定的极性进行选择。

A.2 药皮类型 03

此药皮类型包含二氧化钛和碳酸钙的混合物，所以同时具有金红石焊条和碱性焊条的某些性能。见 A.6 和 A.9。

A.3 药皮类型 10

此药皮类型内含有大量的可燃有机物，尤其是纤维素，由于其强电弧特性特别适用于向下立焊。由于钠影响电弧的稳定性，因而焊条主要适用于直流焊接，通常使用直流反接。

A.4 药皮类型 11

此药皮类型内含有大量的可燃有机物，尤其是纤维素，由于其强电弧特性特别适用于向下立焊。由于钾增强电弧的稳定性，因而适用于交直流两用焊接，直流焊接时使用直流反接。

A.5 药皮类型 12

此药皮类型内含有大量的二氧化钛（金红石）。其柔软电弧特性适合用于在简单装配条件下对大的根部间隙进行焊接。

A.6 药皮类型 13

此药皮类型内含有大量的二氧化钛（金红石）和增强电弧稳定性的钾。与药皮类型 12 相比能在低电流条件下产生稳定电弧，特别适于金属薄板的焊接。

A.7 药皮类型 14

此药皮类型与药皮类型 12 和 13 类似，但是添加了少量铁粉。加入铁粉可以提高电流承载能力和熔敷效率，适于全位置焊接。

A.8 药皮类型 15

此药皮类型碱度较高，含有大量的氧化钙和萤石。由于钠影响电弧的稳定性，只适用于直流反接。此药皮类型的焊条可以得到低氢含量、高冶金性能的焊缝。

A.9 药皮类型 16

此药皮类型碱度较高，含有大量的氧化钙和萤石。由于钾增强电弧的稳定性，适用于交流焊接。此药皮类型的焊条可以得到低氢含量、高冶金性能的焊缝。

A.10 药皮类型 18

此药皮类型除了药皮略厚和含有大量铁粉外，其他与药皮类型 16 类似。与药皮类型

16 相比，药皮类型 18 中的铁粉可以提高电流承载能力和熔敷效率。

A.11   药皮类型 19

此药皮类型包含钛和铁的氧化物，通常在钛铁矿获取。虽然它们不属于碱性药皮类型焊条，但是可以制造出高韧性的焊缝金属。

A.12   药皮类型 20

此药皮类型包含大量的铁氧化物。熔渣流动性好，所以通常只在平焊和横焊中使用。主要用于角焊缝和搭接焊缝。

A.13   药皮类型 24

此药皮类型除了药皮略厚和含有大量铁粉外，其他与药皮类型 14 类似。通常只在平焊和横焊中使用。主要用于角焊缝和搭接焊缝。

A.14   药皮类型 27

此药皮类型除了药皮略厚和含有大量铁粉外，其他与药皮类型 20 类似，增加了药皮类型 20 中的铁氧化物。主要用于高速角焊缝和搭接焊缝的焊接。

A.15   药皮类型 28

此药皮类型除了药皮略厚和含有大量铁粉外，其他与药皮类型 18 类似。通常只在平焊和横焊中使用。能得到低氢含量、高冶金性能的焊缝。

A.16   药皮类型 40

此药皮类型不属于上述任何焊条类型。其制造是为了达到购买商的特定使用要求。焊接位置由供应商和购买商之间协议确定。如要求在圆孔内部焊接（"塞焊"）或者在槽内进行的特殊焊接。由于药皮类型 40 并无具体指定，此药皮类型可按照具体要求有所不同。

A.17   药皮类型 45

除了主要用于向下立焊外，此药皮类型与药皮类型 15 类似。

A.18   药皮类型 48

除了主要用于向下立焊外，此药皮类型与药皮类型 18 类似。

8.5.3   焊条的选用

电弧焊所用的焊条，其性能应符合现行国家标准《非合金钢及细晶粒钢焊条》GB/T 5117—2012 的规定，其型号应根据设计确定；若设计无规定时，可参照表 8.9 选用。

钢筋电弧焊所采用焊条、焊丝推荐表   表 8.9

钢筋牌号	电弧焊接头型式			
	帮条焊 搭接焊	坡口焊 熔槽帮条焊 预埋件穿孔塞焊	窄间隙焊	钢筋与钢板搭接焊 预埋件 T 形角焊
HPB300	E4303 ER50-X	E4303 ER50-X	E4316 E4315 ER50-X	E4303 ER50-X
HRB335 HRBF335	E5003 E4303 E5016 E5015 ER50-X	E5003 E5016 E5015 ER50-X	E5016 E5015 ER50-X	E5003 E4303 E5016 E5015 ER50-X

钢筋牌号	电弧焊接头型式			
	帮条焊 搭接焊	坡口焊 熔槽帮条焊 预埋件穿孔塞焊	窄间隙焊	钢筋与钢板搭接焊 预埋件 T 形角焊
HRB400 HRBF400	E5003 E5516 E5515 ER50-X	E5003 E5516 E5515 ER55-X	E5516 E5515 ER55-X	E5003 E5516 E5515 ER50-X
HRB500 HRBF500	E5503 E6003 E6016 E6015 ER55-X	E6003 E6016 E6015	E6016 E6015	E5503 E6003 E6016 E6015 ER55-X
RRB400W	E5003 E5516 E5515 ER50-X	E5503 E5516 E5515 ER55-X	E5516 E5515 ER55-X	E5003 E5516 E5515 ER50-X

8.5.4 焊条的保管与使用

1. 焊条的保管

（1）各类焊条必须分类、分牌号存放，避免混乱。

（2）焊条必须存放于通风良好，干燥的仓库内，需垫高和离墙 0.3m 以上，使上下左右空气流通。

2. 焊条的使用

（1）焊条应有制造厂的合格证，凡无合格证或对其质量有怀疑时，应按批抽查试验，合格者方可使用，存放多年的焊条应进行工艺性能试验后才能使用。

（2）焊条如发现内部有锈迹，须试验合格后方可使用。焊条受潮严重，药皮脱落者，一概予以报废。

（3）焊条使用前，一般应按说明书规定烘焙温度进行烘干。

碱性焊条的烘焙温度一般为 350℃，1～2h。酸性焊条要根据受潮情况，在 70～150℃烘焙 1～2h。若贮存时间短且包装完好，使用前也可不再烘焙。烘焙时，烘箱应徐徐升高，避免将冷焊条放入高温烘箱内，或突然冷却，以免药皮开裂。

8.5.5 焊条的质量检验

焊条质量评定首先进行外观质量检验，之后进行实际施焊，评定焊条的工艺性能，然后焊接试板，进行各项力学性能检验。

8.6 焊条电弧焊工艺

8.6.1 电弧焊机的使用和维护

对电弧焊机的正确使用和合理的维护，能保证它的工作性能稳定和延长它的使用期限。

（1）电弧焊机应尽可能安放在通风良好、干燥、不靠近高温和粉尘多的地方。弧焊整流器要特别注意对硅整流器的保护和冷却。

（2）电弧焊机接入电网时，必须使两者电压相符。

（3）启动电弧焊机时，电焊钳和焊件不能接触，以防短路。在焊接过程中，也不能长时间短路，特别是弧焊整流器，在大电流工作时，产生短路会使硅整流器烧坏。

（4）改变接法（换档）和变换极性接法时，应在空载下进行。

（5）按照电弧焊机说明书规定负载持续率下的焊接电流进行使用，不得使电弧焊机过载而损坏。

（6）经常保持焊接电缆与电弧焊机接线柱的接触良好。

（7）经常检查弧焊发电机的电刷和整流片的接触情况，保持电刷在整流片表面应有适当而均匀的压力，若电刷磨损或损坏时，要及时调换新电刷。

（8）露天使用时，要防止灰尘和雨水浸入电弧焊机内部。电弧焊机搬动时，特别是弧焊整流器，不应受剧烈的振动。

（9）每台电弧焊机都应有可靠的接地线，以保障安全。

（10）当电弧焊机发生故障时，应立即将电弧焊机的电源切断，然后及时进行检查和修理。

（11）工作完毕或临时离开工作场地，必须及时切断电弧焊机的电源。

8.6.2 焊条电弧焊操作技术

1. 引弧、运条与收弧

（1）引弧   焊条电弧焊的引弧均为接触引弧，其中，又有擦划法和碰击法两种，见图

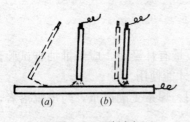

图 8.26 引弧法
(a) 擦划法；(b) 碰击法

8.26。擦划法引弧是较易掌握的方法，但是擦划引弧时，凡电弧擦过的地方会造成电弧擦伤和污染飞溅，所以最好在坡口内部引弧。另一种方法就是碰击法引弧，碰击法引弧时飞溅少，对工件的损害小，但要求焊工有较熟练的操作技巧。

（2）运条   焊条电弧焊的运条方式有很多，但是均由直线前进、横向摆动和送进焊条三个动作组合而成。其中关键的动作是横向摆动，横向摆动的形式有多种，见图 8.27。生产中应根据焊接位置、接头型式、坡口形状、焊层层数以及焊工的习惯而选用，其目的是保证焊根熔透，与母材熔合良好，不烧穿、无焊瘤，焊缝整齐，焊波均匀美观。

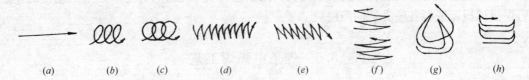

图 8.27 运条方式
(a)、(b) 各种位置第一层焊缝；(c)、(d) 平焊、仰焊；
(e) 横仰；(f)、(g)、(h) 立焊

（3）收弧　收弧时，应将熔坑填满，拉灭电弧时，注意不要在工件表面造成电弧擦伤。

2.不同焊接位置的操作要点

焊条电弧焊时，焊件接缝所处的空间位置，可用焊缝倾角和焊缝转角来表示。根据不同的焊缝倾角和焊缝转角，焊条电弧焊的焊接位置可分为：平焊、立焊、横焊和仰焊四种。

保持正确的焊条角度和掌握好运条动作，控制焊接熔池的形状和尺寸是焊条电弧焊操作的基础。保持正确的焊条角度，可以分离熔渣和钢水，可以防止造成夹渣和未焊透；利用电弧吹力托住钢水，防止立、横、仰焊时钢水坠落。直线向前移动可以减小焊缝宽度和热影响区宽度，横向摆动和两侧停留可以增大焊缝宽度和保证两侧的熔合良好；运条送进快慢起到控制电弧长度的作用，压低电弧可以增大熔深。

（1）平焊　平焊时要注意熔渣和钢水混合不清的现象，防止熔渣流到钢水前面。熔池应控制成椭圆形，一般采用右焊法，即焊条自左向右运进，焊条与工件表面约成70°，见图8.28。

（2）立焊　立焊时，钢水与熔渣容易分离，要防止熔池温度过高，钢水下坠形成焊瘤，操作时焊条与垂直面形成60°～80°角，见图8.29。使电弧略向上，吹向熔池中心。焊接电流比平焊小10%～15%，焊第一道时，应压住电弧向上运条，同时作较小的横向摆动，其余各层用半圆形横向摆动加挑弧法向上焊接。

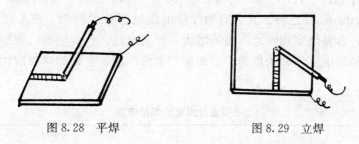

图8.28　平焊　　　　　　　　　　图8.29　立焊

（3）横焊　焊条倾斜70°～80°。防止钢水受自重作用下坠到下坡口上。运条到上坡口处不作运弧停顿。迅速带到下坡口根部作微小横拉稳弧动作，依此匀速进行焊接，见图8.30。

（4）仰焊　仰焊时钢水易坠落，熔池形状和大小不易控制，宜用小电流短弧焊接。熔池宜薄，且应确保与母材熔合良好。第一层焊缝用短弧作前后推拉动作，焊条与焊接方向成80°～90°角。其余各层焊条横摆，并在坡口两侧略停顿稳弧，保证两侧熔合，见图8.31。

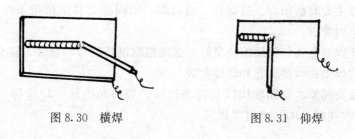

图8.30　横焊　　　　　　　　　　图8.31　仰焊

3. 电弧偏吹

由于电弧是由电离气体构成的柔性导体，受外力作用时容易发生偏摆。电弧轴线偏离电极轴线的现象称为电弧的偏吹。电弧偏吹常使电弧燃烧不稳定，影响焊缝成形和焊接质量。电弧受侧向气流的干扰，焊条药皮偏心或局部脱落都会引起电弧偏吹。

直流焊接时，如果电弧周围磁场分布不均匀，也会造成电弧偏吹，称为磁偏吹。焊接电流越大，磁偏吹越严重。交流焊接时，由于交流电在工件引起涡流，涡流产生的磁通与焊接电流产生的磁通方向相反，两者相互抵消，因此，交流焊接时，磁偏吹很小。

发生磁偏吹时，电弧总是从磁力线密集的一侧偏向磁力线较疏的一侧。

为了抵消磁偏吹的不利影响，操作时可将焊条向偏吹的反方向倾斜，压低电弧进行焊接。

8.6.3 焊条电弧焊工艺参数

焊条电弧焊的工艺参数主要是焊接电流、焊条直径和焊接层次。

在钢筋焊接生产中，应根据钢筋牌号和直径、焊接位置、接头型式和焊层选用合适的焊条直径和焊接电流。当钢筋牌号低、直径粗、平焊位置、坡口宽、焊层高时，可以采用较粗的焊条直径，以及相应的较大的焊接电流。相反，当钢筋牌号高、直径细、横、立、仰焊位置、焊缝根部焊接时，宜选用直径较细的焊条，以及相应的较小的焊接电流。但是总的说来，一是保证根部熔透，两侧熔合良好，不烧穿、不结瘤；二是提高劳动生产率。

焊条直径有 $\phi2.0$、$\phi2.5$、$\phi3.2$、$\phi4.0$、$\phi5.0$、$\phi5.8$ 多种，在钢筋焊接生产中常用的是 $\phi3.2$、$\phi4.0$、$\phi5.0$ 三种。其合适的焊接电流见焊条说明书，或参照表 8.10 选用。焊接电流过大，容易烧穿和咬边，飞溅增大，焊条发红，药皮脱落，保护性能下降。焊接电流太小容易产生夹渣和未焊透，劳动生产率低。横、立、仰焊时所用的电流宜适当减小。

不同直径焊条的焊接电流   表 8.10

焊条直径（mm）	3.2	4.0	5.0
焊接电流（A）	100~120	160~210	200~270

在直流焊条电弧焊时，焊件接焊接电源输出端的正极或负极的接法称为极性。极性有正接极性和反接极性两种。正接极性时，焊件接电源的正极，焊条接电源的负极；正接也称正极性。反接极性时，焊件接电源的负极，焊条接电源的正极；反接亦称反极性。

在采用常用的焊条进行直流焊条电弧焊时，一般均采用反极性。如果用来进行电弧切割，则采用正极性。

8.6.4 钢筋电弧焊工艺要求

钢筋电弧焊主要有帮条焊、搭接焊、坡口焊、窄间隙焊和熔槽帮条焊五种接头型式。焊接时应符合下列要求：

（1）为保证焊缝金属与钢筋熔合良好，必须根据钢筋牌号、直径、接头型式和焊接位置，选用合适的焊条、焊接工艺和焊接参数。

（2）钢筋端头间隙、钢筋轴线以及帮条尺寸、坡口角度等，均应符合现行行业标准《钢筋焊接及验收规程》JGJ 18 有关规定。

（3）接头焊接时，引弧应在垫板、帮条或形成焊缝的部位进行，防止烧伤主筋。

（4）焊接地线与钢筋应接触良好，防止因接触不良而烧伤主筋。

（5）焊接过程中应及时清渣，焊缝表面应光滑，焊缝余高应平缓过渡，弧坑应填满。

以上各点对于各牌号钢筋焊接时均适用，特别是 HRB 335、HRB 400、HRB 500、RRB 400W 钢筋焊接时更为重要，例如，若焊接地线乱搭，与钢筋接触不好时，很容易发生起弧现象，烧伤钢筋或局部产生淬硬组织，形成脆断起源点。在钢筋焊接区外随意引弧，同样也会产生上述缺陷，这些都是焊工容易忽视而又十分重要的问题。

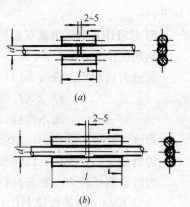

图 8.32　钢筋帮条焊接头
（a）双面焊；（b）单面焊
d—钢筋直径；l—帮条长度

8.6.5　帮条焊

帮条焊时，宜采用双面焊，见图 8.32（a）。不能进行双面焊时，也可采用单面焊，见图 8.32（b）。这是因为采用双面焊，接头中应力传递对称、平衡，受力性能良好，若采用单面焊，则较差。

帮条长度 l 见表 8.11，如帮条牌号与主筋相同时，帮条直径可与主筋相同或小一个规格。如帮条直径与主筋相同时，帮条牌号可与主筋相同或低一个牌号。

钢筋帮条长度　　　　　　　　　　　　　　　　表 8.11

项　次	钢筋牌号	焊缝型式	帮条长度（l）
1	HPB 300	单面焊	≥8d
		双面焊	≥4d
2	HRB 335、HRB 400 HRB 500、RRB 400W	单面焊	≥10d
		双面焊	≥5d

注：d 为主筋直径（mm）。

8.6.6　搭接焊

搭接焊适用于 HPB 300、HRB 335、HRB 400、HRB 500、RRB 400W 钢筋。焊接时宜采用双面焊，见图 8.33（a）。不能进行双面焊时，也可采用单面焊，见图 8.33（b）。搭接长度 l 与帮条长度相同，见表 8.11。

在钢筋帮条焊和搭接焊中，当焊接 HRB 335 钢筋时，可以采用不与钢筋母材等强的 E4303 焊条，现说明如下：

在这些接头中，荷载施加于接头的力不是由与钢筋等截面的焊缝金属抗拉力承受，而是由焊缝金属抗剪力承受。焊缝金属抗剪力等于焊缝剪切面积乘以抗剪强度。所以，虽然采用该种型号焊条，其熔敷金属抗拉强度小于钢筋抗拉强度（约为 0.92 倍），焊缝金属的抗剪强度小于抗拉强度（0.6

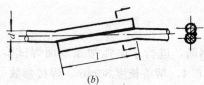

图 8.33　钢筋搭接焊接头
（a）双面焊；（b）单面焊
d—钢筋直径；l—搭接长度

倍），但焊缝金属剪切面积大于钢筋横截面面积甚多（约为 3.0 倍）。故允许采用 E4303 型焊条（熔敷金属抗拉强度为 430N/mm²）进行 HRB 335 钢筋帮条焊和搭接焊。举例计算如下：

以 ϕ25HRB 335 钢筋双面搭接焊为例，采用 E4303 焊条。

钢筋抗拉力：490.9×455＝223359.5N

焊缝剪切面积：长按 4d 计，100mm

　　　　　　　厚 0.3d，7.5mm

　　　　　　　两条焊缝，2×100×7.5＝1500mm²

焊缝金属抗剪强度为抗拉强度的 0.6 倍，0.6×430＝258N/mm²

焊缝金属抗拉力为：1500×258＝387000N

焊缝金属抗拉力与钢筋抗拉力之比为：387000/223359＝1.73

再以 E5003 焊条焊接 HRB400 钢筋为例计算结果：441000/264762＝1.66

此外，大量试验和多年来生产应用表明，能完全满足要求，是安全的。

当进行钢筋坡口焊时，规程中规定，对 HRB 335 钢筋进行焊接不仅采用 E5003 型焊条，并且钢筋与钢垫板之间，应加焊两、三层侧面焊缝，这对接头起到一定加强作用。

8.6.7 焊缝尺寸

帮条焊接头或搭接焊接头的焊缝厚度 s 不应小于钢筋直径的 0.3 倍；焊缝宽度 b 不应小于钢筋直径的 0.8 倍，见图 8.34。焊缝尺寸直接影响接头强度，施焊中应认真对待，确保做到。

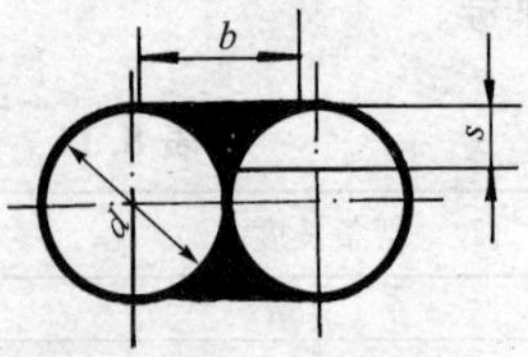

图 8.34 焊缝尺寸示意图
b—焊缝宽度；s—焊缝厚度；
d—钢筋直径

8.6.8 帮条焊、搭接焊时装配和焊接要求

帮条焊或搭接焊时，钢筋的装配和焊接应符合下列要求：

（1）帮条焊时，两主筋端之间应留 2～5mm 间隙。

（2）搭接焊时，焊接端钢筋应适当预弯，以保证两钢筋的轴线在同一直线上，使接头受力性能良好。

（3）帮条焊时，帮条与主筋之间用四点定位焊固定；搭接焊时，用两点固定，定位焊缝应距帮条端部或搭接端部 20mm 以上。

（4）焊接时，引弧应在帮条焊或搭接焊形成焊缝中进行；在端头收弧前应填满弧坑。以保证主焊缝与定位焊缝的始端和终端熔合良好。

在电弧焊接头中，定位焊缝是接头的重要组成部分。为了保证质量，不能随便点焊。尤其不能在帮条或搭接端头的主筋上点焊，否则，对于 HRB 335、HRB 400 钢筋、HRB 500 钢筋，很容易因定位焊缝过小，冷却速度快而产生裂纹和淬硬组织，成为引起脆断的起源点。

8.6.9 HRB 400 钢筋帮条焊试验

首钢总公司技术研究院对该公司生产 HRB 400 钢筋，进行了电弧帮条双面焊试验。钢筋直径为 25mm，化学成分和力学性能见表 6.3 和表 6.4，帮条长度 80mm。焊接参数见表 8.12。

焊条电弧焊焊接参数 表8.12

层 次	焊 条	焊接电流（A）	焊接电压（V）
打底	E5003（ϕ3.2）	90～100	22～24
填充	E5016（ϕ4.0）	150～160	22～24
盖面	E5016（ϕ4.0）	150～160	22～24

焊接接头拉伸试件试验结果见表8.13。

焊条电弧焊接头试件拉伸试验 表8.13

钢筋直径（mm）	屈服强度 σ_s（MPa）	抗拉强度 σ_b（MPa）	断裂位置
25	470	650	母材
25	470	650	母材
25	470	650	母材

试验结果表明，焊条电弧焊接头试件力学性能全部合格。

维氏硬度试验：

将试件上下两侧加工成平行的平面，进行维氏硬度试验，试验结果见表8.14。

焊条电弧焊接头维氏硬度试验 表8.14

试件直径（mm）	试件号	试验线	部 位		
			左热影响区	熔合线	焊 缝
25	8号	HV10	221 235 218	199	222
		距离 d（mm）	−11.0 −1.30 −0.50	0	—

接头试件纵剖面宏观组织见图8.35。

金相检验：

（1）焊缝 取样时，已将盖面层切去，只观察到受热影响的焊缝二次组织，组织为铁素体和珠光体组织，见图8.36。

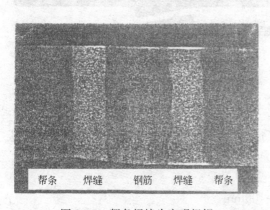

图8.35 帮条焊接头宏观组织

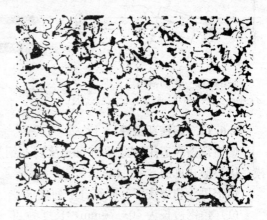

图8.36 焊缝显微组织 200×

（2）HAZ 粗晶区 晶界为先共析铁素体，晶内为珠光体加针状铁素体，见图8.37；

图中左下部为焊缝二次组织，左上部为粗晶区组织。

（3）HAZ 细晶区 铁素体和珠光体呈带状分布，见图 8.38。

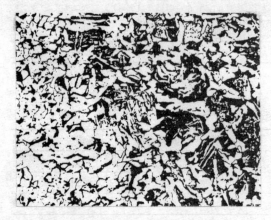 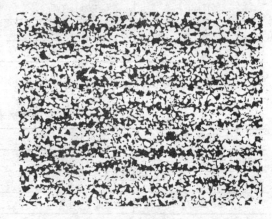

图 8.37 HAZ 粗晶区显微组织 200× 　　　图 8.38 HAZ 细晶区显微组织 200×

上述试验结果表明，首钢 HRB 400 钢筋适合于焊条电弧焊进行焊接。

8.6.10 钢筋搭接焊两端绕焊

陕西省第八建筑工程公司试验室在接受钢筋搭接焊接头拉伸试验中，有时遇到搭接两端发生脆断的现象。分析认为，主要由于该处应力集中所引起。为此，在搭接两端稍加绕焊，使应力平缓传递，见图 8.39。试验进行两组，钢筋牌号 HRB 335，一组 $\phi25$，另一组为 $\phi22$。试验结果，均断于母材，效果良好，见图 8.40。施焊时应注意不得烧伤主筋，绕焊焊道表面应呈凹形。

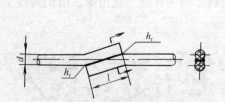 

图 8.39 钢筋搭接焊绕焊 　　　　　　　图 8.40 拉伸试验后试件
d—钢筋直径；l—搭接长度；h_r—绕焊焊道

8.6.11 熔槽帮条焊

熔槽帮条焊适用于直径 20mm 及以上钢筋的现场安装焊接。焊接时应加角钢作垫板模，接头形式见图 8.41（a）。

角钢尺寸和焊接工艺应符合下列要求：

（1）角钢边长为 40～70mm，长度为 80～100mm。

（2）钢筋端头加工平整，两钢筋端面间隙为 10～16mm。

（3）焊接电流宜稍大。从接缝处垫板引弧后，连续施焊，保证钢筋端部熔合良好。

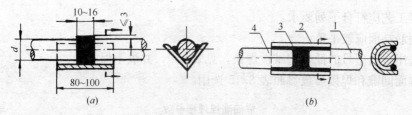

图 8.41 钢筋熔槽帮条焊接头

(a) 角钢垫板模；(b) U 形钢板垫板模

1—右钢筋；2—U 形钢板模；3—焊缝；4—左钢筋

（4）焊接过程中应停焊清渣 1~3 次。焊平后，再进行焊缝余高的焊接，其高度为 2~4mm。

（5）钢筋与角钢垫板之间，应焊 1~3 层侧面焊缝，焊缝饱满，表面平整。

在水利水电工程中，采用一种以 U 形钢板做垫板模的熔槽帮条焊，见图 8.41 (b)[29]。焊接工艺为熔化极半自动气体保护焊。保护气体主要为 CO_2，或者 CO_2＋Ar 的混合气体。焊丝有实芯焊丝和药芯焊丝 2 种。工程中采用的为 CO_2 和实芯焊丝。焊丝直径为 $\phi 1.2$~$\phi 1.6$，其牌号为 SH·ER50-6。药芯焊丝牌号为 TWE·711。使用的 CO_2 气体符合国家现行标准《焊接用二氧化碳》HG/T 2537 的要求，其纯度不得低于 99.9%。焊接设备采用时代集团公司生产的 A120-500 气体保护焊机。钢筋牌号为 HRB 335。生产率高，焊接过程稳定，飞溅比较少，焊接熔池容易控制，焊缝成形好。该种焊接工艺方法已在一些小型水利水电工程中应用，收到比较好的技术经济效果。该方法还可用于钢筋搭接焊、钢筋帮条焊以及钢筋与钢板搭接焊等多种接头型式。

注：在国外，美国国家标准《结构焊接规范—钢筋》ANSI/AWS D1.4/D1.4M：2005 规定，钢筋帮条焊和搭接焊的焊接方法可以采用焊条电弧焊（SMAW）、气体保护电弧焊（GMAW）和药芯焊丝电弧焊（FCAW）；俄罗斯使用前苏联国家标准《钢筋混凝土结构钢筋和预埋件焊接头》ГОСТ 14098—91 中规定，可采用 U 形钢板模焊条熔槽帮条焊和药芯焊丝半自动焊。

8.6.12 窄间隙焊

钢筋窄间隙电弧焊（narrow-gap arc welding of reinforcing steel bar）是将两钢筋安放成水平对接形式，并置于铜模内，中间留有少量间隙，用焊条从钢筋根部引弧，连续向上部焊接，完成的一种电弧焊方法。

窄间隙焊适用于直径 16mm 及以上钢筋的现场水平连接。焊接时，钢筋置于铜模中，留出一定间隙，用焊条连续焊接，熔化钢筋端面，并使熔敷金属填充间隙，形成接头，见图 8.42[24]。

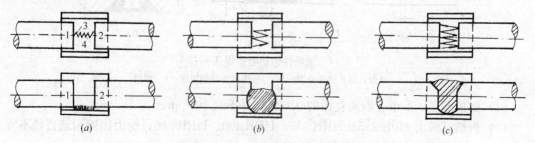

图 8.42 窄间隙焊工艺过程示意图

(a) 焊接初期；(b) 焊接中期；(c) 焊接末期

其焊接工艺应符合下列要求：

（1）钢筋端面应较平整。

（2）选用合适型号的低氢型碱性焊条，见表8.9，并烘干保温。

（3）端面间隙和焊接参数参照表8.15选用。

窄间隙焊焊接参数   表8.15

钢筋直径（mm）	间隙大小（mm）	焊条直径（mm）	焊接电流（A）
16	9～11	3.2	100～110
18	9～11	3.2	100～110
20	10～12	3.2	100～110
22	10～12	3.2	100～110
25	12～14	4.0	150～160
28	12～14	4.0	150～160
32	12～14	4.0	150～160
36	13～15	5.0	220～230
40	13～15	5.0	220～230

（4）焊接从焊缝根部引弧后连续进行，左、右来回运弧，在钢筋端面处电弧应少许停留，保证熔合良好。

（5）焊至4/5的焊缝厚度后，焊缝逐渐扩宽，必要时，改连续焊为断续焊，避免过热。

（6）焊缝余高：应为2～4mm，且应平缓过渡至钢筋表面。

焊接接头见图8.43。

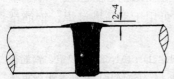

图8.43 钢筋窄间隙焊接头

8.6.13 预埋件T形接头电弧焊

预埋件电弧焊T形接头的形式分角焊和穿孔塞焊两种，见图8.44。装配和焊接时，应符合下列要求：

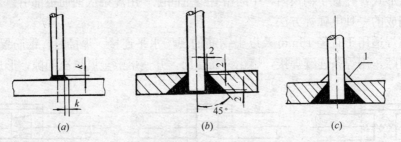

（*a*）   （*b*）   （*c*）

图8.44 预埋件钢筋电弧焊T形接头

（*a*）角焊；（*b*）穿孔塞焊；（*c*）1—内侧加焊角焊缝；*k*—焊脚

（1）钢板厚度δ不小于钢筋直径的0.6倍，并不宜小于6mm。

（2）钢筋可采用HPB 235、HRB 335、HRB 400、HRB 500，受力锚固钢筋直径不宜小于8mm，构造锚固钢筋直径不宜小于6mm。

（3）采用HPB 235钢筋时，角焊缝焊脚*k*不得小于钢筋直径的0.5倍；采用HRB

335、HRB 400、HRB 500 钢筋时，焊脚 k 不得小于钢筋直径的 0.6 倍。

（4）施焊中，电流不宜过大，防止钢筋咬边和烧伤。

预埋件 T 形接头采用焊条电弧焊，操作比较灵活，但要防止烧伤主筋和咬边。

（5）在采用穿孔塞焊中，当需要时，可在内侧加焊一圈角焊缝，以提高接头强度，见图 8.44（c）。

8.6.14 钢筋与钢板搭接焊

钢筋与钢板搭接焊时，接头型式见图 8.45。

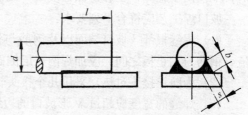

HPB 300 钢筋的搭接长度 l 不得小于 4 倍钢筋直径，HRB 335、HRB 400、HRB 500 钢筋搭接长度 l 不得小于 5 倍钢筋直径，焊缝宽度 b 不得小于钢筋直径的 0.6 倍，焊缝厚度 s 不得小于钢筋直径的 0.35 倍。

图 8.45　钢筋与钢板搭接焊接头
d—钢筋直径；l—搭接长度；
b—焊缝宽度；s—焊缝厚度

8.6.15 装配式框架安装焊接

在装配式框架结构的安装中，钢筋焊接应符合下列规定：

（1）柱间节点，采用坡口焊时，当主筋根数为 14 根及以下，钢筋从混凝土表面伸出长度不小于 250mm；当主筋为 14 根以上，钢筋的伸出长度不小于 350mm，采用搭接焊时其伸出长度可适当增加，以减少内应力和防止混凝土开裂。

（2）两钢筋轴线偏移较大时，宜采用冷弯矫正，但不得用锤敲打；如冷弯矫正有困难，可采用氧乙炔焰加热后矫正，钢筋加热部位的温度不得超过 850℃，以免烧伤钢筋。

（3）焊接中应选择合理的焊接顺序。对于柱间节点，可由两名焊工对称焊接，以减少结构的变形。

8.6.16 坡口焊准备和工艺要求

坡口焊的准备工作应符合下列要求：

（1）坡口面平顺，切口边缘不得有裂纹和较大的钝边、缺棱。

（2）坡口平焊时，V 形坡口角度为 55°～65°，见图 8.46（a）；坡口立焊时，坡口角度为 40°～55°，其中，下钢筋为 0～10°，上钢筋为 35°～45°，见图 8.46（b）。

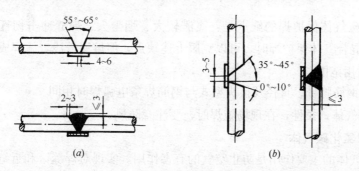

图 8.46　钢筋坡口焊接头
（a）平焊；（b）立焊

（3）钢垫板厚度为 4～6mm，长度为 40～60mm。坡口平焊时，垫板宽度为钢筋直径加 10mm；立焊时，垫板宽度等于钢筋直径。

（4）钢筋根部间隙，坡口平焊时为 4～6mm；立焊时，为 3～5mm，最大间隙均不宜超过 10mm。

钢筋坡口焊在火电厂主厂房装配式框架结构中应用较多，一般钢筋较密，在坡口立焊时，坡口背面不易焊到，容易产生气孔、夹渣等缺陷，焊缝成形比较困难。如加钢垫板后，不仅便于施焊，也容易保证质量，效果良好。

坡口焊工艺应符合下列要求：

（1）焊缝根部、坡口端面以及钢筋与钢板之间均应熔合良好。焊接过程中应经常清渣，钢筋与钢垫板之间，应加焊两三层侧面焊缝，以提高接头强度，保证质量。

（2）为防止接头过热，采用几个接头轮流进行施焊。

（3）焊缝的宽度应超过 V 形坡口的边缘 2～3mm，焊缝余高为 2～4mm，并平缓过渡至钢筋表面。

（4）若发现接头中有弧坑、气孔及咬边等缺陷，应立即补焊。HRB 400、HRB 500 钢筋接头冷却后补焊时，需用氧乙炔焰预热。

8.7　二氧化碳气体保护电弧焊

8.7.1　特点

1. 二氧化碳气体保护电弧焊和氩＋少量 CO_2 混合气体保护焊时，可采用平特性直流弧焊电源，常用的为晶闸管控制弧焊整流器。近几年来，由于逆变弧焊整流器重量轻，移动方便，应用范围逐渐扩大。

2. 半自动二氧化碳气体保护电弧焊，具有设备轻巧、操作方便、焊接速度快、熔深大、变形小、清渣容易、适应性强等优点，有逐步取代焊条电弧焊的趋势。

3. 在小直径钢筋焊接时，常用焊丝直径为 0.6～0.8 mm；在中等直径钢筋焊接时，焊丝直径为 1.2～1.6mm。在平焊、平角焊、横焊时，焊缝成形良好，当仰焊时，铁水容易流淌，比较困难。

当焊接电流较小时，熔滴短路过渡，当焊接电流超过临界值时，熔滴非轴向大熔滴过渡或喷射过渡。

4. 二氧化碳气体保护焊的缺点是：飞溅较大、烟尘大、焊缝冲击韧性较低。采用氩加少量 CO_2，混合气体保护焊时，可以克服上述缺点，但熔深较浅，施焊成本稍高。

8.7.2　适用范围

1. 适用于钢筋牌号、直径及接头型式与钢筋焊条电弧焊时相同。

2. CO_2 为气体，柔性，在现场施焊时，要注意防风。

8.7.3　二氧化碳气体

二氧化碳气体的主要作用是防止空气的有害作用，实现对焊缝区和近缝区的保护。二氧化碳气体在电弧高温作用下将发生分解，因而是一种活性气体。

工业液体二氧化碳以瓶装供应，由化工厂生产。在二氧化碳气体保护焊中，一般采用优质品工业液体二氧化碳。二氧化碳含量（以体积计）应不小于 99.8%，游离水含量（以质量计）应不大于 0.05%。

8.7.4 氩加二氧化碳混合气体

氩是一种惰性气体，无色、无味，也是一种良好的保护气体，原子序号是18，它的密度是空气的1.4倍。在平焊时，对电弧的保护和对焊接区的覆盖作用十分明显。氩气是由液态空气分馏制氧时获得的副产品 氩气的沸点是－185.7℃，纯度一般不小于99.99%。温度在20℃时，满瓶压力为14.7MPa 气瓶涂灰色，并标有"氩气"字样。焊接用混合气体配比一般为80%氩，20%二氧化碳。

8.7.5 工艺参数

1. 焊接电流

焊接电流与送丝速度或熔化速度以非线性关系变化，当送丝速度增加时，焊接电流也随之增大。碳钢焊丝的焊接电流与送丝速度之间的关系见图8.47。对每一种直径的焊丝在低电流时曲线接近于直线状（即正比例关系）。可是在高电流时，直线变成非直线状。随着焊接电流的增大，熔化速度以更高的速度增加。

2. 极性

大多采用反接，即焊丝接正极。这时，电弧稳定，熔滴过渡平稳，飞溅较低，焊缝成形较好，熔深较大。

3. 电弧电压（弧长）

当弧长过长，难以使电弧潜入焊件表面；弧长过短，容易引起短路。当电弧电压过高时，容易产生气孔、飞溅和咬边：电弧电压过低时，会使焊丝插入熔池，成桩状。常用电弧电压是：短路过渡20～22V，喷射过渡25～28V。

4. 焊接速度

中等焊接速度时熔深最大。焊接速度降低时，单位长度焊缝上熔敷金属增加，焊接速度过快时，会产生咬边倾向。

5. 焊丝伸出长度（干伸长）

焊丝伸出长度是指导电嘴端头到焊丝端头的距离，见图8.48。短路过渡时合适的焊丝伸出长度是6～13mm，其他熔滴过渡形式为13～25mm。

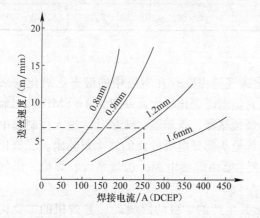

图8.47 碳钢焊丝焊接电流与送丝速度的关系曲线

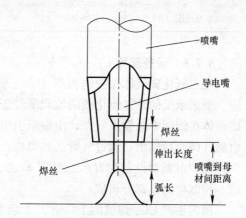

图8.48 焊丝伸出长度说明图

6. 焊枪角度

在平焊时，焊枪倾角见表8.16。在平角焊时，焊丝轴线与水平板面成45°（工作角 α），见图 8.49。

焊枪倾角		表 8.16
	左焊法	右焊法
焊枪角度	10°~15° 焊接方向	10°~15° 焊接方向
焊道断面形状		

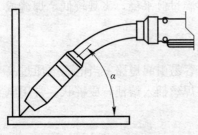

图 8.49 焊接角焊缝的工作角

7. 焊接接头位置

在平焊、横焊位置时，可以获得良好焊缝成形；当仰焊和向上立焊时，若是喷射过渡，容易引起铁水流失，要注意防范。

8. 焊丝尺寸

半自动焊多用 $\phi 0.4 \sim \phi 1.6mm$ 焊丝，自动焊多用 $\phi 1.6 \sim \phi 5.0mm$ 焊丝。在钢筋工程的制作与安装中，大部分为半自动焊，其焊接电流范围见表 8.17 以 $\phi 1.2$ 焊丝为例，常用焊接电流为 220A。焊丝应符合国家标准型号可参照表 8.17 选用。

不同直径焊丝的焊接电流范围					表 8.17
焊丝直径（mm）	0.6	0.8	1.0	1.2	1.6
电流范围（A）	40~90	50~120	70~180	80~350	140~500

8.7.6 设备配置

在二氧化碳气体保护电弧焊中，二氧化碳气是由贮存在钢瓶中的液态二氧化碳来供应。钢瓶承受的是二氧化碳的饱和蒸气压，它随温度变化较大，一般为 $4 \sim 8MPa$。二氧化碳液体在钢瓶中蒸发成气态，由钢瓶引出，经预热器、减压器、流量计，进入控制箱中的电磁气阀而后输出，通过气管送到焊枪，经焊枪头部导电嘴外面的气嘴罩喷出。二氧化碳气体保护电弧焊设备配置示意见图 8.50。它主要由焊接电源、送丝系统、焊枪、供气系统、控制电路 5 部分组成。

国内生产 CO_2 焊机的工厂有二十余家，其生产的半自动鹅颈式 CO_2 焊机的主要构造大致相同；但是型号、性能和有关技术数据略有差异。西安市汉光电器设备厂生产的晶闸管控制 CO_2/MAG 半自动焊机的主要技术参数见表 8.18，其外形见图 8.51。

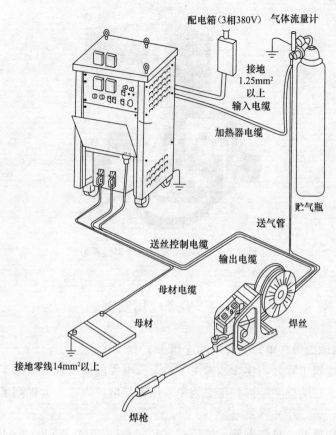

图 8.50 二氧化碳气体保护电弧焊设备配置示意图

西安汉光厂生产 CO_2 焊机主要技术参数　　　　　表 8.18

焊机型号	NBC—200K	NBC—350K	NBC—500K	NBC—630K
控制方式	晶闸管	晶闸管	晶闸管	晶闸管
电源电压（V）	3 相，380	3 相，380	3 相，380	3 相，380
额定输入容量（kVA）	6	18	32	48
电源频率（Hz）	50	50	50	50
输出电流（A）	60~200	6~350	80~500	100~630
输出电压（v）	21~31	16~36	16~45	18~50
负载持续率（%）	60	60	60	60
适用焊丝直径（mm）	0.6，0.8	0.8，1.0，1.2	1.0，1.2，1.6	1.0，1.2，1.6
适用焊丝类型	实心/药芯	实心/药芯	实心/药芯	实心/药芯
额定电流（A）	200	350	500	600
适用板厚（mm）	0.5~5	1~12	1.2~25	3~35
重量（kg）	98	110	160	230

图 8.51　西安汉光厂生产焊机外形

8.8　生产应用实例

8.8.1　钢筋坡口焊在电厂工程中的应用[25]

新疆区第三建筑工程公司连续地施工了六个火电发电厂工程。在施工中，钢筋混凝土采用预制构件梁、柱的框架结构。在安装中采用钢筋坡口焊，大大提高了施工速度和工程进度，头年开工，第二年并网发电。

电厂工程使用原Ⅱ、Ⅲ级钢筋，牌号有：20MnSi、20MnSiNb、20MnSiV 等，钢筋直径有 22mm、25mm、28mm、32mm。为了保证质量，选用了 E5015 直流低氢型焊条，施焊时，采用直流反接，焊条直径 3.2mm、4.0mm。

焊接设备采用 AX-500 型裂极式直流弧焊机。电厂框架高达 60 多米，中间有好几个节点，焊接电缆有时长达 100m，焊接电流适当调高。

柱间节点为钢筋坡口立焊，梁柱节点为钢筋坡口平焊。

钢筋坡口尺寸、钢垫板尺寸、焊条烘焙、施焊工艺等均按照规程规定进行。

采用 $\phi3.2$ 焊条时，焊接电流约 110A，采用 $\phi4.0$ 焊条时，约 160A，平焊时，焊接电流稍大。不论平焊、立焊，由 2 名或 4 名焊工对称施焊，每焊完一层，要清渣干净。为了减少过热，几个接头轮流施焊，多层多道焊，确保层间温度。注意坡口边充分熔化；坡口接头焊满后，再在焊缝上薄薄施焊一圈，形成平缓过渡。加强焊缝高度不大于 3mm，垫板与钢筋之间要焊牢。

在现场设专人调整电流大小，烘干焊条，当天做原始记录、气象记录。焊条烘干后，装入保温筒，带至现场使用。

施焊时，一定要采用短弧，摆动要小，手法要稳，防止空气侵入，焊接速度均匀、适当，断弧要干脆，弧坑要填满。

该公司采用钢筋坡口焊，焊接接头 15 万多个。这些厂房现已使用发电，运行良好。实践证明，钢筋坡口焊是目前装配式框架节点中不可缺少的焊接方法，节约钢筋，施工速度快，在建筑施工中带来良好的经济效益。

8.8.2　钢筋窄间隙电弧焊在某医疗楼地下室工程中的应用[26]

某新建医疗大楼，建筑面积 51000m²，地上 15 层，地下 2 层。地下室底板长 122m，宽 25～35m，为不规则多边形。底板厚度 1.2m，上下两层钢筋网，钢筋间距 150mm，为原Ⅱ级钢筋，直径 25mm。

为了节约钢筋，加快施工进度，钢筋连接采用闪光对焊和窄间隙电弧焊相结合的办法。即先在钢筋加工厂用闪光对焊接长至约 20m 左右。运到工地，用塔式起重机运到地下室地板位置，采用窄间隙电弧焊连接，共焊接接头 4584 个。

焊接设备采用交流节能弧焊机，焊条采用 φ4 结 606 低氢型焊条，采用自控远红外电焊条烘干箱烘焙，保温筒保温。

每天投入焊工 2～3 名、辅助工 4～6 名，实际施焊约 20 天。

焊成后，120m 长的钢筋就像 1 根钢筋，网格整齐美观。11 批试件抽样检查，每批 3 个拉伸、3 个正弯、3 个反弯，共 9 个试件，全部合格。现场施焊见图 8.52，部分试件见图 8.53。使用的铜模卡具见图 8.54。

图 8.52　现场施焊　　　　　　　　　　　图 8.53　试件

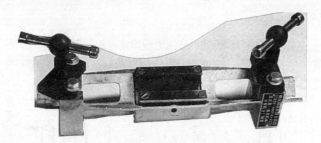

图 8.54　ZGH20-40 型铜模卡具

该工程原设计为搭接 35d（d 为钢筋直径），两端各焊 3d。现改用窄间隙电弧焊共节约钢筋 15.35t，价值 5.83 万元，平均每个接头节约 12.72 元，每个焊工节约 1.17 万元。若和搭接焊相比，节约钢筋 4.41t，焊条 214kg，价值 1177 元，工效提高 4 倍。

8.8.3　HRB 400 钢筋搭接焊在山西大学工程中的应用

太原中铁十二局在承建山西大学文科楼工程中，在梁中水平钢筋位置中采用单面搭接电弧焊接头共 7000 个，钢筋直径 φ16～φ32，搭接长度 10d，采用 E5003 焊条，经抽样检验，抗拉强度全部合格，绝大部分试件断于母材，少数断于搭接端部。

9 钢筋电渣压力焊

9.1 基本原理

9.1.1 名词解释

钢筋电渣压力焊 electroslag pressure welding of reinforcing steel bar

是将两钢筋安放成竖向对接形式，利用焊接电流通过两钢筋端面间隙，在焊剂层下形成电弧过程和电渣过程，产生电弧热和电阻热，熔化钢筋，加压完成的一种压焊方法[27]。

9.1.2 焊接过程

钢筋电渣压力焊具有电弧焊、电渣焊和压力焊的特点。焊接过程包括 4 个阶段，见图 9.1；各个阶段的焊接电压与焊接电流，各取 0.1 秒，见图 9.2[28]。

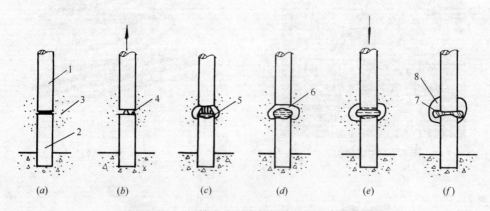

图 9.1 钢筋电渣压力焊焊接过程示意图

(a) 引弧前；(b) 引弧过程；(c) 电弧过程；(d) 电渣过程；(e) 顶压过程；(f) 凝固后

1—上钢筋；2—下钢筋；3—焊剂；4—电弧；5—熔池；6—熔渣（渣池）；7—焊包；8—渣壳

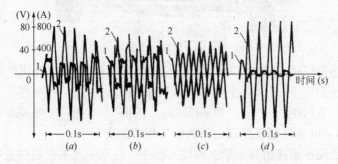

图 9.2 焊接过程中各个阶段的焊接电压与焊接电流

(a) 引弧过程；(b) 电弧过程；(c) 电渣过程；(d) 顶压过程

1—焊接电压；2—焊接电流

1. 引弧过程

上、下两钢筋端部埋于焊剂之中，两端面之间留有一定间隙。引燃电弧采用接触引弧，具体的又有两种：一种是直接引弧法，就是当弧焊电源（电弧焊机）一次回路接通后，将上钢筋下压与下钢筋接触，并瞬即上提，产生电弧；另一种是，在两钢筋的间隙中预先安放一个引弧钢丝圈，高约 10mm，或者一 $\phi3.2$ 焊条芯，高约 10mm，当焊接电流通过时，由于钢丝（焊条芯）细，电流密度大，立即熔化、蒸发，原子电离、而引弧。

上、下两钢筋分别与弧焊电源两个输出端连接，而形成焊接回路。

2. 电弧过程

焊接电弧在两钢筋之间燃烧，电弧热将两钢筋端部熔化。由于热量容易往上对流，上钢筋端部的熔化量略大于下钢筋端部熔化量，约为整个接头钢筋熔化量之 3/5～2/3。

随着电弧的燃烧，熔化的金属形成熔池，熔融的焊剂形成熔渣（渣池），覆盖于熔池之上，熔池受到熔渣和焊剂蒸汽的保护，不与空气接触。

随着电弧的燃烧，上下两钢筋端部逐渐熔化，将上钢筋不断下送，以保持电弧的稳定，下送速度应与钢筋熔化速度相适应。

3. 电渣过程

随着电弧过程的延续，两钢筋端部熔化量增加，熔池和渣池加深，待达到一定深度时，加快上钢筋的下送速度，使其端部直接与渣池接触；这时，电弧熄灭，变电弧过程为电渣过程。

电渣过程是利用焊接电流通过液体渣池产生的电阻热，继续对两钢筋端部加热，渣池温度可达到 1600～2000℃。

4. 顶压过程

待电渣过程产生的电阻热使上下两钢筋的端部达到全断面均匀加热的时候，迅速将上钢筋向下顶压，液态金属和熔渣全部挤出；随即，切断焊接电源，焊接即告结束。冷却后，打掉渣壳，露出带金属光泽的焊包，见图 9.3。

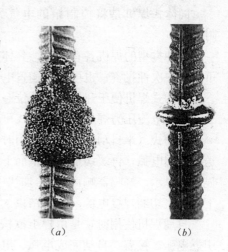

(a)　　　　　　(b)

图 9.3　钢筋电渣压力焊接头外形
(a) 未去渣壳前；(b) 打掉渣壳后

9.2　特点和适用范围

9.2.1　特点

在钢筋电渣压力焊过程中，进行着一系列的冶金过程和热过程。熔化的液态金属与熔渣进行着氧化、还原、掺合金、脱氧等化学冶金反应，两钢筋端部经受电弧过程和电渣过程热循环的作用，部分焊缝呈柱状树枝晶，这是熔化焊的特征。最后，液态金属被挤出，使焊缝区很窄，这是压力焊的特征。

钢筋电渣压力焊属熔化压力焊范畴，操作方便，效率高。

9.2.2　适用范围

钢筋电渣压力焊适用于现浇混凝土结构中竖向或斜向钢筋的连接，钢筋牌号为 HPB 300、HRB 335、HRB 400，HRB 500 直径为 12～32mm。

钢筋电渣压力焊主要用于柱、墙、烟囱、水坝等现浇混凝土结构（建筑物、构筑物）中竖向受力钢筋的连接；但不得在竖向焊接之后，再横置于梁、板等构件中作水平钢筋之用。这是根据其工艺特点和接头性能作出的规定。

9.3　电渣压力焊设备

9.3.1　钢筋电渣压力焊机分类

1. 焊机型式

钢筋电渣压力焊机按整机组合方式可分为同体式（T）和分体式（F）两类。

分体式焊机主要包括：①焊接电源（即电弧焊机）；②焊接夹具；③控制箱三部分；此外，还有控制电缆、焊接电缆等附件。焊机的电气监控装置的元件分两部分。一部分装于焊接夹具上称监控器（或监控仪表），另一部分装于控制箱内。

同体式焊机是将控制箱的电气元件组装于焊接电源内，另加焊接夹具以及电缆等附件。

两种类型的焊机各有优点，分体式焊机便于建筑施工单位充分利用现有的电弧焊机，可节省一次性投资；也可同时购置电弧焊机，这样比较灵活。

同体式焊机便于建筑施工单位一次投资到位，购入即可使用。

钢筋电渣压力焊机按操作方式可分成手动式（S）和自动式（Z）两种。

手动式（半自动式）焊机使用时，是由焊工揿按钮，接通焊接电源，将钢筋上提或下送，引燃电弧，再缓缓地将上钢筋下送，至适当时候，根据预定时间所给予的信号（时间显示管显示、蜂鸣器响声等），加快下送速度，使电弧过程转变为电渣过程，最后用力向下顶压，切断焊接电源，焊接结束。因有自动信号装置，故有的称半自动焊机。

自动焊机使用时，是由焊工揿按钮，自动接通焊接电源，通过电动机使上钢筋移动，引燃电弧，接着，自动完成电弧、电渣及顶压过程，并切断焊接电源。

由于钢筋电渣压力焊是在建筑施工现场进行，即使焊接过程是自动操作，但是，钢筋安放、装卸焊剂等，均需辅助工操作。这与工厂内机器人自动焊，还有很大差别。

这两种焊机各有特点，手动焊机比较结实，耐用，焊工操作熟练后，也很方便。

自动焊机可减轻焊工劳动强度，生产效率高，但电气线路稍为复杂。

2. 钢筋电渣压力焊机型号表示方法[29]

钢筋电渣压力焊机型号采用汉语拼音及阿拉伯数字表示，编排次序见图 9.4。

标记示例：

[例1]　额定电流为 500A 手动分体式钢筋电渣压力焊机标记为：

JSF500

[例2]　额定电流为 630A 自动同体式钢筋电渣压力焊机标记为：

JZT630

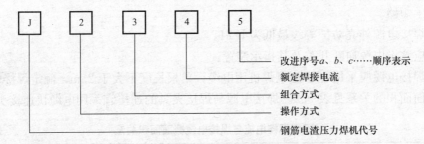

图 9.4　钢筋电渣压力焊机型号表示方法
1、2、3、5 项用汉语拼音，4 项用阿拉伯数字表示。

3. 焊机规格

根据焊机的额定电流和所能焊接的钢筋直径分 2 种规格，见表 9.1。

焊机规格　　　　　　　　　　　　　　　　　　　　表 9.1

规　格	J××500	J××630
额定电流（A）	500	630
焊接钢筋直径（mm）	28 及以下	32 及以下

9.3.2　钢筋电渣压力焊机基本技术要求

（1）焊机应按规定程序批准的图样及技术文件制造。

（2）焊机的供电电源：额定频率为 50Hz，额定电压为 220V 或 380V。有特殊要求的焊机则应符合协议书所规定的频率和电压。

（3）焊机应能保证在 $-10\sim+40℃$ 的环境温度，电网电压波动范围在 $-5\%\sim+10\%$（频率波动范围为 $\pm1\%$）的条件下正常工作。

（4）焊机的表面应美观整洁，外壳、零部件均应做涂料、防氧化等表面处理。

（5）焊机零部件的安装与连接线应安装可靠，焊接牢固，在正常运输和使用过程中不得松动、脱落。

（6）焊机使用的原材料及外购件均应符合有关标准的规定。

（7）焊机的焊接电缆、控制电缆以及焊接电压表的插接件应符合现行国家标准《弧焊设备、焊接电缆插头、插座和耦合器的安全要求》GB 15579.12 的规定。

（8）焊机应有良好的接地装置，接地螺钉直径不得小于 8mm。

（9）焊机应能成套供应，同类产品的零部件应具有互换性。

9.3.3　焊接电源

为焊接提供电源并具有适合钢筋电渣压力焊焊接工艺所要求的一种装置。电源输出可为交流或直流。

（1）焊接电源宜专门设计制造，在额定电流状态下，负载持续率不低于 60%，空载电压为 80_{-20}^{0}V。

（2）若采用标准弧焊变压器作为焊接电源应有较高的空载电压，宜为 $75\sim80$V。

（3）焊接电源采用可动绕组调节焊接电流，即动圈式弧焊变压器时，其他带电元件的安装部位至少与可动绕组间隔 15mm。

（4）焊接电源的输入、输出连接线，必须安装牢固可靠，即使发生松脱，应能避免相互之间发生短路。

（5）焊接电源外壳防护等级最低为 IP21。

（6）应装设电源通断开关及其指示装置。

（7）焊接电缆应采用 YH 型电焊机用电缆，单根长度不大于 25m，额定焊接电流与焊接电缆截面面积的关系见表 9.2。焊接电源与焊接夹具的连接宜采用电缆快速接头。

额定焊接电流与焊接电缆截面面积关系　　　　　　　表 9.2

额定焊接电流（A）	500	630
焊接电缆截面面积（mm²）	≥50	≥70

（8）若采用直流弧焊电源，可用 ZX5-630 型晶闸管弧焊整流器或硅弧焊整流器，焊接过程更加稳定。

（9）在焊机正面板上，应有焊接电流指示或焊接钢筋直径指示。有些交流电弧焊机，将转换开关Ⅰ档，改写为焊条电弧焊，将Ⅱ档改写为电渣压力焊，操作者更感方便。

9.3.4　焊接夹具

夹持钢筋使上钢筋轴向送进实施焊接的机具。性能要求如下：

（1）焊接夹具应有足够的刚度，即在承受夹持 600N 的荷载下，不得发生影响正常焊接的变形。

（2）动、定夹头钳口宜能调节，以保证上下钢筋在同一轴线上。

（3）动夹头钳口应能上下移动灵活，其行程不小于 50mm。

（4）动、定夹头钳口同轴度不得大于 0.5mm。

（5）焊接夹具对钢筋应有足够的夹紧力，避免钢筋滑移。

（6）焊接夹具两极之间应可靠绝缘，其绝缘电阻应不低于 2.5MΩ。

（7）各种规格焊机的焊剂筒内径、高度尺寸应满足表 9.3 的规定。

焊剂筒尺寸（mm）　　　　　　　　　　表 9.3

规　格		J××500	J××630
焊剂筒	内径	≥100	≥110
	高度	≥100	≥110

注：为了适应 φ12 钢筋焊接的需要，有一种焊剂筒的规格比表中所列更小一些。

（8）手动钢筋电渣压力焊机的加压方式有两种：杠杆式和摇臂式。前者利用杠杆原理，将上钢筋上、下移动，并加压。后者利用摇臂，通过伞齿轮，将上钢筋上、下移动，并加压。

（9）自动电渣压力焊机的操作方式有两种：

① 电动凸轮式　凸轮按上钢筋位移轨迹设计，采用直流微电机带动凸轮，使上钢筋向下移动，并利用自重加压。在电气线路上，调节可变电阻，改变晶闸管触发点和电动机转速，从而改变焊接通电时间，满足各不同直径钢筋焊接的需要。

② 电动丝杠式　采用直流电动机，利用电弧电压、电渣电压、负反馈控制电动机转

向和转速，通过丝杠将上钢筋向上、下移动并加压，电弧电压控制在 35~45V，电渣电压控制在 18~22V。根据钢筋直径选用合适的焊接电流和焊接通电时间。焊接开始后，全部过程自动完成。

目前生产的自动电渣压力焊机主要是电动丝杠式。

9.3.5 电气监控装置

指显示和控制各项参数与信号的装置。

(1) 电气监控装置应能保证焊接回路和控制系统可靠工作，平均无故障工作次数不得少于 1000 次。

(2) 监控系统应具有充分的可维修性。

(3) 对于同时能控制几个焊接夹具的装置应具备自动通断功能，防止误动作。

(4) 监控装置中各带电回路与地之间（不直接接地回路）绝缘电阻应不低于 2.5MΩ。由电子元器件组成的电子电路，按电子产品相关标准规定执行。

(5) 操纵按钮与外界的绝缘电阻应不低于 2.5MΩ。

(6) 监视系统的各类显示仪表其准确度不低于 2.5 级。

(7) 采用自动焊接时，动夹头钳口的位移应满足"电弧过程、电渣过程分阶段控制"的工艺要求。

(8) 焊接停止时应能断开焊接电源，应设置"急停"装置，供焊接中遇有特殊情况时使用。

(9) 常用手动电渣压力焊机的电气原理图见图 9.5[36]。

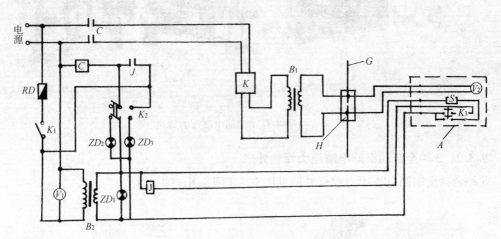

图 9.5 常用手动电渣压力焊机电气原理图

K—电流粗调开关；K_1—电源开关；K_2—转换开关；K_3—控制开关；B_1—弧焊变压器；
B_2—控制变压器；J—通用继电器；ZD_1—电源指示灯；ZD_2—电渣压力焊指示灯；
ZD_3—焊条电弧焊指示灯；V_1—初级电压表；V_2—次级电压表；S—时间显示器；
H—焊接夹具；C—交流接触器；RD—熔断器；G—钢筋；A—监控器

9.3.6 4 种半自动钢筋电渣压力焊机外形

几种常用半自动钢筋电渣压力焊机外形见图 9.6，其中有的焊机包括焊接电源，有的不包括焊接电源。

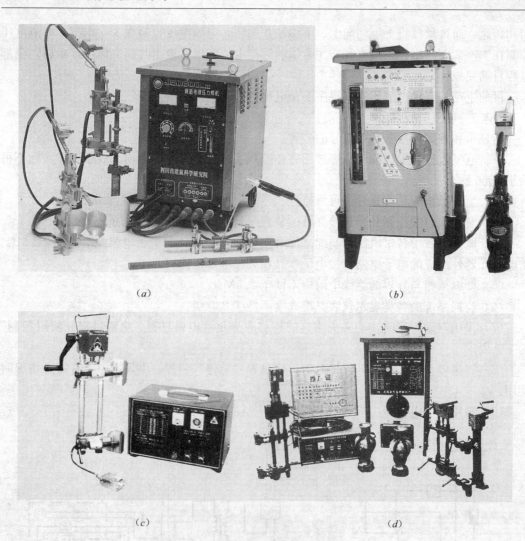

(a)　　　　　　　　　　　(b)

(c)　　　　　　　　　　　(d)

图 9.6　4 种半自动钢筋电渣压力焊机

9.3.7　3 种全自动钢筋电渣压力焊机外形

3 种全自动钢筋电渣压力焊机外形见图 9.7，图 9.8，图 9.9。

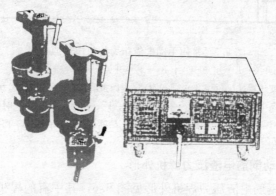

图 9.7　ZDH-36 型全自动电渣压力焊机

图 9.8　HDZ-630Ⅰ型焊机　　　　　图 9.9　HDZ-630Ⅱ型焊机

9.3.8　辅助设施

钢筋电渣压力焊常用于高层建筑。在施工中，可自制活动小房，将整套焊接设备、辅助工具、焊剂等放于房内，随着楼层上升上提，见图 9.10。

小房内壁安装电源总闸，房顶小坡，两侧有百叶窗，有门可锁，四角有吊环，移动比较方便。

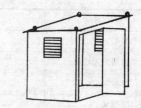

图 9.10　钢筋电渣压力焊机活动房

9.4　焊　剂

9.4.1　焊剂的作用

在钢筋电渣压力焊过程中，焊剂起了十分重要的作用：①焊剂熔化后产生气体和熔渣，保护电弧和熔池，保护焊缝金属，更好地防止氧化和氮化；②减少焊缝金属中元素的蒸发和烧损；③使焊接过程稳定；④具有脱氧和掺合金的作用，使焊缝金属获得所需要的化学成分和力学性能；⑤焊剂熔化后形成渣池，电流通过渣池产生大量的电阻热；⑥包托被挤出的液态金属和熔渣，使接头获得良好成形；⑦渣壳对接头有保温缓冷作用。因此，焊剂十分重要。

对焊剂的基本要求：①保证焊缝金属获得所需要的化学成分和力学性能；②保证电弧燃烧稳定；③对锈、油及其他杂质的敏感性要小，硫、磷含量要低，以保证焊缝中不产生裂纹和气孔等缺陷；④焊剂在高温状态下要有合适的熔点和黏度以及一定的熔化速度，以保证焊缝成形良好，焊后有良好的脱渣性；⑤焊剂在焊接过程中不应析出有毒气体；⑥焊剂的吸潮性要小；⑦具有合适的黏度，焊剂的颗粒要具有足够的强度，以保证焊剂的多次使用。

9.4.2　焊剂的分类和牌号编制方法

焊剂牌号编制方法，按照前企业标准：在牌号前加"焊剂"（HJ）二字；牌号中第一位数字表示焊剂中氧化锰含量，见表 9.4；牌号中第二位数字表示焊剂中二氧化硅和氟化钙的含量，见表 9.5；牌号中第三位数字表示同一牌号焊剂的不同品种，按 0、1、

2……9 顺序排列。同一牌号焊剂具有两种不同颗粒度时，在细颗粒焊剂牌号后加"细"字表示。

焊剂牌号、类型和氧化锰含量 表 9.4

牌　号	类　型	氧化锰含量（%）
焊剂 1××	无　锰	≤2
焊剂 2××	低　锰	2～15
焊剂 3××	中　锰	15～30
焊剂 4××	高　锰	>30
焊剂 5××	陶质型	
焊剂 6××	烧结型	

焊剂牌号、类型和二氧化硅、氟化钙含量 表 9.5

牌　号	类　型	二氧化硅含量（%）	氟化钙含量（%）
焊剂×1×	低硅低氟	<10	<10
焊剂×2×	中硅低氟	10～30	<10
焊剂×3×	高硅低氟	>30	<10
焊剂×4×	低硅中氟	<10	10～30
焊剂×5×	中硅中氟	10～30	10～30
焊剂×6×	高硅中氟	>30	10～30
焊剂×7×	低硅高氟	<10	>30
焊剂×8×	中硅高氟	10～30	>30

9.4.3 几种常用焊剂

几种常用焊剂及其组成成分见表 9.6。

常用焊剂的组成成分（%） 表 9.6

焊剂牌号	SiO_2	CaF_2	CaO	MgO	Al_2O_3	MnO	FeO	K_2O+Na_2O	S	P
焊剂 330	44～48	3～6	≤3	16～20	≤4	22～26	≤1.5	—	≤0.08	≤0.08
焊剂 350	30～55	14～20	10～18	—	13～18	14～19	≤1.0	—	≤0.06	≤0.06
焊剂 430	38～45	5～9	≤6	—	≤5	38～47	≤1.8	—	≤0.10	≤0.10
焊剂 431	40～44	3～6.5	≤5.5	5～7.5	≤4	34～38	≤1.8	—	≤0.08	≤0.08

焊剂 330 和焊剂 350 均为熔炼型中锰焊剂。前者呈棕红色玻璃状颗粒，粒度为 8～40 目（0.4～3mm）；后者呈棕色至浅黄色玻璃状颗粒，粒度为 8～40 目（0.4～3mm）及 14～80 目（0.25～1.6mm）。焊剂 431 和焊剂 430 均为熔炼型高锰焊剂。前者呈棕色至褐

绿色玻璃状颗粒，粒度为 8~40 目 （0.4~3mm）；后者呈棕色至褐绿色玻璃状颗粒，粒度为 8~40 目 （0.4~3mm） 及 14~80 目 （0.25~1.6mm）。上述四种焊剂均可交直流两用。现在施工中，常用的是 HJ431。HJ431 是高锰高硅低氟熔炼型焊剂。

焊剂若受潮，使用前必须烘焙，以防止产生气孔等缺陷，烘焙温度一般为 250℃，保温 1~2h。

9.4.4 国家标准焊剂型号

现行国家标准《埋弧焊用低合金钢焊丝和焊剂》GB/T 12470—2003 中有许多具体规定，但是应该指出，进行埋弧焊时需要加入填充焊丝；而在钢筋电渣压力焊中，不加填充焊丝，这两者有一定差别。所以在现行行业标准《钢筋焊接及验收规程》JGJ 18 及焊接生产中仍使用前企业标准提出的牌号，例如，HJ431 焊剂。

9.4.5 钢筋电渣压力焊专用焊剂[30]

湖南永州哈陵焊接器材有限责任公司研制出钢筋电渣压力焊专用焊剂 HL801（哈陵801）。该种焊剂属中锰中硅低氟熔炼型焊剂，其化学成分见表 9.7。

HL 801 焊剂成分配比（%） 表 9.7

SiO_2+MnO	$Al_2O_3+TiO_2$	CaO+MgO	CaF_2	FeO	P	S
>60	<18	<15	5~10	3.5	≤0.08	≤0.06

通过焊接试验，对工艺参数作适当调整，可以进一步改善焊接工艺性能，起弧容易，利用钢筋本身接触起弧，正确操作时可一次性起弧；电弧过程、电渣过程稳定；能使用较小功率焊机焊接较大直径的钢筋，例如，配备 BX3-630 焊接变压器可以焊接直径 32mm 钢筋；渣包及焊包成型好，脱渣容易，轻敲即可全部脱落，焊包大小适中，包正，圆滑，明亮，无夹渣、咬边、气孔等缺陷。

9.5 电渣压力焊工艺

9.5.1 操作要求

电渣压力焊的工艺过程和操作应符合下列要求：

（1）焊接夹具的上下钳口应夹紧于上、下钢筋的适当位置，钢筋一经夹紧，严防晃动，以免上、下钢筋错位和夹具变形。

（2）引弧宜采用钢丝圈或焊条头引弧法，也可采用直接引弧法。

（3）引燃电弧后，先进行电弧过程，之后，转变为电渣过程的延时，最后在断电的同时，迅速下压上钢筋，挤出熔化金属和熔渣。

（4）接头焊毕，应停歇适当时间，才可回收焊剂和卸下焊接夹具，敲去渣壳，四周焊包，凸出钢筋表面的高度，当钢筋直径为 25mm 及以下时，不得小于 4mm；当钢筋直径为 28m 及以上时，不得小于 6mm，凸出高度示意见图 9.11。

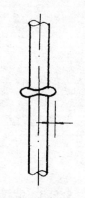

图 9.11 钢筋电渣压力焊接头

9.5.2 电渣压力焊参数

电渣压力焊主要焊接参数包括：焊接电流、焊接电压和焊接通电时间，参见表 9.8。

电渣压力焊焊接参数   表 9.8

钢筋直径 (mm)	焊接电流 (A)	焊接电压（V）		焊接通电时间（s）	
		电弧过程 $u_{2.1}$	电渣过程 $u_{2.2}$	电弧过程 t_1	电渣过程 t_2
14	200~220			12	3
16	200~250			14	4
18	250~300			15	5
20	300~350			17	5
22	350~400	35~45	18~22	18	6
25	400~450			21	6
28	500~550			24	6
32	600~650			27	7

　　不同直径钢筋焊接时，按较小直径钢筋选择参数，焊接通电时间适当延长。

　　焊接参数图解见图 9.12。图中钢筋位移 S 指采用钢丝圈（焊条芯）引弧法。若采用直接引弧法，上钢筋先与下钢筋接触，一旦通电，上钢筋立即上提；或者先留 1~2mm 间隙，通电后，将上钢筋往下触，并立即上提。

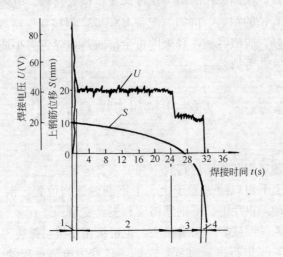

图 9.12　钢筋电渣压力焊焊接参数图解
1—引弧过程；2—电弧过程；3—电渣过程；4—顶压过程

9.5.3　武汉阳逻电厂泵房工程中原Ⅱ、Ⅲ级钢筋自动电渣压力焊焊工培训与应用

　　阳逻电厂泵房工程中，使用多种规格的Ⅱ、Ⅲ级钢筋，化学成分和力学性能见表 9.9。施焊前，培训焊工 6 人，钢筋有Ⅱ级、Ⅲ级，有同直径钢筋焊接，也有异直径焊接。焊机采用 SK-12 型电动凸轮式钢筋自动电渣压力焊机，由陕西省建筑科学研究院协助培训及推广应用。

钢筋化学成分和力学性能   表9.9

序号	钢筋级别，直径 (mm)	钢筋牌号	化学成分（%）					力学性能			备注
			C	Si	Mn	P	S	σ_a (MPa)	σ_b (MPa)	δ_5 (%)	
1	Ⅱ级30	20MnSi	0.20	0.50	1.43	0.014	0.016	380	580	28	鞍钢
2	Ⅱ级32	20MnSi	0.18	0.51	1.35	0.020	0.028	360	525	24	鞍钢
3	Ⅲ级25	25MnSi	0.22	0.85	1.39	0.026	0.038	460	700	25	首钢
4	Ⅲ级20	25MnSi	0.23	0.48	1.27	0.015	0.034	405	625	20	首钢

焊接工艺参数参照规程中有关规定，焊工需通过培训，进行考试。考试内容包括基本知识考试及操作技能考试两部分。考试结果，焊接全部断于母材，达到规程规定要求。

培训结束后，将焊接技术用于泵房工程中，焊接各种规格钢筋接头三千余个，接头外形美观，经力学性能抽查检验，全部合格。

对于不同级别、不同直径的钢筋焊接接头，只要两种钢筋化学成分不是相差很大，两根钢筋轴线能保持在一直线，可以获得良好的接头质量。陕西省建筑研究院曾做试验，以 ϕ25 德国进口钢筋 BSt.42/50RU ＋ ϕ25 国产 16 锰钢筋焊接接头为例，其宏观组织见图 9.13。

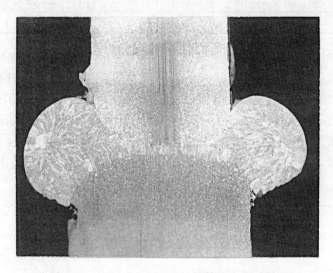

图 9.13　BSt.42/50＋16Mn 钢筋接头宏观组织

钢筋母材为珠光体＋铁素体，呈 7 级晶粒，上钢筋中心处有碳偏析，焊缝区中间最小处为 1.2mm，两边最宽处为 5～10mm，组织呈树枝状。过热区宽度约 4～5mm。其中近熔合区部位为 2～3 级晶粒，比较粗大，呈魏氏组织。近重结晶区为 5 级晶粒，比较细。重结晶区宽约 5～10mm，晶粒很细，呈 8 级以上。显微组织观察结果表明，没有发现微裂纹等焊接缺陷。

9.5.4　首钢 HRB 400 钢筋电渣压力焊工艺的试验研究[31]

为了配合国家大力推广 HRB 400 钢筋，首钢进行钢筋电渣压力焊工艺试验研究。试验工作分两次。

第一次试验，采用半自动电渣压力焊机，431 焊剂，钢筋直径为 $\phi25$，3 个试件全部断于母材。$\phi32$ 钢筋焊接试验，分 3 组，采用不同焊接参数，见表 9.10。

$\phi32$ 钢筋电渣压力焊不同焊接参数　　　　　　　　　　表 9.10

试件组号	焊接电流（A）	焊接电压（V）		焊接通电时间（s）	
		电弧过程	电渣过程	电弧过程	电渣过程
1	550			30	6
2	600	35～45	22～27	28	7
3	600			28	9

接头试件拉伸试验结果，抗拉强度为 605～615MPa，全部合格；断裂位置：第 1 组、第 2 组试件中，均为 2 根断于母材，1 根断于焊缝。第 3 组试件 3 根全部断于母材。

第二次试验，采用上高牌全自动电渣压力焊机，431 焊剂，钢筋直径及试件数量见表 9.11。

$\phi16$～$\phi32$ 钢筋试件的组数与根数　　　　　　　　　　表 9.11

钢筋直径（mm）		16	18	20	22	25	28	32	小计
试件	组数	10	10	10	10	30	10	30	110
	根数	30	30	30	30	90	30	90	330

接头试件拉伸试验结果，330 根试件的抗拉强度为 585～670MPa，全部合格。断裂位置：90 组试件共 270 根全部断于母材；有 20 组试件每组 3 根中有 2 根断于母材，另有 1 根断于焊缝。这 20 组试件包括：$\phi16$ 两组，$\phi22$ 两组，$\phi22$ 一组，$\phi25$ 七组，$\phi28$ 一组，$\phi32$ 七组。以上试验结果，均达到新修订行业标准《钢筋焊接及验收规程》JGJ 18—2012 中规定的质量要求。

通过上述试验，采用焊接参数见表 9.12。其中，电渣过程通电时间比表 9.8 中稍长。

首钢采用钢筋电渣压力焊焊接参数（全自动焊机）　　　　表 9.12

钢筋直径（mm）	焊接电流（A）	焊接电压（V）		焊接通电时间（s）	
		电弧过程	电渣过程	电弧过程	电渣过程
16	300～350			15	8
18	350～400			16	9
20	350～400			17	9
22	400～450	35～40	20～25	18	10
25	450～500			20	12
28	450～500			23	13
32	550～660			26	15

硬度试验

将第一次试验中 $\phi25$ 钢筋接头进行硬度测定，结果见表 9.13。母材 HV10 为 191。试验线 1-1$'$ 在接头纵剖面上部，2-2$'$ 在中部，3-3$'$ 在下部。

φ25 钢筋电渣压力焊接头硬度测定　　　　　　　　　　表 9.13

试件直径（mm）	试件号	试验线		左热影响区			熔合区	右热影响区		
				部　位						
25	7 号	1-1′	HV10	251	266	264	272	279	258	249
			距离（mm）	−7.50	−1.60	−0.80	0	0.75	1.58	175
		2-2′	HV10	258	272	276	285	276	270	258
			距离（mm）	−8.0	−1.55	−0.75	0	0.80	1.60	195
		3-3′	HV10	258	274	272	285	272	281	254
			距离（mm）	−11.5	−3.30	−2.50	0	2.50	3.30	21.0

金相检验

宏观照片见图 9.14，7 号试件。

（1）熔合区　晶界为先共析铁素体，晶内为针状铁素体、粒贝和珠光体及少量块状铁素体，粒贝中岛状相已有分解，见图 9.15。图中左侧为熔合区。

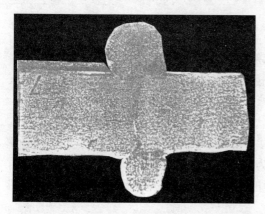

图 9.14　宏观照片

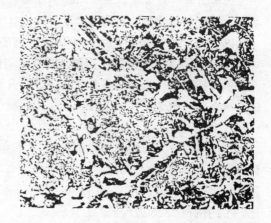

图 9.15　熔合区　200×

（2）HAZ 粗晶区　晶界为先共析铁素体，晶内为珠光体、针状铁素体和少量块状铁素体，见图 9.15（右侧为 HAZ 粗晶区）和图 9.16。

（3）HAZ 细晶区　铁素体和珠光体呈带状分布，见图 9.17。

HAZ 不完全重结晶区未找到。

图 9.16　HAZ 粗晶区　200×

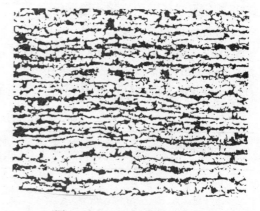

图 9.17　HAZ 细经区　200×

几点经验

（1）焊接电流

焊接电流不宜过大，过大钢筋熔化加速，上钢筋变细，形成小沟槽；另外，晶粒过于粗大。但是，也不宜过小。电流过小使钢筋熔合不良，特别是大直径钢筋容易在钢筋心部焊接不良；或者焊剂夹在端口处，使焊缝断裂，在工地试焊时，宜先选用下限电流试焊。

（2）电渣过程时间和顶压

电渣过程时间应稍长一些，只要保证不夹渣就可。顶压要到位，保证上下钢筋芯部直接接触。

（3）钢筋

钢筋焊接面要尽量平整、光洁，上下钢筋要注意垂直。严重不平或有锈污的，要加以处理。

（4）焊接设备

焊接时要注意焊机容量、电源电压是否符合要求，否则由于电容量不够，焊接熔化量不够，挤压不能到位，易形成"虚焊"。

以上试验结果和经验对于 HRB 400 钢筋电渣压力焊的推广应用可作借鉴。

9.5.5　ϕ12 钢筋电渣压力焊施焊技术与经济效益[32]

编者按　在《施工技术》2010 年 10 月期刊上发表吴成材、宫平、林志勤、魏惠昌、阮章华合作的同名文章，现稍加删改，转载于此。

1. 推广应用

钢筋电渣压力焊技术为我国 1962 年首创的一项施工技术。几十年来，在全国用于各种牌号、不同直径钢筋的接头数量达数亿个，为国家节省大量钢材。陕西建工集团总公司近些年来完成房屋建筑 2000 万 m²，采用钢筋电渣压力焊接头 3000 万个，与手工绑扎相比，节约钢材 2338 万吨。

与此同时，通过试验研究，发表文章，修订《规程》，扩大了钢筋电渣压力焊的应用范围。行业标准《钢筋焊接及验收规程》JGJ 18—2003（以下简称《规程》）规定，适用于电渣压力焊的钢筋直径为 14～32mm；但是在很多高层混凝土结构的墙筋和柱筋中，设计采用 ϕ12HRB 335 或 HRB 400 钢筋。一些单位来信、来电给《规程》管理组咨询，能否将钢筋直径放宽至 12mm。有些单位做了试焊，接头外观质量和力学性能符合 JGJ 18—2003 规定要求，并附来接头检测报告。

2. 焊接试验

陕西三建对 ϕ12HRB 400 钢筋进行了电渣压力焊试验，试验用焊机空载电压 75～76V，电弧电压 34～35V，渣池电压 21V，焊接电流 280～300A，焊接时间 15～19s，试件共 3 组 9 根，试验结果见表 9.14，试件见图 9.18（左侧）。

ϕ12 钢筋电渣压力焊接头拉伸试验　　　　　　　　　　表 9.14

试样件	抗拉强度 (MPa)	断裂位置 焊缝外 (mm)	断裂特征	评定结果
1组	635	25		
	620	20	延性	合格
	655	15		

续表

试样件	抗拉强度 （MPa）	断裂位置 焊缝外（mm）	断裂特征	评定结果
2组	635	15		
	620	50	延性	合格
	655	20		
3组	655	80		
	645	180	延性	合格
	655	20		

3. 施焊要点

ϕ12 钢筋较细、较软，夹具夹挂后，钢筋容易弯曲，造成接头钢筋错位、气孔、夹渣焊接缺陷，为此，提出施焊要点如下：

（1）选用轻型焊接夹具。

（2）仔细操作，钢筋夹紧夹牢，两钢筋头对正。

（3）采用直接引弧法，空载电压 75V，电弧是压 35～36V，渣池电压 21V，电弧过程时间 12s，电渣过程时间 2～4s。

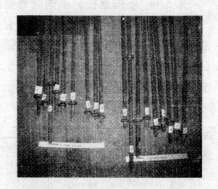

图 9.18 ϕ12 钢筋焊接试件（左侧）

（4）加强焊工培训考试，坚持持证上岗。

（5）做好焊接工艺试验，修正焊接工艺参数，接头质量检验与验收按《规程》中规定执行。

4. 工程实例

（1）和记黄埔逸翠园工程

陕西建工集团工程承包四部承接和记黄埔逸翠园西安南区 9～14 号楼，共 6 栋，每栋 18 层，剪力墙结构，设计用 ϕ12HRB 400 钢筋较多。2007 年 4 月，为了加快进度，确保主体工程质量，施工单位与《规程》管理组联系，经现场焊接工艺试验，在施工中采用钢筋电渣压力焊施焊技术，对接头外观质量全部检查，抽取试件进行拉伸试验，达到规定质量要求。加快了施工进度，节约了钢材，仅 13 号楼共完成焊接接头约 17493 个，节约钢材 9.1t；另外减少箍筋加密区 ϕ8 箍筋用量 13.26t，共节约钢筋 22.36t。该工程 6 栋楼，节约钢材 134.16t，具有明显经济效益。

（2）焦作锦华苑北苑 9 号楼工程

河南四建焦作锦华苑项目部在北苑 9 号楼成功应用钢筋电渣压力焊接头每层 900 个，合计 22500 个。按规定抽取试件进行拉伸试验，结果表明全部合格。该技术方便施工，节省了钢材。

（3）成都南城都汇地块 11 商住发展项目工程

成都南城都汇地块 11 商住发展项目工程采用 ϕ12HRB 335 钢筋焊接接头约 13 万个，建筑面积 50 万 m²。该工程在钢筋电渣压力施工过程中，遇到了常见的通病：弯折、偏心、焊包不均匀等。通过反复试验，仔细查找原因，主要采取如下措施：操作要仔细，上下钢筋要对正（钢筋端头要平整、顺直），夹具扣紧钢筋，施焊完间隔 10s 以上取下夹具（本工程采用一名焊工配置两套夹具交替使用）。

该工程由于使用了钢筋电渣压力焊，节约加密箍筋约 220t，直接降低工程造价 130 万元以上，约合总造价的 1%；大大降低剪力墙钢筋绑扎的难度，加快速度，平均每个标准层约 1d，共节约工期 60d 以上，节约周转材料及塔式起重机等大型机械的租赁费用。

5. 结语

在建筑工程中，推广采用 φ12 钢筋电渣压力焊可行、可靠，技术经济效益显著。提出的施焊技术和工艺参数，可供参考。该项技术值得在更大范围推广应用。

9.5.6 不同直径，不同牌号钢筋电渣压力焊试验

2009 年，陕西省建筑科学研究院进行了不同直径、不同牌号钢筋电渣压力焊试验，试验钢筋包括 7 种组合，共 48 根试件，焊接电源为 BX3-630 弧焊变压器，摇臂式焊接夹具，焊剂 431，电源电压 397（V），详见表 9.15。异径细晶粒钢筋电渣压力焊示意见图 9.19。

不同直径、不同牌号钢筋电渣压力焊试验结果　　　　　　表 9.15

组合号	序号	钢筋牌号与直径(m)	二次电压（V）			焊流电流(A)	焊接时间(s)	拉伸试验		评定结果
			空载	电弧	渣池			拉伸强度(MPa)	断裂特征	
1	1	HRBF 400 Φ32 (首钢)	75～76	34～35	21	360～400	42～47	645	颈缩	合格
	2							640		
	3							625		
	1							640	颈缩	合格
	2							650		
	3							640		
	1							650	颈缩	单根合格
	2							645	颈缩	单根合格
2	1	HRBF 400 Φ25 (首钢)	75～76	32～35	21	320～380	26～32	630	颈缩	合格
	2							625		
	3							625		
	1							630	颈缩	合格
	2							620		
	3							645		
	1							625	颈缩	单根合格
	2							640	颈缩	单根合格
3	1	HRBF 400 Φ32＋Φ25 异径(首钢)	75～76	34	21	320	35～40	625	颈缩	合格
	2							635		
	3							640		
	1							625	颈缩	合格
	2							640		
	3							630		
	1							635	颈缩	单根合格
	2							630	脆断>1.1倍R_m	单根合格

组合号	序号	钢筋牌号与直径（m）	二次电压（V）			焊流电流（A）	焊接时间（s）	拉伸试验		评定结果
			空载	电弧	渣池			拉伸强度（MPa）	断裂特征	
4	1	HRBF 400 Φ14 （首钢）	75～76	32～35	21	330～340	21～27	650	颈缩	合格
	2							635	颈缩	
	3							625	延性断裂	
	1							635	颈缩	合格
	2							10	延性断裂	
	3							635		
	1							635	颈缩	单根合格
	2							650		单根合格
5	1	HRBF 400 Φ12 （工地）	75～76	34～35	21	280～300	15～19	670	延性断裂	合格
	2							670	颈缩	
	3							670		
	1							670	延性断裂	合格
	2							670		
	3							670		
	1							655	脆断>1.1倍 R_m	单根合格
	2							670	延性断裂	单根合格
6	1	HRBF 400＋ HRBF 400 Φ25＋Φ25 （首钢）（石钢） 不同牌号 钢筋对焊	75～76	31～35	21	330～380	27～31	635	颈缩 （HRBF 400 侧）	合格
	2							620		
	3							625		
	1							625	颈缩 （HRBF 400 侧）	单根合格
7	1	HRBF 400＋ HRBF 400 Φ32＋Φ32 （首钢）（石钢） 不同牌号 钢筋对焊	75～76	33～35	21	350～390	42～46	650	颈缩 （HRBF 400 侧）	合格
	2							645		
	3							650		
	1							655	颈缩 （HRBF 400 侧）	单根合格

　　试验结果表明，46 根试件均断于母材（或热影响区），呈延性断裂；有 2 根试件断于焊缝，其抗拉强度分别为：630MPa 和 655MPa，大于钢筋母材规定抗拉强度的 1.10 倍，达到行业标准《钢筋焊接及验收规程》JGJ 18—2012 中规定的要求，全部合格。

　　结论：

　　当采用钢筋电渣压力焊技术对首钢生产的 HRBF 400 Φ32mm、Φ25mm，Φ14mm 钢筋，和石钢生产的 HRB 400 Φ32mm、Φ25mm，以及工地使用的 HRB 400 Φ12mm 钢筋进行同直径或不同直径，同牌号或不同牌号钢筋对接焊时，在合适焊接工艺和焊接参数条件下，可获得良好的接头质量，上述钢筋具有很好的焊接性能。

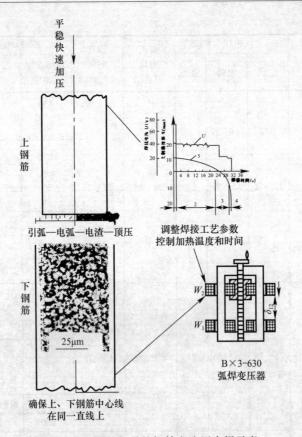

图 9.19   异径细晶粒钢筋电渣压力焊示意

9.5.7   HRB 500 钢筋电渣压力焊试验

为了贯彻工业和信息化部、住房和城乡建设部关于加快应用高强钢筋的指导意见，陕西省建筑科学研究院对 HRB 500 钢筋进行了电渣压力焊试验，试验进行两次。

1. 第一次试验

2012 年 12 月，钢筋由陕西龙门钢铁股份有限公司提供，钢筋规格为Φ 18、Φ 20、Φ 22 共 3 种。化学成分件表 9.16；力学性能见表 9.17。焊接设备为 MH36 型摇臂加压电渣压力焊机，焊接电源为 BX3—630 型，焊剂采用 HJ431。

HRB 500 钢筋化学成分（％）   表 9.16

C	Si	Mn	P	S	V	C_{eq}
0.24	0.67	1.49	0.028	0.019	0.087	0.51

HRB 500 钢筋力学性能   表 9.17

钢筋直径 （mm）	屈服强度 （MPa）	抗拉强度 （MPa）	断后延伸率 （％）	备注
18	565	730	22	
20	590	770	24	
22	570	570	20	

试件数量：Φ18—9 根；Φ20—9 根。拉伸试验结果，全部试件断于焊缝外，呈延性断裂，见表 9.18 和表 9.19。

<table>
<tr><td colspan="3">Φ18HRB 500 钢筋电渣压力焊
接头拉伸试验结果　表 9.18</td><td colspan="3">Φ20HRB 500 钢筋电渣压力焊
接头拉伸试验结果　表 9.19</td></tr>
<tr><td>试件编号</td><td>抗拉强度
（MPa）</td><td>断裂形式</td><td>试件编号</td><td>抗拉强度
（MPa）</td><td>断裂形式</td></tr>
<tr><td>101</td><td>715</td><td rowspan="9">焊缝外
延性断裂</td><td>201</td><td>745</td><td rowspan="9">焊缝外
延性断裂</td></tr>
<tr><td>102</td><td>722</td><td>202</td><td>751</td></tr>
<tr><td>103</td><td>715</td><td>203</td><td>751</td></tr>
<tr><td>104</td><td>739</td><td>204</td><td>751</td></tr>
<tr><td>105</td><td>722</td><td>205</td><td>751</td></tr>
<tr><td>106</td><td>715</td><td>206</td><td>751</td></tr>
<tr><td>107</td><td>722</td><td>207</td><td>751</td></tr>
<tr><td>108</td><td>715</td><td>208</td><td>751</td></tr>
<tr><td>109</td><td>715</td><td>209</td><td>751</td></tr>
</table>

Φ22 钢筋接头试件 9 根中有个别断于焊缝，未计。

2. 第二次试验

钢筋由山东石横特钢集团有限公司提供，钢筋规格：Φ18、Φ20、Φ22、Φ25 共 4 种，化学成分见表 10.6，力学性能见表 10.7。

试件数量：Φ18、Φ20、Φ22 各 6 根，试验结果见表 9.20～表 9.22。

<table>
<tr><td colspan="3">Φ18HRB 500 钢筋电渣压力焊
接头拉伸试验结果
表 9.20</td><td colspan="3">Φ20HRB 500 钢筋电渣压力焊
接头拉伸试验结果
表 9.21</td><td colspan="3">Φ22HRB 500 钢筋电渣压力焊
接头拉伸试验结果
表 9.22</td></tr>
<tr><td>试件编号</td><td>抗拉强度
（MPa）</td><td>断裂形式</td><td>试件编号</td><td>抗拉强度
（MPa）</td><td>断裂形式</td><td>试件编号</td><td>抗拉强度
（MPa）</td><td>断裂形式</td></tr>
<tr><td>301</td><td>670</td><td rowspan="6">焊缝外
延性断裂</td><td>401</td><td>705</td><td rowspan="6">焊缝外
延性断裂</td><td>501</td><td>685</td><td rowspan="6">焊缝外
延性断裂</td></tr>
<tr><td>302</td><td>670</td><td>402</td><td>700</td><td>502</td><td>685</td></tr>
<tr><td>303</td><td>675</td><td>403</td><td>700</td><td>503</td><td>685</td></tr>
<tr><td>304</td><td>690</td><td>404</td><td>715</td><td>504</td><td>680</td></tr>
<tr><td>305</td><td>685</td><td>405</td><td>705</td><td>505</td><td>680</td></tr>
<tr><td>306</td><td>685</td><td>406</td><td>700</td><td>506</td><td>680</td></tr>
</table>

Φ25HRB 500 钢筋试件拉伸试验结果，有个别断于焊缝，未计。

结论：

陕西龙门钢铁股份有限公司生产Φ18、Φ20HRB 500 钢筋，山东石横特钢集团有限公司生产的$\oplus 18$、$\oplus 20$、$\oplus 22$HRB 500 钢筋，经陕西省建筑科学研究院进行电渣压力焊试验，结果表明：均具有良好的电渣压力焊的焊接性；工程施焊时，应选用合适工艺参数，精心施焊。

9.5.8 钢筋电渣压力焊接头的抗震性能[33]

编者按 《建筑技术》1999 年第 10 期发表一篇吴文飞撰写的文章"钢筋电渣压力焊接头的抗震性能"，对于促进钢筋电渣压力焊技术的推广应用，有一定参考价值。

北京第一通用机械厂对焊机分厂曾在云南丽江某综合大楼工程中推广应用钢筋电渣压力焊，经丽江大地震后，大楼完好无损。

现将该篇文章转载如下。

钢筋电渣压力焊是将钢筋安装成竖向对接形式，利用焊接电流通过两钢筋端面间隙，在焊剂层下形成电弧过程和电渣过程，产生电弧热和电阻热，熔化钢筋，加压完成的一种焊接方法，属熔化压力焊范畴。

1. 接头模拟抗震试验一

我国是多地震国家之一，在钢筋混凝土结构中，钢筋电渣压力焊接头的焊接质量和抗震性能是一个值得关注和探索的问题。

地震作用的特点是高应力、大变形、低周波、反复拉压。北京在西苑饭店新楼工程中曾根据设计单位提出的要求，进行$\oplus 22$ 钢筋电渣压力焊接头模拟抗震试验。试件共 9 根，试件长度 218mm，两端车螺纹，各长 41mm，套螺母，外侧加以补焊，螺母材料为 45 号钢。

加荷设备采用反复拉压试验卡具装置，在 200t 压力试验机上进行。加荷程序从 0 开始，经两次反复拉压后，进入第 3 循环时，拉、压应力达到钢筋的屈服强度。之后，拉应力按屈服强度的 3.5% 左右逐级增加，压应力相对保持在屈服强度上下范围内。经 20 次循环后，3 根试件均断于母材，伸长率 δ_{10} 为 13%，其余 6 根试件断于近螺母处，不计。在 20 次反复循环荷载下，均未发现焊口处断裂的现象，焊口处变形正常，可以认为，接头抗震性能良好。

2. 接头模拟抗震试验二

行业标准《钢筋机械连接通用技术规程》（JGJ 107）中规定的接头静力单向拉伸性能试验是接头承受静载时的基本性能。高应力反复拉压性能试验是反映接头在风荷载及小地震情况下承受高应力反复拉压力的能力。大变形反复拉压性能试验则反映结构在强地震情况下，钢筋进入塑性变形阶段接头的受力性能。

根据该规程规定的接头性能检验加载制度，1998 年 11 月，由北京第一通用机械厂对焊机分厂提供$\oplus 25$ 钢筋电渣压力焊接头试件 2 根，母材 2 根；由冶金部工程质量监督总站检测中心进行接头型式检验。检验条件：英国 Instron 1346 伺服机，2620-601 引伸计，U-152 引伸计，WE-1000 万能试验机，20℃。

检验结果见表 9.23。为了便于比较，同时列出 JGJ 107—2010 中规定的 A 级接头性能指标和某一套筒挤压接头试件的实测数据。

检验结果表明：

（1）钢筋电渣压力焊接头的割线模量、残余变形、极限强度、极限应变等各项数据均达到 JGJ 107—2010 中规定的 A 级接头性能指标，在正确施焊工艺条件下，接头抗震性能良好；

（2）钢筋电渣压力焊接头的残余变形远小于套筒挤压连接接头。

3. 几点建议

（1）采用钢筋电渣压力焊的施工单位应建立健全专业的施工队伍（专业队、专业小组），严格施工管理和焊工持证上岗制度，不断提高焊接操作技术，优选焊接设备，精心施焊，发现问题，及时消除。

（2）施工单位应认真贯彻实施行业标准《钢筋焊接及验收规程》JGJ 18—2012 中有关接头质量检验及验收规定，努力做到每个接头既正且直，无偏心、无歪斜；钢筋熔化合适，顶压到位，无内部缺陷。建议拉伸试验结果达到 3 个试件中至少有 2 个试件呈延性断裂。其余 1 根试件抗拉强度达到钢筋母材抗拉强度标准值。

检验结果 表 9.23

检验项目		JGJ 107—96 A级指标	某个挤压接头试件	电渣压力焊接头试件	
试样编号			1	1	2
试样规格 d_0（mm）			25	25	25
横截面积 A（mm²）			490.9	490.9	490.9
原材力学性能	屈服强度 σ_a（MPa）	335	410	375	375
	抗拉强度 σ_b（MPa）	510	610	585	585
	断后伸长率 δ_5（%）	16	26	29	29
	弹性模量 E_0（×10⁵MPa）		2.05	2.02	1.97
接头单向拉伸	割线模量 $E_{0.9}$（×10⁵MPa）	$\geqslant 0.9E_s^0$	1.93	2.11	2.18
	$E_{0.7}$（×10⁵MPa）	$\geqslant E_s^0$	2.21	2.24	2.24
	残余变形 U（mm）	$\leqslant 0.3$	0.089	0.005	0.006
	极限强度 σ_b（MPa）	$\geqslant f_{tk}$	570	590	590
	极限应变 ε_u（%）	$\geqslant 4$	14	18	19
	破坏情况		断母材	断母材	断母材
高应力反复拉压	割线模量 E_1（×10⁵MPa）		2.16	2.11	2.18
	E_{20}（×10⁵MPa）	$\geqslant 0.85E_1$	2.10	2.08	2.06
	$E_{20}:E_1$		0.97	0.99	0.94
	残余变形 U_{20}（mm）	$\leqslant 0.3$	0.065	0.005	0.006
	极限强度 σ_b（MPa）	$\geqslant f_{tk}$	610	590	590
	破坏情况		断母材	断母材	断母材
大变形反复拉压	残余变形 U_4（mm）	$\leqslant 0.3$	0.025	0.005	0.012
	U_8（mm）	$\leqslant 0.6$	0.073	0.006	0.014
	极限强度 σ_b（MPa）	$\geqslant f_{tk}$	625	590	590
	破坏情况		断母材	断母材	断母材

9.5.9 焊接缺陷及消除措施

在焊接生产中，焊工应认真进行自检；若发现接头偏心、弯折、烧伤等焊接缺陷，宜按照表 9.24 查找原因，及时消除。

电渣压力焊接头焊接缺陷及消除措施   表 9.24

项　　次	焊接缺陷	消除措施
1	轴线偏移	1. 矫直钢筋端部 2. 正确安装夹具和钢筋 3. 避免过大的顶压力 4. 及时修理或更换夹具
2	弯折	1. 矫直钢筋端部 2. 注意安装与扶持上钢筋 3. 避免焊后过快卸夹具 4. 修理或更换夹具
3	咬边	1. 减小焊接电流 2. 缩短焊接时间 3. 注意上钳口的起始点，确保上钢筋顶压到位
4	未焊合	1. 增大焊接电流 2. 避免焊接时间过短 3. 检修夹具，确保上钢筋下送自如
5	焊包不匀	1. 钢筋端面力求平整 2. 填装焊剂尽量均匀 3. 延长焊接时间，适当增加熔化量
6	气孔	1. 按规定要求烘焙焊剂 2. 消除钢筋焊接部位的铁锈 3. 确保接缝在焊剂中合适埋入深度
7	烧伤	1. 钢筋导电部位除净铁锈 2. 尽量夹紧钢筋
8	焊包下淌	1. 彻底封堵焊剂罐的漏孔 2. 避免焊后过快回收焊剂

10 钢筋气压焊

10.1 基 本 原 理

10.1.1 名词解释

钢筋气压焊 gas pressure welding of reinforcing steel bar

采用氧—燃料气体火焰将两钢筋对接处进行加热，使其达到一定温度，加压完成的方法，为压焊的一种。

常用的氧—燃料气体火焰为氧—乙炔火焰，即氧炔焰，热效率高，温度高。现在，正在推广采用的，有氧液化石油气火焰。

10.1.2 气压焊种类

气压焊有熔态气压焊（开式）和固态气压焊（闭式）两种。

熔态气压焊是将两钢筋端面稍加离开，使钢筋端面加热到熔化温度，加压完成的一种方法，属熔化压力焊范畴。

固态气压焊是将两钢筋端面紧密闭合，加热到 $1200 \sim 1250℃$，加压完成的一种方法，属固态压力焊范畴。

过去使用的，主要是固态气压焊；现在，在一般情况下，宜优先采用熔态气压焊。

10.1.3 氧炔焰火焰

当乙炔与氧的混合气从加热器喷嘴喷出燃烧时，显出几个可以明确区分的燃烧区域[39]。

乙炔完全燃烧的整个化学反应式是：

$$C_2H_2 + 2.5O_2 \longrightarrow 2CO_2 + H_2O + 1303 \quad kJ/mol$$

燃烧分两个阶段，第一阶段是：

$$C_2H_2 + O_2 \longrightarrow 2CO + H_2 + 450 \quad kJ/mol$$

第一阶段反应来源于加热器内供给的氧与乙炔的有效混合。燃烧反应如焰芯所见，在焰芯的尖端温度最高。

第二阶段是：

$$2CO + H_2 + 1.5O_2 \longrightarrow 2CO_2 + H_2O + 853 \quad kJ/mol$$

第二阶段反应来源于焰芯未燃烧完全的产物和火焰周围空气供给的氧，这个燃烧区分布在焰芯的外围。

火焰中不同区域内的化学反应见图 10.1。

由上列反应式可以得出结论，乙炔燃烧成 2CO 和 H_2 时，每一个体积的乙炔需要从加热器内放进一

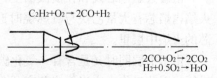

图 10.1 氧炔焰（中性焰）不同区域内的化学反应

个体积的氧。具有这种混合气的火焰，通常叫做中性焰。但是实际上，由于一小部分氢因与混合气中的氧燃烧成为水蒸气，以及氧有些不洁的缘故，所以实际上的比例 $V_{氧}/V_{乙炔}=$ 1.1~1.15 才能成为中性焰。

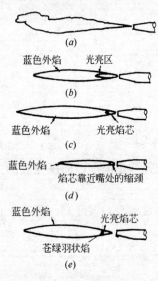

图 10.2　氧炔焰状态

(a) 乙炔焰；(b) 碳化焰；(c) 中性焰；

(d) 氧化焰；(e) 脱离焰

调节加热器进气阀，改变氧与乙炔的比例，可以得到 5 种典型的火焰状态，见图 10.2。

1. 乙炔焰

当乙炔在空气中燃烧时，产生一个在喷嘴附近为黄色、外端为暗红色的逐渐过渡的火焰，黑色尘粒飘过空气，这种火焰不能用来焊接，见图 10.2 (a)。

2. 碳化焰

随着加热器的氧气阀逐渐打开，氧对乙炔的比例增加，整个火焰变得明亮，然后明亮区朝喷嘴收缩，形成一定长度的光亮区，在其外围为蓝色，如图 10.2 (b)。由于有过量乙炔，形成碳化焰。碳化焰有还原性质，火焰温度较低。在钢筋气压焊的开始阶段，宜采用碳化焰，防止钢筋端面氧化，但同时有"增碳"作用，使焊缝增碳。氧与乙炔的比例为 0.85~0.95：1。

3. 中性焰

图 10.2 (c) 为中性焰。氧与乙炔的体积比为 1.10~1.15：1。这种火焰温度较高，焰芯端部前的最高温度为 3150℃。它具有轮廓显明的焰芯，它的端部可调成圆形，是一般气焊的理想火焰。在钢筋气压焊中，当压焊面缝隙确认完全封闭之后，就应从碳化焰调整至中性焰。

4. 氧化焰

当氧气过剩时，氧化比较强烈，焰芯呈圆锥形状，长度大为缩短，而且变得不很清楚。火焰的内焰和外焰也在缩短，见图 10.2 (d)。氧化焰呈蓝色而且燃烧时带有噪声，含氧量越多，噪声越大。氧与乙炔的比例大于 1.2：1。

5. 脱离焰

除上述 5 种典型状态外，当气体压力高出所用喷嘴的标定压力很多时，气流速度大于燃烧速度，火焰便脱离喷嘴，见图 10.2 (e)，甚至会吹灭。这是一种不正常的火焰状态，必须避免。造成这种状态的另一个原因是喷嘴出口局部被堵塞。

10.1.4　氧炔焰温度

火焰的温度越高，则金属的加热和熔化过程就进行得越有效力。

沿着火焰中心线和在横截面上，火焰成分的不一致，使火焰各个层的温度发生差异。火焰内焰芯有大量乙炔与氧燃烧时形成的烃气（碳氢化合物）；而最高温度发生在紧邻焰芯的火焰中层里。

由于中层同时又是含有一氧化碳和氢的还原层，焊接过程自然就必须用火焰这一层来进行，因此工作中应当使焰芯离开金属表面 2~3mm。在钢筋气压焊中，由于钢筋直径在变换，很难准确地做到这一点。因此，在加热开始阶段，应采用碳化焰。

乙炔与氧的混合比例也对火焰的温度值产生重大的影响。在一定限度内，火焰的温度

随着比例 $\dfrac{V_{氧}}{V_{乙炔}}$ 的增加有所提高。最高温度值约 3100～3160℃。

图 10.3 表明沿着中性焰、氧化焰和碳化焰中心线上，温度变化的特性，氧化焰的最高温度值最大，而碳化焰的最小。除此之外，在钢筋气压焊过程中，钢筋表面与火焰中层的气相接触，在此层中基本上是 CO 和 H_2，但也含有水蒸气和 CO_2、H_2、O_2 及 N_2 之类的气体。在中层内，也可能有少量自由碳。

但是，如果火焰调整不当，当钢筋表面加热达到高温时，也有可能产生一些氧化反应而生成氧化膜。

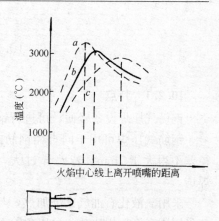

图 10.3　沿氧炔焰中心线的温度变化
(*a*) 氧化焰；(*b*) 中心线；(*c*) 碳化焰

10.1.5　氧液化石油气火焰

液化石油气是油田开采或炼油工业中的副产品，它在常温下呈现气态；其主要成分是丙烷（C_3H_8），占 50%～80%，其余是丁烷（C_4H_{10}），还有少量丙烯（C_3H_6）及丁烯（C_4H_8），为碳氢化合物组成的混合物。

液化石油气约在 0.8～1.5MPa 压力下即变成液体，便于瓶装贮存运输。

液化石油气与氧混合燃烧的火焰温度为 2200～2800℃，稍低于氧乙炔火焰。

丙烷完全燃烧的整个化学反应式是：

$$C_3H_8 + 5O_2 \longrightarrow 3CO_2 + 4H_2O + 530.38 \quad kJ/mol$$

燃烧分两个阶段，第一阶段是：

$$C_3H_8 + 1.5O_2 \longrightarrow 3CO + 4H_2$$

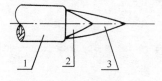

图 10.4　氧液化石油气火焰
1—喷嘴；2—焰芯；3—外焰

来源于氧气瓶的氧与液化石油气瓶中丙烷的有效混合而燃烧，形成焰芯；并产生中间产物 $3CO + 4H_2$，见图 10.4。

第二阶段是，中间产物与火焰周围空气中供给的氧燃烧，形成外焰：

$$3CO + 4H_2 + 3.5O_2 \longrightarrow 3CO_2 + 4H_2O$$

同样，丁烷完全燃烧的整个化学反应式是：

$$C_4H_{10} + 6.5O_2 \longrightarrow 4CO_2 + 5H_2O + 687.94 \quad kJ/mol$$

第一阶段燃烧是：

$$C_4H_{10} + 2O_2 \longrightarrow 4CO + 5H_2$$

第二阶段燃烧是：

$$4CO + 5H_2 + 4.5O_2 \longrightarrow 4CO_2 + 5H_2O$$

从以上第一阶段燃烧可以看出，1 份丙烷需要从氧气瓶供给 1.5 份氧；1 份丁烷需要 2.0 份氧。所以在氧液化石油气火焰调节时，若是中性焰，氧与液化石油气的比例约是 1.7：1（体积比）；实际施焊时，氧的比例还要高一些。

10.1.6　钢筋固态气压焊焊接机理[35]

钢筋固态气压焊是由钢筋表面的接触，表面上氧化膜和吸附层的清除，钢材变形时原子的激活、扩散、再结晶等过程组成。

10.2　特点和适用范围

10.2.1　特点

钢筋气压焊设备轻便，可进行钢筋在水平位置、垂直位置、倾斜位置等全位置焊接。

钢筋气压焊可用于同直径钢筋或不同直径钢筋间的焊接。当两钢筋直径不同时，其径差不得大于 7mm。若差异过大，容易造成小钢筋过烧，大钢筋温度不足而产生未焊透。

采用氧液化石油气火焰加热，与采用氧炔焰比较，可以降低成本。采用熔态气压焊，与采用固态气压焊比较，可以免除对钢筋端面平整度和清洁度的苛刻要求，方便施工。

10.2.2　适用范围

钢筋气压焊适用于 $\phi12\sim\phi40$ 热轧 HPB 300、HRB 335、HRB 400、HRB 500 钢筋。

在钢筋固态气压焊过程中，要防止在焊缝中出现"灰斑"。

灰斑是气压焊接头中主要焊接缺陷。灰斑是硅、锰的氧化物，在结合面上受挤压而碾成。灰斑在接头中不是原子结合，而是氧化物分子的结合，它使接头有一定强度，但比原子结合的强度低得多，也脆得多。

灰斑也称"平破面"，实际上"平破面"的含义比"灰斑"更广些。

10.2.3　应用范围扩大

钢筋气压焊的应用范围不断扩大，从城市到乡镇，从大型建筑公司到中小施工单位，从房屋建筑到公路、铁路桥梁工程。

10.3　气压焊设备

10.3.1　气压焊设备组成

1. 供气装置

包括氧气瓶、溶解乙炔气瓶或液化石油气瓶、干式回火防止器、减压器及胶管等。氧气瓶、溶解乙炔气瓶和液化石油气瓶的使用应遵照国家有关规定执行。

2. 多嘴环管加热器

多嘴环管加热器应配备多种规格的加热圈，以满足各不同直径钢筋焊接的需要。

3. 加压器

包括油泵、油管、油压表、顶压油缸等。

4. 焊接夹具

焊接夹具有几种不同规格，与所焊钢筋直径相适应。

供气装置为气焊、气割时的通用设备；多嘴环管加热器、加压器、焊接夹具为钢筋气压焊的专用设备，总称钢筋气压焊机。

10.3.2　钢筋气压焊机型号表示方法[34]

钢筋气压焊机型号表示方法见图 10.5。

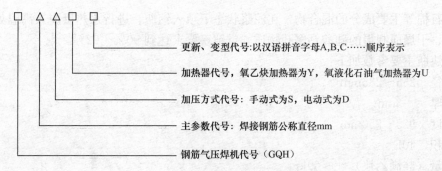

图 10.5 钢筋气压焊机型号表示方法

标记示例：

焊接钢筋公称直径为 32mm 的手动氧液化石油气钢筋气压焊机

标记为：钢筋气压焊机 GQH 32 SU JG/T 94

说明：以汉字拼音第一字符表示如下 G-钢、Q-气（压）、H-焊；S-手（动式）、D-电（动式）、Y-乙（炔）、U-（液化石）油（汽）。

10.3.3 氧气瓶

氧气瓶用来存储及运输压缩的气态氧。氧气瓶有几种规格，最常用的为容积 40L 的钢瓶，见图 10.6（a）。各项参数如下：

外径 219mm

壁厚 ~8mm

筒体高度 ~1310mm

容积 40L

质量（装满氧气） ~76kg

瓶内公称压力 14.71MPa

储存氧气 6m³

为了便于识别，应在氧气瓶外表涂以天蓝色或浅蓝色，并漆有"氧气"黑色字样。

10.3.4 乙炔气瓶

乙炔气瓶是储存及运输溶解乙炔的特殊钢瓶；在瓶内填满多孔性物质，在多孔性物质中浸渍丙酮，丙酮用来溶解乙炔，见图 10.6（b）。

多孔性物质的作用是防止气体的爆炸及加速乙炔溶解于丙酮的过程。多孔性物质上有大量小孔，小孔内存有丙酮和乙炔。因此，当瓶内某处乙炔发生爆炸性分解时，多孔性物质就可限制爆炸蔓延到全部。

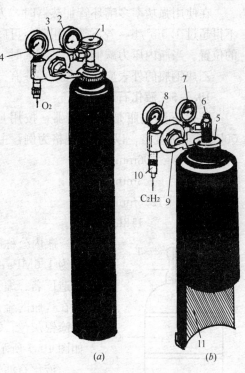

图 10.6 氧气瓶和乙炔气瓶

（a）氧气瓶；（b）乙炔气瓶

1—氧气阀；2—氧气瓶压力表；3—氧减压阀；

4—氧工作压力表；5—易熔阀；6—阀帽；

7—乙炔瓶压力表；8—乙炔工作压力表；

9—乙炔减压阀；10—干式回火防止器；

11—含有丙酮多孔材料

多孔性物质是轻而坚固的惰性物质，使用时不易损耗，并且当撞击、推动及振动钢瓶时不致沉落下去。多孔性物质，以往均采用打碎的小块活性炭。现在有的改用以硅藻土、石灰、石棉等主要成分的混合物，在泥浆状态下填入钢瓶，进行水热反应（高温处理）使其固化、干燥而制得的硅酸钙多孔物质。空隙率要求达到 90%～92%。

乙炔瓶主要参数如下：

外径   255～285mm

壁厚   ～3mm

高度   925～950mm

容积   40L

质量（装满乙炔）   ～69kg

瓶内公称压力（当室温为 15℃）   1.52MPa

储存乙炔气   6m³

丙酮是一种透明带有辛辣气味的易蒸发的液体，在 15℃时的相对密度为 0.795，沸点为 55℃。乙炔在丙酮内的溶解度决定于其温度和压力的大小。乙炔从钢瓶内输出时一部分丙酮将为气体所带走。输出 1m³ 乙炔，丙酮的损失约为 50～100g。

在使用强功率多嘴环管加热器时，为了避免大量丙酮被带走，乙炔从瓶内输出的速率不得超过 1.5m³/h，若不敷使用时，可以将两瓶乙炔并联使用。乙炔钢瓶必须安放在垂直的位置。当瓶内压力减低到 0.2MPa 时，应停止使用。

乙炔钢瓶的外表应涂白色，并漆有"乙炔"红色字样。

10.3.5　液化石油气瓶

液化石油气瓶是专用容器，按用量和使用方式不同，气瓶有 10kg、15kg、36kg、50kg 等多种规格，以 50kg 规格为例，主要参数如下：

外径   406mm

壁厚   3mm

高度   1215mm

容积   ≥118L

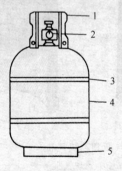

瓶内公称压力（当室温为 15℃）为 1.57MPa，最大工作压力为 1.6MPa，水压试验为 3MPa。气瓶通过试验鉴定后，应将制造厂名、编号、质量、容积、制造日期、工作压力等项内容，标在气瓶的金属铭牌上，并应盖有国家检验部门的钢印。气瓶体涂银灰色，注有"液化石油气"的红色字样，15kg 规格气瓶如图 10.7 所示。

图 10.7　液化石油气瓶
1—瓶阀护圈；2—阀门；
3—焊缝；4—瓶体；
5—底座

液化石油气瓶的安全使用：

（1）气瓶不得充满液体，必须留有 10%～20% 的气化空间，防止液体随环境温度升高而膨胀导致气瓶破裂。

（2）胶管和密封垫材料应选用耐油橡胶。

（3）防止暴晒，贮存室要通风良好、室内严禁明火。

（4）瓶阀和管接头处不得漏气，注意检查调压阀连接处丝扣的磨损情况，防止由于磨损严重或密封垫圈损坏、脱落而造成的漏气。

（5）严禁火烤或沸水加热，冬季使用必要时可用温水加温。远离暖气和其他热源。

（6）不得自行倒出残渣，以免遇火成灾。

(7) 瓶底不准垫绝缘物，防止静电积蓄。

10.3.6 气瓶的贮存与运输

1. 贮存的要求

(1) 各种气瓶都应各设仓库单独存放，不准和其他物品合用一库。

(2) 仓库的选址应符合以下要求：

1) 远离明火与热源，且不可设在高压线下。

2) 库区周围 15m 内，不应存放易燃易爆物品，不准存放油脂、腐蚀性、放射性物质。

3) 有良好的通道，便于车辆出入装卸。

(3) 仓库内外应有良好的通风与照明，室内温度控制在 40℃ 以下，照明要选用防爆灯具。

(4) 库区应设醒目的"严禁烟火"的标志牌，消防设施要齐全有效。

(5) 库房建筑应选用一、二级耐火建筑，库房屋顶应选用轻质非燃烧材料。

(6) 仓库应设专人管理，并有严格的规章制度。

(7) 未经使用的实瓶和用后返回仓库的空瓶应分开存放，排列整齐以防混乱。

(8) 液化石油气比空气重，易向低处流动，因此，存放液化石油气瓶的仓库内，排水口要设安全水封，电缆沟口、暖气沟口要填装砂土砌砖抹灰，防止石油气窜入而发生危险。

2. 运输安全规则

(1) 气瓶在运输中要避免剧烈的振动和碰撞，特别是冬季瓶体金属韧性下降时，更应格外注意。

(2) 气瓶应装有瓶帽，防止碰坏瓶阀。搬运气瓶时，应使用专用小车，不准肩扛、背负、拖拉或脚踹。

(3) 批量运输时，要用瓶架将气瓶固定，轻装轻卸，禁止从高处下滑或从车上往下扔。

(4) 夏季远途运输，气瓶要加覆盖，防止暴晒。

(5) 禁止用起重设备直接吊运钢瓶，充实的钢瓶禁止喷漆作业。

(6) 运输气瓶的车辆专车专运，不准与其他物品同车运输，也不准一车同运两种气瓶。

氧气瓶、溶解乙炔气瓶或液化石油气瓶的使用应遵照国家质量技术监督局颁发的现行《气瓶安全监察规程》（2000 年）和人力资源和社会保障部颁发的现行《溶解乙炔气瓶安全监察规程》（1993 年）中有关规定执行。

10.3.7 减压器

减压器是用来将气体从高压降低到低压，并显示瓶内高压气体压力和减压后工作压力的装置。此外，还有稳压的作用。

QD-2A 型单级氧气减压器的高压额定压力为 15MPa，低压调节范围为 0.1～1.0MPa。

乙炔气瓶上用的 QD-20 型单级乙炔减压器的高压额定压力为 1.6MPa，低压调节范围为 0.01～0.15MPa。

减压器的工作原理见图 10.8。其中，单级反作用式减压器应用较广。

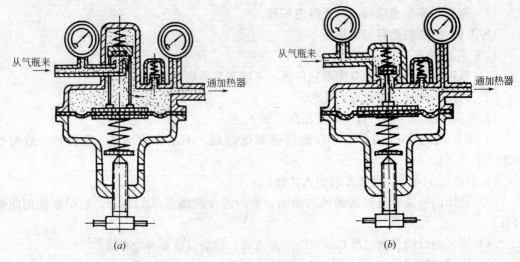

图 10.8 单级减压器工作原理

(a) 正作用；(b) 反作用

采用氧液化石油气压焊时，液化石油气瓶上的减压器外形和工作原理与用于乙炔气瓶上的相同。但减压表应采用碳三表，或丙烷表，参数见表 10.1。

主要技术规格参数   表 10.1

名　称	型　号	输入压力 (MPa)	调节范围 (MPa)	配套压力表 (MPa)		流量 (m³/h)
				输入	输出	
碳三减压器	YQC₃-33A	1.6	0.01~0.15	2.5	0.25	5
	YQC₃-33B	1.6	0.01~0.15	4	0.25	6
丙烷减压器	YQW-3A	1.6	0.01~0.25	2.5	0.4	6
	YQW-2A	1.6	0.01~0.1	2.5	0.15	5

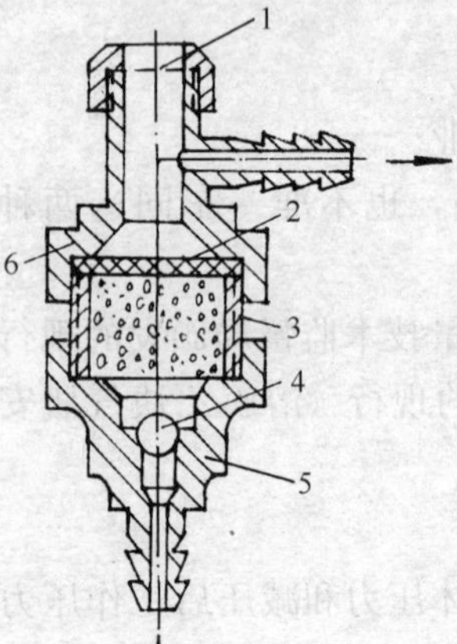

10.3.8 回火防止器

回火防止器是装在燃料气体系统上防止火焰向燃气管路或气源回烧的保险装置。回火防止器有水封式和干式两种。干式回火防止器如图 10.9 所示。水封式回火防止器常与乙炔发生器组装成一体，使用时，一定要检查水位。

10.3.9 乙炔发生器

乙炔发生器是利用碳化钙（电石中的主要成分）和水相互作用以制取乙炔的设备。目前，国家推广使用瓶装溶解乙炔，在施工现场，乙炔发生器已逐渐被淘汰。

10.3.10 多嘴环管加热器

多嘴环管加热器，以下简称加热器，是混合乙炔和氧气，经喷射后组成多火焰的钢筋气压焊专用加热器具，由混合室和加热圈两部分组成。

加热器按气体混合方式不同，可分为两种：射吸式（低压的）加热器和等压式（高压的）加热器。目前采用的多数为射

图 10.9 干式回火防止器

1—防爆橡皮圈；2—橡皮紧垫圈；3—滤清器；4—橡皮反向活门；5—下端盖；6—上端盖

吸式，但从发展来看，宜逐渐改用等压式。

在采用射吸式加热器时，氧气通入后，先进入射吸室，由射吸室通道流出时发生很高的速度，这样的结果，就造成围绕射吸口环形通道内气体的稀薄，因而促成对乙炔的抽吸作用，使乙炔以低的压力进入加热器。氧与乙炔在混合室内混合之后，再流向加热器的喷嘴喷口而出，见图 10.10。

由加热器喷嘴喷口出来的混合气体，其成分不仅决定于加热器上氧气、乙炔阀针手轮的调节作用，并且也随下列因素而变更：喷口与钢筋表面的距离，混合气体的温度，喷口前面混合气体的压力等。当喷口和钢筋表面距离太近时，将构成气体流动的附加阻力，使乙炔通道中稀薄程度降低，使混合气体的含氧量增加。

当采用等压式加热器时，易于使氧乙炔气流的配比保持稳定。

当加热器喷口出来的气体速度减低时，喷口被堵塞，以及加热器管路受热至高出一定温度范围时，则会发生"回火"现象。

加热器的喷嘴数有 6 个、8 个、10 个、12 个、14 个不等，根据钢筋直径大小选用。在一般情况下，当钢筋直径为 25mm 及以下，喷嘴数为 6 个或 8 个；钢筋直径为 32mm 及以下，喷嘴数为 8 个或 10 个；钢筋直径为 40mm 及以下，喷嘴数为 10 个或 12 个。从环管形状来分，有圆形、矩形及 U 形多种。从喷嘴与环管的连接来分，有平接头式（P），有弯头式（W），见图 10.11。

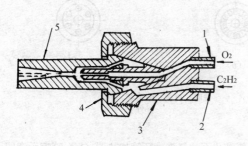

图 10.10 射吸式混合室
1—高压氧；2—低压乙炔；3—手把；
4—固定螺帽；5—混合室

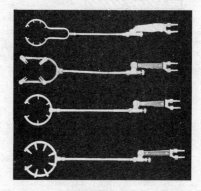

图 10.11 几种常用多嘴环管
加热器外形

加热器使用性能要求如下：

（1）射吸式加热器的射吸能力，或等压式加热器中乙炔与氧的混合和供气能力，必须与多个喷嘴的总体喷射能力相适应。

（2）加热器的加热能力应与所焊钢筋直径的粗细相适应，以保证钢筋的端部经过较短的加热时间，达到所需要的高温。

（3）加热器各连接处，应保持高度的气密性。在下列进气压力下不得漏气：

氧气通路内按氧气工作压力提高 50%；乙炔和混合气通路内压力为 0.25MPa。

（4）多嘴环管加热器的火焰应稳定，当风速为 6m/s 的风垂直吹向火焰时，火焰的焰芯仍应保持稳定。火焰应有良好挺度，多束火焰应均匀，并且有聚敛性，焰芯形状应呈圆柱形，顶端为圆锥形或半球形，不得有偏斜和弯曲。

(5) 多嘴环管加热器各气体通路的零件应用抗腐蚀材料制造，乙炔通路的零件不得用含铜量大于 70% 的合金制造。在装配之前，凡属气体通路的零部件必须进行脱脂处理。

(6) 多嘴环管加热器基本参数见表 10.2。

多嘴环管加热器基本参数　　　　　　　　表 10.2

加热器代号	加热嘴数 (个)	焊接钢筋额定直径 (mm)	加热嘴孔径 (mm)	焰芯长度 (mm)	氧气工作压力 (MPa)	乙炔工作压力 (MPa)
W6	6	25			0.6	
W8	8	32	1.10	≥8	0.7	
W12	12	40			0.8	0.05
P8	8	25			0.6	
P10	10	32	1.00	≥7	0.7	
P14	14	40			0.8	

采用氧液化石油气压焊时，多嘴环管加热器的外形和射吸式构造与氧乙炔气压焊时基本相同；但喷嘴端面为梅花式，中间有一个大孔，周围有若干小孔，氧乙炔喷嘴见图 10.12，氧液化石油气喷嘴见图 10.13，加热圈见图 10.14。

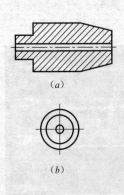

说明：材质：喷嘴　紫铜

图 10.12　氧乙炔多嘴环管加
热器（Y）喷嘴示意图
(a) 喷嘴纵剖面；(b) 喷嘴端面图

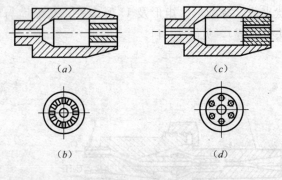

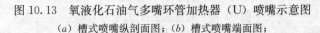

说明：材质：喷嘴芯　黄铜
　　　　外套　紫铜

图 10.13　氧液化石油气多嘴环管加热器（U）喷嘴示意图
(a) 槽式喷嘴纵剖面图；(b) 槽式喷嘴端面图；
(c) 孔式喷嘴纵剖面图；(d) 孔式喷嘴端面图

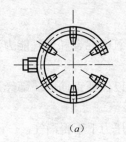

说明：材质：管　黄铜
　　　　喷嘴　紫铜

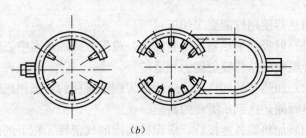

说明：材质：管　黄铜
　　　　喷嘴　紫铜

图 10.14　加热圈结构示意图
(a) 弯式（W）；(b) 平式（P）

10.3.11　加压器

加压器为钢筋气压焊中对钢筋施加顶压力的压力源装置。

加压器由液压泵、液压表、橡胶软管和顶压油缸四部分组成。

液压泵有手动式和电动式两种。

手动式加压器的构造见图 10.15。电动式加压器外形见图 10.16。

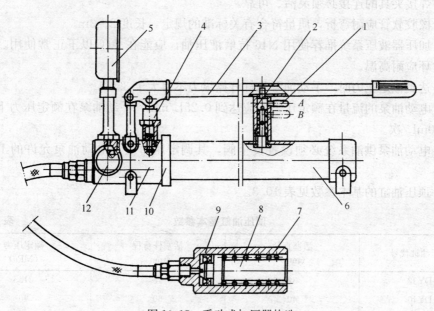

图 10.15　手动式加压器构造

1—锁柄；2—锁套；3—压把；4—泵体；5—压力表；6—油箱；7—弹簧；

8—活塞顶头；9—油缸体；10—连接头；11—泵座；12—卸载阀

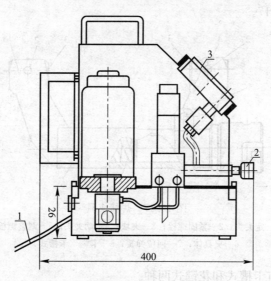

图 10.16　高压电动油泵（加压器）外形

1—电源线；2—出油口；3—油压表

加压器的使用性能要求如下：

（1）加压器的轴向顶压力应保证所焊钢筋断面上的压力达到40MPa；顶压油缸的活塞顶头应保证有足够的行程。

（2）在额定压力下，液压系统关闭卸荷阀1min后，系统压力下降值不超过2MPa。

（3）加压器的无故障工作次数为1000次，液压系统各部分不得漏油，回位弹簧不得断裂，与焊接夹具的连接必须灵活、可靠。

（4）橡胶软管应耐弯折，质量符合有关标准的规定，长度2～3m。

（5）加压器液压系统推荐使用N46抗磨液压油，应能在70℃以下正常使用。顶压油缸内密封环应耐高温。

（6）达到额定压力时，手动油泵的杠杆操纵力不得大于350N。

（7）电动油泵的流量在额定压力下应达到0.25L/min。手动油泵在额定压力下排量不得小于10mL/次。

（8）电动油泵供油系统必须设置安全阀，其调定压力应与电动油泵允许的工作压力一致。

（9）顶压油缸的基本参数见表10.3。

顶压油缸基本参数   表 10.3

顶压油缸代号	活塞直径 （mm）	活塞杆行程 （mm）	额定压力 （MPa）
DY32	32	45	31.5
DY40	40	60	40
DY50	50	60	40

10.3.12 焊接夹具

焊接夹具是用来将上、下（或左、右）两钢筋夹牢，并对钢筋施加顶压力的装置。常用的焊接夹具见图10.17。

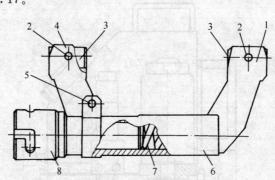

图 10.17 焊接夹具

1—定夹头；2—紧固螺栓；3—夹块；4—动夹头；5—调整螺栓；
6—夹具体；7—回位弹簧；8—卡帽（卡槽式）

焊接夹具的卡帽有卡槽式和花键式两种。

焊接夹具的使用性能要求如下：

（1）焊接夹具应保证夹持钢筋牢固，在额定荷载下，钢筋与夹头间相对滑移量不得大于 5mm，并便于钢筋的安装定位。

（2）在额定荷载下，焊接夹具的动夹头与定夹头的同轴度不得大于 0.25。

（3）焊接夹具的夹头中心线与筒体中心线的平行度不得大于 0.25mm。

（4）焊接夹具装配间隙累积偏差不得大于 0.50mm。

（5）动夹头轴线相对定夹头的轴线可以向两个调中螺栓方向移动，每侧幅度不得小于 3mm。

（6）动夹头应有足够的行程，保证现场最大直径钢筋焊接时顶压镦粗的需要。

（7）动夹头和定夹头的固筋方式有 4 种，如图 10.18 所示。使用时不应损伤带肋钢筋肋下钢筋的表面。

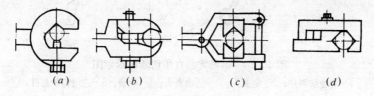

图 10.18　夹头固筋方式

(a) 螺栓顶紧；(b) 钳口夹紧；(c) 抱合夹紧；(d) 斜铁楔紧

（8）焊接夹具的基本参数见表 10.4。

焊接夹具基本参数（mm）　　　　表 10.4

焊接夹具代号	焊接钢筋额定直径	额定荷载（kN）	允许最大荷载（kN）	动夹头有效行程	动、定夹头净距	夹头中心与筒体外缘净距
HJ25	25	20	30	≥45	160	70
HJ32	32	32	48	≥50	170	80
HJ40	40	50	65	≥60	200	85

当加压时，由于顶压油缸的轴线与钢筋的轴线不是在同一中心线上，力是从顶压油缸的顶头顶出，通过焊接夹具的动、定夹头再传给钢筋，因而产生一个力矩；另外滑柱在筒体内摩擦，这些均消耗一定的力；经测定，实际施加于钢筋的顶压力约为顶压油缸顶出力的 0.84～0.87，计算钢筋顶压力时，可采用压力传递折减系数 0.8。

10.3.13　钢筋气压焊机外形和钢筋常温直角切断机

1. 由无锡市日新机械厂生产钢筋气压焊机外形见图 10.19。

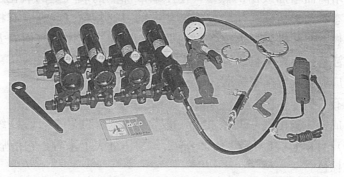

图 10.19　GQH ⅢA 型手动加压气压焊机外形

2. 由宁波市富隆焊接设备科技有限公司生产的钢筋常温直角切断机示意见图 10.20。

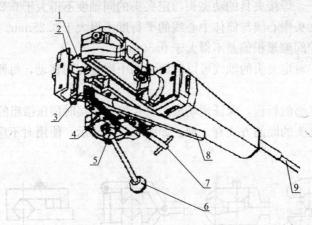

图 10.20   钢筋常温直角切断机示意图

1—陶瓷切割片；2—定夹头；3—活动夹头；4—拉簧；5—进给齿轮部件；
6—切削握力杆；7—调节螺杆；8—开关按钮；9—电源线

10.4   氧气、乙炔和液化石油气

10.4.1   氧气

气态氧是无色、透明而且无臭无味的。氧的化学性质极为活泼，除稀有气体外，几乎能与所有元素化合，氧的分子量为 32。$1m^3$ 的氧在 0℃ 0.1MPa 压力下重 1.43kg，其密度与空气相比为 1.1053。

工业上最常用的制氧方法是液态空气制氧法，就是先将空气处于液态下，利用液态氧和液态氮的沸点不同，前者为 -182.96℃，后者为 -195.8℃，就能将空气分离成为氧和氮。由于空气中除含氮 78.03%（容积计），含氧 20.93% 外，尚含少量氩、氖、氪、氙、氢、二氧化碳等。因此，工业用氧中难免含有上述杂质气体成分，工业用氧的纯度达到 99.5% 为一级纯度，达到 98.0% 为二级纯度。

有机物在氧气里的氧化反应，具有放热的性质，而在反应进行时排出大量的热量。增高氧的压力和温度，会使氧化反应显著地加快。在一定条件下，由于物质氧化得越来越多和氧化过程温度增高而增加放出的热量，使压缩或加热的氧气里的氧化过程可能加速进行。当压缩的气态氧与矿物油、油脂或细微分散的可燃物质（炭粉、有机纤维等）接触时，能够发生自燃，时常成为失火或爆炸的原因。因此当使用氧气时，尤其是压缩状态下，必须经常地注意，不要使它和易燃的燃料物质相接触。

氧气的质量应符合现行国家标准《工业氧》GB 3863 的规定。

10.4.2   电石

电石的主要成分为碳化钙 CaC_2；电石一般含有 CaC_2 约 70%，CaO 约 24%，其他杂质（炭、硅酸等）约 6%，相对密度为 2.8~2.22。由外表上来看，它是坚硬的块状物体，断面呈深灰色或棕色。

电石系工业产品，由炭（焦炭）和氧化钙在电炉中经吸热反应生成，故称电石。

碳化钙与水化合极为活跃，同时生成乙炔气和氢氧化钙（即熟石灰）。

分解 1kg 的化学纯 CaC_2，必须消耗 0.562kg 的水，同时得到 0.406kg 的乙炔 C_2H_2 和 1.156kg 的熟石灰 $Ca(OH)_2$。

在 20℃和 0.1MPa 压力下，乙炔的密度为 $\rho = 1.09kg/m^3$。为了使碳化钙的分解过程正常和预防发生危险性的过热，把已生成的 $Ca(OH)_2$ 层从碳化钙块上及时清除是必要的，过热甚至能引起乙炔的放热分解，或乙炔—空气混合气的爆炸。

磷和硫在原料中是特别有害的杂质，它们以磷化钙（Ca_3P_2）和硫化钙（CaS）的形态全部转移到碳化钙里去，然后变成磷化氢（PH_3）和硫化氢（H_2S）等有害杂质混入乙炔气中。

按规定，在乙炔中工业级要求：磷化氢不得多于 0.06%（容积），硫化氢不得多于 0.1%（容积）。

因为碳化钙吸收空气中的水分而放出乙炔，能与空气构成爆炸性混合气，所以要把碳化钙放在皮厚为 0.5mm 以上的密闭圆铁桶内来储存和运送。

电石的质量应符合现行国家标准《碳化钙（电石）》GB 10665 的规定。

10.4.3 乙炔气

在工业上使用的乙炔气有两种：一是由工厂（化工厂等）集中制取的瓶装乙炔（溶解乙炔）；另一种是在现场使用乙炔发生器直接由电石与水反应而制取的乙炔，这种方法已逐渐被淘汰。瓶装乙炔的质量优于使用乙炔发生器直接由电石制取的乙炔。因此，在钢筋气压焊中宜采用瓶装乙炔气。

1. 乙炔气的性质

乙炔是未饱和的碳氢化合物，它的分子式是 C_2H_2。在普通温度和大气压力下，乙炔是无色的气体。工业乙炔中，因为混有许多杂质，如磷化氢及硫化氢等，具有刺鼻的特别气味。

在 20℃和 0.1MPa 压力下，乙炔对空气的密度比为 0.9056。

乙炔的爆炸性首先决定于乙炔在此一瞬间的压力和温度。同时，乙炔爆炸的可能性也决定于其中含有的杂质、水分、有无媒触剂、火源的性质、容器的大小和形状、散热的条件等。当乙炔爆炸时，乙炔分解产物所在容器中的绝对压力，能提高到 11 倍～12 倍。

在一定的条件下，乙炔可能与铜和银等重金属发生反应而产生乙炔化合物，也就是有爆炸性物质。因此，凡是供乙炔用的器材，都禁止使用含铜量在 70% 以上的合金。

如果气体中含有氧气，则该气体与乙炔的混合气能提高乙炔的爆炸性，乙炔与空气或纯氧的混合气，如果其中任何一点达到了自燃温度（乙炔—空气混合气的自燃温度等于 305℃），就是在大气压力下也能爆炸。

含有 2.2%～81% 乙炔的乙炔—空气混合气均属爆炸（发火）范围。其中，含有 7%～13% 乙炔的，为最有危险范围。含有 2.8%～93.0% 乙炔的乙炔—氧气混合气也属爆炸范围。其中，当含有乙炔约 30% 时为最有危险。

把乙炔溶解在液体，例如：丙酮里，能降低乙炔的爆炸性，这是由于乙炔分子之间被液体成分的微粒所隔离。

2. 乙炔中的杂质

(1) 空气　当把电石装入乙炔发生器的时候，反应室内留有相当的空气，因而空气就混入乙炔气中。此外，空气经常部分地溶解于供给发生器用的水里，和吸附在碳化钙块的表面上。由于空气能剧烈地增加乙炔的爆炸性，所以，它是有害的杂质。制取乙炔中，务必争取含有最少量的空气。在一般情况下，由固定式乙炔发生器所制取的乙炔中，空气的含量不超过0.5%，而在轻便式发生器所制取的乙炔中，空气含量不超过1%～1.5%。把电石装入发生器以后，最初时刻得到的那一部分乙炔可能含有45%或超过45%的空气。含有这样高量空气的乙炔，务必排放出去，不能使用。

(2) 水蒸气 在由乙炔发生器制取的乙炔中，经常含有水蒸气，在完全饱和的情况下，乙炔里的水分量决定于气体的温度，温度越高，水分量越大。水分是不好的杂质，消耗热量，降低火焰温度。

在乙炔瓶里放出的乙炔，不含有水分。所以，瓶装乙炔的质量较好。

(3) 丙酮蒸气 从乙炔瓶放出的乙炔里，可能存留丙酮蒸气。温度越高，瓶中气压越低，和瓶中气体消耗量（排出量）越大，则乙炔里含有丙酮蒸气就越多。乙炔里如含有大量丙酮蒸气，既不好，又不经济。

(4) 磷化氢和硫化氢 当碳化钙分解时，由于工业用碳化钙中所含的磷化钙、硫化钙与水相互作用的结果而生成磷化氢（PH_3）和硫化氢（H_2S），均属有害物质。

3. 溶解乙炔

乙炔能在多种液体中溶解。在一个大气压和15℃温度下，在1L丙酮（$CH_3 CO CH_3$）中能溶解23L的乙炔。但是随着温度的升高，其溶解度将降低，当温度达到40℃时，其溶解度为13L。气瓶受热时，乙炔丙酮溶液的体积变大。如果这时把气瓶的全部容积充满了液体，则以后受热时，气瓶中的压力会急剧增高，以致达到气瓶的极限强度发生危险。丙酮中混有水分是特别有害的，水分留存在气瓶里，就会在瓶内逐渐集中，可能使气瓶的气体容量剧烈降低。所以充入气瓶的乙炔应是预先经过干燥的乙炔。

乙炔气瓶中取出的乙炔必须满足下列要求：

(1) 空气和其他难溶于水的杂质的含量不得多于2%（以容积计）。

(2) 磷化氢 PH_3 的含量不得多于0.06%（以容积计）（工业级）。

(3) 硫化氢 H_2S 的含量不得多于0.10%（以容积计）（工业级）。

气瓶中气体的压力必须适合于周围环境的温度。

溶解乙炔的优点：生产溶解乙炔需要专门车间和附带设备与气瓶，以及向瓶中充气等额外费用，因而价格比较贵。虽然如此，使用溶解乙炔比较直接在施工现场，由轻便式乙炔发生器中所得到的气态乙炔，具有许多本质上的优点。这些优点是：

(1) 自气瓶中取出的乙炔纯度高，其中不含水，有害杂质含量也较少。

(2) 气体的压力高，能保证加热器工作稳定，当喷嘴受热猛烈而供气距离相当远时，燃烧混合气的成分不变。

10.4.4 液化石油气

液化石油气是油田开采或炼油工业中的副产品，它在常温常压下呈气态，在0.8～1.5MPa压力下即变成液体，便于瓶装贮存运输。

工业上一般均使用液态的石油气，近年来，随着我国石油工业的迅猛发展，由于液化石油气热值较高，价格低廉，又较安全，乙炔有被液化石油气部分取代的趋势。目前，国内外已把液化石油气作为一种新的生产性燃料，广泛应用于钢板的气割和低熔点有色金属的焊接。在我国部分地区，开始推广采用钢筋氧液化石油气压焊。

液化石油气具有一定的毒性，当空气中的含量超过 0.5％时，人体吸入少量的液化石油气后，一般不会引起中毒，而在空气中其浓度较高时，长时间吸入就会引起中毒。若浓度超过 10％时，且停留 2min，人就会出现头晕等中毒现象。

液化石油气的主要性质：

1. 在标准状态下液化石油气的密度为 1.6～2.5kg/m³，气态时比同体积的空气、氧气重，液态时比同体积的水和汽油轻。液化石油气的密度约为空气的 1.5 倍，易于向低处流动而滞留积聚；液态时能浮在水面上，随水流动并在死角积聚。液化石油气是一种带有特殊臭味的无色气体，含有硫化物。

2. 液化石油气中的主要成分均能与空气或氧气混合构成爆炸性的混合气体，但爆炸极限范围比乙炔窄，因此使用液化石油气比乙炔安全。例如：空气中含有 2.1％～9.5％的丙烷或含有 1.5％～8.5％的丁烷才会爆炸，而液化石油气与氧气混合的爆炸极限为 3.2％～64％。

3. 液化石油气与空气混合后，只要遇到微小的火源，就能引燃。因为液态石油气易挥发、闪点低，在低温时它的易燃性很大。如丙烷挥发点为－42℃，闪点为－20℃，若它从气瓶或管道内滴漏出来，在常温下会迅速挥发成 250～300 倍体积的气体向四周快速扩散，在液化石油气积聚部位附近的空间形成爆炸性混合气体，当温度到闪点时就能点燃。因此在点燃液化石油气时，要先点燃引火物后再开气，切忌颠倒顺序。

4. 液化石油气达到完全燃烧所需的氧气量比乙炔所需氧气量大。采用液化石油气代替乙炔后，消耗氧气量较多，所以用在切割时，应对原有割炬的结构进行相应的改制。用于钢筋氧液化石油气压焊时，对多嘴环管加热器中的射吸室和喷嘴构造也应作适当改造。

5. 液化石油气在氧气中的燃烧速度较慢。如丙烷的燃烧速度是乙炔的 1/4 左右，因而切割时要求割炬有较大混合气的喷出截面，降低流出速度，才能保证良好的燃烧。

6. 液化石油气燃烧时获得的火焰温度低。它与氧气混合燃烧的火焰温度为 2200～2800℃，此温度应用于气割时，金属的预热时间比乙炔稍长，但其切割质量容易保证，可减少切割口边高温过热燃烧现象，提高切口的光洁度和精度。同时，也可使几层钢板叠在一起切割，各层之间互不粘连。

7. 液化石油气对普通橡胶管和衬垫具有一定的浸润膨胀和腐蚀作用，易造成胶管和衬垫穿孔或破裂，发生漏气。

10.5　固态气压焊工艺[35]、[36]

10.5.1　焊前准备

气压焊施焊前，钢筋端面应切平，并宜与钢筋轴线相垂直；在钢筋端部两倍直径长度范围内若有水泥等附着物，应予以清除。钢筋边角毛刺及端面上铁锈、油污和氧化膜应清除干净，并经打磨，使其露出金属光泽，不得有氧化现象。

10.5.2　夹装钢筋

安装焊接夹具和钢筋时，应将两钢筋分别夹紧，并使两钢筋的轴线在同一直线上。钢筋安装后应加压顶紧,两钢筋之间的局部缝隙不得大于 3mm。

10.5.3   焊接工艺过程

气压焊时,应根据钢筋直径和焊接设备等具体条件选用等压法、二次加压法或三次加压法焊接工艺。在两钢筋缝隙密合和镦粗过程中,对钢筋施加的轴向压力,按钢筋横截面面积计,应为 30~40MPa,见图 10.21。

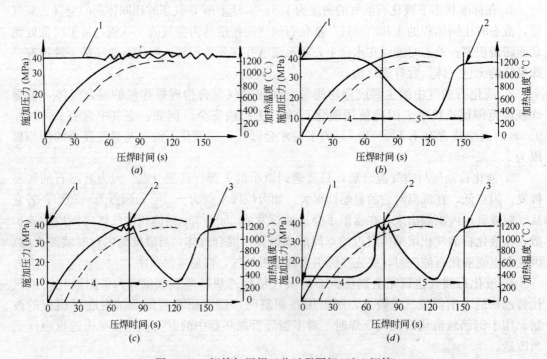

图 10.21   钢筋气压焊工艺过程图解 (φ32 钢筋)

(a) 等压法;(b) 二次加压法;(c) 三次加压法(一次高压);(d) 三次加压法(一次低压)

1——次加压;2—二次加压;3—三次加压;4—碳化焰集中加热;5—中性焰宽幅加热

10.5.4   集中加热

气压焊的开始阶段应采用碳化焰,对准两钢筋接缝处集中加热,并使其内焰包住缝隙,防止钢筋端面产生氧化,见图 10.22 (a)。若采用中性焰,如图 10.22 (b),内焰还原气氛没有包住缝隙,容易使端面氧化。

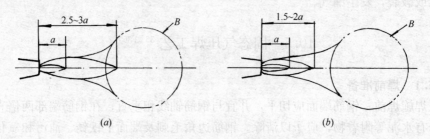

图 10.22   火焰的调整

(a) 碳化焰,内焰包住缝隙;(b) 中性焰,内焰未包住缝隙

a—焰芯长度;B—钢筋

火焰功率大小的选择，主要决定于钢筋直径的大小。大直径钢筋焊接时，要选用较大火焰功率，这样方能保证钢筋的焊透性。

目前应用较多的为三次加压法（一次低压），即图 10.21（d）。

10.5.5 宽幅加热

在确认两钢筋缝隙完全密合后，应改用中性焰，以压焊面为中心，在两侧各一倍钢筋直径长度范围内往复宽幅加热，见图 10.23（a）。

用氧炔焰加热钢筋接缝处，热量主要靠气体的对流来进行热交换，其次靠辐射热交换。对流热交换的强度，基本上决定于火焰与金属表面的温度差和火焰气流对金属表面的移动速度。为了使焊接部位，即钢筋芯部与钢筋表面同时达到焊接温度，就必须对钢筋进行宽幅加热。加热器摆幅的大小直接影响到焊接部位温度曲线的分布。

图 10.23 中 h_r 表示对钢筋接头的热输入，h_c 表示热导出，A 表示摆幅宽度，虚线表示等温线。在塑性状态下气压焊接时，等温线总是凸向结合面的方向。可以看出，结合面芯部温度比表面低。只有整个接触面上的温度都达到可焊温度，并且要有一定宽度范围时，才有可能使两个钢筋结合面焊接在一起。图中"横线"区为达到可焊温度的区域。采用宽幅加热，且边加热边加压，可以保证在接触表面所有原子形成原子间结合对温度的要求。

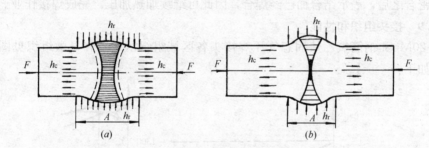

图 10.23 火焰往复宽幅加热

（a）宽幅加热；（b）窄幅加热

h_r—热输入；h_c—热导出；A—加热摆幅宽度；F—压力

若减小摆幅 A，如图 10.23（b）中，表示芯部没有达到可焊温度，不能很好焊合。

10.5.6 加热温度

钢筋端面的合适加热温度应为 1150～1250℃；钢筋镦粗区表面的加热温度应稍高于该温度，并随钢筋直径大小而产生的温度梯差而定。

很多资料表明，这个加热温度是合适的，再加上钢筋表面温度高于钢筋端面芯部温度的梯差，若以 50～100℃ 估算，则钢筋表面温度应达到约 1250～1350℃。过低，两端面不能焊合，因此，操作者应通过试验很好掌握。

10.5.7 成形与卸压

通过最终的加热加压，使接头的镦粗区形成规定的合适形状，见图 10.24（b）然后停止加热，略微延时，卸除压力，拆下焊接夹具。

如过早卸除压力，焊缝区域内的残余内应力或回位弹簧对接点施加的拉力，有可能使已焊成的原子间结合重新断开。

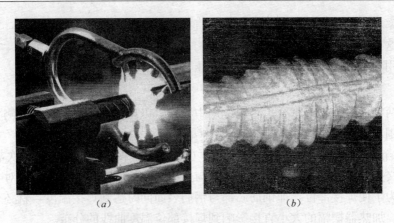

　　　　　　(*a*)　　　　　　　　　　　　　　(*b*)

图 10.24　ϕ32 钢筋固态气压焊接头

(*a*) 集中加热；(*b*) 接头成形

注：本图由宁波市富隆焊接设备科技有限公司提供。

10.5.8　灭火中断

　　在加热过程中，如果在钢筋端面缝隙完全密合之前发生灭火中断现象，端面必然氧化。这时，应将钢筋取下重新打磨、安装，然后点燃火焰进行焊接。如果发生在钢筋端面缝隙完全密合之后，表示结合面已经焊合，因此可继续加热加压，完成焊接作业。

10.5.9　接头组织和性能

　　Φ25 20MnSi 钢筋氧乙炔固态气压焊接头各区域组织示意图和显微组织见图 10.25。接头特征如下：

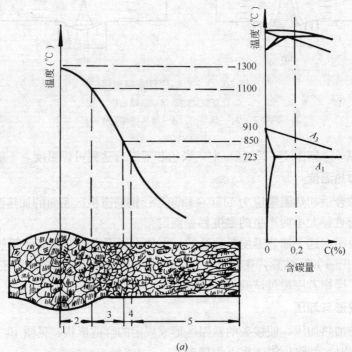

(*a*)

图 10.25　钢筋固态气压焊接头各区域组织示意图和显微组织（一）

(*a*) 各区域组织示意图

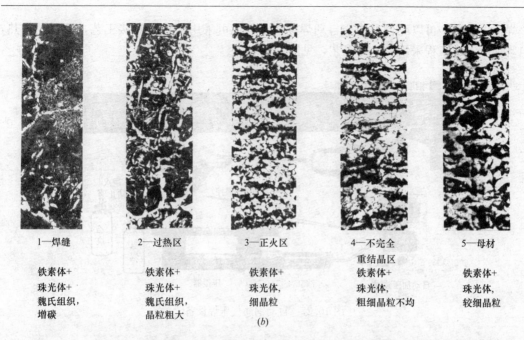

1—焊缝	2—过热区	3—正火区	4—不完全 重结晶区	5—母材
铁素体+ 珠光体+ 魏氏组织， 增碳	铁素体+ 珠光体+ 魏氏组织， 晶粒粗大	铁素体+ 珠光体， 细晶粒	铁素体+ 珠光体， 粗细晶粒不均	铁素体+ 珠光体， 较细晶粒

(b)

图 10.25　钢筋固态气压焊接头各区域组织示意图和显微组织（二）

(b) φ25 20MnSi 钢筋气压焊接头金相显微组织　100×

1. 焊缝没有铸造组织（柱状树枝晶），宏观组织几乎看不到焊缝，高倍显微观察可以见到结合面痕迹。

2. 由于焊接开始阶段采用碳化焰，焊缝增碳较多。

3. 焊缝及过热区有明显的魏氏组织。

4. 热影响区较宽，约为钢筋直径的 1.0 倍。

10.5.10　半自动钢筋气压焊在梅山大桥工程中的应用[37]

编者按：施工技术 2009 年增刊中发表宁波富豪标线工程有限公司郑妈谷、浙江交通工程建设集团叶仁亦、陕建院吴成材署名文章，现转载于此。

该公司还在杭州湾第二跨海大桥、象山港大桥工程中推广应用；同时，研制半自动钢筋气压焊成套设备和钢筋常温直角切断机，取得两项国家实用新型专利。

1. 工程概况

梅山大桥是跨海公路大桥，从浙江宁波北仑春晓镇至舟山定海区六横岛，全长 2200m，宽 28.4m，双向四车道。大桥共有 33 跨，66 个桥墩，最高桥墩高 17m。大桥主要采用 HRB335 钢筋，原设计使用滚轧直螺纹连接，之后改用半自动钢筋气压焊。大桥钢筋接头总数约 98000 个；现已焊接完成接头 30000 个，焊接钢筋直径均为 32mm。大桥远景如图 10.26 所示。

图 10.26　建设中的梅山大桥

2. 自动钢筋气压焊设备

自动钢筋气压焊设备系从国外引进，由 5 部分组成：钢筋直角切割机、多嘴环管加热器、自动加压装置、管线及油缸、加压器，另有氧气瓶、乙炔气瓶等（见图 10.27）。使用该焊接设备时，可以配合采用全自动焊接工艺，也可采用半自动焊接工艺，即手动加热，自动加压，本工程采用后一种工艺，见图 10.28。

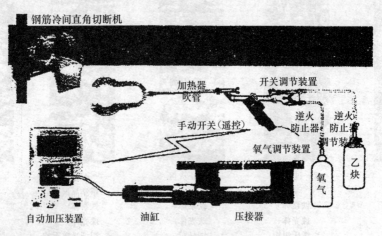

图 10.27   自动钢筋气压焊设备

图 10.28   半自动固态气压焊

该气压焊设备的特点如下。

1) 钢筋端面呈直角，端面间隙 0.5mm 以下；端面平滑，无氧化膜，不用打磨，高速切断，提高作业效率。

2) 自动（电动式）加压装置可以同时运作 2 个压焊点（2 台加热装置自动运行）。

3) 将钢筋直径输入电脑，调整火焰和加热器，可得到最合适的加热时间与加压时间，自动完成压接。将数据接到电脑上，进行输出打印。提高压接的可靠性。

4) 压接器具有高强度和耐久性，容易调整和操作。

3. 设备改进与工艺简化

钢筋气压焊工艺可分 2 种：固态气压焊（闭式）和熔态气压焊（开式）。采用固态气压焊时，两钢筋端面顶紧，钢筋端部加热至塑性状态，约 1250～1300℃，通过加压使两钢筋端面原子相互移动，完成焊接。原来，采用手动多嘴环管加热器，环管上只有垂直方向的喷嘴，焊接工艺是三次加压法（见图 10.29）。现在，环管上增加了倾斜方向的喷嘴，针对钢筋接口附近加热，使钢筋端面密合与接头镦粗同时进行，变 3 次加压为 1 次加压（见图 10.28）这样简化了工艺，提高了工效，实施加压自动化。

工程应用表明，该设备适用于钢筋混凝土结构 HPB235、HRB335、HRB400 的 ϕ16～ϕ51 钢筋在垂直、水平和倾斜位置的焊接。在本工程中，主要在平地焊接，然后搬运至桥墩安装。主要有如下优点。

1) 操作简单，易掌握，劳动强度低。

2) 焊接速度快，提高工效，接头外表美观，钢筋线形顺直。

3) 无有毒气体产生，对环境无污染。

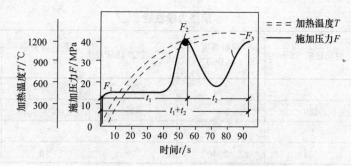

图 10.29 三次加压法焊接工艺过程

注：t_1—碳化焰对准钢筋接缝处集中加热；F_2——一次加压，预压；

t_2—中性焰往复宽幅加热；F_2—二次加压，接缝密合；

t_1+t_2—根据钢筋直径和火焰热功率而定；F_3—三次加压，镦粗成形

4）焊接质量稳定，成品合格率高，在本工程中，根据行业标准《钢筋焊接及验收规程》JGJ 18—2003 中规定，从接头中抽取拉抻、弯曲试件共 100 组，一次合格率达100%。

5）成本低，具有较好的经济价值。以 $\phi 32$ 钢筋接头为例，与钢筋滚轧直螺纹连接比较如表 10.5 所示。

钢筋气压焊经济分析（元） 表 10.5

连接方法	材料费	设备折旧费	工费	小计
滚轧直螺纹	6.0	1.0	2.5	9.5
气压焊	1.0	1.5	2.0	4.5

4. 结语

采用半自动（或全自动）钢筋气压焊技术，可以简化操作工序，确保质量，提高工效，降低成本，符合国家节能环保政策，具有广阔的应用前景。

10.5.11 HRB 500 钢筋固态气压焊试验

为了贯彻工业和信息化部、住房和城乡建设部关于加快应用高强度钢筋的指导意见，经陕西省建筑科学研究院组织，山东石横特钢集团有限公司提供 HRB 500 钢筋、宁波市富隆焊接设备科技有限公司负责进行半自动钢筋固态气压焊试验。

1. 钢筋 钢筋规格分 4 种：$\Phi 18$、$\Phi 20$、$\Phi 22$、$\Phi 25$。化学成分见表 10.6，力学性能见表 10.7。

钢筋化学成分（%） 表 10.6

牌号	规格（mm）	C	Si	Mn	P	S	Cr	Ni	Cu	V	C+Mn/6
HRB 500	18	0.23	0.52	1.49	0.027	0.021	0.06	0.03	0.02	0.03	0.478
HRB 500	20	0.23	0.57	1.5	0.036	0.029	0.08	0.04	0.02	0.032	0.48
HRB 500	22	0.23	0.52	1.48	0.039	0.029	0.08	0.03	0.02	0.042	0.477
HRB 500	25	0.22	0.51	1.46	0.038	0.027	0.1	0.05	0.03	0.044	0.463

钢筋力学性能   表 10.7

牌号	钢筋规格（mm）	屈服强度（MPa）	抗拉强度（MPa）	断后抻长率 A（%）	备注
HRB 500	18	523	671	21	
HRB 500	20	539	666	20.5	
HRB 500	22	578	696	20	
HRB 500	25	594	709	18	

2. 焊接设备 富隆公司自制半自动气压焊成套设备，型号：ACPW C32。

3. 焊接热源 氧液化石油气火焰加热。

4. 第一次试验 每种规格钢筋焊接试件 12 根，分 2 组，每组 3 拉 3 弯，共 48 根试件，焊接工艺参数见表 10.8。焊接时做好记录。

第一次试验焊接参数   表 10.8

钢筋规格（mm）	预压力（MPa）	初顶锻压力（MPa）	二次顶锻压力（MPa）
18	8～10	10～12	12～15
20	8～10	10～12	12～15
22	10～12	12～14	15～18
25	12～15	16～20	20～28

试件送宁波甬城建设检测研究有限公司，检测结果：

Φ18、Φ20 钢筋接头试件各 6 拉 6 弯，全部合格，见表 10.9 和表 10.10。Φ22、Φ25 钢筋接头试件拉、弯中各有断裂情况，复验。分析原因，主要是：加热温度、顶锻压力和加压时间不足。

Φ18 钢筋接头测试结果   表 10.9

规格（mm）	拉伸试验		弯曲试验 90°
	抗拉强度（MPa）	断裂形式	
18	660	焊缝外延性断裂	弯曲部位无裂纹
	650		
	650		
	675		
	660		
	655		

Φ20 钢筋接头测试结果   表 10.10

规格（mm）	拉伸试验		弯曲试验 90°
	抗拉强度（MPa）	断裂形式	
20	690	焊缝外延性断裂	弯曲部位无裂纹
	685		
	685		
	685		
	695		
	685		

5. 第二次试验

2013 年 5 月，总结经验，调高焊接参数，对Φ22、Φ25 钢筋进行第二次试验，每种规格钢筋焊接各 1 组。3 拉 3 弯。焊接时，同样做好记录，试件经检测结果见表 10.11 和表 10.12，全部合格。

	规格 (mm)	拉伸试验		弯曲试验 90°
		抗拉强度 （MPa）	断裂形式	

Φ22 钢筋接头测试结果 表 10.11

规格 (mm)	抗拉强度 （MPa）	断裂形式	弯曲试验 90°
22	680	延性断裂	焊缝部位外侧无裂纹
	680		
	675		

Φ25 钢筋接头测试结果 表 10.12

规格 (mm)	抗拉强度 （MPa）	断裂形式	弯曲试验 90°
25	710	延性断裂	焊缝部位外侧无裂纹
	715		
	715		

6. 结论

山东石横特钢集团有限公司生产的Φ25 及以下 HRB 500 钢筋经宁波市富隆焊接设备科技有限公司进行半自动固态气压焊试验，结果表明：该Φ25 及以下 HRB 500 钢筋具有良好的焊接性，在工程施焊时，应选用合适的焊接参数，精心操作。

10.5.12　焊接缺陷及消除措施

在焊接生产中焊工应认真自检，若发现焊接缺陷，应参照表 10.13 查找原因。采取措施，及时消除。

气压焊接头焊接缺陷及消除措施　　表 10.13

项次	焊接缺陷	产生原因	防止措施
1	轴线偏移（偏心）	1. 焊接夹具变形，两夹头不同心，或夹具刚度不够 2. 两钢筋安装不正 3. 钢筋接合端面倾斜 4. 钢筋未夹紧进行焊接	1. 检查夹具，及时修理或更换 2. 重新安装夹紧 3. 切平钢筋端面 4. 夹紧钢筋再焊
2	弯折	1. 焊接夹具变形，两夹头不同心 2. 焊接夹具拆卸过早	1. 检查夹具，及时修理或更换 2. 熄火后半分钟再拆夹具
3	镦粗直径不够	1. 焊接夹具动夹头有效行程不够 2. 顶压油缸有效行程不够 3. 加热温度不够 4. 压力不够	1. 检查夹具和顶压油缸，及时更换 2. 采用适宜的加热温度及压力
4	镦粗长度不够	1. 加热幅度不够宽 2. 顶压力过大过急	1. 增大加热幅度范围 2. 加压时应平稳
5	1. 钢筋表面严重烧伤 2. 接头金属过烧	1. 火焰功率过大 2. 加热时间过长 3. 加热器摆动不匀	调整加热火焰，正确掌握操作方法
6	未焊合	1. 加热温度不够或热量分布不均 2. 顶压力过小 3. 接合端面不洁 4. 端面氧化 5. 中途灭火或火焰不当	合理选择焊接参数；正确掌握操作方法

钢筋气压焊生产中，其操作要领是：钢筋端面干净，安装时钢筋夹紧、对准；火焰调整适当，加热温度必须足够，使钢筋表面呈微熔状态，然后加压镦粗成形。

10.6 熔态气压焊工艺[38][39][40]

编者按：贵州钢龙焊接技术有限公司袁远刚、无锡市日新机械厂邹士平、陕西省建筑科学研究院吴成材等人，对钢筋熔态气压焊进行试验研究，采用日新厂研制的梅花型喷嘴加热器和氧液化石油气火焰加热，在贵州等地区积极推广应用熔态气压焊技术，最大钢筋直径32mm，达到年施焊钢筋接头一千万个以上，为国家节省大量施工成本。

10.6.1 基本原理

熔态（即开式）气压焊是在钢筋端面表层熔融状态下接合的气压焊工艺，属于熔态压力焊范畴。

10.6.2 工艺特点

（1）端面 通过烧化，把脏物随同熔融金属挤出接口外边。

（2）加热 采用氧—乙炔火焰，加热速度及范围灵活掌握。采用氧液化石油气火焰，加热时间稍微长一些。

（3）结合面保护 焊接过程中结合面高温金属熔滴强烈氧化产生少氧气体介质，减轻了结合面被氧化的可能，另外，采用乙炔过剩的碳化焰加热，造成还原气氛，减少氧化的可能。

（4）采用氧液化石油气压焊时，氧气工作压力为 0.08MPa 左右；液化石油气工作压力为 0.04MPa 左右。

10.6.3 操作工艺

钢筋熔态气压焊与固态气压焊相比，简化了焊前对钢筋端面仔细加工的工序，焊接过程如下：

把焊接夹具固定在钢筋的端头上，端面预留间隙3～5mm，有利于更快加热到熔化温度。端面不平的钢筋，可将凸部顶紧，不规定间隙，调整焊接夹具的调中螺栓，使对接钢筋同轴后，安装上顶压油缸，然后进行加热加压顶锻作业。

有两种操作工艺法。

（1）一次加压顶锻成型法 先使用中性火焰以钢筋接口为中心沿钢筋轴向宽幅加热，加热幅宽大约为 1.5 倍钢筋直径加上约 10mm 的烧化间隙，待加热部分达到塑化状态（1100℃左右）时，加热器摆幅逐渐减小，然后集中加热焊口处，在清除接头端面上附着物的同时，将端面熔化，此时迅速把加热焰调成碳化焰，继续加热焊口处并保护其免受氧化。由于接头预先加热，端头在几秒钟内迅速均匀熔化，氧化物及其他脏物随着液态金属从钢筋端头上流出，待钢筋端面形成均匀的连续的金属熔化层，端头烧成平滑的弧凸状时，在继续加热并用还原焰保护下迅速加压顶锻，钢筋截面压力达 40MPa 以上，挤出接口处液态金属，使接口密合，并在近缝区产生塑性变形，形成接头镦粗，焊接结束。

为了在接口区获得足够的塑性变形，一次加压顶锻成型法，顶锻时钢筋端头的温度梯度要适当加大，因而加热区较窄，液态金属在顶锻时被挤出界面形成毛刺，这种接头外观与闪光焊相似，但镦粗面积扩大率比闪光焊大。

一次加压顶锻成型法生产率高，热影响区窄，现场适合焊接直径较小（φ25 以下）钢筋。

（2）两次加压顶锻成型法 第一次顶锻在较大温度梯度下进行，其主要目的是挤出端面的氧化物及脏物，使接合面密合。第二次加压是在较小温度梯度下进行，其主要目的是破坏固态氧化物，挤走过热及氧化的金属，产生合理分布的塑性变形，以获得接合牢固，表面平滑，过渡平缓的接头镦粗。

先使用中性焰对着接口处集中加热，直至端面金属开始熔化时，迅速地把加热焰调成碳化焰，继续集中加热并保护端面免受氧化，氧化物及其他脏物随同熔化金属流出来，待端头形成均匀连续的液态层，并呈弧凸状时，迅速加压顶锻（钢筋横截面压力约 40MPa），挤出接口处液态金属，并在近缝区形成不大的塑性变形，使接口密合，然后把加热焰调成中性焰，在 1.5 倍钢筋直径范围内沿钢筋轴向往复均匀加热至塑化状态时，施加顶锻压力（钢筋横截面压力达 35MPa 以上），使其接头镦粗，焊接结束。

两次加压顶锻成型法的接头外观与固态气压焊接头的枣核状镦粗相似，但在接口界面处也留有挤出金属毛刺的痕迹，从纵剖面看出，有熔合区特征，见图 10.30。

两次加压顶锻成型法接头有较多的热金属，冷却较慢，减轻淬硬倾向，外观平整，镦粗过渡平缓，减少应力集中，适合焊接直径较大（ϕ25 以上）钢筋。

若发现焊接缺陷，可参照表 10.5 查找原因，采取措施，及时消除。

10.6.4 接头性能

（1）拉伸性能和弯曲性能 熔态气压焊接头的拉伸应力—应变曲线与母材基本一致，超过国标规定的母材抗拉强度值，拉伸试件在母材延性断裂。

熔态气压焊接头的拉伸性能和冷弯性能都能达到有关规程规定的要求。

（2）金相组织及硬度试验 金相试验表明，熔态气压焊接头熔合性好，没有气孔、夹渣等异常缺陷，整个压焊线都能熔合成完整晶粒，接头淬硬倾向不显著，接头综合性能满足使用要求。

10.6.5 首钢 HRB 400 钢筋熔态气压焊工艺性能试验

首钢对 ϕ25、ϕ32、ϕ36 三种规格 HRB 400 钢筋进行氧炔焰熔态气压焊的工艺性能试验。钢筋的化学成分和力学性能见表 6.3 和表 6.4。试件每种规格各一组，每组 3 根，其力学性能试验结果见表 10.14。

HRB 400 钢筋气压焊接头试件力学性能　　表 10.14

钢筋直径 (mm)	屈服强度 σ_s (MPa)	抗拉强度 σ_b (MPa)	断裂位置	冷弯 90°	
				$d=5a$	$d=6a$
25	450	630	母材	完好	
	455	635	母材	完好	
	435	625	母材	完好	
32	415	590	母材		完好
	420	595	母材		完好
	420	595	母材		完好
36	440	615	母材		完好
	425	600	母材		完好
	435	615	母材		完好

注：a 为钢筋直径。

硬度试验

每种规格钢筋气压焊接头各选一个试件进行维氏硬度试验，每一接头试件的纵剖面上，作 3 条试验线，1 条在上部，1 条在中部，1 条在下部。每一试验线上测 7 点，中心熔合区测 1 点，左、右热影响区各测 3 点，第 1 点离熔合区 0.75～0.85mm，第 2 点离熔合区 1.55～1.65mm，第 3 点离熔合区 16～20.5mm。测定结果：熔合区 HV10 为 203～249，热影响区 HV10 为 213～260。

金相检验

宏观组织照片有 $\phi25$、$\phi32$、$\phi36$ 共 3 张，取其 $\phi25$ 试件宏观组织见图 10.30。

显微组织如下：

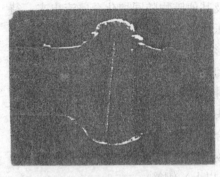

图 10.30　宏观组织

（1）熔合区：沿本区观察可见到部分区域为中间较粗且竖直的先共析铁素体，其上分布有少量星星点点的碳化物。还有部分区域为稍微宽一点的熔合区，这部分区域晶界组织为先共析铁素体，晶内为针状铁素体、珠光体和少量粒贝，粒贝中的岛状相已有分解。见图 10.31 中间部位和图 10.32 中的左侧部分。

（2）HAZ 粗晶区：先共析铁素体沿原奥氏体晶界分布，晶内大多为珠光体，还有针状铁素体、块状铁素体以及自晶界向晶内生长的粗大的针状铁素体，见图 10.32 中右侧区域。

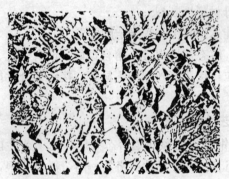

图 10.31　熔合区　200×

图 10.32　粗晶区　200×

（3）HAZ 细晶区：铁素体、珠光体组织呈带状分布，见图 10.33。

（4）HAZ 不完全重结晶区：铁素体、珠光体组织呈带状分布，晶粒比细晶区粗大一些，见图 10.34。

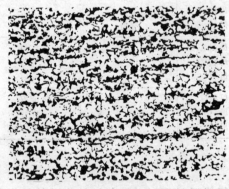

图 10.33　细晶区　200×

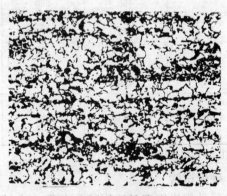

图 10.34　不完全重结晶区　200×

上述各项试验结果表明，首钢生产的 HRB 400 钢筋完全适合于采用钢筋熔态气压焊。

10.6.6 HRB 500 钢筋熔态气压焊试验

无锡市日新机械厂对 HRB 500 钢筋进行了熔态气压焊试验，钢筋由山东石横特钢集团有限公司提供，钢筋规格为 Φ18、Φ20、Φ22、Φ25 共 4 种。钢筋化学成分见表 10.6 力学性能见表 10.7。

焊接设备采用日新厂自制手动式钢筋气压焊机。

焊接热源为氧液化石油气火焰加热。加热器喷嘴采用本厂自制梅花型喷嘴。

试件数量：每种规格钢筋各 6 根，3 拉 3 弯。

焊后试件送无锡市惠山区安信检测服务有限公司，试验结果见表 10.15～表 10.18。

Φ18HRB 500 钢筋熔态气压焊接头
力学性能试验结果　　表 10.15

拉伸试件编号	拉伸试验		弯曲试验 90°
	抗拉强度 (MPa)	断裂形式	
A01	645	焊缝内脆断	
A02	665	焊缝外延断	合格
A03	660		

Φ20HRB 500 钢筋熔态气压焊接头
力学性能试验结果　　表 10.16

拉伸试件编号	拉伸试验		弯曲试验 90°
	抗拉强度 (MPa)	断裂特征	
B01	690	焊缝外延断	弯断
B02	700		合格
B03	700		

Φ22HRB 500 钢筋熔态气压焊接头
力学性能试验结果　　表 10.17

拉伸试件编号	拉伸试验		弯曲试验 90°
	抗拉强度 (MPa)	断裂特征	
C01	680		
C02	680	焊缝外延断	合格
C03	680		

Φ25HRB 500 钢筋熔态气压焊接头
力学性能试验结果　　表 10.18

拉伸试件编号	拉伸试验		弯曲试验 90°
	抗拉强度 (MPa)	断裂特征	
D01	705		
D02	700	焊缝外延断	合格
D03	715		

从表 10.13 说明，Φ18 钢筋接头 3 根拉抻试件，其中 2 根断于焊缝外，呈延性断裂，1 根试件断于焊缝内，呈脆性断裂，抗拉强度为 645MPa 超过 HRB 500 钢筋规定抗拉强度值，按 JGJ 18—2012 规定进行评定为合格。弯曲试验，全部合格。

从表 10.14 说明，Φ20 钢筋接头 3 根拉抻试件全部延性断裂，抗拉强度超过 630MPa，但 3 根弯曲试件中有 1 根断裂，按 JGJ 18—2012 规定合格。

从表 10.15 和表 10.16 说明，Φ22 和 Φ25 钢筋接头试件，拉弯均合格。

结论：由山东石横特钢集团有限公司生产的 Φ25 及以下 HRB 500 钢筋经无锡市日新机械厂试验表明，具有进行熔态气压焊的良好焊接性。工程中施焊时应选用合适的焊接参数，精心操作。

10.6.7 钢筋焊接接头偏心热矫正

当焊接偏心量超过规定的 0.1d 但不大于 0.4d 时，可进行偏心热矫正，矫正工艺根据焊接钢筋直径大小和接头温度选择进行。通常对于直径较小（ϕ20 及以下）的钢筋焊接，在焊接结束时可采用 F 型扳手立即进行矫正，见图 10.35（a）。对于直径较大（ϕ20 以上）

的钢筋焊接，则采用二次加温的方式进行，加热温度通常在 800℃ 左右，见图 10.35（b）。

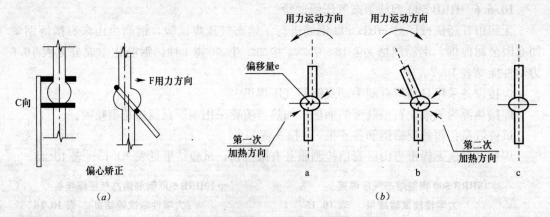

图 10.35   钢筋焊接接头偏心热矫正示意图

编者按：2013 年 7 月，新版建筑工业行业标准《钢筋气压焊机》JG/T 94—2013 出版发行，它将推动钢筋气压焊技术的进步、推广应用和发展。主要起草人：吴成材、张宣关、郑奶谷、邹士平、冯才兴、王爱军、丛福祥、范章、叶仁亦、袁远刚、徐建光、徐龙、王宝卿。

11 预埋件钢筋埋弧压力焊和埋弧螺柱焊

11.1 埋弧压力焊基本原理

11.1.1 名词解释

预埋件钢筋埋弧压力焊 submerged-arc pressure welding of reinforcing steel bar at pre-fabricated components

将钢筋与钢板安放成 T 形形式，利用焊接电流通过，在焊剂层下产生电弧，形成熔池，加压完成的一种压焊方法，见图 11.1。

该种方法属熔态压力焊。

11.1.2 焊接过程实质[41]

在埋弧压力焊时，钢筋与钢板之间引燃电弧之后，由于电弧作用使局部母材及部分焊剂熔化和蒸发，金属和焊剂的蒸发气体以及焊剂受热熔化所产生的气体形成了一个空腔。空腔被熔化的焊剂所形成的熔渣包围。焊接电弧就在这个空腔内燃烧。在焊接电弧热的作用下，熔化的钢筋端部和钢板金属形成焊接熔池。待钢筋整个截面均匀加热到一定温度，将钢筋向下顶压，随即切断焊接电源，冷却凝固后形成焊接接头。

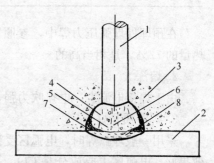

图 11.1 预埋件钢筋埋弧压力
焊埋弧示意图

1—钢筋；2—钢板；3—焊剂；4—空腔；
5—电弧；6—熔滴；7—熔渣；8—熔池

整个焊接过程为：引弧—电弧—顶压。

但是，当钢筋直径较大时，例如，$\phi18$ 及以上，焊接电流的增长较少，按钢筋横截面面积计算，电流密度相对减小，这时势必增加焊接通电时间。经测定，在电弧过程后期，电弧熄灭，由电弧过程转变为电渣过程；之后，加压，切断焊接电源。这样，整个焊接过程为：引弧——电弧——电渣——顶压，见图 11.2。

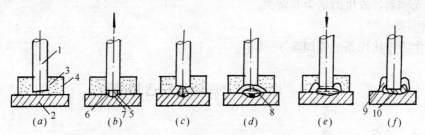

图 11.2 粗直径钢筋预埋件埋弧压力焊焊接过程示意图

(a) 起弧前；(b) 引弧；(c) 电弧过程；(d) 电渣过程 (e) 顶压；(f) 焊态

1—钢筋；2—钢板；3—焊剂；4—挡圈；5—电弧；6—熔渣；7—熔池；8—渣池；9—渣壳；10—焊缝金属

11.1.3 优点[42]

1. 热效率高

在一般自动埋弧焊中，由于焊剂和熔渣的隔热作用，电弧基本上没有热的辐射损失，飞溅造成的热量损失也很小。虽然，用于熔化焊剂的热量有所增加，但总的热效率要比焊条电弧焊高很多，见表 11.1。

热量平衡比较表   表 11.1

焊接方法	热量形成（%）		热量分配（%）					
	阴、阳极区	弧柱	辐射	飞溅	熔化焊丝或焊芯	熔化母材	母材导热	熔化焊剂或药皮
埋弧自动焊	54	46	1	1	27	45	3	23
焊条电弧焊	66	34	22	10	23	8	30	7

在预埋件埋弧压力焊中，参照表 11.1 可以看出，用于熔化钢筋、钢板的热量约占总热量的 72%，是相当高的。

2. 熔深大

由于焊接电流大，电弧吹力强，所以接头熔深大。

3. 焊缝质量好

采用一般埋弧焊时，电弧区受到焊剂、熔渣、气腔的保护，基本上与空气隔绝，保护效果好，电弧区主要成分是 CO。一般埋弧自动焊时焊缝金属含氮量较低（见表 11.2），含氧量也很低，焊缝金属力学性能良好。

电弧区气体成分及焊缝金属中的含氮量   表 11.2

焊接方法	电弧区气体成分（%）					焊缝金属含氮量（%）
	CO	CO_2	H_2	N_2	H_2O	
埋弧焊（焊剂 431）	89~93	—	7~9	≤1.5	—	0.002
手弧焊（钛型焊条）	46.7	5.3	34.5	—	13.5	0.015

焊接接头中无气孔、夹渣等焊接缺陷。

4. 焊工劳动条件好

无弧光辐射，放出的烟尘非常少。

5. 效率高

劳动生产率比焊条电弧焊高 3~4 倍。

11.2 埋弧压力焊特点和适用范围

11.2.1 特点

预埋件钢筋埋弧压力焊具有生产效率高、质量好等优点，适用于各种预埋件 T 形接头钢筋与钢板的焊接，预制厂大批量生产时，经济效益尤为显著。

11.2.2 适用范围

预埋件钢筋埋弧压力焊适用于热轧 $\phi6\sim\phi25$HPB 300、HRB 335、HRBF 335、HRB 400、HRBF 400、RRB 400W 钢筋的焊接。当需要时，亦可用于 $\phi28$、$\phi32$ 钢筋的焊接。钢板为普通碳素钢 Q235A，厚度 6～20mm，与钢筋直径相匹配。若钢筋直径粗，钢板薄，容易将钢板过烧，甚至烧穿。

11.3 埋弧压力焊设备

11.3.1 组成

对预埋件钢筋埋弧压力焊机的要求是：安全可靠，操作灵活，维护方便。

该种焊机主要由焊接电源、焊接机构和控制系统（控制箱）三部分组成，按其操作方式，可分手动和自动两种。

手动焊机，其钢筋上提、下送、顶压均由焊工通过杠杆作用（或摇臂传动）完成，见图 11.3（a）。

自动焊机又有两种，一是电磁式，钢筋上提是通过揿按钮，控制线路接通，电磁铁为线圈吸引，产生电弧；钢筋顶压是通过控制线路断开，磁力释放，利用弹簧将钢筋下压。

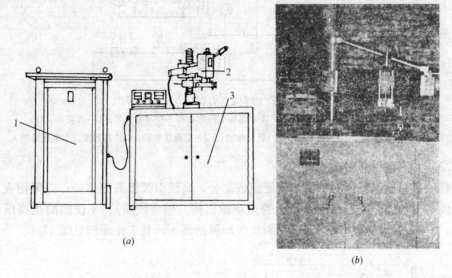

(a)

(b)

图 11.3 预埋件钢筋埋弧压力焊机
(a) 杠杆式手动埋弧压力焊机外形示意图；(b) 电动式自动埋弧压力焊机外形示意图
1—弧焊变压器；2—焊接机构；3—控制箱

另一种电动式，是在机头上设置直流微电机，通过蜗轮、蜗杆减速，利用齿轮、齿条以及电弧电压负反馈控制系统，自动将钢筋上提、下送、顶压，外形见图 11.3（b）。

手动焊机和电动式自动焊机适用于 $\phi6\sim\phi25$ 钢筋的焊接；电磁式自动焊机适用于 $\phi8\sim\phi16$ 钢筋的焊接。

11.3.2 焊接电源

当钢筋直径较小，负载持续率较低时，采用 BX3-500 型弧焊变压器作为焊接电源。当钢筋直径较粗，负载持续率较高时，宜采用 BX2-1000 型弧焊变压器作为焊接电源。弧焊变压器的结构和性能见 7.3 节。

11.3.3 焊接机构

手动式焊机的焊接机构一般均采用立柱摇臂式，由机架、机头和工作平台三部分组成。焊接机架为一摇臂立柱，焊接机头装于摇臂立柱上。摇臂立柱装于工作平台上。焊接机头可以在平台上方，向前后、左右移动。摇臂可以方便地上下调节，工作平台中间嵌装一块铜板电极，在一侧装有漏网，漏网下有贮料筒，存贮使用过的焊剂。

11.3.4 控制系统

控制系统由控制变压器、互感器、接触器、继电器等组成；另加引弧用的高频振荡器。主要部件组装在工作平台下的控制柜内，焊接机构与控制柜组成一体。

在工作平台上，装有电压表、电流表、时间显示器，以观察次级电压（空载电压、电弧电压）、焊接电流及焊接通电时间。

电气控制原理图见图 11.4。

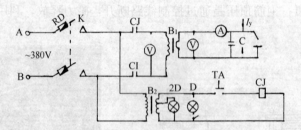

图 11.4   手工埋弧压力焊机电气原理图

K—铁壳开关；RD—管式熔断器；B_1—弧焊变压器；B_2—控制变压器；D—焊接指示灯；

C—保护电容；2D—电源指示灯；TA—启动按钮；CJ—交流接触器；I_y—高频振荡引弧电流接入

11.3.5 高频引弧器

高频引弧器是埋弧压力焊机中重要组成部分，高频引弧器有很多种，以采用火花隙高频电流发生器为佳。它具有吸铁振动的火花隙机构（感应线圈）。不仅能简化高压变电器的结构，并可从小功率中获得振荡线圈次级回路的高压，其工作原理见图 11.5。

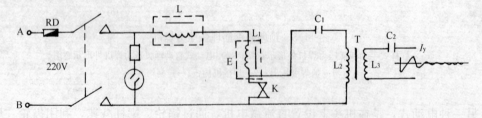

图 11.5   高频引弧器工作原理图

焊接开始瞬间，电流从 A、B 接入，由 E 点处电流经过常闭触点 K，将 L、K 构成回路，L_1 导电，吸引线圈开始动作，把触头 K 分开，随后电流向电容 C_1 充电，经过一定时间，当正弦波电流为零值时，吸力消失，触头 K 又闭合，这时 C_1、线圈 L_2 经触头 K 形成一闭合回路，C_1 向 C_2 放电，电容器的静电能转为线圈的电磁能。

电容器放电后，储藏在线圈的电磁能沿电路重新反向通电，于是电容器又一次被充电，这种过程重复地继续。如果回路内尚未损耗，则振荡不会停止。实际上，回路内有电阻，这种振荡迅速减少至零，其持续时间一般仅数毫秒，外加正弦电流从零逐渐增加，使 L_1 导电，K 分开振荡回路被切断，于是电容器 C_1 重又接受电流充电，再次重复上述过程。这样，产生高频振荡电流 I_y。

11.3.6 钢筋夹钳

对钢筋夹钳的要求是：(1) 钳口可根据焊接钢筋直径大小调节；(2) 通电导电性能良好；(3) 夹钳松紧适宜。在操作中，往往由于接触不好，致使钳口和钢筋之间产生电火花现象，钢筋表面烧伤，为此必须在夹钳尾部安装顶杠和弹簧，使其自行调节夹紧，避免产生火花。

11.3.7 电磁式自动埋弧压力焊机

四川省建筑科学研究院研制的电磁式自动埋弧压力焊机由焊接电源、焊接机构和控制箱三部分组成[43]。

焊接电源采用 BX2-1000 型弧焊变压器。

焊接机构由机架、工作平台和焊接机头组成。焊接机头如图 11.6 所示。它装在可动横臂的前端。可动横臂能前后滑动和绕立柱转动，由电磁铁和锁紧机构来控制。焊接机构的立柱可上下调整，以适应不同长度钢筋预埋件的焊接。工作平台上放置被焊钢板。台面上装有导电夹钳。

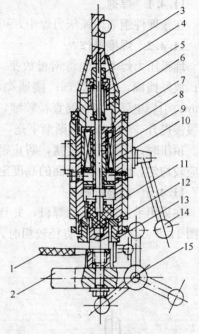

图 11.6　焊接机头构造简图

1—电缆；2—夹钳；3—中心杆；4—螺帽；
5—弹簧；6—挡圈；7—螺环；8—静磁铁；
9—线圈；10—动磁铁；11—滑铁；12—外壳；
13—螺母；14—操纵柄；15—操纵盘

控制箱内安装了带有延时调节器的自动控制系统、高频振荡器和焊接电流、电压指示仪表等。

11.3.8 对称接地

焊接电缆与铜板电极联结时，宜采用对称接地，见图 11.7，以减少电弧偏吹，使接头成形良好。

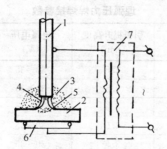

图 11.7　对称接地示意图

1—钢筋；2—钢板；3—焊剂；4—电弧；5—熔池；6—铜板电极；7—弧焊变压器

11.4 埋弧压力焊工艺

11.4.1 焊剂

在预埋件钢筋埋弧压力焊中，可采用 HJ 431 焊剂，见 9.4。

11.4.2 焊接操作[40]

埋弧压力焊时，先将钢板放平，与铜板电极接触良好；将锚固钢筋夹于夹钳内，夹牢；放好挡圈，注满焊剂；接通高频引弧装置和焊接电源后，立即将钢筋上提 2.5～4mm，引燃电弧。若钢筋直径较细，适当延时，使电弧稳定燃烧；若钢筋直径较粗，则继续缓慢提升 3～4mm，再渐渐下送，使钢筋端部和钢板熔化，待达到一定时间后，迅速顶压。顶压时，不要用力过猛，防止钢筋插入钢板表面之下，形成凹陷。敲去渣壳，四周焊包应较均匀，凸出钢筋表面的高度至少 4mm，见图 11.8。

11.4.3 钢筋位移

在采用手工埋弧压力焊机，并且钢筋直径较细或采用电磁式自动焊机时，钢筋的位移见图 11.9 (a)；当钢筋直径较粗时，钢筋的位移见图 11.9 (b)。

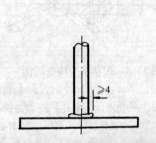

图 11.8 预埋件钢筋埋弧压力焊接头

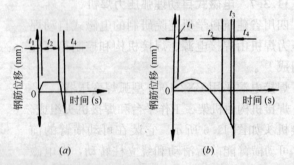

图 11.9 预埋件钢筋埋弧压力焊钢筋位移图解
(a) 钢筋直径较细时的位移；(b) 钢筋直径较粗时的位移
t_1—引弧过程；t_2—电弧过程；t_3—电渣过程；t_4—顶压过程

11.4.4 埋弧压力焊参数

埋弧压力焊的主要焊接参数包括：引弧提升高度、电弧电压、焊接电流、焊接通电时间，参见表 11.3。

埋弧压力焊焊接参数   表 11.3

钢筋牌号	钢筋直径 (mm)	引弧提升高度 (mm)	电弧电压 (V)	焊接电流 (A)	焊接通电时间 (s)
HPB 300 HRB 335 HRB 400	6	2.5	30～35	400～450	2
	8	2.5	30～35	500～600	3
	10	2.5	30～35	500～650	5
	12	3.0	30～35	500～650	8
	14	3.5	30～35	500～650	15
	16	3.5	30～40	500～650	22

续表

钢筋牌号	钢筋直径 (mm)	引弧提升高度 (mm)	电弧电压 (V)	焊接电流 (A)	焊接通电时间 (s)
HPB 300 HRB 335 HRB 400	18	3.5	30~40	500~650	30
	20	3.5	30~40	500~650	33
	22	4.0	30~40	500~650	36
	25	4.0	30~40	500~650	40

在生产中，若具有 1000 型弧焊变压器，可采用大电流、短时间的强参数焊接法，以提高劳动生产率。例如：焊接 ϕ10 钢筋时，采用焊接电流 550~650A，焊接通电时间 4s；焊接 ϕ16 钢筋时，650~800A，11s；焊接 ϕ25 钢筋时，650~800A，23s。

11.4.5　焊接缺陷及消除措施

在埋弧压力焊生产中，引弧、燃弧（钢筋维持原位或缓慢下送）和顶压等环节应密切配合；焊接地线应与铜板电极接触良好，并对称接地；及时消除电极钳口的铁锈和污物，修理电极钳口的形状等，以保证焊接质量。

焊工应认真自检，若发现焊接缺陷时，应参照表 11.4 查找原因，及时消除。

预埋件钢筋埋弧压力焊接头焊接缺陷及消除措施　　　　　　　　　　**表 11.4**

项次	焊接缺陷	消除措施
1	钢筋咬边	1. 减小焊接电流或缩短焊接时间 2. 增大压入量
2	气孔	1. 烘焙焊剂 2. 消除钢板和钢筋上的铁锈、油污
3	夹渣	1. 清除焊剂中熔渣等杂物 2. 避免过早切断焊接电流 3. 加快顶压速度
4	未焊合	1. 增大焊接电流，增加熔化时间 2. 适当顶压
5	焊包不均匀	1. 保证焊接地线的接触良好 2. 保证焊接处具有对称的导电条件 3. 钢筋端面平整
6	钢板焊穿	1. 减小焊接电流或减少焊接通电时间 2. 在焊接时避免钢板呈局部悬空状态
7	钢筋淬硬脆断	1. 减小焊接电流，延长焊接时间 2. 检查钢筋化学成分
8	钢板凹陷	1. 减小焊接电流，延长焊接时间 2. 减小顶压力，减小压入量

11.5　预埋件钢筋埋弧螺柱焊及其应用

编者按：《施工技术》2010 年 10 月期刊发表由黄贤聪、戴为志、费新华、李本端、吴成材、郑奶谷合作撰写的同名文章，现转载于此（成都斯达特焊接研究所获此项技术的发明专利）。

11.5.1　基本原理[44]

预埋件钢筋埋弧螺柱焊的基本原理是，采用螺柱焊焊枪的夹头将钢筋夹紧，垂直顶压在钢筋上，注满焊剂，利用螺柱焊主机输出强电流，通过钢筋与钢板触点的瞬间上提钢筋，引燃电弧，经短时燃烧，融化钢筋端部和钢板表面，形成熔池，按照设置的焊接电流和焊接时间，使钢筋端部插入熔池，断电，停歇数秒钟，去掉渣壳，露出光泽焊包，焊接结束。

11.5.2 焊接工艺过程

套上焊剂盒，顶紧钢筋，注满焊剂，接通电源，钢筋上提，引燃电弧，电弧燃烧，钢筋插入熔池，自动断电，打掉渣壳，焊接完成（图 11.10）。

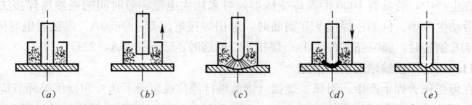

(a) (b) (c) (d) (e)

图 11.10 预埋件钢筋埋弧螺柱焊工艺过程

(a) 注满焊剂；(b) 钢筋上提；(c) 燃弧；(d) 钢筋插入熔池；(e) 焊接结束

11.5.3 焊接设备

1. 焊接电源 有晶闸管控制瞬间输出大电流的直流电源，具有下降外特性，设定焊接电流，连续可调。

2. 控制器 可以是分立器件，集成电路或微电脑组成。控制整机程序、焊接质量、故障诊断和处理。设定焊接通电时间。

3. 主机 焊接电源通常与控制器合并为一体，称为主机。

4. 焊枪 夹持钢筋，焊点定位，钢筋提升或插入，设定钢筋提升高度和伸出长度。

5. 附件 焊接电源、接地钳和电缆、控制电缆、焊剂盒等。

常用焊机主要性能指标如表 11.5 所示。

埋弧螺柱焊机的主要性能指标   表 11.5

焊机型号	额定焊接电流（A）	负载电压（V）	负载持续率（%）	焊接时间（S）	焊接钢筋直径（mm）
RSM3—2500（C）	2500	44	≤15	0~8	10~22
RSM3—3150（C）	3150	44	≤15	0~8	16~32

预埋件钢筋埋弧螺柱焊示意如图 11.11 所示。

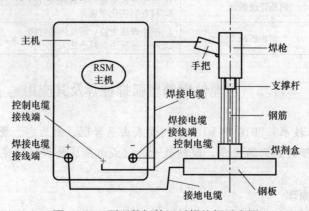

图 11.11 预埋件钢筋埋弧螺柱焊示意图

预埋件钢筋埋弧螺柱焊机主要用于大直径钢筋的 T 形接头。若采用电弧螺柱焊时,因为钢筋的圆周表面凹凸不平,使用瓷环保护效果不佳,通过对瓷环保护的钢筋焊接试件的金相检查,发现焊缝内有气孔,这无疑降低了焊接接头的力学性能,而用埋弧螺柱焊焊接的接头,焊缝内无气孔、夹渣、裂纹等缺陷,这说明埋弧螺柱焊是钢筋 T 形接头的良好焊接方法,

11.5.4 国家体育场工程焊接试验

1. 预埋件结构

国家体育场工程需要焊接一批"柱脚板和支撑搭架"预埋件。预埋件的焊接结构分两类,如图 11.12 所示,其中对锚筋和锚板的要求如下:①锚筋 $\phi20$,HRB400;②内锚板(厚×长×宽)20mm×80mm×80mm,Q345B;③外锚板(厚×长×宽)30mm×500mm×500mm,30mm×540mm×860mm,Q345B。

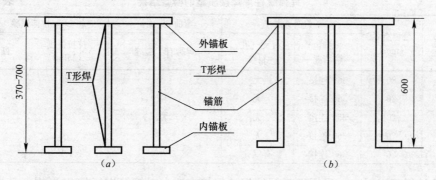

图 11.12 钢筋 T 形焊的预埋件结构

对于图 11.10(a)所示结构,先把锚筋焊接在内锚板上,然后再将锚筋的另一端按规定的间隔分别焊接 30mm×500mm×500mm 和 30mm×540mm×860mm 的外锚板上。焊缝的强度应不低于母材。焊后锚筋的倾斜度应小于 1°

2. 焊接工艺试验

试验条件如下:①焊机 RSM—2500;②钢筋 $\phi20$ HRB400;③钢板 12mm 厚,Q345B;④焊剂 HJ431。试验结果如表 11.6 所示。

钢筋 T 形焊接工艺试验　　　　　　　　　　　　　　　　　　　　　表 11.6

焊接电流（格）	焊接时间（格）	提升高度（mm）	钢筋长度（mm）			焊缝成型		
			焊前	焊后	熔化	凸出高度（mm）	焊包直径（mm）	包熔情况
3.5	5	3	321	316	5	7.5	27	360°连接
3.5	5	4	334	331	6	10.5	29	360°连接
3.5	5	4	331	324	7	7.0	27	360°连接
3.5	5	3	310	303	7	6.0	28	360°连接
3.5	5	4	235	228	7	7.0	27	360°连接
3.5	5	4	278	371	7	6.0	27	360°连接
3.5	5	4	326	319	7	9.0	27	360°连接
3.5	5	4	246	238	8	8.0	27	360°连接

(*a*)   (*b*)

图 11.13   钢筋 T 形焊接头外观

(*a*) $\phi20$mm；(*b*) $\phi32$mm

3. 接头外观见图 11.13。

4. 接头力学性能试验

焊接 5 个试件送西南交通大学，按美国 ANSI/AWS D1.-98 标准进行检验。1、2 号试件在钢板的两侧均用埋弧螺柱焊，而 5 号试件钢板的一侧用埋弧螺柱焊，另一侧则用瓷环保护的电弧螺柱焊，这 3 个试件做拉伸试验；3、4 试件做弯曲试验。检验结果：1、2、3、4 号试件全部合格，如表 11.7 所示。5 号试件做拉伸试验时，用电弧螺柱焊焊接的钢筋，在焊接部位断裂，焊接区域内还有气孔。

埋弧螺柱焊焊接质量的检验结果   表 11.7

试件编号	公称直径 (mm)	焊缝外观检查		弯曲 30°试验	拉伸试验	
		焊脚包熔情况	有无气孔、裂纹	焊脚有无裂缝	抗拉强度 (MPa)	断裂部位
1	20	360°连接	无		525	钢筋
2	20	360°连接	无		552	钢筋
3	20	360°连接	无	无		
4	20	360°连接	无			
5	20	360°连接	有气孔		402	焊缝

检验结果可以看出：①用埋弧螺柱焊的焊接方法，对钢筋进行的 T 形焊，其焊缝外观和力学性能均达到了有关标准的规定；②新研制的 RSM-2500 埋弧螺柱焊机的性能稳定，可以应用到预埋件钢筋的焊接生产。

11.6   生产应用实例

11.6.1   埋弧压力焊在中港第三航务工程局上海浦东分公司的应用

中港第三航务工程局上海浦东分公司应用预埋件钢筋埋弧压力焊已有多年。该公司主要生产预应力混凝土管柱（$\phi600\sim\phi1200$）、钢筋混凝土方桩，以及梁、板等预制混凝土的构件。管桩端板制作中采用钢筋埋弧压力焊。钢筋牌号 HRB335，直径 10mm、12mm、14mm。端板最大外径 1200mm，锚筋 18 根。由于工作量大。公司自制埋弧压力焊机 2 台，焊接电源为上海电焊机厂生产 BX2-1000 型弧焊变压器。施焊时。电弧电压 25～30V，焊剂 HJ431。2002 年生产管桩端板 35000 件，操作见图 11.14，此外，还生产其他预埋件 32.6t，埋弧压力焊生产率高，焊接质量好，改善焊工劳动条件，具有明显的技术经济效益。

图 11.14   管桩端板钢筋埋弧压力焊

11.6.2 埋弧螺柱焊在北京国家体育场工程的应用

1. 基本情况

钢筋采用 HRB400，直径 20mm，长度 700mm；钢板 Q345B，厚度 200mm，尺寸 80mm×80mm，预埋件总数 568 个，每一预埋件钢筋接头数 8 个。螺柱焊机型号 RSM 2500，焊剂牌号 SJ101，烘干温度 350℃，120min.

2. SJ101 焊剂性能

该焊剂是氟碱型烧结焊剂，是种碱性焊剂。为灰色圆形颗粒，碱度值 1.8，粒度为 2.0～2.8mm（10～16 目）。可交流、直流两用，直流焊时钢筋（焊丝）接正极，电弧燃烧稳定，脱渣容易，焊缝成型美观。焊缝金属具有较高的低温冲击韧度，该焊剂具有较好的抗吸潮性。

3. 焊接工艺参数

焊接电流 1800A，焊接时间指示刻度 2 格，钢筋提升高度 3～5mm，伸出长度 9～10mm。

4. 金相试验

宏观照片如图 11.15（a）所示，从图中观察未发现焊接缺陷。焊缝显微组织照片如图 11.15（b）所示。该区大多为粒状贝氏体和针状铁素体交叉混合分布，还有部分方向性分布的粒状贝氏体和少量侧板条贝氏体，体中岛状相和侧板条贝氏体多数已分解。

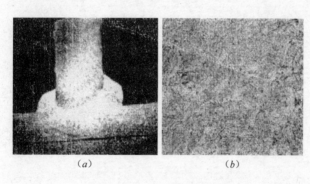

（a）　　　　　　　　　　（b）

图 11.15　接头金相试验

(a) 宏观照片；(b) 焊接区显微组织

5. 焊接接头质量　国家体育场有 568 个预埋件，4 万多个接头全部按此焊接工艺进行指导焊接，施工过程中对 T 形接头进行抽检 40 多件，全部试验合格。国家体育场结构柱每根柱重量达 700t，没有发生因预埋件焊接质量而引起柱安装变形的质量问题。

11.6.3 埋弧螺柱焊在上海世博会工程中的应用

1. 基本情况

该焊接技术在上海世博会中国馆、上海世博会演艺中心工程中应用。钢筋牌号 HRB400，直径 25mm 和 28mm，长 900mm；钢板牌号 Q345B，厚度不小于 30mm，尺寸 800mm×1000mm，预埋件总数 50 个，每个预埋件钢筋接头数 60 个。焊机型号为 RSM5-A3150；焊剂牌号 SJ101，烘干温度为 350℃，时间 120min。

2. 焊接参数

焊接电流为 1300A，焊接时间 6s，提升高度 7mm，伸出长度 11mm。

3. 接头外观质量检查

符合行标《钢筋焊接及验收规程》JGJ 18—2003 中第 5.7 节要求。

4. 接头力学性能检验

拉抻试验结果，断裂于钢筋母材。抗拉强度为 550～610MPa，合格。

12 质量检验与验收、焊工考试和焊接安全

编者按：本章内容摘自行业标准《钢筋焊接及验收规程》JGJ 18—2012，以黑体字标志的条文为强制性的条文。

12.1 质量检验与验收基本规定

12.1.1 钢筋焊接接头或焊接制品（焊接骨架、焊接网）应按检验批进行质量检验与验收。检验批的划分应符合本规程第5.2节～第5.8节的有关规定。质量检验与验收应包括外观质量检查和力学性能检验，并划分为主控项目和一般项目两类。

12.1.2 纵向受力钢筋焊接接头验收中，闪光对焊接头、电弧焊接头、电渣压力焊接头、气压焊接头和非纵向受力箍筋闪光对焊接头、预埋件钢筋T形接头的连接方式应符合设计要求，并应全数检查，检查方法为目视观察。焊接接头力学性能检验应为主控项目。焊接接头的外观质量检查应为一般项目。

12.1.3 不属于专门规定的电阻焊点和钢筋与钢板电弧搭接焊接头可只做外观质量检查，属一般项目。

12.1.4 纵向受力钢筋焊接接头、箍筋闪光对焊接头、预埋件钢筋T形接头的外观质量检查应符合下列规定：

1. 纵向受力钢筋焊接接头，每一检验批中应随机抽取10%的焊接接头；箍筋闪光对焊接头和预埋件钢筋T形接头应随机抽取5%的焊接接头。检查结果，外观质量应符合本规程第5.3节～第5.8节中有关规定。

2. 焊接接头外观质量检查时，首先应由焊工对所焊接头或制品进行自检；在自检合格的基础上由施工单位项目专业质量检查员检查，并将检查结果填写于本规程附录A"钢筋焊接接头检验批质量验收记录。"

12.1.5 外观质量检查结果，当各小项不合格数均小于或等于抽检数的15%，则该批焊接接头外观质量评为合格；当某一小项不合格数超过抽检数的15%时，应对该批焊接接头该小项逐个进行复检，并剔出不合格接头。对外观质量检查不合格接头采取修整或补焊措施后，可提交二次验收。

12.1.6 施工单位项目专业质量检查员应检查钢筋、钢板质量证明书、焊接材料产品合格证和焊接工艺试验时的接头力学性能试验报告。钢筋焊接接头力学性能检验时，应在接头外观质量检查合格后随机切取试件进行试验。试验方法应按现行行业标准《钢筋焊接接头试验方法标准》JGJ/T 27有关规定执行。试验报告应包括下列内容：

1. 工程名称、取样部位；
2. 批号、批量；
3. 钢筋生产厂家和钢筋批号、钢筋牌号、规格；
4. 焊接方法；

5. 焊工姓名及考试合格证编号；

6. 施工单位；

7. 焊接工艺试验时的力学性能试验报告。

12.1.7 钢筋闪光对焊接头、电弧焊接头、电渣压力焊接头、气压焊接头、箍筋闪光对焊接头、预埋件钢筋 T 形接头的拉伸试验，应从每一检验批接头中随机切取三个接头进行试验并应按下列规定对试验结果进行评定：

1. 符合下列条件之一，应评定该检验批接头拉伸试验合格：

1）3 个试件均断于钢筋母材，呈延性断裂，其抗拉强度大于或等于钢筋母材抗拉强度标准值。

2）2 个试件断于钢筋母材，呈延性断裂，其抗拉强度大于或等于钢筋母材抗拉强度标准值；另一试件断于焊缝，呈脆性断裂，其抗拉强度大于或等于钢筋母材抗拉强度标准值的 1.0 倍。

注：试件断于热影响区，呈延性断裂，应视作与断于钢筋母材等同；试件断于热影响区，呈脆性断裂，应视作与断于焊缝等同。

2. 符合下列条件之一，应进行复验：

1）2 个试件断于钢筋母材，呈延性断裂，其抗拉强度大于或等于钢筋母材抗拉强度标准值；另一试件断于焊缝，或热影响区，呈脆性断裂，其抗拉强度小于钢筋母材抗拉强度标准值的 1.0 倍。

2）1 个试件断于钢筋母材，呈延性断裂，其抗拉强度大于或等于钢筋母材抗拉强度标准值；另 2 个试件断于焊缝或热影响区，呈脆性断裂。（编者按：该 2 个试件抗拉强度均大于或等于钢筋母材抗拉强度标准值，或其中 1 个试件抗拉强度大于或等于钢筋母材抗拉强度标准值，另 1 个试件抗拉强度小于钢筋母材抗拉强度标准值，应进行复检；若 2 个试件抗拉强度均小于钢筋母材抗拉强度标准值，应判定该检验批接头拉伸试验不合格）。

3. 3 个试件均断于焊缝，呈脆性断裂，其抗拉强度均大于或等于钢筋母材抗拉强度标准值的 1.0 倍，应进行复验。当 3 个试件中有 1 个试件抗拉强度小于钢筋母材抗拉强度标准值的 1.0 倍，应评定该检验批接头拉伸试验不合格。

4. 复验时，应切取 6 个试件进行试验。试验结果，若有 4 个或 4 个以上试件断于钢筋母材，呈延性断裂，其抗拉强度大于或等于钢筋母材抗拉强度标准值，另 2 个或 2 个以下试件断于焊缝，呈脆性断裂，其抗拉强度大于或等于钢筋母材抗拉强度标准值的 1.0 倍，应评定该检验批接头拉伸试验复验合格。

5. 可焊接余热处理钢筋 RRB400W 焊接接头拉伸试验结果，其抗拉强度应符合同级别热轧带肋钢筋抗拉强度标准值 540MPa 的规定。

6. 预埋件钢筋 T 形接头拉伸试验结果，3 个试件的抗拉强度均大于或等于表 12.1 的规定值时，应评定该检验批接头拉伸试验合格。若有一个接头试件抗拉强度小于表 12.1 的规定值时，应进行复验。

复验时，应切取 6 个试件进行试验。复验结果，其抗拉强度均大于或等于表 12.1 的规定值时，应评定该检验批接头拉伸试验复验合格。

预埋件钢筋 T 形接头抗拉强度规定值   表 12.1

钢筋牌号	抗拉强度规定值（MPa）
HPB300	400
HRB335、HRBF335	435
HRB400、HRBF400	520
HRB500、HRBF500	610
RRB400W	520

编者按：《规程》5.1.7 条文说明"若有 1 个试件断于钢筋母材，呈脆性断裂；或有 1 个试件断于钢筋母材，其抗拉强度又小于钢筋母材抗拉强度标准值，应视该项试验无效，并检验钢筋母材的化学成分和力学性能"。该条说明与《规程》正文同等对待，作为正式评定的要求，并且，该规定不仅适用于钢筋电弧焊接头，同样适用于其他钢筋焊接接头。

12.1.8   钢筋闪光对焊接头、气压焊接头进行弯曲试验时，应从每一个检验批接头中随机切取 3 个接头，焊缝应处于弯曲中心点，弯心直径和弯曲角度应符合表 12.2 规定。

弯曲试验结果应按下列规定进行评定：

1）当试验结果，弯曲至 **90°**，有 2 个或 3 个试件外侧（含焊缝和热影响区）未发生宽度达到 0.5mm 的裂纹，应评定该检验批接头弯曲试验合格。

接头弯曲试验指标   表 12.2

钢筋牌号	弯心直径	弯曲角度
HPB300	2d	90°
HRB335、HRBF335	4d	90°
HRB400、HRBF400、RRB400W	5d	90°
HRB500、HRBF500	7d	90°

注：1. d 为钢筋直径（mm）；
　　2. 直径大于 25mm 的钢筋焊接接头弯心直径应增加 1 倍钢筋直径。

2）当有 2 个试件发生宽度达到 0.5mm 的裂纹，应进行复验。

3）当有 3 个试件发生宽度达到 0.5mm 的裂纹，应评定该检验批接头弯曲试验不合格。

4）复验时，应切取 6 个试件进行试验。复验结果，当不超过 2 个试件发生宽度达到 0.5mm 的裂纹时，应评定该检验批接头弯曲试验复验合格。

12.1.9   钢筋焊接接头或焊接制品质量验收时，应在施工单位自行质量评定合格的基础上，由监理（建设）单位对检验批有关资料进行检查，组织项目专业质量检查员等进行验收，并应按本规程附录 A 规定记录。

12.2　钢筋焊接骨架和焊接网

12.2.1   不属于专门规定的焊接骨架和焊接网可按下列规定的检验批只进行外观质量检查：

1. 凡钢筋牌号、直径及尺寸相同的焊接骨架和焊接网应视为同一类型制品，且每 300 件作为一批，一周内不足 300 件的亦应按一批计算，每周至少检查一次；

2. 外观质量检查时，每批应抽查 5%，且不得少于 5 件。

编者按：凡属于国家标准 GB/T 1499.3 或行业标准 JGJ 19 等标准的钢筋焊接骨架、焊接网，应按规定进行焊点的剪切试验、拉伸试验，并作为主控项目。

12.2.2 焊接骨架外观质量检查结果，应符合下列规定：

1. 焊点压入深度应符合本规程第 4.2.5 条的规定；

2. 每件制品的焊点脱落、漏焊数量不得超过焊点总数的 4%，且相邻两焊点不得有漏焊及脱落；

3. 应量测焊接骨架的长度、宽度和高度，并应抽查纵、横方向 3～5 个网格的尺寸，其允许偏差应符合表 12.3 的规定；

4. 当外观质量检查结果不符合上述规定时，应逐件检查，并剔出不合格品。对不合格品经整修后，可提交二次验收。

焊接骨架的允许偏差   表 12.3

项　目		允许偏差（mm）
焊接骨架	长度	±10
	宽度	±5
	高度	±5
骨架钢筋间距		±10
受力主筋	间距	±15
	排距	±5

12.2.3 焊接网外形尺寸检查和外观质量检查结果，应符合下列规定：

1. 焊点压入深度应符合本规程第 4.2.5 条的规定；

2. 钢筋焊接网间距的允许偏差应取 ±10mm 和规定间距的 ±5% 的较大值。网片长度和宽度的允许偏差应取 ±25mm 和规定长度的 ±0.5% 的较大值；网格数量应符合设计规定；

3. 钢筋焊接网焊点开焊数量不应超过整张网片交叉点总数的 1%，并且任一根钢筋上开焊点不得超过该支钢筋上交叉点总数的一半；焊接网最外边钢筋上的交叉点不得开焊；

4. 钢筋焊接网表面不应有影响使用的缺陷；当性能符合要求时，允许钢筋表面存在浮锈和因矫直造成的钢筋表面轻微损伤。

12.3 钢筋闪光对焊接头

12.3.1 闪光对焊接头的质量检验，应分批进行外观质量检查和力学性能检验，并应符合下列规定：

1. 在同一台班内，由同一个焊工完成的 300 个同牌号、同直径钢筋焊接接头应作为一批。当同一台班内焊接的接头数量较少，可在一周之内累计计算；累计仍不足 300 个接头时，应按一批计算；

2. 力学性能检验时，应从每批接头中随机切取 6 个接头，其中 3 个做拉伸试验，3 个做弯曲试验；

3. 异径钢筋接头可只做拉伸试验。

12.3.2 闪光对焊接头外观质量检查结果，应符合下列规定：

1. 对焊接头表面应呈圆滑、带毛刺状，不得有肉眼可见的裂纹；
2. 与电极接触处的钢筋表面不得有明显烧伤；
3. 接头处的弯折角度不得大于 2°；
4. 接头处的轴线偏移不得大于钢筋直径的 1/10，且不得大于 1mm。

12.4 箍筋闪光对焊接头

12.4.1 箍筋闪光对焊接头应分批进行外观质量检查和力学性能检验，并应符合下列规定：

1. 在同一台班内，由同一焊工完成的 600 个同牌号、同直径箍筋闪光对焊接头作为一个检验批；如超出 600 个接头，其超出部分可以与下一台班完成接头累计计算；
2. 每一检验批中，应随机抽查 5% 的接头进行外观质量检查；
3. 每个检验批中应随机切取 3 个对焊接头做拉伸试验。

12.4.2 箍筋闪光对焊接头外观质量检查结果，应符合下列规定：

1. 对焊接头表面应呈圆滑、带毛刺状，不得有肉眼可见裂纹；
2. 轴线偏移不得大于钢筋直径的 1/10，且不得大于 1mm；
3. 对焊接头所在直线边的顺直度检测结果凹凸不得大于 5mm；
4. 对焊箍筋外皮尺寸应符合设计图纸的规定，允许偏差应为 ±5mm；
5. 与电极接触处的钢筋表面不得有明显烧伤。

12.5 钢筋电弧焊接头

12.5.1 电弧焊接头的质量检验，应分批进行外观质量检查和力学性能检验，并应符合下列规定：

1. 在现浇混凝土结构中，应以 300 个同牌号钢筋、同形式接头作为一批；在房屋结构中，应在不超过连续二楼层中 300 个同牌号钢筋、同形式接头作为一批；每批随机切取 3 个接头，做拉伸试验；
2. 在装配式结构中，可按生产条件制作模拟试件，每批 3 个，做拉伸试验；
3. 钢筋与钢板搭接焊接头可只进行外观质量检查。

注：在同一批中若有 3 种不同直径的钢筋焊接接头，应在最大直径钢筋接头和最小直径钢筋接头中分别切取 3 个试件进行拉伸试验。钢筋电渣压力焊接头、钢筋气压焊接头取样均同。

12.5.2 电弧焊接头外观质量检查结果，应符合下列规定：

1. 焊缝表面应平整，不得有凹陷或焊瘤；
2. 焊接接头区域不得有肉眼可见的裂纹；
3. 焊缝余高应为 2～4mm；
4. 咬边深度、气孔、夹渣等缺陷允许值及接头尺寸的允许偏差，应符合表 12.4 的规定。

钢筋电弧焊接头尺寸偏差及缺陷允许值　表 12.4

名　　称		单　位	接头形式		
			帮条焊	搭接焊 钢筋与钢板搭接焊	坡口焊　窄间隙焊 熔槽帮条焊
帮条沿接头中心线 的纵向偏移		mm	$0.3d$	—	—
接头弯折角度		°	2	2	2
接头处钢筋轴线的偏移		mm	$0.1d$	$0.1d$	$0.1d$
			1	1	1
焊缝宽度		mm	$+0.1d$	$+0.1d$	—
焊缝长度		mm	$-0.3d$	$-0.3d$	—
咬边深度		mm	0.5	0.5	0.5
在长 $2d$ 焊缝表面 上的气孔及夹渣	数量	个	2	2	—
	面积	mm²	6	6	—
在全部焊缝表面 上的气孔及夹渣	数量	个	—	—	2
	面积	mm²	—	—	6

　　注：d 为钢筋直径（mm）。

12.5.3　当模拟试件试验结果不符合要求时，应进行复验。复验应从现场焊接接头中切取，其数量和要求与初始试验相同。

12.6　钢筋电渣压力焊接头

12.6.1　电渣压力焊接头的质量检验，应分批进行外观质量检查和力学性能检验，并应符合下列规定：

　　1. 在现浇钢筋混凝土结构中，应以 300 个同牌号钢筋接头作为一批；

　　2. 在房屋结构中，应在不超过连续二楼层中 300 个同牌号钢筋接头作为一批；当不足 300 个接头时，仍应作为一批；

　　3. 每批随机切取 3 个接头试件做拉伸试验。

12.6.2　电渣压力焊接头外观质量检查结果，应符合下列规定：

　　1. 四周焊包凸出钢筋表面的高度，当钢筋直径为 25mm 及以下时，不得小于 4mm；当钢筋直径为 28mm 及以上时，不得小于 6mm；

　　2. 钢筋与电极接触处，应无烧伤缺陷；

　　3. 接头处的弯折角度不得大于 2°；

　　4. 接头处的轴线偏移不得大于 1mm。

12.7　钢筋气压焊接头

12.7.1　气压焊接头的质量检验，应分批进行外观质量检查和力学性能检验，并应符合下列规定：

　　1. 在现浇钢筋混凝土结构中，应以 300 个同牌号钢筋接头作为一批；在房屋结构中，应在不超过连续二楼层中 300 个同牌号钢筋接头作为一批；当不足 300 个接头时，仍应作为一批；

2. 在柱、墙的竖向钢筋连接中，应从每批接头中随机切取 3 个接头做拉伸试验；在梁、板的水平钢筋连接中，应另切取 3 个接头做弯曲试验；

3. 在同一批中，异径钢筋气压焊接头可只做拉伸试验。

12.7.2　钢筋气压焊接头外观质量检查结果，应符合下列规定：

1. 接头处的轴线偏移 e 不得大于钢筋直径的 1/10，且不得大于 1mm（图 12.1a）；当不同直径钢筋焊接时，应按较小钢筋直径计算；当大于上述规定值，但在钢筋直径的 3/10 以下时，可加热矫正；当大于 3/10 时，应切除重焊；

2. 接头处表面不得有肉眼可见的裂纹；

3. 接头处的弯折角度不得大于 2°；当大于规定值时，应重新加热矫正；

4. 固态气压焊接头镦粗直径 d_c 不得小于钢筋直径的 1.4 倍，熔态气压焊接头镦粗直径 d_c 不得小于钢筋直径的 1.2 倍（图 12.1b）；当小于上述规定值时，应重新加热镦粗；

5. 镦粗长度 L_c 不得小于钢筋直径的 1.0 倍，且凸起部分平缓圆滑（图 12.1c）；当小于上述规定值时，应重新加热镦长。

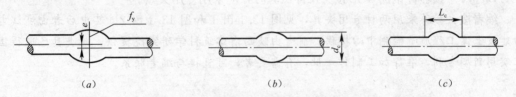

图 12.1　钢筋气压焊接头外观质量图解

f_y-压焊面

（a）轴线偏移 e；（b）镦粗直径 d_c；（c）镦粗长度 L_c

12.8　预埋件钢筋 T 形接头

12.8.1　预埋件钢筋 T 形接头的外观质量检查，应从同一台班内完成的同类型预埋件中抽查 5%，且不得少于 10 件。

12.8.2　预埋件钢筋 T 形接头外观质量检查结果，应符合下列规定：

1. 焊条电弧焊时，角焊缝焊脚尺寸（K）应符合本规程第 4.5.11 条第 1 款的规定；

2. 埋弧压力焊或埋弧螺柱焊时，四周焊包凸出钢筋表面的高度，当钢筋直径为 18mm 及以下时，不得小于 3mm；当钢筋直径为 20mm 及以上时，不得小于 4mm；

3. 焊缝表面不得有气孔、夹渣和肉眼可见裂纹；

4. 钢筋咬边深度不得超过 0.5mm；

5. 钢筋相对钢板的直角偏差不得大于 2°。

12.8.3　预埋件外观质量检查结果，当有 2 个接头不符合上述规定时，应对全数接头的这一项目进行检查，并剔出不合格品，不合格接头经补焊后可提交二次验收。

12.8.4　力学性能检验时，应以 300 件同类型预埋件作为一批。一周内连续焊接时，可累计计算。当不足 300 件时，亦应按一批计算。应从每批预埋件中随机切取 3 个接头做拉伸试验。试件的钢筋长度应大于或等于 200mm，钢板（锚板）的长度和宽度应等于

60mm，并视钢筋直径的增大而适当增大（图12.2）。

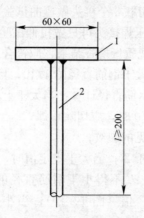

图12.2　预埋件钢筋 T 形接头拉伸试件
1—钢板；2—钢筋

12.8.5　预埋件钢筋 T 形接头拉伸试验时，应采用专用夹具。

编者按：推荐采用两种专用夹具，见图13.1附1和图13.1附2。其中后者由浙江电力建设土建工程质量检测中心提供；前者由陕西省建筑科学研究院提供，此夹具已取得国家实用新型专利，准备加工制作一批，有需要者，可直接与编者联系。

12.9　焊工考试

12.9.1　从事钢筋焊接施工的焊工必须持有钢筋焊工考试合格证，并应按照合格证规定的范围上岗操作。

12.9.2　经专业培训结业的学员，或具有独立焊接工作能力的焊工，均应参加钢筋焊工考试。

12.9.3　焊工考试应由经设区市或设区市以上建设行政主管部门审查批准的单位负责进行。对考试合格的焊工应签发考试合格证，考试合格证式样应符合本规程附录 B 的规定。

12.9.4　钢筋焊工考试应包括理论知识考试和操作技能考试两部分；经理论知识考试合格的焊工，方可参加操作技能考试。

12.9.5　理论知识考试应包括下列内容：

1. 钢筋的牌号、规格及性能；
2. 焊机的使用和维护；
3. 焊条、焊剂、氧气、溶解乙炔、液化石油气、二氧化碳气体的性能和选用；
4. 焊前准备、技术要求、焊接接头和焊接制品的质量检验与验收标准；
5. 焊接工艺方法及其特点，焊接参数的选择；
6. 焊接缺陷产生的原因及消除措施；
7. 电工知识；
8. 焊接安全技术知识。

具体内容和要求应由各考试单位按焊工报考焊接方法对应出题。

12.9.6 焊工操作技能考试用的钢筋、焊条、焊剂、氧气、溶解乙炔、液化石油气、二氧化碳气体等，应符合本规程有关规定，焊接设备可根据具体情况确定。

12.9.7 焊工操作技能考试评定标准应符合表 12.5 的规定；焊接方法、钢筋牌号及直径、试件组合与组数，应由考试单位根据实际情况确定。焊接参数应由焊工自行选择。

焊工操作技能考试评定标准　　　　　　　　　　　　　　表 12.5

焊接方法		钢筋牌号	钢筋直径（mm）	每组试件数量		评定标准
				拉伸	弯曲	
闪光对焊		Φ、Φ、ΦF、Φ ΦF、Φ、ΦF、ΦRW	8～32	3	3	拉伸试验应按本规程第 5.1.7 条规定进行评定；弯曲试验应按本规程第 5.1.8 条规定进行评定
箍筋闪光对焊		Φ、Φ、ΦF、Φ ΦF、Φ、ΦF、ΦRW	6～18	3	—	
电弧焊	帮条平焊 帮条立焊	Φ、Φ、ΦF、Φ ΦF、Φ、ΦF、ΦRW	20～32	3		拉伸试验应按本规程第 5.1.7 条规定进行评定
	搭接平焊 搭接立焊	Φ、Φ、ΦF、Φ ΦF、Φ、ΦF、ΦRW	20～32			
	熔槽帮条焊	Φ、Φ、ΦF、Φ ΦF、Φ、ΦF、ΦRW	20～40			
	坡口平焊 坡口立焊	Φ、Φ、ΦF、Φ ΦF、Φ、ΦF、ΦRW	18～32			
	窄间隙焊	Φ、Φ、ΦF、Φ ΦF、Φ、ΦF、ΦRW	16～40			
电渣压力焊		Φ、Φ、Φ	12～32	3	—	拉伸试验应按本规程第 5.1.7 条规定进行评定
气压焊		Φ、Φ、Φ	12～40	3	3	拉伸试验应按本规程第 5.1.7 条规定进行评定；弯曲试验应按本规程第 5.1.8 条规定进行评定
预埋件钢筋 T 形接头	焊条电弧焊	Φ、Φ、ΦF、Φ、 ΦF、ΦRW	6～28	3	—	拉伸试验应按本规程第 5.1.7 条规定进行评定
	埋弧压力焊 埋弧螺柱焊	Φ、Φ、ΦF、 Φ、Φ、ΦF				

注：箍筋焊工考试时，提前将钢筋切断、弯曲加工成合格的待焊箍筋。

12.9.8 当拉伸试验、弯曲试验结果，在一组试件中仅有 1 个试件未达到规定的要求时，可补焊一组试件进行补试，但不得超过一次。试验要求应与初始试验相同。

12.9.9 持有合格证的焊工当在焊接生产中三个月内出现两批不合格品时，应取消其合格资格。

12.9.10 持有合格证的焊工，每两年应复试一次；当脱离焊接生产岗位半年以上，在生产操作前应首先进行复试。复试可只进行操作技能考试。

12.9.11 焊工考试完毕，考试单位应填写"钢筋焊工考试结果登记表"，连同合格证复印件一起，立卷归档备查。

12.9.12 工程质量监督单位应对上岗操作的焊工随机抽查验证。

编者按：为了学习钢筋焊接新技术，提高工效，确保接头质量，安全施工，陕西建工集团、陕西省建筑职工大学、天津市建筑业协会、北京建工集团、上海市建设工程检测行业协会、宁波市建委培训中心、厦门市建筑科学研究院、广东省清远市住建局、四川省建筑科学研究院、重庆市建委科技处、新疆科技干部培训中心等单位十分重视钢筋焊工的培训、考试、发证工作，特别是当新版行业标准《钢筋焊接及验收规程》JGJ 18发布实施之后，举办《规程》宣贯会、培训班，邀请专家授课，组织有关工程师、技术员、高级焊工参加学习，学员人数少则50~60人，多则一百多、二百多人。这些对于推动《规程》贯彻实施，提高焊工技术水平，确保钢筋焊接质量，起到积极促进作用。

12.10 焊接安全

12.10.1 安全培训与人员管理应符合下列规定：

1. 承担钢筋焊接工程的企业应建立健全钢筋焊接安全生产管理制度，并应对实施焊接操作和安全管理人员进行安全培训，经考核合格后方可上岗；

2. 操作人员必须按焊接设备的操作说明书或有关规程，正确使用设备和实施焊接操作。

12.10.2 焊接操作及配合人员应按下列规定并结合实际情况穿戴劳动防护用品：

1. 焊接人员操作前，应戴好安全帽，佩戴电焊手套、围裙、护腿，穿阻燃工作服；穿焊工皮鞋或电焊工劳保鞋，应戴防护眼镜（滤光或遮光镜）、头罩或手持面罩；

2. 焊接人员进行仰焊时，应穿戴皮制或耐火材质的套袖、披肩罩或斗篷，以防头部灼伤。

12.10.3 焊接工作区域的防护应符合下列规定：

1. 焊接设备应安放在通风、干燥、无碰撞、无剧烈振动、无高温、无易燃品存在的地方；特殊环境条件下还应对设备采取特殊的防护措施；

2. 焊接电弧的辐射及飞溅范围，应设不可燃或耐火板、罩、屏，防止人员受到伤害；

3. 焊机不得受潮或雨淋；露天使用的焊接设备应予以保护，受潮的焊接设备在使用前必须彻底干燥并经适当试验或检测；

4. 焊接作业应在足够的通风条件下（自然通风或机械通风）进行，避免操作人员吸入焊接操作产生的烟气流；

5. 在焊接作业场所应当设置警告标志。

12.10.4 焊接作业区防火安全应符合下列规定：

1. 焊接作业区和焊机周围6m以内，严禁堆放装饰材料、油料、木材、氧气瓶、溶解乙炔气瓶、液化石油气瓶等易燃、易爆物品；

2. 除必须在施工工作面焊接外，钢筋应在专门搭设的防雨、防潮、防晒的工房内焊接；工房的屋顶应有安全防护和排水设施，地面应干燥，应有防止飞溅的金属火花伤人的设施；

3. 高空作业的下方和焊接火星所及范围内，必须彻底清除易燃、易爆物品；

4. 焊接作业区应配置足够的灭火设备，如水池、沙箱、水龙带、消火栓、手提灭火器。

12.10.5 各种焊机的配电开关箱内，应安装熔断器和漏电保护开关；焊接电源的外壳应有可靠的接地或接零；焊机的保护接地线应直接从接地极处引接，其接地电阻值不应大于4Ω。

12.10.6 冷却水管、输气管、控制电缆、焊接电缆均应完好无损；接头处应连接牢固，无渗漏，绝缘良好；发现损坏应及时修理；各种管线和电缆不得挪作拖拉设备的工具。

12.10.7　在封闭空间内进行焊接操作时，应设专人监护。

12.10.8　氧气瓶、溶解乙炔气瓶或液化石油气瓶、干式回火防止器、减压器及胶管等，应防止损坏。发现压力表指针失灵，瓶阀、胶管有泄漏，应立即修理或更换；气瓶必须进行定期检查，使用期满或送检不合格的气瓶禁止继续使用。

12.10.9　气瓶使用应符合下列规定：

1. 各种气瓶应摆放稳固；钢瓶在装车、卸车及运输时，应避免互相碰撞；氧气瓶不能与燃气瓶、油类材料以及其他易燃物品同车运输；

2. 吊运钢瓶时应使用吊架或合适的台架，不得使用吊钩、钢索和电磁吸盘；钢瓶使用完时，要留有一定的余压力；

3. 钢瓶在夏季使用时要防止暴晒，冬季使用时如发生冻结、结霜或出气量不足时，应用温水解冻。

12.10.10　贮存、使用、运输氧气瓶、溶解乙炔气瓶、液化石油气瓶、二氧化碳气瓶时，应分别按照原国家质量技术监督局颁发的现行《气瓶安全监察规定》和原劳动部颁发的现行《溶解乙炔气瓶安全监察规程》中有关规定执行。

主要参考文献

[1] 中国机械工程学会焊接分会. 焊接词典（第3版）. 北京：机械工业出版社，2008.

[2] 中华人民共和国住房和城乡建设部. JGJ 18—2012 钢筋焊接及验收规程. 北京：中国建筑工业出版社，2012.

[3] 黑龙江省低温建筑科学研究所. 钢筋负温闪光对焊和电弧的试验研究，1982.

[4] 吴成材编著. 钢筋焊接及验收规程讲座. 北京：中国建筑工业出版社，1999.

[5] 国家标准. GB 9448—1999 焊接与切割安全. 北京：中国标准出版社，2000.

[6] 国家标准. GB/T 3375—1994 焊接术语. 北京：中国标准出版社，2009.

[7] 毕惠琴主编. 焊接方法及设备 第二分册. 电阻焊. 北京：机械工业出版社，1981.

[8] 国家标准. GB/T 1499.3—2010 钢筋混凝土用钢筋焊接网. 北京：中国标准出版社，2011.

[9] 纪怀钦. 钢筋电阻点焊压入深度试验. 上海市建筑构件厂，1994.

[10] 于漫丽. 悬挂式点焊钳的应用. 北京市第一建筑构件厂，1994.

[11] 王新平，林灿明. 全自动钢筋网片多点焊机研制. 北京市第一建筑构件厂，1993.

[12] 国家标准. GB 13476—2009 先张法预应力混凝土管桩. 北京：中国标准出版社，2010.

[13] GH-600 型管桩钢筋骨架滚焊机使用说明书. 江苏省无锡市荡口通用机械有限公司.

[14] 中国建筑科学研究院建筑机械化分院. 混凝土用钢筋焊接网产生设备 6WC 系列钢筋网焊接产生线，2002.

[15] 国家标准. 固定式对焊机 GB/T 25311—2010.

[16] HRB400 钢筋闪光对焊工艺性能试验. 首钢总公司技术研究院，2000.

[17] 首钢 HBR400 钢筋闪光对焊接头宏观、维氏硬度、金相检验，国家冶金工业局工程质量监督总站检测中心检验报告，2001.

[18] 程力行. K20MnSi 钢筋闪光对焊和电弧焊试验研究. 上海市建筑科学研究所，1986.

[19] 杨力列. 新型对焊封闭箍筋的应用与质量控制. 施工技术，2006，6.

[20] 黄石生主编. 弧焊电源. 北京：机械工业出版社，1979.

［21］ 大连长城电焊机厂. HHJ 弧焊机使用说明书.

［22］ 河北省电焊机厂. BX3—630、BX3—630B 动圈式交流弧焊机使用说明书.

［23］ 国家标准. GB/T 5117—2012 非合金钢及细晶粒钢焊条. 北京：中国标准出版社，2013.

［24］ 周百先，李蔷. 水平钢筋窄间隙电弧焊试验研究. 四川省建筑科学研究院，1992.

［25］ 林炎尧. 钢筋坡口焊在电工厂工程中的应用. 新疆区第三建筑工程公司，1994.

［26］ 魏秀本. 钢筋窄间隙电弧焊在解放军总医院医疗楼地下室底板工程的应用. 解放军总后勤部工程
总队. 1994.

［27］ 吴成材，刘德兴，王顺钦，刘兴庸. 钢筋接触电渣焊. 建筑，1962（7）.

［28］ 吴成材，陈元贞，陈伟. 竖向钢筋自动电渣压力焊. 陕西省建筑科学研究院，1981.

［29］ 行业标准. JG/T 5063—1995 钢筋电渣压力焊机. 北京：中国标准出版社，1996.

［30］ 钢筋电渣压力焊专用焊剂 HL801 科学技术成果鉴定书. 湖南省建设厅，2004.

［31］ 杨雄，王全礼，崔平. 首钢 HRB400 钢筋电渣压力焊工艺试验研究. 2002，7.

［32］ 吴成材，宫平，林志勤，魏慧昌，阮章华. Φ12 钢筋电渣压力焊施焊技术与经济效益. 施工技术，
2010，10.

［33］ 吴文飞. 钢筋电渣压力焊接头的抗震性能. 建筑技术，1999，10.

［34］ 行业标准. JG/T 94—2013 钢筋气压焊机. 北京：中国标准出版社，2013.

［35］ 吕莉娟. 钢筋气压焊机理分析及参数选择. 河北省兴隆机械厂，1988.

［36］ 吴成材编著. 钢筋气压焊. 陕西省建筑科学研究院，1988.

［37］ 郑奶谷，叶仁亦，吴成材. 半自动钢筋气压焊在梅山大桥工程中的应用. 施工技术，2009，6.

［38］ 陈英辉，刘子健，刘贤才. 敞开式钢筋气压焊技术. 中建一局科研所，1992.

［39］ 吴成材，邹士平，袁远刚. 钢筋氧液化石油气熔态气压焊新技术. 施工技术，2003，5.

［40］ 吴文飞，张宣关，邹士平，袁远刚. 钢筋氧液化石油气熔态气压焊的研究与应用. 陕西建筑与建
材，2004，11.

［41］ 吴成材，陈元贞，陈伟. 粗直径钢筋件埋弧压力焊的试验研究. 全国焊接学术会议论文集第 3 册.
1993.

［42］ 苏仲鸣编著. 焊剂的性能与使用. 北京：机械工业出版社，1989.

［43］ 刘德兴，周百先等. 预埋件自动埋弧压力焊接工艺与设备的研究. 四川省建筑科学研究所，1980.

［44］ 黄贤聪，费新华，李本端，吴成材，郑奶谷. 预埋件钢筋进弧螺柱焊及其应用. 施工技术，2010，10.

13 钢筋焊接试验研究报告

13.1 钢筋焊接接头拉伸试验、弯曲试验和安全措施

夏德春[1] 李本端[2] 姚家惠[3] 杨力列[4] 钟登良[5]

(1. 浙江电力建设土建工程质量检测中心有限公司，浙江建德 311600；2. 中国水利水电第十二工程局有限公司，浙江杭州 310004；3. 贵州中建建筑科学研究设计院有限公司，贵州贵阳 550006；4. 贵州省建设工程质量安全监督总站，贵州贵阳 550003；5. 重庆中科建设集团有限公司，重庆 401120)

【摘要】钢筋焊接接头拉伸试验方法与弯曲试验方法是最常用的钢筋焊接接头力学性能检验方法，本文针对目前钢筋焊接方法和接头型式的增加、部分钢筋焊接方法应用范围扩大、部分试样直径增粗、依据标准的更新以及安全问题，而提出的相关试验内容更新和安全措施。

【关键词】钢筋焊接接头；拉伸试验；弯曲试验；安全措施

随着我国科学技术和建筑工业的迅速发展，大型、复杂的建筑结构不断涌现，有大量钢筋焊接接头出现在许多新颖的建筑结构（包括钢筋混凝土结构、钢-混凝土混合结构）中，为客观、准确评价钢筋焊接工程质量，满足建筑工程质量检验需要，《钢筋焊接接头试验方法标准》修订组《拉伸试验与弯曲试验小组》在调查研究和认真总结实践经验基础上，安排了还需要进行验证试验的补充试验，验证试验共进行 171 项，并达到了预期的结果。《钢筋焊接接头试验方法标准》修订组依据国家现行标准的相关规定，在广泛征求意见的基础上对钢筋焊接接头的拉伸试验方法和弯曲试验方法进行了必要的更新。

13.1.1 钢筋焊接接头拉伸试验方法

13.1.1.1 根据《钢筋焊接及验收规程》JGJ 18—2012 的表 4.1.1，钢筋焊接方法相对于钢筋焊接接头试样主要增加了箍筋闪光对焊、熔态气压焊、预埋件钢筋埋弧螺柱焊。

13.1.1.2 钢筋焊接接头拉伸试验试样夹持长度

现行行业标准《钢筋焊接接头试验方法标准》JGJ/T 27 表 2.0.1 的表注中规定，夹持长度（100～200mm），规定的上限和下限都应作相应调整，因为符合上限夹持长度的试验设备国内也不常见，而下限的夹持长度又不利于小直径箍筋闪光对焊的发展（从计算分析和实验结果都表明：考虑到安全余量之后小直径钢筋焊接接头试样夹持长度还可比规定的下限短三分之一）。

13.1.1.3 对钢筋焊接接头拉伸试验设备的要求

应根据钢筋的牌号和直径，选用适配的拉力试验机或万能试验机。试验设备应符合现行国家标准《金属材料 拉伸试验 第 1 部分：室温试验方法》GB 228.1 中的有关规定。

13.1.1.4 随着建筑工业的迅速发展，大型、复杂的建筑结构不断涌现，有大量钢筋

预埋件焊接接头出现在许多新颖的建筑结构（包括钢筋混凝土结构、钢-混凝土混合结构）中，钢筋预埋件的焊接头形式主要有 T 形接头和钢筋与钢板搭接焊接头，根据文献［4］"钢筋与钢板电弧搭接焊接头质量检验与验收可只进行外观检查"。而钢筋预埋件 T 形接头是要进行力学性能检验的，应以 300 件同类型预埋件作为一批，从每批预埋件 T 形接头中随机切取 3 个接头做拉伸试验。随着建设工程大型化，预埋件钢筋直径逐步变粗（直径为 28～36mm 预埋件钢筋经常出现）和单件钢筋数量不断增多（单件锚固钢筋可达几十根）。例如文献［5］成都斯达特焊接研究所将螺柱焊与埋弧焊很好结合，发明了埋弧螺柱焊新技术，经过试验研究，先后用于鸟巢工程和上海世博园中国馆、演艺馆工程。为适应建筑工程中预埋件钢筋 T 形接头拉伸试验需要，浙江电力建设土建工程质量检测中心研制了粗直径钢筋预埋件拉伸试验的专用夹具（图 13.1），为钢筋焊接接头试验方法填补了新的内容。将列入标准《钢筋焊接接头试验方法标准》JGJ/T 27。

图 13.1　T 形钢筋预埋件焊接接头（ϕ32×δ25 单位：mm）拉伸试验

13.1.1.5　关于钢筋焊接接头原始横截面积

按现行国家标准《混凝土结构工程施工质量验收规范》GB 50204—2002（2010）要求：原材料钢筋的力学性能和重量偏差检验结果必须符合有关标准的规定。钢筋焊接工作是在此前提下进行的，因此，钢筋焊接接头原始横截面积可采用试样的钢筋公称横截面积。这样，试验前只需对钢筋焊接接头试样尺寸进行复核。为此，对文献［1］2.0.5 条内容修改为：试验前可采用游标卡尺复核试样的钢筋直径和钢板厚度并记录。如有争议时，应参照现行国家标准《混凝土结构工程施工质量验收规范》GB 50204—2001（2011）规定。

13.1.2　钢筋焊接接头弯曲试验方法

13.1.2.1　关于弯曲试样受压面是否与母材外表面齐平问题

弯曲试样受压面是否与母材外表面齐平问题是许多从事钢筋焊接接头力学试验人员所关心的问题，从征求意见反馈的信息中，感到严格地将弯曲试样受压面的金属毛刺和镦粗变形部分去除至与母材外表面齐平有一定难度。从理论上分析和实际试验，规定将弯曲试样受压面的金属毛刺和镦粗变形部分去除至与母材外表面齐平是有必要的（不去除弯曲试样受压面的金属毛刺和镦粗变形部分相当于弯曲试样直径增加，不利于正确评价钢筋焊接接头的弯曲性能）。在标准条文将"应"改为"宜"，也就是将弯曲试样受压面的金属毛刺和镦粗变形部分去除至与母材外表面基本齐平。

13.1.2.2　关于能否允许使用钢筋弯曲机进行弯曲试验问题

钢筋焊接接头的弯曲试验目的是检验钢筋焊接接头承受规定弯曲角度的弯曲变形性能和可能存在的焊接缺陷，而弯曲试样受压面应是钢筋焊接接头某一侧面的中心部位，如果使用钢筋弯曲机进行弯曲试验，弯曲试样受压面和受拉面是随着钢筋弯曲机的弯曲轴心不断移动的，不能准确检验钢筋焊接接头部位的弯曲变形性能（而只是局部考验钢筋焊接接头部位的性能或者主要检验的部位是钢筋母材与热影响区）。因此明确规定：不得使用钢筋弯曲机进行弯曲试验。

13.1.3　关于试验速率问题

现行行业标准《钢筋焊接接头试验方法标准》JGJ/T 27—2001 仅对拉伸试验速率进行了规定，该标准第 2.0.6 条规定：用静拉伸力对试样轴向拉伸时应连续而平稳，加载速率宜为 10～30MPa/s，将试样拉至断裂（或出现缩颈）。对弯曲试验速率未做明确的规定。

因为焊接接头的拉伸试验只测抗拉强度，所以不需要使用引伸计。对于拉伸试验速率，现行国家标准《金属材料 拉伸试验 第 1 部分：室温试验方法》GB/T 228.1—2010 提供了两种试验速率的控制方法，方法 A 为应变速率（包括横梁位移速率），方法 B 为应力速率。方法 A 旨在减小测定应变速率敏感参数时试验速率的变化和减小试验结果的测量不确定度。方法 B 为应力速率控制。

不管是方法 A 还是方法 B 对抗拉强度的测定要求的速率范围是一致的：方法 A 是根据平行长度（钢筋焊接接头的平行长度为两夹头之间的距离）估计的应变速率 $0.0067s^{-1}$，相对误差 20%。方法 B 的测定抗拉强度的试验速率应不大于 $0.008s^{-1}$ 的应变速率（或等效的横梁分离速率），两方法的要求是完全一致的。

为此，我们提出拉伸试验速率建议：用静拉伸力对试样进行轴向拉伸时应连续而平稳，加载速率宜不大于 $0.008s^{-1}$ 的应变速率或等效的横梁分离速率，将试样拉至断裂（或出现缩颈），可从自动采集读取、测力盘上读取最大力或从拉伸曲线图上确定试验过程中的最大力。

对于弯曲试验速率，现行国家标准《金属材料 弯曲试验方法》GB/T 232—2010 提出：弯曲试验时，应当缓慢地施加弯曲力，以使材料能够自由地进行塑性变形，当出现争议时，试验速率应为 （1±0.2）mm/s。我们理解此为横梁分离速率。鉴于此，我们建议弯曲试验速率：弯曲试验时，应当缓慢地施加弯曲力，以使材料能够自由地进行塑性变形，当出现争议时，横梁分离速率应为 （1±0.2）mm/s。

13.1.4　试验记录与试验报告

试验记录与试验报告，文献 [1] 在第 2 章 拉伸试验方法的 2.0.6 条也有要求试验记录应包括下列内容：（1）试验编号；（2）钢筋级别和公称直径；（3）焊接方法；（4）试样拉断（或缩颈）过程中的最大力；（5）断裂（或缩颈）位置及离焊缝口距离；（6）断口特征。而第 4 章 弯曲试验方法的 4.0.6 条只要求试验记录应包括下列内容：（1）弯曲后试样受拉面有无裂纹；（2）断裂时的弯曲角度；（3）断口位置及特征；（4）有无焊接缺陷。所记录的这些信息不能满足工程质量的追溯。文献［2］指出：试验报告应至少包括以下信息，除非双方另有约定：包括本部分国家标准编号等 8 项内容。文献［3］要求试验报告应至少包括本标准编号等 6 项内容。我们根据钢筋焊接接头拉伸试验方法与弯曲试验方法的特点，提出钢筋焊接接头拉伸试验的记录和试验报告应至少包括以下信息：（1）本标准编号；（2）试验编号；（3）试验条件（试验设备、试验速率等）；（4）试样标识；（5）原始试样的钢筋牌号、公称直径；（6）焊接方法；（7）试样拉断（或缩颈）过程中的最大力；（8）断裂（或缩颈）位置及离焊缝口距离；（9）断口特征；（10）试验结论。钢筋焊接接头弯曲试验的记录和试验报告应至少包括以下信息：（1）本标准编号；（2）试验编号；（3）试验条件（试验设备、试验速率等）；（4）试样标识；（5）原始试样的钢筋牌号、公称直径；（6）焊接方法；（7）弯曲后试样受拉面有无裂纹；（8）断裂时的弯曲角度；（9）断口位置及特征；（10）有无焊接缺陷；（11）试验结论。推荐采用的钢筋焊接接头拉伸、弯曲试验报告式样见表 13.1。

钢筋焊接接头拉伸、弯曲试验报告　　　　　　　　　　表 13.1

试验报告编号：

委托单位		工程名称	
单位工程名称		工程取样部位	
焊接方法		试验项目	
钢筋牌号		钢筋原材料试验报告编号	
焊工姓名、合格证书编号		试样代表数量	
委托日期		试验日期	
依据标准编号		试验条件	

拉伸试验					弯曲试验				
试样编号	钢筋直径（mm）	抗拉强度（MPa）	断裂位置离焊缝口距离（mm）	断裂特征	试样编号	钢筋直径（mm）	弯曲压头直径（mm）	弯曲角度（°）	弯曲结果

结论：

试验单位：（印章）

年　月　日

批准：　　　　　审核：　　　　　试验：

13.1.5　安全措施

由于钢筋焊接接头的拉伸试验和弯曲试验均在试验室内操作，试验工作人员及外来人员对安全问题普遍存在麻痹思想。多起试验安全事故血的教训告诫我们：试验室内的试验工作也要注意试验安全问题。虽然文献［1］在第4章 弯曲试验方法的4.0.6条也有规定：在试验过程中，应采取安全措施，防止试样突然断裂伤人（钢筋焊接接头拉伸试验也有发现试样脆断飞出伤人事件）。但是，至目前还没有那家试验设备制造商给予了关注，还有许多力学试验室也没有引起重视。当然，试验机安全防护措施改造工作对于试验人员是有一定难度，由浙江电力建设土建工程质量检测中心提供的试验机安全防护罩（图13.2）可供参考。

图13.2　试验机安全防护罩照片

另外，试验设备金属外壳漏电伤人事件也时有发生，试验设备金属外壳安全接地也应给以足够重视。希望实验室评审认证人员及安全检查人员也给予督促检查。

13.1.6　结语

钢筋焊接接头拉伸试验方法和弯曲试验方法的更新，可操作性强，有利于试验工作安全，有利于钢筋工程现场取样，也有利于节省钢材，节省能源，减少污染。这既符合国家现行相关标准的有关规定，又满足工程建设质量控制的需要。

推荐采用预埋件钢筋T形接头拉伸试验夹具示意图见13.1附录。

主要参考文献

［1］　行业标准《钢筋焊接接头试验方法标准》JGJ/T 27—2001
［2］　国家标准《金属材料　拉伸试验　第1部分：室温试验方法》GB/T 228.1—2010
［3］　国家标准《金属材料　弯曲试验方法》GB/T 232—2010
［4］　行业标准《钢筋焊接及验收规程》JGJ 18—2012
［5］　黄贤聪，戴为志，费新华，李本端，吴成材等. 预埋件钢筋埋弧螺柱焊及其应用［J］. 施工技术，2010.10
［6］　国家标准《混凝土结构工程施工质量验收规范》GB 50204—2002（2010年版）

13.1　附　录

推荐采用预埋件钢筋 T 形接头 2 种拉伸试验夹具示意图
（资料性附录）

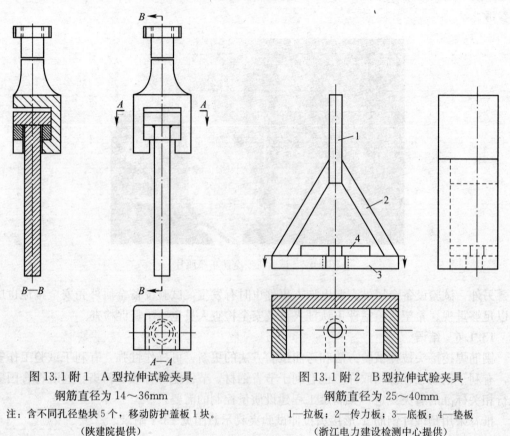

图 13.1 附 1　A 型拉伸试验夹具

钢筋直径为 14～36mm

注：含不同孔径垫块 5 个，移动防护盖板 1 块。

（陕建院提供）

图 13.1 附 2　B 型拉伸试验夹具

钢筋直径为 25～40mm

1—拉板；2—传力板；3—底板；4—垫板

（浙江电力建设检测中心提供）

13.2　钢筋电阻点焊接头剪切试验和拉伸试验

吴成材[1]　朱建国[2]　范　章[1]　陈　洁[2]

（1. 陕西省建筑科学研究院，陕西西安 710082；2. 国家建筑钢材质量监督检验中心，北京 100088）

【摘要】采用 3 种剪切实验夹具对不同牌号、不同规格钢筋共 5 种组合 300 件电阻点焊接头试件进行了剪切实验；对冷轧带肋钢筋试件 36 件、冷拔低碳钢丝试件 18 件加做拉伸试验。试验结果表明，规定的焊点压入深度是合适的，推荐采用三种剪切试验夹具；夹具应符合 3 条技术要求。

【关键词】钢筋电阻点焊接头；剪切实验；拉伸试验

13.2.1　前言

为了配合行业标准《钢筋焊接头试验方法标准》JGJ/T 27 的修订，对钢筋电阻点焊接头的剪切试验和拉伸试验进行了试验研究。

13.2.2 钢筋牌号与规格的组合和试件数量

$\Phi4.8$ CDW550$+\Phi4.8$CDW550——剪切试件 60 件，另加拉伸试件 18 件。

$\Phi7.0$ CRB550$+\Phi7.0$CRB550——剪切试件 60 件，另加拉伸试件 18 件。

$\Phi7.0$ CRB550$+\Phi12.0$HRB335——剪切试件 60 件。

$\Phi12.0$ HRB400$+\Phi12.0$HRB400——剪切试件 60 件。

$\Phi8.0$ CRB550$+\Phi8$CRB550——剪切试件 60 件，另加拉伸试件 18 件。

13.2.3 剪切试验夹具

（1）国家标准《钢筋混凝土用钢筋焊接网》GB/T 1499.3—2010 附录 C 图 C.1 专用夹具，示意见图 13.3。

（2）原标准《钢筋焊接接头试验方法》JGJ 27—86 图 2.2.3*a* 悬挂式抗剪夹具，其构造见图 13.4。

（3）国家标准《钢筋混凝土用钢筋焊接网》GB/T 1499.3—2010 附录 C 图 C.3 专用夹具（仲裁用）。其示意图 13.5（*a*）外形见图 13.5（*b*）。

（4）剪切试验的专用夹具应符合下列 3 条技术要求：

① 沿受拉钢筋轴线施加荷载；

② 使受拉钢筋自由端能沿轴线方向滑动；

③ 对试样横向钢筋适当固定，横向钢筋支点间距离应尽可能小，以防止其产生过大的弯曲变形和转动。

13.2.4 试样制作和焊接设备

（1）西安利华水泥制品有限公司，其焊接设备为江苏华光双顺机械制造有限公司生产的水泥管（直径最大 3m）钢筋焊接骨架制作机，见图 13.6。采用焊接工艺参数，根据行业标准《钢筋焊接及验收规程》JGJ 18—2003 中参数，结合试样的钢筋牌号和规格选用。

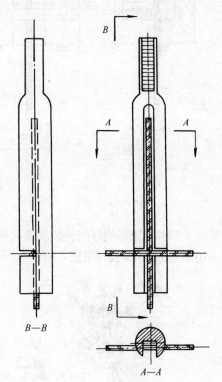

图 13.3 剪切试验夹具

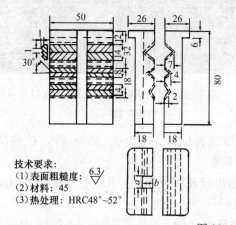

技术要求：
（1）表面粗糙度：$\frac{6.3}{\triangledown}$
（2）材料：45
（3）热处理：HRC48°~52°

左夹块纵槽尺寸		
纵槽尺寸（mm）		适用于纵向钢筋直径（mm）
a	*b*	
8	8	3~5（光圆）
12	12	5~8（带肋）
16	16	10~12（带肋）

图 13.4 悬挂式夹具

（*a*）夹具构造图；（*b*）实物外形

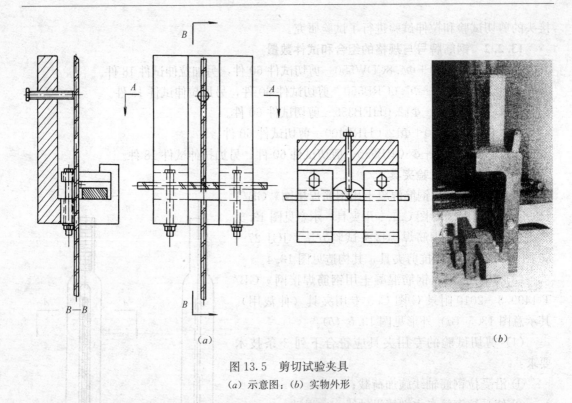

图 13.5　剪切试验夹具
(*a*) 示意图：(*b*) 实物外形

(2) 北京邢钢焊网科技发展有限公司建立了钢筋焊接网生产线，成套设备（成型机组）由奥地利 EVG 公司制造，型号为 G-8，生产的网片型号为 A8，其生产设备见图 13.7。

图 13.6　西安利华水泥制品有限公司
钢筋焊接骨架制作机

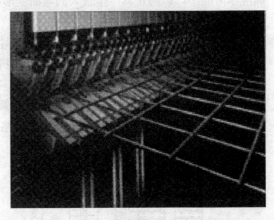

图 13.7　北京邢钢焊网科技发展有限公司
钢筋焊接网制作机

在本次试验过程中，北京邢钢焊网公司提供抗剪试样 J1~J60，共 60 件，拉伸试样 H1~H18，共 18 件，全部试样从一张大网片中截取。

13.2.5　焊接的质量要求　行业标准《钢筋焊接及验收规程》JGJ 18—2003 中 4.2.5 条规定：焊点的压入深度应为较小钢筋直径的 18%~25%。

国家标准《钢筋混凝土用钢　第 3 部分：钢筋焊接网》GB/T 1499.3—2010 中 6.5.2 条规定：钢筋焊接网焊点的抗剪力应不小于试样受拉钢筋规定屈服力值的 0.3 倍；7.2.4

条规定：钢筋焊接网的抗剪力为 3 个试样抗剪力的平均值。

以公式表示，要求如下：

$$F \geqslant 03A_0R_{eL}$$

式中　F——抗剪力（N）；

　　A_0——纵向钢筋的横截面面积（mm²）；

　　R_{eL}——纵向钢筋规定的屈服强度（N/mm²）。

该规程 5.2.6 条规定：冷轧带肋钢筋试件拉伸试验结果，其抗拉强度不得小于 550MPa。

经多次试验和观察，采用上述三种剪切夹具均能达到上述试验技术条件的要求。

13.2.6　试验结果

（1）钢筋电阻点焊试件剪切试验汇总见表 13.2。

钢筋电阻点焊接头抗剪力试验结果汇总表　　表 13.2

试件编号	钢筋牌号及规格	要求抗剪力（kN）	采用 GB 1499.3 图 C.1 夹具 试件号：1~20	采用 JGJ 27—86 悬挂式夹具 试件号：21~40	采用 GB/T 1499.3 图 C.3 夹具 试件号：41~60	备注
B	φ4.8CDW550 + φ4.8CDW550	2.71	4.91~11.0	2.5~10.2	3.5~10.54	实测抗剪力最小~最大
			8.57	7.2	6.74	平均
D	φ7.0CRB550 + φ7.0CRB550	5.77	6.1~22.33	17.9~21.4	6.7~20.04	实测抗剪力最小~最大
			19.0	20.06	13.11	平均
F	φ7.0CRB550 + φ12.0HRB335	11.37	7.61~19.31	5.6~21.7	3.2~13.44	实测抗剪力最小~最大
			13.04	15.78	8.88	平均
G	φ12.0HBR400 + φ12.0HRB400	13.57	10.21~26.54	9.71~38.13	13.72~53.1	实测抗剪力最小~最大
			16.03	23.84	29.82	平均
J	φ8.0CRB550 + φ8.0CRB550	7.54	10.12~25.50	8.0~25.5	11.0~25.94	实测抗剪力最小~最大
			16.51	17.9	19.24	平均

（2）冷轧带肋钢筋，冷拔低碳钢丝电阻点焊接头拉伸试验汇总见表 13.3。

冷轧带肋钢筋、冷拔低碳钢丝电阻点焊接头拉伸试验结果汇总表　　表 13.3

试件编号	钢筋牌号及规格	要求抗拉力（kN）	第一大组 试件号：1~6	第二大组 试件号：7~12	第三大组 试件号：13~18	备注
C	φ4.8CDW550 + φ4.8CDW550	9.04	11.30~11.50	8.3~11.0	11.14~11.43	实测抗拉力最小~最大
			11.38	10.4	11.25	平均
E	φ7.0CRB550 + φ7.0CRB550	19.24	22.30~23.22	22.0~22.2	18.42~22.6	实测抗拉力最小~最大
			22.71	22.08	21.17	平均

续表

试件编号	钢筋牌号及规格	要求抗拉力（kN）	第一大组 试件号：1～6	第二大组 试件号：7～12	第三大组 试件号：13～18	备注
H	ϕ8.0CRB550 + ϕ8.0CRB550	27.65	30.0～30.0	30.43～31.39	30.16～30.68	实测抗拉力最小～最大
			30.0	30.88	30.51	平均

13.2.7   结论和建议

（1）钢筋电阻焊点的压入深度对焊点抗剪力大小有直接影响，本次试验的试件压入深度很不稳定，浅的 5.41%，深的 42.6%，因此在焊接骨架、焊接网的焊接生产中，应使各焊点的工艺参数稳定，使焊点压入深度符合《规程》规定范围 18%～25% 之内。通过数据分析，《规程》中规定：焊点的压入深度应为较小钢筋直径的 18%～25%，是合适的。

（2）剪切试验专用夹具的 3 条技术要求十分重要，它与剪切试验夹具的构造有关，应精心制作，达到文中提到的要求。

（3）建议：一些大型钢筋焊接骨架，应规定焊点的剪切试验。

13.3 ϕ28 HRB 400 和 HRBF 400 钢筋四种焊接接头冲击试验结果分析与比较

高怡斐[1]，翟战江[1]，张连杰[2]

(1. 钢铁研究总院分析测试研究所，北京 100081；2. 河南鼎力钢结构检测有限公司 450016)

【摘要】本文针对山东石横特钢集团生产的 HRBF 400 和 HRB 400 钢筋的闪光对焊、电渣压力焊、固态气压焊和熔态气压焊四种焊接接头进行了室温 20℃、0℃、−20℃、−30℃ 和 −40℃ 下的冲击试验。试验结果表明，1. HRBF 400 钢筋焊接接头各区域的冲击韧性明显低于 HRB 400 焊接接头的冲击韧性。2. 各种焊接接头中焊缝区的冲击韧性低于粗晶区的冲击韧性。

【关键词】钢筋；焊接接头；冲击试验；低温

13.3.1   前言

根据行业标准《钢筋焊接接头试验方法标准》JGJ/T 27 编制组成暨第一次工作会议的决定，钢铁研究总院负责对 ϕ28HRB 400 和 HRBF 400 钢筋的四种焊接接头共 256 个试样进行了冲击试验。在陕西省建筑科学研究院的组织下，钢筋由山东石横特钢集团提供。闪光对焊接头由陕西省第三建筑工程公司制作，电渣压力焊接头由陕建院和陕西建工集团李增福共同制作，固态气压焊接头由宁波市富隆焊接设备科技有限公制作，熔态气压焊接头由无锡市日新机械厂制作。

13.3.2   试样制作和试验研究内容

行业标准《钢筋焊接接头试验方法标准》JGT 27—2001 规定，试样在各种焊接接头中截取的部位及方位见表 13.4 现选择两种，一是在焊缝区，二是在热影响区的粗晶区。

该标准还规定，标准试样应采用尺寸为 10mm×10mm×55mm 且带有 V 形缺口的试样，标准试样的形状和尺寸应符合现行国家标准《金属材料 夏比摆锤冲击试验方法》GB/T 229 的规定。在国家标准中规定，V 形缺口应有 45°夹角，其深度为 2mm，底部曲率半

试样部位及方位   表 13.4

焊接方法		取样部位			缺口方位	
		焊缝	熔合线	热影响区	光圆钢筋	带肋钢筋
闪光对焊						
电弧焊	坡口焊					
	窄间隙焊					
电渣压力焊						
气压焊						

注: 1. 试样缺口轴线与熔合线的距离 t 为 2～3mm。
    2. 母材试样应采用与焊缝试样同牌号、同批号、同直径钢筋制作。

径为 0.25mm，见图 13.8 和表 13.5。

在焊接接头横截面中心通过线切割的方法截取冲击试样毛坯，试样毛坯中心线与钢筋焊接接头中心偏差不大于 1mm。为保证冲击缺口位置的精确定位，将冲击试样毛坯通过平面磨床将试样的宽度和高度加工到成品尺寸，将硝酸酒精轻轻地涂抹在试样的焊接部位，在显示出的焊接区域内精确地划线，确定在焊缝中心和焊接热影响区（熔合线外侧 2mm）开冲击缺口的位置，利用投影曲线磨床来加工冲击试样的缺口，再根据冲击缺口中心定位，截取 55mm 长的冲击试样。

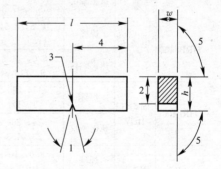

图 13.8 V 形缺口试样尺寸
注: 符号 L、h、w 和数字 1～5 的尺寸见表 13.5。

13.3.3 冲击试验和试验结果

将四种焊接方法得到的焊接接头冲击试样分别在室温 20℃、0℃、−20℃、−30℃和−40℃下依据现行国家标准《金属材料 夏比摆锤冲击试验方法》GB/T 229—2007 中规定的试验程序，包括：一般要求，试验温度试样的转移……等规定进行系列温度冲击试验，具体试验结果见表 13.6。

V 形缺口标准试样的尺寸与偏差   表 13.5

名　称	符号及序号	V 形缺口试样	
		公称尺寸	机加工偏差
长度	l	55mm	±0.60mm
高度	h	10mm	±0.075mm
宽度	w	10mm	±0.11mm
缺口角度	1	45°	±2°
缺口底部高度	2	8mm	±0.075mm
缺口根部半径	3	0.25mm	±0.025
缺口对称面-端部距离	4	27.5mm	±0.42mm
缺口对称面-试样纵轴角度	—	90°	±2°
试样纵向面间夹角	5	90°	±2°

HRB400 和 HRBF400 钢筋焊接接头冲击试验结果   表 13.6

钢筋牌号	焊接方法	缺口位置	$KV_2 J$				
			+20℃	0℃	-20℃	-30℃	-40℃
HRB400	闪光对焊	焊缝	18.5, 12.0/15.3	12.0, 9.5/10.8	4.5, 7.0/5.8	5.0, 6.5, 6.5/6.0	4.0, 4.5, 5.5/4.7
		热影响区	25.5, 27.0, 15.0/22.5	13.5, 12.5, 10.0/12	7.0, 7.5, 6.5/7	6.5, 7.0, 8.5/7.3	4.0, 4.0/4.0
HRBF400	闪光对焊	焊缝	15.0, 11.0/13.0	13.5, 12.5, 8.5/11.5	7.5, 7.5, 7.0/7.3	5.0, 5.5/5.3	4.0, 5.0/4.5
		热影响区	14.5, 15.0/14.8	11.0, 11.0/11.0	7.0, 7.0/7.0	7.5, 5.5, 5.0/6.0	5.5, 4.0, 5.0/4.8
HRB400	电渣压力焊	焊缝	23.0, 22.0, 15.0/20.0	19.5, 13.0 23.5/18.7	8.5, 8.0, 7.5/8.0	7.5, 7.0, 8.5/7.7	5.0, 5.5, 5.0/5.2
		热影响区	46.5, 40.0, 55.5/47.3	48.5, 26, 0, 27.0/33.8	9, 12.0, 13.0/11.3	9.5, 8.5, 10.5/9.5	5.0, 5.0, 9.0/6.3
HRBF400	电渣压力焊	焊缝	17.5, 8.5, 11.5/12.5	8.5, 11.5/10.0	6.5, 5.0, 10.0/7.2	6.0, 5.0, 6.0/5.7	5.0, 5.5, 4.0/4.8
		热影响区	16.0, 14.5, 9.5/13.3	9.5, 10.5, 10.0, /10.0	8.0, 8.0, 7.5/7.8	6.0, 5.0, 5.5/5.7	4.5, 5.0, 5.0/4.8
HRB400	固态气压焊	焊缝	11, 21, 19/17	11, 7.0, 8.0/8.7	5.0, 7.0, 6.0/6.0	4.0, 4.0, 5.0/4.3	3.0, 3.0, 3.0/3.0
		热影响区	24, 26, 23/24.3	24, 14, 11/16.3	8.0, 7.0, 10/8.3	5.0, 7.0, 6.0/6.0	4.0, 4.0, 5.0/4.3
HRBF400	固态气压焊	焊缝	9.0, 10, 10/9.7	6.0, 6.0, 7.0/6.3	10, 5.0, 6.0/7.0	3.0, 4.0, 3.0/3.3	3.0, 3.0, 4.0/3.3
		热影响区	11, 18, 14/14.3	7.0, 8.0, 7.0/7.3	5.0, 5.0, 4.0/4.7	4.0, 5.0, 5.0/4.7	4.0, 5.0, 3.0/4.0
HRB400	熔态气压焊	焊缝	3.0, 4.0, 6.0/4.3	5.0, 2.5, 9.5/5.7	2.5, 4.5, 2.5/3.2	4.0, 2.0, 5.0/3.7	4.0, 4.5, 4.0/4.2
		热影响区	24.0, 42.0, 36.5/34.2	20.0, 19.5, 12.5/17.3	8.5, 10.0, 8.0/8.8	7.5, 6.5, 6.0/6.7	4.0, 4.0, 5.5/4.5
HRBF400	熔态气压焊	焊缝	5.0, 4.0, 2.5/3.8	3.5, 1.5, 5.5/3.5	5.0, 4.5, 4.5/4.7	3.5, 3.5, 4.0/3.7	1.5, 2.5, 3.0/2.3
		热影响区	15.0, 15.0, 15.5/15.2	8.0, 10.0, 8.5/8.8	6.0, 5.5, 5.5/5.7	4.5, 7.5, 4.5/5.5	3.5, 5.0, 4.0/4.2

13.3.4 试验结果比较

1. HRBF400 和 HRB400 钢筋闪光对焊接头热影响区和焊缝区的冲击吸收能量比较见表 13.7 和图 13.9。

2. HRBF400 和 HRB400 钢筋电渣压力焊接头热影响区和焊缝区的冲击吸收能量比较见表 13.8 和图 13.10。

3. HRBF400 和 HRB400 钢筋固态气压焊接头热影响区和焊缝区的冲击吸收能量比较见表 13.9 和图 13.11。

4. HRBF400 和 HRB400 钢筋熔态气压焊接头热影响区和焊缝区的冲击吸收能量比较见表 13.10 和图 13.12。

HRBF400 和 HRB400 钢筋闪光对焊接头热影响区和焊缝区冲击吸收能量比较   表 13.7

试验温度	HRBF400 焊缝（J）	HRBF400 热影响区（J）	HRB400 焊缝（J）	HRB400 热响区（J）
20℃	13	14.8	15.3	22.5
0℃	11.5	11	10.8	12
−20℃	7.3	7	5.8	7
−30℃	5.3	6	6	7.3
−40℃	4.5	4.8	4.7	4.0

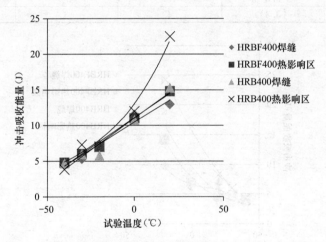

图 13.9 闪光对焊接头冲击吸收能量与试验温度有关系曲线

HRBF400 和 HRB400 钢筋电渣压力焊接头热影响区和焊缝区冲击吸收能量比较   表 13.8

试验温度	HRBF400 焊缝（J）	HRBF400 热影响区（J）	HRB400 焊缝（J）	HRB400 热影响区（J）
20℃	12.5	13.3	20	47.3
0℃	10	10	18.7	33.8
−20℃	7.2	7.8	8	11.3
−30℃	5.7	5.7	7.7	9.5
−40℃	4.8	4.8	5.2	6.3

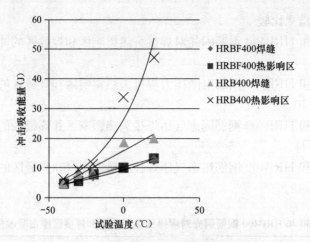

图 13.10　电渣压力焊接头冲击吸收能量与试验温度关系曲线

HRBF400 和 HRB400 钢筋固态气压焊接头热影响区和焊缝区冲击吸收能量比较　表 13.9

试验温度	HRBF400 焊缝（J）	HRBF400 热影响区（J）	HRB400 焊缝（J）	HRB400 热影响区（J）
20℃	9.7	14.3	17	24.3
0℃	6.3	7.3	8.7	16.3
−20℃	7	4.7	6	8.3
−30℃	3.3	4.7	4.3	6
−40℃	3.3	4	3	4.3

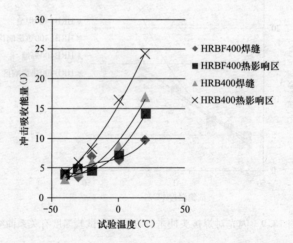

图 13.11　固态气压焊接头冲击吸收能量与实验温度关系曲线

HRBF400 和 HRB400 钢筋熔态气压焊接头热影响区和焊缝区冲击吸收能量比较　表 13.10

试验温度	HRBF400 焊缝（J）	HRBF400 热影响区（J）	HRB400 焊缝（J）	HRB400 热影响区（J）
20℃	3.8	15.2	4.3	34.2
0℃	3.5	8.8	5.7	17.3
−20℃	4.7	5.7	3.2	8.8
−30℃	3.7	5.5	3.7	6.7
−40℃	2.3	4.2	4.2	4.5

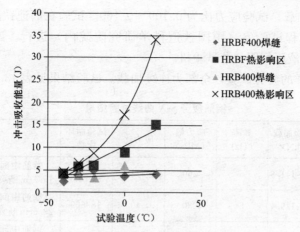

图 13.12 熔态气压焊接头冲击吸收能量与试验温度关系曲线

13.3.5 结语

现行国家标准《金属材料夏比摆锤冲击试验方法》GB/T 299 对冲击试样加工的规定十分严格、对试验程序各操作规定十分严谨。本文通过对两种牌号钢筋、四种焊接方法、两种缺口位置、五种试验温度共 256 个钢筋焊接接头冲击试样的冲击试验实践,表明:HRBF 400 钢筋焊接接头的冲击韧性(冲击吸收能量)整体低于 HRB 400 钢筋焊接接头的冲击韧性;同种材料、同种焊接方法下焊缝区的冲击韧性低于粗晶区的冲击韧性。

主要参考文献

[1] 中华人民共和国住房和城乡建设部. JGJ/T 27—2001 钢筋焊接接头试验方法标准. 北京:中国建筑工业出版社,2002.

[2] 国家质量监督检验检疫总局. GB/T 229—2007 金属材料夏比摆锤冲击试验方法. 北京:中国标准出版社,2008.

13.4　钢筋疲劳试验报告

赵体波,张玉玲

(中国铁道科学研究院,北京 100081)

【摘要】从现场混凝土桥梁凿取钢筋进行 S-N 曲线疲劳试验,通过超声波锤击强化试样的夹持部位,效果明显。疲劳试验结果表明,试样 200 万次循环次数的疲劳强度为 158MPa。根据试验研究成果提出钢筋焊接接头疲劳试验的方法。

【关键词】钢筋;疲劳试验;疲劳强度

13.4.1 工程实例

受运营单位委托,从现场旧混凝土桥梁跨中凿取 HRB335 螺纹钢筋母材进行疲劳试验。该桥跨度 4.5m,已在正线铁路运营 30 年。梁体内钢筋直径为 ϕ22,试样截面公称面积 380.13mm^2。凿出的钢筋表面状态良好。截取试样长度 800mm,两端夹持部位各车光 100mm,变截面处进行打磨和超声波锤击,试样受试区 600mm,表面保留原始状态。根据实际应用情况,以截取钢筋恒载应力作为试验加载最小应力,改变最大加载应力,进行拉-拉等幅应力循环加载。试验应力比为 0.109～0.160。试验在高速铁路重载试验国家工程实验室桥梁结构工程试验室（中国铁道科学研究院院内）进行。试验设备采用美国 MTS810 型±500kN 液压伺服疲劳试验机。

共完成 10 根试样的疲劳试验，全部为连续加载。试验结果见表 13.11。

钢筋疲劳 *S-N* 曲线试验结果　　　　　　　　　　表 13.11

序号	试件编号	试验加载（kN）	频率（Hz）	应力幅（MPa）	应力比	试验循环次数	试验破坏说明
1	1	13～111.8	5	260	0.116	336513	钢筋中间部分距离下端锤击处 14.5cm 断裂
2	9	13～119.4	5	280	0.109	189669	钢筋中间部分距离下端锤击处 23.5cm 断裂
3	10	13～100.4	8	230	0.129	532118	钢筋中间部分距离下端锤击处 22.5cm 断裂
4	12	13～92.8	7	210	0.140	930749	钢筋中间部分距离上端锤击处 5cm 断裂
5	13	13～81.4	5	180	0.160	2022111	钢筋中间部分距离下端锤击处 20cm 断裂
6	14	13～85.2	7	190	0.153	1785522	钢筋中间部分距离下端锤击处 20cm 断裂
7	24	13～106.1	4	245	0.123	869557	钢筋中间部分距离下端锤击处 16cm 断裂
8	33	13～96.6	4.5	220	0.135	552369	钢筋中间部分距离下端锤击处 16.5cm 断裂
9	34	13～81.4	5.3	180	0.160	3260000	试件未断，验证用
10	35	13～89.0	5	200	0.146	990470	钢筋中间部分距离上端锤击处 22cm 断裂

部分试样试验断口见图 13.13。

双对数坐标下疲劳试验结果见图 13.14。

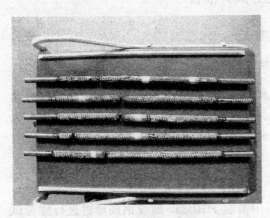

图 13.13　试样断口照片

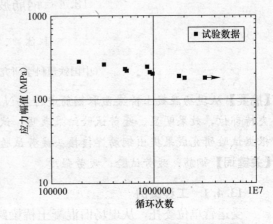

图 13.14　双对数坐标下钢筋疲劳试验结果

除 34 号试样因未断不计入统计外，9 根试样数据全部有效。对 9 根试件的试验数据进行回归，得 *S-N* 疲劳曲线方程为：

$$\lg N = 17.106 - 4.794\lg\Delta\sigma, \Delta\sigma_0(2\times10^6) = 179.4(\text{MPa})$$

相关系数 $r=-0.926$，均方差 $s=0.133$，取 97.7% 保证率，回归曲线下线为：

$$\lg N = 16.840 - 4.794 \lg \Delta\sigma$$

200 万次循环次数下的疲劳强度为：$\Delta\sigma_0(2\times10^6)=157.9$（MPa）。

13.4.2 体会

疲劳试验目的是测定和检验钢筋焊接接头在动荷载确定的应力幅和设定应力循环下的条件疲劳极限。

钢筋焊接接头由于存在残余应力，接头疲劳抗力大小主要取决于反复应力的幅值，应力比的影响较之已成为次要矛盾，可以忽略。对于钢筋母材，应力比对试验结果还是会有影响，疲劳试验时可根据实际受力状态，取最不利的应力比，再参照应力幅控制方法进行试验。钢筋和钢筋焊接接头的疲劳试验，过去以应力比作为加载条件；现在已修改为以应力幅作为加载条件。

条件疲劳极限的应力循环次数定为 2×10^6。一是等效应力应小于该条件疲劳极限，二是工作应力循环次数不应小于 2×10^6 次。对超出上述条件之一者在设计中作出相应修正。

1. 试样

试样长度宜为疲劳受试长度（包括焊缝和母材）与两个夹持长度之和，其中受试长度不应小于 500mm。

钢筋焊接接头试样受试段的母材需保留原轧制表面，焊接接头应采用与实际应用相同的焊接工艺，反映实际焊接状态。

相同类型焊接接头试样的加工数量，使试验后得到的有效数据不应少于 8 个。进行检验性疲劳试验时，在所要求的疲劳应力幅和应力循环次数加载下做疲劳试验的试样不应少于 3 根。

试验时，可选用合适措施强化试样夹持部分。

2. 疲劳试验机

疲劳试验机应经国家认证的标准计量单位作定期检定，并在有效期内方可使用。

试验机应具有安全控制和应力循环自动记录的装置。

3. 试验方法

① 采用轴向拉-拉加载方式。荷载控制，即在试验全过程中保持荷载为稳定值，试验不应因疲劳裂纹的形成和扩展试样变柔引起试样伸长而终止。在一根试样的整个试验过程中，最大和最小疲劳荷载以及应力循环频率保持恒定。

② 加载波形对试验结果有影响。一般情况下外力传到钢筋时的应力历程基本为正弦波。

③ 加载频率宜控制在：$f \leqslant 60\text{Hz}$。

④ 疲劳试验宜在大气环境和室温下进行。当钢筋使用环境为特殊介质环境时，如高温、低温、腐蚀环境下的结构，应将试件置于模拟介质环境下进行试验。

⑤ 对于钢筋焊接接头，疲劳试验应按照不同应力幅的水平进行加载。试验荷载宜分 5~6 级，每级应取 1~3 个试样进行疲劳试验。试验应从高应力水平开始，逐级下降。

⑥ 在疲劳荷载作用下，应将钢筋疲劳断裂时的应力循环次数作为相应应力水平下的疲劳寿命。

4. 试验记录及数据处理

(1) 试验结果处理时，应根据得出的应力幅与疲劳寿命的关系，绘制双对数坐标疲劳

S-N 曲线，保证率宜取 97.7%；举钢筋焊接接头疲劳试验结果一例，见图 13.15。

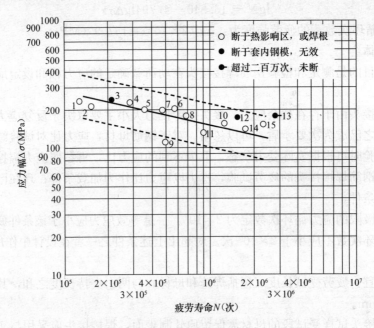

图 13.15 钢筋焊接接头疲劳试验 *S-N* 曲线

（2）条件疲劳极限的测定

绘制疲劳 *S-N* 曲线，回归得到 *S-N* 曲线方程，求出达到设定循环次数的条件疲劳极限。设定循环次数宜采用 2×10^6 次。

进行检验性疲劳试验时，在设定的疲劳应力幅之下，对不小于 3 根试样在设定循环次数下进行疲劳寿命检验。

13.5 钢筋焊接接头金相试验与硬度试验

张 敏[1]，吴成材[2]，张 翔[1]

（1. 西安理工大学材料科学与工程学院，陕西西安 710048；2. 陕西省建筑科学研究院，陕西西安 710082）

【摘要】本课题对 HRBF400 热轧带肋钢筋的各形式焊接接头的宏观形貌进行观察分析，同时重点分析 HRBF400 细晶粒热轧带肋钢筋各形式焊接接头的金相组织，分析发现压力焊对接接头焊缝区均较窄，组织为先共析铁素体；而热影响区很宽，组织一般为粗大的魏氏组织。而采用电弧焊接接头焊缝区一般较宽且由于采用了多层多道焊使其组织为层状，微观组织大多为先共析铁素体；HAZ 相对较窄，微观组织呈现多种形态，过热区组织一般为魏氏组织、低碳马氏体，相变重结晶区组织一般为回火索氏体，等轴细晶铁素体和少量珠光体。母材组织均呈带有明显轧制特征的条带状，以铁素体和珠光体为主。硬度分布在沿轴线方向波动较大，在靠近 HAZ 垂直于轴线方向上，都是钢筋轴线处硬度较低，轴线两侧硬度相对较高且波动很小。

【关键词】HRBF400 钢筋；焊接接头；金相组织；硬度分布

13.5.1 前言

近年来，随着我国对建筑结构质量要求的提高，超细晶粒钢筋及高强钢筋在我国的工程实际中开始得到大规模应用和一定程度的推广，国内对使用高强钢筋的结构受力性能研究也有所加强。目前，我国建筑行业已经开始在一定范围内使用超细晶粒钢筋，但超细晶粒钢筋尚未列入我国现行的《混凝土结构规范》GB 50010—2002，这严重限制了超细晶粒钢筋的大规模应用和推广。为使超细晶粒钢筋的应用得到推广，对其各项性能的研究也就必不可少，本文对超细晶粒钢筋各形式焊接接头的金相与硬度做出分析，以期对其今后的实际应用起到指导和借鉴作用。

13.5.2 钢筋对接压力焊

1. HRB400 钢筋对接压力焊接接头宏观形貌

HRB400 各形式对接压力焊接接头纵剖面的形貌如图 13.16 所示。对接压力焊接头宏观形貌大体相似：接头焊缝区宽度很窄，为 1mm 左右的白亮窄带，这是由于对接压力焊时钢筋端面脱碳造成的。并且可以观察到在焊缝两侧由于顶锻力和大的热输入过程，使钢筋形成了截面加强区，说明顶锻力足够大，使处于高温的金属发生了塑性变形。对接压力焊接接头的热影响区的宽度很宽，约为 10mm 左右，由此可见焊接热输入很大。HRBF400 钢筋固态气压焊接接头的纵剖面宏观形貌与 HRB 钢筋相同，在此不再赘述。

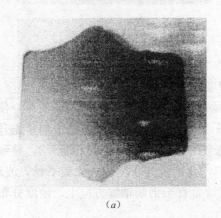 

(a) (b)

图 13.16 各形式对接压力焊接头宏观形貌
(a) 固态气压焊；(b) 熔态气压焊

2. HRBF400 钢筋对接压力焊接接头典型微观组织形貌分析

图 13.17 (a) 所示为焊缝区，可以看出，其为焊接接头中部颜色稍浅区域，有轻微脱碳现象，组织主要以先共析铁素体为主，同时还有少量的珠光体存在，且在这一区域，其晶粒尺寸明显大于母材的晶粒。由于在对接压力焊焊接过程中，高温维持时间长，使热影响区发生固态相变，在靠近熔合线的过热区，其奥氏体晶粒长大比较严重。

如图 13.17 (b) 所示，这一区域组织为焊接热影响区中过热区内典型的粗大魏氏组织。距离熔合线越远，如图 13.17 (c)，组织为较母材料稍粗大的块状铁素体和珠光体，相较于 HAZ 过热区组织，此区域组织相对细小。母材组织如图 13.17 (d) 所示，其组织呈具有典型轧制特征的条带状，等轴细晶铁素体在条带中整齐而细密地排列，在其晶间和条带间伴有少量珠光体。

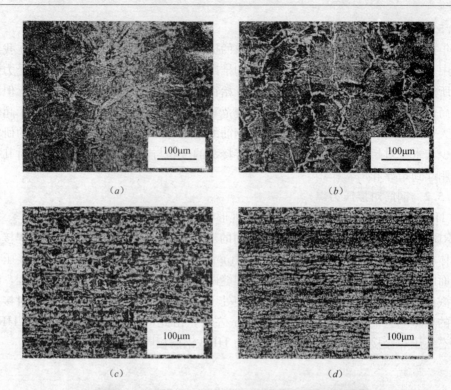

图 13.17　对接压力焊接头各区域典型微观组织形貌

(*a*) 焊缝；(*b*) 靠近熔合线一侧 HAZ；(*c*) 靠近母材一侧 HAZ；(*d*) 母材

3. HRBF400 钢筋对接压力焊接头维氏硬度分析

以电渣压力焊为例，如图 13.18 (*a*) 所示，由于焊接过程中钢筋端部脱碳，使焊缝硬度较低。热影响区靠近熔合线的区域硬度较高，且随着距熔合线距离的增加呈先升后降的趋势。在热影响区与母材的交界处，由于不完全相变重结晶区组织粗细不均，导致硬度波动较大。母材组织为细晶铁素体，细密且均匀，此区域的硬度分布比较平稳，波动不大。如图 13.18 (*b*) 所示，在靠近 HAZ 的母材区域垂直于钢筋轴线方向上，硬度分布为轴线处较低，轴线两侧硬度较高。

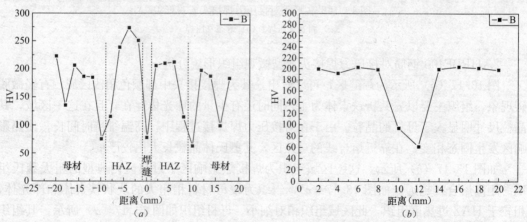

图 13.18　钢筋对接压力焊接头硬度分布

(*a*) 电渣压力焊沿钢筋轴向硬度分布；(*b*) 电渣压力焊近 HAZ 钢筋横截面硬度分布

13.5.3 钢筋焊条电弧焊

1. HRB400 钢筋焊条电弧焊接头宏观形貌

钢筋典型焊条电弧焊接头纵剖面宏观形貌如图 13.19 所示，其皆采用多层多道的焊接方法焊接而成，在焊缝区可以明显观察到以层状堆叠而成的焊缝组织。焊缝区无明显焊接缺陷。热影响区相对较窄，其宽度不超过 5mm，相较于对接压力焊的焊接方法，此方法的焊接热输入相对较小。

(a)　　　　　　　　　　　　　　(b)

图 13.19　焊条电弧焊接头
(a) 窄间隙焊接头；(b) 坡口焊接头

2. HRBF400 钢筋焊条电弧焊接头典型微观组织形貌分析

图 13.20 (a) 为典型的焊缝组织，以块状的先共析铁素体为主，由于多层多道焊后一道对前一道焊接起到了热处理作用，所以观察整个焊缝区域，组织都相对细小，并有因多道焊而呈层状的分布特征。

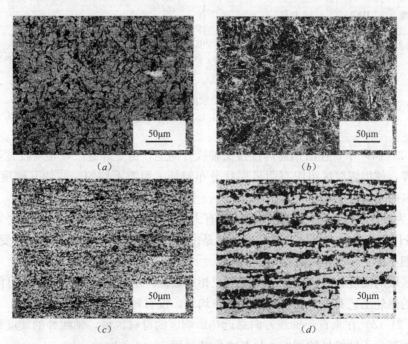

(a)　　　　　　　　　　　　　　(b)

(c)　　　　　　　　　　　　　　(d)

图 13.20　焊条电弧焊接头各区域典型微观组织形貌
(a) 焊缝；(b) HAZ 粗晶区；(c) HAZ 细晶区；(d) 母材

图 13.20 (b) 所示为焊条电弧焊典型的热影响区粗晶区组织,由于此区域靠近焊缝,受热输入影响大,冷却速度快,所以其组织主要以低碳马氏体为主,并伴有少量的回火索氏体和块状铁素体。

图 13.20 (c) 所示为热影响区细晶区组织,此区域为相变重结晶区,距焊缝较远,受焊接热输入影响小,这一区域中原始组织发生相变重结晶,母材中铁素体和珠光体在高温下全部转变为奥氏体,接着在空气中冷却得到均匀细小的铁素体和珠光体组织。

图 13.20 (d) 所示为母材组织,其组织呈具有明显轧制特征的条带状,等轴细晶铁素体在条带中整齐而细密的排列,且组织非常细小均匀,同时在铁素体晶间和条带间伴有少量珠光体。

3. HRBF400 钢筋焊条电弧焊接头维氏硬度分析

对焊条电弧焊焊接接头各区域进行维氏硬度测试,因其维氏硬度分布具有大体相同的分布趋势,在此以窄间隙焊焊接接头为例进行讨论。窄间隙焊焊接接头各区域维氏硬度测试结果如图 13.21 所示。

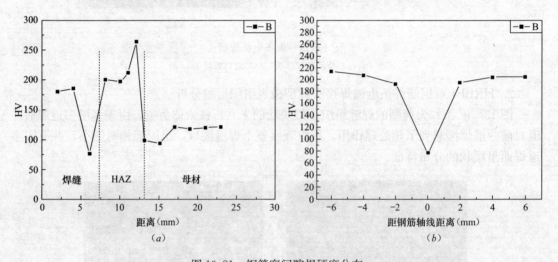

图 13.21　钢筋窄间隙焊硬度分布

(a) 窄间隙焊沿钢筋轴向硬度分布;(b) 窄间隙焊近 HAZ 横截面硬度分布

图 13.21 (a) 中,在沿钢筋焊接接头轴线方向上,由于焊缝区域相对较宽,且焊接方法为多道焊,使得焊缝区组织有明显层状分布特征,组织不均匀,故使其硬度有些波动,但是焊缝区的平均硬度还是相对较高的。

HAZ 为硬度最高的区域,此区域分布有大面积的马氏体,且此区域硬度分布较为平均,并在 HAZ 与母材交界处出现峰值,这是由于在 HAZ 靠近母材一侧为相变重结晶区,此处组织细小均匀,故使硬度偏高。

母材区域的硬度相对较低,平均硬度也相对较低。出现这种情况的原因可能与钢筋生产过程中的热轧工艺有关。此区域硬度分布均匀,没有较大波动。

图 13.21 (b) 在垂直于轴线方向靠近热影响区的母材区域,轴线处的硬度最低,轴线两侧的硬度都高于轴线处的硬度,且基本保持平稳。

此外,对 ϕ28HRBF400 钢筋闪光对焊接头进行维氏硬度测定,结果见 13.5 附表。

钢筋焊接接头硬度试验报告（例）   **13.5 附表**

委托单位：陕西省建筑科学研究院   试验报告编号：焊 1086 号   2012 年 3 月 5 日

钢筋牌号及直径	焊接方法及接头形式	焊接工艺参数	试验机型号及荷载	试验依据
φ28 HRBF400	闪光对焊	次级电压：8 级	150 型手动式对焊机	JGJ/T 27—201X

测点位置简图	硬度测试结果（硬度值）
测点12–19 纵列；测点1–11 横排；测点距为2mm	1—195HV5　12—254HV5 2—210HV5　13—254HV5 3—102HV5　14—257HV5 4—167HV5　15—90HV5 5—286HV5　16—274HV5 6—210HV5　17—274HV5 7—289HV5　18—257HV5 8—286HV5　19—265HV5 9—236HV5 10—268HV5 11—232HV5

结论	点 3 和点 15 硬度值较低，其他各点硬度值符合焊接接头规律，F 钢焊后，高温使细晶粒长大，硬度值降低 试验单位：西安理工大学 材料科学与工程学院

批准：	审核：	试验：

13.5.4 结论

（1）焊接接头形式主要分为两大类，对接压力焊和焊条电弧焊。对接压力焊接方法包括熔态气压焊、电渣压力焊和闪光对焊；焊条电弧焊包括熔槽帮条焊、帮条焊、坡口焊、窄间隙焊和穿孔塞焊。

（2）对接压力焊的接头组织特点为：焊缝宽度窄，组织一般为先共析铁素体、晶内的少量针状铁素体和珠光体组成；HAZ 很宽，组织一般为魏氏组织，并随着距离熔合线越远组织越细小，直至逐渐过渡为母材区域具有明显轧制特征的条带状，以铁素体和珠光体组成。

（3）焊条电弧焊的接头随着焊接形式的不同有较大的变化，但都为多层多道焊接而成。焊缝区组织具有层状特征，组织大多为块状铁素体和先共析铁素体。焊条电弧焊的热影响区较窄，但由于冷速快、多道焊，热影响区呈现多种组织，过热区组织一般为魏氏组织、低碳马氏体，相变重结晶区组织一般为回火索氏体，等轴细晶铁素体和珠光体。

（4）硬度分布在沿轴线方向波动较大，一般为焊缝及母材区域硬度相对较低，HAZ 硬度相对较高。在靠近 HAZ 垂直于轴线方向上，从总体来看，都是钢筋轴线处硬度较低，轴线两侧硬度相对较高且波动较小。

13.6 细晶粒钢筋与普通热轧钢筋焊接接头晶粒度变化比较

晁月林[1]，周玉丽[1]，刘晓岚[1]，王长生[2]

（1. 首钢技术研究院，北京 100041；2. 山东石横特钢集团有限公司，山东肥城 271612）

【摘要】本文对 HRB400 普通热轧钢筋和 HRBF400 细晶粒热轧钢筋的固态气压焊、电渣压力焊、闪光对焊和坡口电弧焊（CO_2 焊）四种焊接接头进行晶粒度测定，分析各种焊接接头从焊缝到热影响区再到母材各个区域晶粒度的变化情况，确定晶粒度显示方法及评级方法。

【关键词】细晶粒钢筋；普通热轧钢筋；焊接接头；晶粒度；变化比较

13.6.1 实验方法

四种钢筋焊接接头晶粒度测定遵循国家标准《金属平均晶粒度测定方法》GB/T 6394—2002 的规定，采取等长测量的方式，以 2mm 为单位，进行一次晶粒度评定，直到晶粒度与母材的晶粒度一致为止。焊接接头粗晶区宜进行奥氏体晶粒度测定，可采用 5％苦味酸乙醇溶液侵蚀；细晶区进行铁素体晶粒度测定，可采用 3％～4％硝酸乙醇溶液侵蚀。

13.6.2 细晶粒钢筋焊接接头与普通热轧钢筋焊接接头的宏观对比

图 13.22 为细晶粒钢筋焊接与普通热轧钢筋焊接四种焊接接头的宏观对比图，从图中可以看出：细晶粒钢筋和普通热轧钢筋的焊接热影响区大小、焊合情况相似，适于进行微观组织及晶粒度的比较评定。

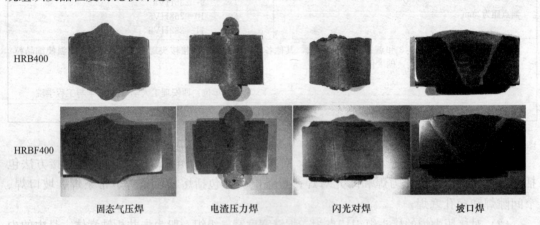

图 13.22   细晶粒钢筋焊接与普通热轧钢筋焊接接头的宏观对比图

13.6.3 固态气压焊焊接接头的微观组织和晶粒度测定

采用固态气压焊的细晶粒钢筋 HRBF400 和普通热轧钢筋 HRB400 的焊接接头如图 13.22 所示，对其从焊缝到热影响区再到母材的连续观察的图片如图 13.23 所示，图（a）为细晶粒钢筋 HRBF400，图（b）为普通热轧钢筋 HRB400）。焊接件从焊缝开始，经过热影响区再到母材，晶粒出现一个由大到小的过程。固态气压焊的细晶粒钢筋和普通热轧带肋钢筋的晶粒都存在由大到小的过程，所不同的是离焊缝较近的位置，细晶粒钢筋的晶粒度小于 4 级，而普通钢筋的晶粒度为 4.5 级，随着离焊缝距离的增加，细晶粒钢的热影响区的距离较短，普通热轧钢筋的热影响区相对细晶粒钢筋的范围较宽，见图 13.24。根据国标规定，对不同的区域采用不同的晶粒度评级方式，其中图 13.23 的细晶粒钢的 1～7 号图片为测量实际晶粒度，8～12 测量的为铁素体晶粒度；图 13.23 的普通热轧钢筋的 1～10 号为实际晶粒度，11～12 为铁素体晶粒度。

从组织上看，二者的组织相似，皆是从焊缝开始，焊接热影响区组织以铁素体加状珠光体加粗大的魏氏组织为主，沿原晶界析出的白色组织为铁素体，其形貌呈针状或片状；黑色部分为粗大的珠光体，沿晶界向晶内生长的针状组织为魏氏组织；随着离焊缝距离的加长，组织基本上为铁素体加珠光体组织，均匀分布，但同时伴有大量的块状珠光体和少量的魏氏组织存在；随着晶粒的细化，组织为细小的铁素体加珠光体组织，细晶粒钢的铁素体晶粒度一般在 10～11 级，普通热轧带肋钢筋的铁素体晶粒度为 9～9.5 级。

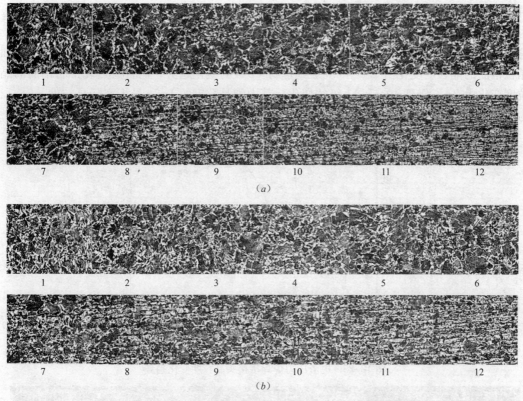

图 13.23 固态气压焊焊接热影响区晶粒度金相拼接图

(*a*) HRBF400；(*b*) HRB400

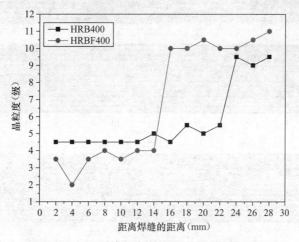

图 13.24 固态气压焊接头的晶粒度变化趋势

13.6.4 电渣压力焊焊接接头的微观组织和晶粒度测定

钢筋电渣压力焊是将两钢筋安放成竖向对接形式，利用焊接电流通过两钢筋间隙，在焊剂层下形成电弧过程和电渣过程，产生电弧热和电阻热，熔化钢筋，加压完成的一种压焊方法，其适用于现浇钢筋混凝土结构中竖向或斜向（倾斜度 4∶1 范围内）钢筋的连接，特别是对于高层建筑的柱、墙钢筋，应用尤为广泛。采用该种焊接方式焊接的细晶粒钢筋 HRBF400 和普通热轧钢筋 HRB400 的焊接接头如图 13.22 所示，对其从焊缝到热影响区再到母材的连续观察的图片如图 13.26 所示，图（a）为细晶粒钢筋 HRBF400，图（b）为普通热轧钢筋 HRB400。

采用电渣压力焊焊接的焊接接头的晶粒度变化如图 13.25 所示，从图中可以看出：细晶粒钢筋的晶粒度变化由 1.5～5.5 级到母材 11 级的变化趋势，而普通热轧带肋钢筋的晶粒度变化由 2～6 级到 10.5～11 级的变化。其中细晶粒钢的 1～4 号为实际晶粒度，5～12 为铁素体晶粒度；而普通热轧带肋钢筋的 2～6 号为实际晶粒度 7～12 为铁素体晶粒度。

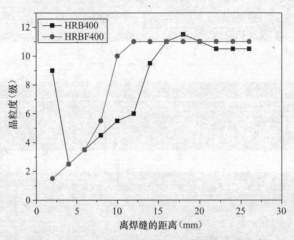

图 13.25 电渣压力焊焊接接头晶粒度变化趋势

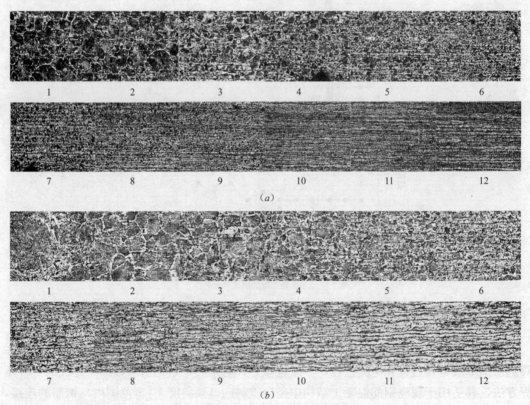

图 13.26 电渣压力焊焊接热影响区晶粒度金相拼接图

（a）HRBF400；（b）HRB400

13.6.5　闪光对焊焊接接头的微观组织和晶粒度测定

采用闪光对焊焊接的细晶粒钢筋 HRBF400 和普通热轧钢筋 HRB400 的焊接接头如图 13.22 所示，对其从焊缝到热影响区再到母材的连续观察的图片如图 13.27 所示，图（a）为细晶粒钢筋 HRBF400，图（b）为普通热轧钢筋 HRB400。其晶粒度的变化趋势，细晶粒钢筋和普通热轧钢筋的晶粒度相似，在靠近焊缝的位置，细晶粒钢筋的晶粒度在 2～2.5 级变动，而普通热轧钢筋晶粒度为 3～4 级，见图 13.27 和图 13.28。对其晶粒度的评级，细晶粒钢筋 HRBF400 的晶粒 1～4 号区域为实际晶粒度，普通热轧钢筋 HRB400 以 2、3、4 为实际晶粒度，其余为铁素体晶粒度。由于 HRB400 焊缝较宽，一个视场内基本上以铁素体和魏氏组织为主，评级为铁素体晶粒度。

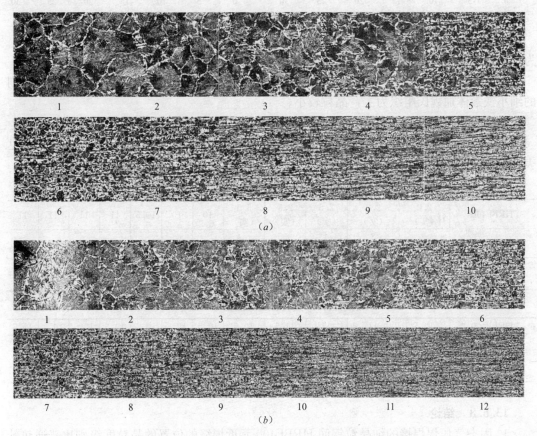

图 13.27　闪光对焊焊接热影响区晶粒度拼接图

(a) HRBF400；(b) HRB400

组织变化如图所示。从图中可以看出，靠近焊缝的区域主要以块状的珠光体为主，同时在晶界位置分布铁素体和粗大的魏氏组织；靠近母材的区域主要是块状的珠光体加均匀铁素体组织。对于细晶粒钢筋和普通热轧钢筋，所不同的是，细晶粒钢筋的粗晶区相对较短，混晶区相对较长，见图 13.27。

13.6.6　坡口焊焊接接头的微观组织和晶粒度测定

坡口焊焊接钢筋的热影响区晶粒度的变化如图 13.29 所示。由于坡口热输入小，其热影响区相对较短，在热影响区的晶粒较细，主要以铁素体为主，随着远离焊缝，组织变化

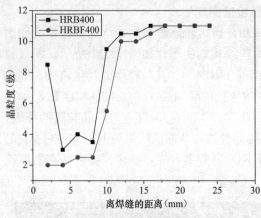 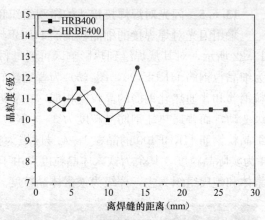

图 13.28　闪光对焊焊接接头热影响区晶粒变化　　　图 13.29　坡口焊焊接热影响区的晶粒度变化

为铁素体加珠光体。

其晶粒度主要为 9.5～11 级，晶粒比较细小。焊缝及靠近焊缝的位置。主要以不规则的细小铁素体加魏氏组织为主，晶粒较小。

13.6.7　晶粒度列表显示

钢筋焊接接头晶粒度亦可以列表显示，以闪光对焊接头和坡口焊接头为例，列表见表 13.12 和表 13.13。

钢筋闪光对焊接头各区域晶粒度（级）　　　　　　　　表 13.12

HRBF400	2.0（实）	2.0（实）	2.5（实）	2.5（实）	5.5（实）	10	10	10.5	11	11	11	11
HRB400	8.5	3（实）	4（实）	3.5（实）	9.5	10.5	10.5	11	11	11	11	11
测点	焊缝中心	2	4	6	8	10	12	14	16	18	20	22	24
		离焊缝距离（mm）											

钢筋坡口焊接头各区域晶粒度（级）　　　　　　　　表 13.13

HRBF400	10.5	11	11	11.5	10.5	10.5	12.5	10.5	10.5	10.5	10.5	10.5
HRB400	11	10.5	11.5	10.5	10	10.5	10.5	10.5	10.5	10.5	10.5	10.5
测点	焊缝中心	2	4	6	8	10	12	14	16	18	20	22	24
		离焊缝距离（mm）											

注：标有"实"为实际晶粒度，其他为铁素体晶粒度。

13.6.8　结论

1. 固态气压焊焊接的细晶粒钢筋 HRBF400 靠近焊缝的位置的晶粒度级别比普通热轧钢筋 HRB400 的低，而焊接热影响区的长度 HRBF400 比 HRB400 短；电渣压力焊的焊接热影响区晶粒度呈线性变化，细晶粒钢的热影响区相对普通热轧钢筋的较短；闪光对焊焊接的细晶粒钢筋的粗晶区相对较短，混晶区相对较长。由于坡口焊的焊接方法的特殊性，其热影响区的范围较窄，晶粒度较高，细晶粒钢和普通热轧钢筋没有太大的差别。

2. 除坡口焊外，其于三种焊接方式的组织变化均为铁素体加块状的珠光体加粗大的魏氏组织到细小铁素体加小块状珠光体，最后到细小的铁素体加珠光体的母材组织的变化，而坡口焊的组织为细小的铁素体加魏氏组织到均匀的铁素体加珠光体母材组织的变化过程。

接头晶粒度测定报告两例，见表 13.6 附 A 和表 13.6 附 B：钢筋熔态气压焊接由无锡市日新机械厂制作，钢筋 CO_2 气体保护坡口焊接头由中冶建筑研究总院马德志制作。

钢筋焊接接头晶粒度测定报告（例1）

13.6 附表 A

报告编号：XXX

委托单位	陕西省建筑科学研究院
钢筋牌号	HRBF400
钢筋直径（mm）	φ28
焊接方法	熔态气压焊
接头形式	对接
依据标准	GB/T 6394—2002　JGJ/T 27—201X
送检日期	2011.11.8

钢筋接头平面图和测点线

例1：φ28钢筋熔态气压焊接接头平面图
测点线

接头晶粒度金相拼接图（测点）

测点距（mm）	焊缝	2	4	6	8	10	12	14	16	18	20	22	24	26	28
接头测点评级 G（级）	无	1.5 实	1.5 实	1.5 实	1.5 实	3.5 实	3.5 实	9	9	9	9	9	9		

结　论：钢筋熔态气压焊接接头焊缝无法评级，粗晶区晶粒度为1.5～3.5级，焊接热影响区长度约为12mm，母材晶粒度为9级，组织为铁素体加珠光体的细小组织。

试验单位：首钢技术研究院
2011 年 11 月 15 日

试验：

审核：

批准：

注：1. 委托单位提供试样，加工至显露测试平面，测点线由双方共同商定；
　　2. 一条测点线含焊缝1点，热影响区若干点，母材一点，合计不超过去14点，测点距2mm；
　　3. 金相放大倍数：100×；每一测点金相图长12mm。

钢筋焊接接头晶粒度测定报告（例2）

13.6 附表 B
报告编号：XXX

委托单位	陕西省建筑科学研究院
钢筋牌号	HRBF400
钢筋直径（mm）	Φ28
焊接方法	CO₂ 气体保护焊
接头形式	坡口焊
依据标准	GB/T 6394—2002　JGJ/T 27—201X
送检日期	2011.11.8

钢筋接头平面图和测点线

例2：Φ28 钢筋 CO₂ 气体保护焊接头平面图　测点线

接头晶粒度金相拼接图（测点）

接头测点评级															
测点距（mm）	焊缝	2	4	6	8	10	12	14	16	18	20	22	24	26	28
评级 G（级）	无	10.5	11	11	11.5	无	无	12.5	10.5	10.5	10.5	10.5	10.5	10.5	

金相图测点：1　2　3　4　5　6　7　8　9　10　11　12

结　论：钢筋 CO₂ 气体保护坡口焊接无粗晶区，热影响区晶粒比较细小，基本上为铁素体小的晶粒，焊热影响区的晶粒最高达到 12.5 级，母材晶粒度为 10.5 级。

审核：	试验：
批准：	试验单位：首钢技术研究院 2011 年 11 月 15 日

注：1. 委托单位提供试样，加工至显露测试平面，测点线由双方共同商定；
　　2. 一条测点线含焊缝 1 点，热影响区若干点，母材一点，合计不超过去 14 点，测点距 2mm；
　　3. 金相放大倍数：100×；每一测点金相图长 12mm。

第 四 篇

钢筋机械连接

概　述

　　20 世纪 70 年代，欧美、日本处于经济高速成长时期，随着建筑物的大型化、高层化，粗直径钢筋的应用越来越多，钢筋机械连接技术蓬勃发展，除了套筒挤压接头和锥螺纹接头外，还有熔融金属充填套筒接头，水泥浆充填套筒接头，精轧螺纹钢筋接头，以及滚压直螺纹接头、镦粗切削直螺纹接头等，上述各类接头除锥螺纹接头，几乎全部能充分发挥钢筋母材极限强度。与此同时，各国制订了相应的技术标准。

　　20 世纪 80 年代，我国经济高速发展，高层建筑、高速公路、大桥、核电站、电视发射塔等重大建设上程中粗直径钢筋用量大增，一些科研单位开始研究开发粗钢筋机械连接技术，除了进行单体接头试验之外，还进行了大量钢筋混凝土构件试验，以考察接头受拉或受压对构件裂缝、刚度、强度的影响。1987 年，钢筋套筒挤压技术应用于 405m 高的北京中央电视塔工程，在国家重点工程的应用使钢筋机械连接技术较快地获得推广应用。此后，陆续研发推广了钢筋锥螺纹接头连接、镦粗直螺纹接头、滚轧直螺纹接头等钢筋连接方法。目前应用最多的是滚轧直螺纹接头，其次是套筒挤压接头、镦粗直螺纹接头、锥螺纹接头。

　　在试验研究基础上，我国先后编制发行冶金行业标准《带肋钢筋挤压连接技术及验收规程》YB 9250—93、建设工程行业标准《钢筋机械通用连接技术规程》JGJ 107—96、《带肋钢筋套筒挤压连接技术规程》JGJ/T 108—96、《钢筋锥螺纹接头技术规程》JGJ 107—96、《镦粗直螺纹钢筋接头》JG/T 3057—1999、《滚轧直螺纹钢筋连接接头》JG 163—2004 等标准。之后，经过多年大量工程实践，对以上规程标准进行整合修订补充，经住房和城乡建设部批准，发布实施《钢筋机械连接通用技术规程》JGJ 107—2003 和《钢筋机械连接技术规程》JGJ 107—2010。这些规程的公布实施，大大促进了钢筋机械连接技术的发展，促进了钢筋机械连接接头质量和技术水平的提高，取得良好技术经济效益。钢筋连接技术先在公共建筑和工程中得到广泛应用，而后在民用建筑也得到大量应用，在建筑工程中发挥越来越大的作用。

　　钢筋机械连接技术的优点：

　　1. 连接强度和韧性高，连接质量稳定可靠，接头检验方便。

　　2. 适用范围广，适用于直径 12～50mm HRB335、HRB400 和 HRB500 钢筋多方位连接。

　　3. 施工方便，作业简单，连接速度快，不需专用配电设施。

　　4. 环保施工，无噪声、无明火、无烟尘，可全天候施工。

　　目前，我国正在编制《水泥灌浆充填接头》和《钢筋机械连接用套筒》等两本产品标准（已进入报批阶段），现介绍一些国外钢筋连接技术发展情况如下。

　　1）水泥灌浆充填接头

　　国外钢筋水泥灌浆充填接头发展较快，它主要用于装配式住宅工程。在欧美、日本和新加坡大力提倡装配式住宅，比如新加坡住宅结构工程设计中，90％以上柱、墙、梁、楼板、楼梯、屋顶水箱等均采用预制构件。这些构件在工厂生产，工地上主要是构件安装，从而减少了污染、提高了质量、能最大限度地改善墙体开裂、渗漏等质量通病，提高住宅整体安全等级、减少建筑垃圾和建筑污水，而预制构件之间的连接就采用水泥灌浆充填接头，将两根主筋连接起来。

2）在普通混凝土结构中采用精轧螺纹钢筋

我国的精轧螺纹钢筋都是强度在 700MPa 的热处理钢筋，只用于预应力混凝土结构。目前欧美、日本等国在普通混凝土结构中有采用精轧螺纹钢筋的，用螺纹套筒进行连接。这些精轧螺纹钢筋都是强度在 300～500MPa 之间。螺纹套筒外径小、强度高，一般都由钢厂大量生产供应。因此，施工现场钢筋工程只是下料、连接，加快施工、确保质量。

3）多种多样的复合接头

由于工程复杂性，钢筋复合接头在工程中得到应用，虽然数量不多，解决了工程难题。如：水泥灌浆充填接头和螺纹接头广泛应用于预制构件安装工程中。套筒挤压螺纹接头常用于旧结构接续工程。

欧美、日本建筑工程中，钢筋的接头大多在工厂中加工。有的工厂采用摩擦焊螺纹接头，将螺柱用摩擦焊焊接在钢筋头上。螺纹精度高，钢筋接头的刚度高，接头质量好。

上述国外新技术值得参考学习。

14 钢筋机械连接技术规定

14.1 国内外常用的钢筋机械连接方法

20世纪70年代欧美、日本处于经济高速成长时期，随着建筑物的大型化、高层化，粗直径钢筋的应用越来越多，钢筋机械连接技术蓬勃发展，除了套筒挤压接头和锥螺纹接头外，还有熔融金属充填套筒接头（如美国 Cadweld 接头）、适用于装配式结构用的水泥浆充填套筒接头（如美国、日本 NBM 接头）、钢筋全长轧制螺纹的精轧螺纹钢筋接头（如德国 dywidag 接头）以及滚压直螺纹接头（如英国 CCL 钢筋接头）、镦粗切削直螺纹接头（如法国 Bartec 体系等），上述各类接头除锥螺纹接头外，几乎全部能充分发挥钢筋母材极限强度。法国德士达（Dextra）公司开发的镦粗切削直螺纹接头具有强度高、施工方便、连接速度快、应用范围广等多种优点。这些方法广泛应用于高层建筑、桥梁、高速公路、大型设备基础、原子能电站等重大工程中。1988年日本建成的世界最长大桥——著名的本州岛-四国跨海大桥就是采用神户制钢公司提供的28万个套筒挤压接头。此外，香港会展中心、青马大桥、马来西亚石油大厦（世界最高建筑）、法国诺曼底大桥（世界最大跨度斜拉桥）、泰国帝后公园大厦、我国广州中信大厦（80层），广东岭澳核电站等数百项大型工程均采用了国外钢筋连接技术。

20世纪80年代，我国经济高速发展，高层建筑，高速公路、大桥、核电站、电视发射塔等重大建设工程中粗直径钢筋用量大增，焊接技术还不能完全满足粗钢筋连接的需要。急需开发粗直径钢筋的机械连接技术。1985年冶金部建筑研究总院在主持国家科委和冶金部的《六五攻关》高效钢筋应用开发的研究中对余热处理钢筋的焊接的连接结果一直不理想。策划通过机械连接来解决余热处理钢的连接问题。由于余热处理钢表面硬难于切削和变形。因此1985年冶金部建筑研究总院开始研究开发粗钢筋机械连接技术时首先研发挤压套筒连接技术。进行了大量单体钢筋接头型式试验之外，还进行了大量钢筋混凝土构件试验，以考察接头受拉或受压对构件裂缝、刚度、强度的影响等基础研究。研究结果表明，接头对梁的裂缝分布和开展、梁的挠度和强度均无明显影响。这些基础研究给以后的机械连接技术的开发和应用打下了坚实的基础。1987年10月在国内率先将钢筋套筒挤压技术应用于全国重点工程——450m高的中央电视塔工程，随后在全国很多省市大量推广应用。至此钢筋机械连接技术在我国蓬勃发展。20世纪90年代初国内一些工程开始采用锥螺纹连接，此后陆续研发推广了镦粗直螺纹接头、滚轧直螺纹接头等钢筋连接方法。由于钢筋的机械连接接头质量和可靠性高，起先在公共建筑工程中得到广泛应用，而后在民用建筑也得到大量应用，在建筑工程中发挥越来越大的作用。国内目前应用最多的是滚轧直螺纹接头，其次是套筒挤压接头、镦粗直螺纹接头、锥螺纹接头。

目前国内许多单位在研发水泥灌浆充填接头。我国内外常用的钢筋机械连接类型见表14.1、图14.1~图14.7。

国内外常用的钢筋机械连接类型　　　　　　　　　表 14.1

类　型	接头种类	概　要	应用状况
钢筋头部不加工	套筒挤压接头	通过挤压力连接件钢套筒塑性变形与带肋钢筋紧密咬合形成的接头	广泛应用于大型水利工程、工业和民用建筑、交通、高耸结构、核电站等工程
	熔融金属充填套筒接头	由高热剂反应产生熔融金属充填在钢筋与连接件套筒间形成的接头	美国有应用国内偶有应用
	水泥灌浆充填接头	用特制的水泥浆充填在钢筋与连接件套筒间硬化后形成的接头	主要用于装配式住宅工程
	精轧螺纹钢筋接头	强度级别在 300～500MPa 的精轧螺纹钢筋上用带有内螺纹的连接器进行连接并在连接器两端用螺帽进行拧紧的接头	国外泛用于交通、工业和民用建筑中
	螺栓挤压接头	用垂直于套筒和钢筋的螺栓拧紧挤压钢筋的接头	欧美有应用
钢筋头部加工	锥螺纹接头	通过钢筋端头特制的锥形螺纹和连接件螺纹咬合形成的接头	应广泛用于工业和民用等建筑
	镦粗直螺纹接头	通过钢筋端头镦粗后制作的直螺纹和连接件螺纹咬合形成的接头	广泛应用于交通、工业和民用、核电站等建筑
	滚轧直螺纹接头	通过钢筋端头直接滚轧或剥肋后滚轧制作的直接螺纹和连接件螺纹咬合形成的接头	广泛应用于交通、工业和民用、核电站等建筑。应用量最多
	承压钢筋端面平接头	两钢筋头端面与钢筋轴垂直，直接传递压力的接头	欧美用于地下工程，我国不用
复合接头	水泥灌浆充填直螺纹接头	水泥灌浆充填连接件的一端是内螺纹与钢筋头加工的螺纹连接的接头	主要用于装配式住宅工程
	套筒挤压螺纹接头	连接件一侧是套筒用于挤压钢筋，另一侧的内螺纹与钢筋头加工的螺纹相连接而成的接头	多用于旧结构续建工程
	摩擦焊螺纹接头	将车制的螺柱用摩擦焊焊在钢筋头上，用连接件连接的接头	国外泛应用于交通、工业和民用等建筑

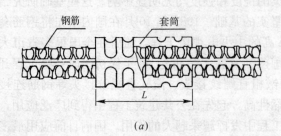
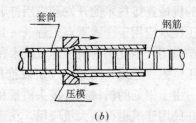

(*a*)　　　　　　　　　　　　　　　　　(*b*)

图 14.1　钢筋挤压套筒接头
(*a*) 径向挤压接头；(*b*) 轴向挤压接头
L—套筒长度

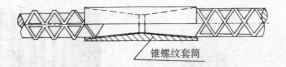

图 14.2   钢筋锥螺纹套筒接头

图 14.3   镦粗直螺纹接头

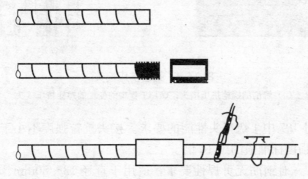

图 14.4   滚轧直螺纹接头

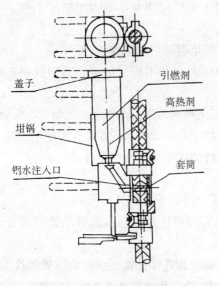

图 14.5   熔融金属充填接头

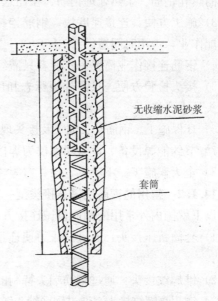

图 14.6   水泥灌浆充填接头

钢筋的机械连接成本高于焊接，它仍能迅速广泛推广，原因是钢筋的机械连接有焊接很难取代的优点。

14.1.1   钢筋机械连接的优点

1）连接强度和韧性高，连接质量稳定可靠。接头强度达到行业标准《钢筋机械连接

(a)　　　　　　　　　　　　　　　(b)

图 14.7　螺栓挤压接头
(a) 解剖的螺栓挤压接头；(b) 工程中的变径的螺栓挤压接头

通用技术规程》JGJ 107 中Ⅰ级接头性能的要求。接头抗拉强度不小于被连接钢筋实际抗拉强度或钢筋抗拉强度标准值的 1.10 倍。

2）适用范围广。对钢筋无可焊性要求，适用于直径 12～50mm、335～500MPa 强度级别的热轧钢筋、余热处理钢筋、在任意方位上，同直径或不同直径钢筋之间的连接。

3）施工方便、连接速度快。钢筋连接件加工工厂化作业，不占用施工工期。现场连接装配作业，占用时间短。

4）钢筋连接作业简单。作业者只需经过短时培训即可独立作业。

5）接头检验方便。只需外观标志和用简单工具（如卡板、量规、力矩扳手）即可检验接头是否合格。

6）环保施工。钢筋丝头加工及接头现场施工无噪声污染、无明火、无烟尘，安全可靠。

7）节约能源设备。设备功率仅为焊接设备的 1/50～1/6，不需要专用配电设施

8）全天候施工。不受风、雨、雪等气候条件的影响，水下也能作业。

14.1.2　常用的钢筋机械连接类型

以下就国内外常用的钢筋机械连接方法简要介绍如下：

1）套筒挤压接头：通过挤压力使连接件钢套筒塑性变形与带肋钢筋紧密咬合形成的接头；

2）锥螺纹接头：通过钢筋端头特制的锥形螺纹和连接件锥螺纹咬合形成的接头；

3）镦粗直螺纹接头：通过钢筋端头镦粗后制作的直螺纹和连接件螺纹咬合形成的接头；

4）滚轧直螺纹接头：通过钢筋端头直接滚轧或剥肋后滚轧制作的直螺纹和连接件螺纹咬合形成的接头；

5）熔融金属充填接头：由高热剂反应产生熔融金属充填在钢筋与连接件套筒间形成的接头；

6）水泥灌浆充填接头：用特制的水泥浆充填在钢筋与连接件套筒间硬化后形成的

接头；

7）螺栓挤压接头；用垂直于套筒和钢筋的螺栓拧紧挤压钢筋的接头。

14.1.3 钢筋连接技术的进展

1）水泥灌浆充填接头发展的较快

目前国外钢筋机械连接中水泥灌浆充填接头发展较快，它主要应用在装配式住宅工程中。在欧美、日本和新加坡大力提倡装配式住宅，比如新加坡政府住宅结构工程设计90％以上的建筑构件，如柱、墙、梁、楼板、楼梯、屋顶等均采用预制构件。装配式住宅的构件都在工厂生产完毕，因此工现场的主要工作集中在构件安装上，而预制构件之间的连接就采用水泥灌浆充填接头将两预制构件的主筋连接起来。从而大大减少了施工环境污染、提高了质量、提高了效率、降低了成本。与传统建造的住宅相比，构件精度更高，能最大限度地改善墙体开裂、渗漏等通病，并提高住宅整体安全等级、防火性和耐久性、更节能环保。通过工厂生产和现场装配施工，可大幅减少建筑垃圾和建筑污水，降低建筑噪声，降低有害气体及粉尘的排放，减少现场施工及管理人员。因此在这些国家中大量推广装配式住宅中水泥灌浆充填连接头也得到大量应用。

以前美国、日本装配式住宅大多是低层或独栋小楼。现在可用预制构件建筑高层建筑，如日本一建筑公司在新加坡北部建设了6栋25层政府住宅楼。国内，中冶建筑研究总院北京建茂建筑设备公司，也研发了水泥灌浆充填接头技术，已和万科集团合作在北京公安局公租房、假日风景、长阳半岛、沈阳春河早住宅小区等4个工程中应用，最高20层，达7万多个接头。

2）在普通混凝土结构中采用精轧螺纹钢筋

我国的精轧螺纹钢筋都是强度在700MPa的热处理钢筋，只用于预应力混凝土结构。目前欧美、日本等国在普通混凝土结构中往往有采用精轧螺纹钢筋的，用螺纹套筒进行连接。这些精轧螺纹钢筋的强度级别在300～500MPa之间。螺纹连接件外径小、强度很高，达900MPa。精轧螺纹钢筋和连接用螺纹套筒都由钢厂大量生产供施工。现场钢筋除了下料、连接之外，没有螺纹加工这一程序。这有利于节省施工场地、加快施工、确保质量。

3）多种多样的复合接头

由于工程的复杂性，钢筋复合接头在工程中得到应用，虽然数量不多，解决了工程难题。如：水泥灌浆充填直螺纹接头广泛应用于预制构件安装工程中。挤压套筒螺纹接头常用于旧结构接续工程。

欧美、日本建筑工程中有采用焊接机械连接复合接头的：不在钢筋直接制作螺纹，将螺柱用摩擦焊焊接在钢筋头上。摩擦焊是可靠性最高的焊接方法之一。螺柱、摩擦焊和连接件都在工厂加工，螺纹精度好，接头刚度高。

14.2 钢筋机械连接规程的进展

《钢筋机械连接技术规程》是对房屋和一般构筑物中钢筋的各种机械连接接头的设计原则、性能等级、质量要求、应用范围以及检验评定方法做出统一规定。它与《混凝土结构设计规范》配套应用，以确保各类机械接头的质量和合理应用，它是钢筋机械连接技术的基础规程。规程所指的一般构筑物包括电视台、烟囱等高耸结构、容器及市政公用基础设施等。对于公路和铁路桥梁、水利、地下工程建设、大坝、核电站等其他工程结构，规程可参考用。

进入 20 世纪 70 年代末 80 年代初，日本和欧美开始制定相应的技术标准。日本 70 年代，预制装配式建筑大发展，1973 年日本建设省（建设部）资助的"新抗震设计方法"的子项目中以钢筋接头连接为中心，研究钢筋混凝土预制件连接部位的各种问题。据此，提出了"钢筋接头性能判定基准"。通过 1974 年"钢筋接头性能判定基准"第一次方案和 1975 年提出第二次方案试行之后，于 1982 年由日本建筑中心提出并且日本建设省颁布"钢筋接头性能判定基准"。英国、美国分别在 85 年和 89 年在《钢筋混凝土结构规范》BS 8110—85 及 ACI 318—89 中对相关钢筋连接接头均有相应规定。

欧美、日本等工业技术发达国家和国际标准化组织，只颁布钢筋机械连接的基础规程，没有具体钢筋机械连接方法的标准，如日本的《国家接头判定指南》和 ISO（国际标准化组织标准）的 ISO/DIS 15835（草案）中只对各种机械连接接头的性能等级、质量要求、应用范围以及检验评定方法做出统一规定。至于具体的钢筋机械连接方法都是相关施工或生产单位的知识产权，都申请了专利，并在政府指定的第三方认证机构验证，符合确认标准的某个等级，作为政府确认的工法，才能用于工程中。

20 世纪 90 年代，国内工程应用机械连接的经验不多，为了确保机械连接质量，早期国家行业标准如冶金部标准 YB 9250—93《带肋钢筋挤压末圾验收规程》和住房和城乡建设部标准 JGJ 107—96《钢筋机械连接技术规程》等规程都吸收了日本的"钢筋接头性能判定基准"的基本内容：如接头性能要求、分级、型式试验、接头的应用等。2003 年公布实施 JGJ 107—2003，与 JGJ 107—96 相比不同之处：

　　1）它取消了我国结构设计中不实用的纯受压接头——C 级接头；

　　2）将受拉接头分 3 级（Ⅰ级、Ⅱ级、Ⅲ级）；

　　3）调整各级接头的强度和变形性能指标；

　　4）取消用"割线模量"衡量接头的刚度，改用"非弹性变形"衡量接头的变形，评估接头的刚度；

　　5）修改了不同等级的应用范围和允许的接头面积百分率；

　　6）减少了型式试验的接头数量，降低了加载水平；

　　7）对各种螺纹接头现场增加拧紧扭矩的检查。

为与国际《钢筋机械连接标准》ISO/DIS 15835（草案）接轨，增加现场接头与型式检验的相关性，JGJ 107—2010 对 JGJ 107—2003 作了下列修改：

　　1）增加了钢筋接头的现场加工和安装的要求，从而使各类钢筋机械接头有了一本统一的工程技术标准；

　　2）修改了不同等级钢筋机械接头的性能要求及其应用范围；

　　3）用"残余变形"代替"非弹性变形"作为接头的变形性能指标；

　　4）补充了型式检验报告的时效规定和型式检验中对接头试件的制作要求；

　　5）现场工艺检验中增加了测定接头残余变形的要求，修改了抗拉强度检验的合格标准；

　　6）增加了型式检验与现场检验试验方法的要求；

　　7）修改了接头疲劳性能相关要求。

此外，目前正编制《水泥灌浆充填接头》和《钢筋机械连接用套筒》等两本产品标准。

14.3 术语和符号

14.3.1 术语

1. 钢筋机械连接 rebar mechanical splicing

通过钢筋与连接件的机械咬合作用或钢筋端面的承压作用，将一根钢筋中的力传递至另一根钢筋的连接方法。

2. 接头抗拉强度 tensile strength of splice

接头试件在拉伸试验过程中所达到的最大拉应力值。

3. 接头残余变形 residual deformation of splice

接头试件按规定的加载制度加载并卸载后，在规定标距内所测得的变形。

4. 接头试件的最大力总伸长率 total elongation of splice sample at maximum tensile force

接头试件在最大力下在规定标距内测得的总伸长率。

这里，"接头试件的最大力总伸长率"是指接头试件在承受最大拉力时接头试件上规定标距内钢筋的总伸长率。它不包含钢筋机械连接接头特有的残余变形。也就是说，若接头试件拉断在钢筋上，"接头试件的最大力总伸长率"与国家标准《钢筋混凝土用热轧带肋钢筋》GB 1499.2—2007 中钢筋最大力总伸长率的含义相同，代表接头试件在最大力下在规定标距内测得的弹塑性应变总和。由于接头试件的强度有时会小于钢筋的强度，故其指标与钢筋有所不同。就是说若接头试件拉断在机械接头长度内或钢筋从接头连接件中被拔出，这时的"接头试件的最大力总伸长率"取决于接头抗拉强度和试件上钢筋的变形硬化特性。

5. 机械接头长度 length of mechanical splice

接头连接件长度加连接件两端钢筋横截面变化区段的长度。

上述定义明确了各类钢筋机械连接接头的长度，对于接头试件断于钢筋母材或断于接头提供了判别依据。按照定义，对带肋钢筋套筒挤压接头，其接头长度即为套筒长度；对锥螺纹或滚轧直螺纹接头，接头长度则为套筒长度加两端外露丝扣长度；对镦粗直螺纹接头，接头长度则为套筒长度加两端镦粗过渡长度。

6. *丝头* threaded sector

钢筋端部的螺纹区段。

14.3.2 符号

A_{sgt}——接头试件的最大力总伸长率；

d——钢筋公称直径；

f_{yk}——钢筋屈服强度标准值；

f_{stk}——钢筋抗拉强度标准值；与国家标准 GB 1499.2 中的钢筋抗拉强度 R_m 值相当；

f_{mst}^0——接头试件实测抗拉强度；

u_0——接头试件加载至 $0.6f_{yk}$ 并卸载后在规定标距内的残余变形；

u_{20}——接头试件按 JGJ 107—2010 附录 A 加载制度经高应力反复拉压 20 次后的残余变形；

u_4——接头试件按 JGJ 107—2010 附录 A 加载制度经大变形反复拉压 4 次后的残余变形；

u_8——接头试件按 JGJ 107—2010 附录 A 加载制度经大变形反复拉压 8 次后的残余变形；

ε_{yk}——筋应力为屈服强度标准值时的应变。

14.4　接头的设计原则和性能等级

14.4.1　钢筋接头的要求

1. 接头强度

钢筋的作用是在梁内承受弯矩拉力，还承受扭力，在柱内与混凝土共同承受垂直压力，承受水平抗剪力。钢筋对混凝土有：约束变形（提高应力）、减小收缩徐变、提高构件延性。钢筋在混凝土中主要承受拉应力。

有接头的钢筋与无接头的钢筋性能不同。无接头的钢筋的传力都是在冶金的、原子间传递。有接头的钢筋中力的传递在接头处中断，再通过钢筋加工或没有加工的界面直接或介质间接传递到连接件，再由连接件传递到另一钢筋。因此，钢筋接头必须有充分传递拉力的能力。就是说，接头的抗拉强度大，在混凝土结构服役时才能发挥带接头钢筋的延性或韧性。延性或韧性是钢筋受力后极限变形能力。拉断前最大均匀伸长率越大，钢筋在断裂前的变形和耗能也越大。钢筋的延性对混凝土结构安全至关重要。因此接头的性能中，确保接头的抗拉强度是最重要的。国家行业标准《钢筋机械连接技术规程》JGJ 107—2010 中将对接头抗拉强度规定条文的 3.0.5 条（本手册表 14.2）作为必须严格遵守的强制性条文。

钢筋机械连接接头除了对连接件强度和长度的要求之外，钢筋本身和加工方法及加工质量（对于螺纹接头）也影响接头强度的因素。关于这方面在以后诸章有介绍。

2. 刚度

刚度指载荷下构件抵抗弹性变形的能力，是衡量其弹性变形难易程度的指标，衡量单位是产生单位变形时所需要的力。它的大小不仅与材料本身的性质有关，而且与构件的截面和形状有关。一般用弹性模量的大小 E 来表示拉伸模量，而 E 的大小一般仅与原子间作用力有关，与组织状态关系不大。通常钢和铸铁的弹性模量差别很小，晶粒细化钢筋 HRBF500 与传统钢筋 HRB335 的弹性模量差别更小，但它们之间的强度差别却很大。

对于传递拉力的钢筋，在弹性范围内，钢筋的变形沿轴线均匀分布的，也就是线性分布的。因刚度是引起单位变形的负荷，所以这里的钢筋刚度和变形是线性关系，可以用弹性模量方便计算出来。钢筋在弹性范围内刚度是不变的。

现在的钢筋机械连接规范（JGJ 107—2010）中只用"残余变形"来评估刚度的蜕化的程度。钢筋接头残余变形是接头卸载后在接头两侧钢筋间的变形。从结构的角度，钢筋接头残余变形越小越好。没有残余变形的钢筋机械接头是不存在的，残余变形影响如下：

钢筋机械连接接头的刚度与钢筋的刚度不同，在钢筋弹性范围内两者的刚度是不同的。因为在钢筋弹性范围内拉力接头钢筋上的变形在轴线上均匀分布。同样的应力状态下，有接头的钢筋中力的传递到接头处，再通过钢筋（加工或没有加工的）界面直接或介质间传递到连接件，再由连接件传递到另一钢筋。这里力要通过多个接触表面才能从一根钢筋传到另一根钢筋上去。表面间接触部分面积非常小，传递力时被挤压，钢筋和连接件的表面接触部分产生塑性变形，接触部分面积变大直至稳定。这就在接头两侧钢筋间出现非弹性变形，卸载后在接头两侧钢筋间出现残余变形。若接头钢筋刚度小，而通常整体钢筋应力较高，将比被连接钢筋提前到达屈服，这种应力不均匀将对构件截面抗力产生不利影响。这就在混凝土结构中机械连接的部位混凝土表面往往有产生裂纹的原因。其实机械连接接头的刚度在小载荷的条件下可能不比钢筋差（比如冷挤压套筒接头），随着载荷的增大，接头的非弹性变形也增大，卸载后残余变形也增大，刚度逐渐减小。因此，在表示机械接头的刚度、非弹性变形或残余变形时，必须指明是在多大载荷下的（或加载过的）。

3. 韧性

最大力总伸长率是接头试件在最大力下，在接头的钢筋上规定标距内测得的总伸长率。"最大力总伸长率"是评价钢筋机械连接接头的韧性性能的依据。

为避免测试仪表因试件拉断冲击损坏，实际试验是接头拉断后测标距的伸长，再加上最大载荷下的弹性伸长，与原测量长度之比。由于标距内没有连接件，因此它不包含钢筋机械连接接头特有的残余变形。也就是说，若接头试件拉断在钢筋上，"接头试件的最大力总伸长率"与"钢筋的最大力总伸长率"相同。若接头试件拉断在机械接头长度内或钢筋从接头连接件中被拔出，这时的"接头试件的最大力总伸长率"就小于"钢筋的最大力总伸长率"。"钢筋的最大力总伸长率"取决于接头的抗拉强度和钢筋的变形硬化特性。

最大力总伸长率关系到连接钢筋在断裂前的变形和吸收能量的能力，与混凝土结构的破坏形态有极大关系。为结构安全，防止构件断裂、结构解体、建筑倒塌，混凝土结构内传递拉力的受力钢筋连接接头，必须要有一定延性，以保证断裂前有足够的伸长变形（最大力总伸长率）和耗能能力，避免出现无先兆的脆性破坏。

4. 抗疲劳性能

接头的抗疲劳性能是选择性试验项目，只有当接头用于直接承受动载结构构件（如道路、铁路桥梁）时，才需要检验其疲劳性能。由于直接承受动力荷载结构的荷载特性有很大不同，钢筋应力变化范围较大，对直接承受动力荷载结构应根据钢筋应力变化幅度，由设计单位提出接头的抗疲劳性能要求。

当设计无专门要求时，接头的疲劳应力幅限值应不小于现行国家标准《混凝土结构设计规范》GB 50010 中表 4.2.5-1 普通钢筋疲劳应力幅限值的 0.8 倍。部分直螺纹钢筋接头试件和套筒挤压钢筋接头试件的疲劳试验结果表明，制作良好的钢筋机械接头的抗疲劳性能优于闪光对焊钢筋接头的疲劳性能。

5. 耐久性

作为一般的混凝土结构在正常使用和维护的情况下都应具有足够的耐久性。影响钢筋混凝土的耐久性的因素有：钢筋直径、保护层厚度、钢筋锈蚀、冻融循环、碱-骨料反应、化学作用、配合比和养护方式等等。

机械连接的钢筋多是粗钢筋，比表面小，耐腐蚀。为不影响混凝土的耐久性，应确保接头的刚性，残余变形要小，以免裂缝过宽而引起钢筋锈蚀。钢筋接头部分由于保护层过薄、有些钢筋接头的钢筋上螺纹尾部是经过冷加工的，这部分是容易锈蚀的。因此现在的钢筋机械连接标准中（JGJ 107—2010）对所有机械连接接头的残余变形有严格的要求，以使这部位的混凝土表面裂纹细，以免裂缝过宽引起该部分钢筋明显锈蚀。而接头的连接件的截面较大，一般比钢筋截面积大10％～30％或以上，局部锈蚀对连接件的影响不如对钢筋锈蚀敏感。加之在连接件内部的冷加工过钢筋部分即使发生锈蚀，也不可能发展，因为铁锈的比容比铁大50％以上，随着连接件内铁锈的体积增加，产生压力增大，使锈蚀减少直至停止。因此，只要合理设计、规范制作，钢筋接头残余变形小，有钢筋接头的混凝土结构耐久性是能确保的。

14.4.2 接头的设计原则

设计接头的连接件时应满足强度及变形性能的要求。因钢筋或钢材的产品性能合格保证率是95％，为确保钢筋机械连接接头可靠的传力性能和刚度，设计连接件长度和截面积时应留有余量。要求接头的连接件的屈服承载力标准值（套筒横截面面积乘套筒材料的屈服强度标准值）及抗拉承载力标准值（套筒横截面面积乘套筒材料的抗拉强度标准值）均应不小于被连接钢筋相应值的1.10倍。

接头承载能力由两部分组成：套筒轴向承载能力和套筒和钢筋剪切承载能力。

1. 连接件截面积

套筒轴向承载能力取决于套筒的截面面积，连接件截面面积过小，接头在拉伸试验时，会在连接件上断裂；

考虑轴向屈服承载力时，连接件的截面积$\geqslant \dfrac{1.1 \times 钢筋截面积 \times 钢筋标准屈服强度}{连接件材料的标准屈服强度}$

及

考虑轴向抗拉承载力时，连接件的截面积$\geqslant \dfrac{1.1 \times 钢筋截面积 \times 钢筋标准抗拉强度}{连接件材料的标准抗拉强度}$

取两计算截面的大者。

2. 连接件的长度

所有能够承受拉力的钢筋机械连接接头都是通过套筒直接或间接与钢筋的咬合传力。接头传力的大小和刚度一定程度上也取决于连接件的长度。连接件必要的长度和钢筋与连接件咬合面积有关，也和填充介质性能和连接件内部形状有关。连接件长度过短，接头的强度和刚度会不合格，单向拉伸时非弹性变形和残余变形都大，钢筋会从连接件中拉出。所以连接件长度也要留有余量。

14.4.3 机械连接接头的分级

通过接头的型式检验，按其强度及变形性能划分接头性能等级。接头的型式检验由：接头单向拉伸试验、高应力反复拉压试验和大变形反复拉试验等三部分组成。

接头单向拉伸时检验的是接头的强度和变形性能。高应力反复拉压性能反映接头在风荷载及小地震情况下承受高应力反复拉压的能力。大变形反复拉压性能则反映结构在强烈地震情况下钢筋进入塑性变形阶段接头的受力性能。

上述三项性能是进行接头型式检验时必须进行的检验项目。而抗疲劳性能则是根据接头应用场合有选择性的试验项目。

根据接头型式试验的结果，从强度、残余变形、最大力总伸长率以及高应力和大变形条件下的反复拉压性能指标的差异，分为Ⅰ级、Ⅱ级、Ⅲ级三种。接头分级有利于按结构的重要性、接头在结构中所处位置、接头百分率等不同的应用场合合理选用接头类型。例如，在混凝土结构高应力部位的同一连接区段内必须实施100％钢筋接头的连接时，应采用Ⅰ级接头；实施50％钢筋接头的连接时，宜优先采用Ⅱ级接头；混凝土结构中钢筋应力较高但对接头延性要求不高的部位，可采用Ⅲ级接头。分级后也有利于降低套筒材料消耗和接头成本，取得更好的技术经济效益；分级后还有利于施工现场接头抽检不合格时，可按不同等级接头的应用部位和接头百分率限制确定是否降级处理。Ⅰ级、Ⅱ级、Ⅲ级接头的抗拉强度必须符合表14.2的规定。

接头的抗拉强度 表14.2

接头等级	Ⅰ级	Ⅱ级	Ⅲ级
抗拉强度	$f^0_{mst} \geq f_{stk}$ 断于钢筋 或 $f^0_{mst} \geq 1.10 f_{stk}$ 断于接头	$f^0_{mst} \geq f_{stk}$	$f^0_{mst} \geq 1.25 f_{yk}$

注：f^0_{mst}——接头试件实测抗拉强度；
f_{stk}——钢筋抗拉强度标准值；
f_{yk}——钢筋屈服强度标准值。

各级接头的抗拉强度是接头最基本也是最主要的性能。表14.2中Ⅰ级接头强度合格条件 $f^0_{mst} \geq f_{stk}$ 或 $\geq 1.10 f_{uk}$ 的含义是：当接头试件拉断于钢筋时，说明接头试件的实测抗拉强度等于该试件中钢筋实际拉断强度，即满足 $f^0_{mst} = f^0_{st}$，试件合格；当接头试件拉断于接头（定义的"机械接头长度"范围之内）时，如果试件的实测抗拉强度能满足 $f^0_{mst} \geq 1.10 f_{stk}$，试件仍合格。接头在经受高应力反复拉压和大变形反复拉压后仍应满足最基本的抗拉强度要求，这是结构延性得以发挥和重要保证（表14.3）。

接头的变形性能 表14.3

接头等级		Ⅰ级	Ⅱ级	Ⅲ级
单向拉伸	残余变形 (mm)	$u_0 \leq 0.10$ ($d \leq 32$) 或 $u_0 \leq 0.14$ ($d > 32$)	$u_0 \leq 0.14$ ($d \leq 32$) 或 $u_0 \leq 0.16$ ($d > 32$)	$u_0 \leq 0.14$ ($d \leq 32$) 或 $u_0 \leq 0.16$ ($d 32$)
	最大力总伸长率 (％)	$A_{sgt} \geq 6.0$	$A_{sgt} \geq 6.0$	$A_{sgt} \geq 3.0$
高压力反复拉压	残余变形 (mm)	$u_{20} \leq 0.3$	$u_{20} \leq 0.3$	$u_{20} \leq 0.3$
大变形反复拉压	残余变形 (mm)	$u_4 \leq 0.3$ 且 $u_8 \leq 0.3$	$u_4 \leq 0.3$ 且 $u_8 \leq 0.6$	$u_4 \leq 0.6$

注：u_0——接头试件加载至 $0.6 f_{yk}$ 并卸载后在规定标距内的残余变形；
u_{20}——接头经高应力反复拉压20次后的残余变形；
u_4——接头经大变形反复拉压4次后的残余变形；
u_8——接头经大变形反复拉压8次后的残余变形；
A_{sgt}——接头试件最大力总伸长率；
f^0_{st}——接头试件中钢筋实际拉断强度。

钢筋机械连接接头在拉伸和反复拉压时会产生附加的塑性变形，对混凝土结构的裂缝宽度有不利影响，因此有必要控制接头的变形性能。原《钢筋机械连接通用技术规程》JGJ 107—2003中，单向拉伸时用非弹性变形，而反复拉压时用残余变形作为变形控制指标。本规程修订时，JGJ 107—2010统一改用残余变形作为控制指标。修改后更有利于施工现场工艺检验中对接头试件单向拉伸的强度与变形性能进行检验。

高应力下的反复拉压试验是对应于风荷载，小地震和强地震时钢筋接头的受力情况提出的检验要求。在风载或小地震下，钢筋尚未屈服时，应能承受 20 次以上高应力反复拉压，并满足强度和变形要求。在接近或超过设防烈度时，钢筋通常都进入塑性阶段并产生较大塑性变形，从而能吸收和消耗地震能量。因此要求钢筋接头在承受 2 倍和 5 倍于钢筋屈服应变的大变形情况下，经受 4～8 次反复拉压，满足强度和变形要求。这里所指的钢筋屈服应变是指与钢筋屈服强度标准值相对应的应变值，对国产 HRB335 级钢筋可取 $\varepsilon_y =$ 0.00168，对国产 HRB400 级和 HRB500 钢筋，可分别取每 $\varepsilon_y = 0.00200$ 和 $\varepsilon_y = 0.00250$。

Ⅰ级、Ⅱ级、Ⅲ级接头的变形性能（刚度和韧性）应符合表 14.3 的规定。

（1）Ⅰ级接头的性能

Ⅰ级接头是强度、刚度（残余变形）和韧性（最大力总伸长率）都与母材基本相同的接头，是钢筋机械连接接头中最高质量等级的接头。Ⅰ级接头抗拉强度等于被连接钢筋的实际拉断强度或不小于 1.10 倍钢筋拉强度标准值，残余变形小并具有高延性及反复拉压性能。

表 14.2 中Ⅰ接头强度合格条件名 $f_{mst}^0 \geqslant f_{stk}$ 的含义是：当接头试件拉断于筋时，说明接头试件的实测抗拉强度等于该试件中钢筋实际拉断强度，而且不小于钢筋抗拉强度标准值时，试件合格；而满足 $f_{mst}^0 \geqslant 1.10 f_{stk}$ 的含义是：当接头试件拉断于接头（定义的"机械接头长度"范围内）时，如果试件的实测抗拉强度能满足 $f_{mst}^0 \geqslant 1.10 f_{uk}$（大于钢筋抗拉强度标准值），试件仍合格。这一要求保证了接头强度能大于钢筋抗拉强度标准值，接近钢筋母材实际强度。

JGJ 107—2010 对Ⅰ级接头的总伸长率要求不小于 6%。接头的延伸率是从结构的延性要求提出的，欧洲混凝土委员会制定的 CEB-FIPMC—90 模式规范指出，对于受力钢筋"不论计算中是否考虑到弯矩重分布，足够的延性是必须的"，并规定了 3 个延性等级：SA 级≥6%；A 级≥5%；B 级≥2.5%。在需要结构高延性的场合（例如在地震区）应采用 SA 级。按我国的《混凝土结构设计规范》GB 50010—2002 根据框架梁纵向钢筋最小配筋百分比推算，保证混凝土压碎前不致被拉断而造成脆性破坏，所需要的钢筋最小均匀延伸率为 2.5%～6.2%，平均值为 4.35%。此外按抗震要求，对有较高抗震要求的结构，其截面曲率延性系数一般不宜低于 15～20，对于国产 HRB335、HRB400 钢筋满足上述要求对应的钢筋总伸长率大约为 3.3%～3.7%。综合考虑上述因素，JGJ 107—2010 取 6% 作为接头的总伸长率的最低要求，能够保证结构在结构在静载下的延性破坏模式和抗震时的延性要求。

钢筋机械连接接头的非弹性变形反映接头在载荷下的相对滑移，它会影响构件在载荷下裂缝宽度，因此必须对接头的残余变形予以限制。

JGJ 107—2010 规定：在低应力区（$0.6 f_{yk}$），对于直径不大于 32mm 筋机械连接接头的残余变形不大于 0.10mm，对于直径大于 32mm 钢筋机械连接接头残余变形不大于的 0.14mm。

（2）Ⅱ级接头的性能

Ⅱ级接头的刚度和韧性都与Ⅰ级接头相同，强度性能比Ⅰ级稍低的接头。其抗拉强度不小于被连接钢筋抗拉强度标准值，残余变形较小并具有高延性及反复拉压性能。Ⅱ级接头的性能见表 14.2 和 14.3。

（3）Ⅲ级接头的性能

Ⅲ级接头的强度与刚度和韧性都比Ⅱ级接头稍低的接头。其抗拉强度不小于被连接钢筋屈服强度标准值的 1.25 倍，残余变形较小并具有一定的延性及反复拉压性能。Ⅲ级接头的性能见表 14.2 和表 14.3。

14.5 接头的应用

14.5.1 接头位置

《混凝土结构设计规范》GB 20010—2010 中规定"受力钢筋接头宜设置在受力较小处。"这是对钢筋接头的设置位置的原则性限制要求。这里有两层意思：

(1) 接头放置在受力较小部位

钢筋机械连接和所有种类的钢筋连接，无论刚度、强度、韧性上或可靠性上都不如钢筋，都是对受力钢筋传力性能的削弱。因此，为了避免对混凝土结构的抗力造成明显的影响，当必须采用钢筋连接时，将接头设置在受力较小的部位，这是钢筋连接的最基本原则。

具体到混凝土结构受弯构件梁、板中，受力较小的部位一般是在跨边的反弯点附近。不同位置的钢筋，一般上部负弯矩钢筋在负弯矩钢筋在跨中部位受压，此处的受拉钢筋接头受力最小。下部正弯矩钢筋，支柱附近的受力最小。

混凝土结构受压构件柱、墙中，内力主要是压力，一般情况下受力钢筋拉力传递的矛盾不大。但在不对称荷载、风荷载、地震等作用下，水平荷载和偏心受力引起的弯矩，能在偏心受压构件的受力钢筋中产生较大拉力，因此，柱、墙和桥墩等受压构件也有合理选择接头位置的问题。一般横向荷载产生的弯矩在柱的中部最小，两端最大。

(2) 接头应尽量避免设置在受力较大部位

"受力钢筋接头宜设置在受力较小处。"的另一层意思是应尽量避免在在受力较大部位设置接头，这对设计和施工的实施中更为直接而且有效。具体有两条：

① 应尽量避免在受弯构件梁、板中，上部负弯矩钢筋在支座部位和下部正弯矩钢筋在跨中部位设置钢筋接头，因为在这些部位都有最大的弯矩和钢筋拉力。

② 应尽量避免在抗震结构的梁端、柱端箍筋加密区设置钢筋接头。因为在混凝土结构中，抗震加固的梁、柱端部箍筋加密区（塑性铰区）是最关键、最重要、也是受力最不利的部位。地震时在强迫位移和惯性力的作用下，梁端、柱端受到最大的弯矩和剪力，形成弯剪裂缝。这些斜裂缝往往相互交叉，造成整个截面混凝土的破碎。如果破坏发生在柱端（如高层建筑的底柱），在强大的压力下会发生局部混凝土压毁崩溃，引起整个建筑物倒塌，造成灾难性后果。

14.5.2 同一根钢筋上的接头数量

"在同一根钢筋上宜少设接头"，这是设计规范的要求，也是对施工和监理单位的要求。因为在同一根钢筋上有多个接头，其刚度会产生明显的蜕化，在同一截面中这种钢筋上的应力比其他钢筋小得多。因此引起受力钢筋之间受力不均，不利于结构的承载受力。

在混凝土结构施工中，在同一跨度内，一根受力钢筋上最好只放置一个钢筋接头，以保证该构件的力学性能。只有构件很长时，只用一个接头很难满足要求时，可以适当放宽。

14.5.3 控制接头百分率

由于连接接头是受力钢筋传力的相对薄弱部位，因此不仅对其应用的位置进行限制，还应对其使用条件进行控制。在混凝土结构中连接接头应尽量分散布置，避免集中在同一截面或其影响交集在同一部位,以免造成明显的功能薄弱部位。接头的使用条件用"接头百分率"来进行控制。

"接头百分率"是指在同一受力钢筋机械连接接头"连接区段",(简称区段)内,有接头钢筋截面积的总和与受力钢筋截面积的总和的比值(用百分率表示)。

其中"连接区段"的长度为 35 倍 d(d 为纵向受力钢筋中的大直径)机械连接接头宜互相错开……在受力较大处设置机械连接接头时,位于同一连接区段内纵向受力钢筋接头面积百分率不宜大于 50%。纵向受压钢筋的接头面积百分率不受限制。(见《混凝土结构设计规范》GB 50010 其含义如下:

(1)接头宜互相错开,尽量降低区段内的接头百分率。

(2)受压钢筋接头可以不受限制或接头百分率可以是 100%。但实际上整个截面或区段内都是纯受压钢筋接头,这样的场合很少。

(3)受力较大处的接头面积百分率宜不超过 50%。一般情况下,施工能够做到错开连接的部位坚持错开连接。但,只能采用 100% 的接头百分率特殊情况是有的,如桥梁施工中钢筋笼对接;地下连续墙与水平钢筋的连接;装配式结构间钢筋连接;滑模、提模施工中钢筋的连接;分段施工或新旧结构连接处的钢筋连接等,这些场合应采用Ⅰ级接头连接钢筋。

14.5.4 接头等级与百分率的选用

结构构件中纵向受力钢筋的接头宜相互错开。接头等级与百分率的选用规则:

(1)混凝土结构中要求充分发挥钢筋强度或对延性要求高的部位应优先选用Ⅱ级接头;当在同一连接区段内必须实施 100% 钢筋接头的连接时,应采用Ⅰ级接头。

Ⅰ级和Ⅱ级接头均属于高质量接头,在结构中的使用部位均可不受限制,但允许的接头百分率有差异。通常情况下,在工程设计中应尽可能选用Ⅱ级接头并控制接头百分率不大于 50%,这比选用Ⅰ级接头和 100% 接头百分率更可靠和经济。

(2)当需要在高应力部位设置接头时,在同一连接区段内Ⅲ级接头的接头百分率不应大于 25%;Ⅱ级接头的接头百分率不应大于 50%;Ⅰ级接头的接头百分率除有抗震设防要求的框架的梁端、柱端箍筋加密区外可不受限制。

(3)接头宜避开有抗震设防要求的框架的梁端、柱端箍筋加密区;当无法避开时,应采用Ⅱ级接头或Ⅰ级接头,且接头百分率不应大于 50%。

(4)受拉钢筋应力较小部位或纵向受压钢筋,接头百分率可不受限制。

(5)直接承受动力荷载、承受疲劳荷载的结构构件,其接头百分率都不应大于 50%。

14.5.5 保护层厚度

受力钢筋外缘到混凝土结构表面的保护层厚度与其锚固性能有关,并对混凝土防止碳化、钢筋表面脱钝锈蚀有直接关系,因此钢筋混凝土结构表面必须有一定厚度的保护层。JGJ 107—2010 对钢筋接头的规定是:"钢筋连接件的混凝土保护层厚度宜符合国家标准《混凝土结构设计规范》GB 50010 中受力钢筋混凝土保护层最小厚度的规定,且不得小于 15mm。连接件之间的横向净距不宜小于 25mm。"这里接头的混凝土保护层厚度比设计规范中对受力钢筋保护层厚度的要求有所放松,由"应"改为"宜"。这是因为机械连接中连接件的截面较大,一般比钢筋截面积大 20%~30% 或以上,局部锈蚀对连接件的影响不如对钢筋锈蚀敏感。此外由于连接件保护层厚度是局部问题,要求过严会影响全部受力主筋的间距和保护层厚度,在经济上,实用上都会造成一定困难。

14.6 接头的型式试验

14.6.1 接头型式检验的作用

钢筋接头型式检验是依据《钢筋机械连接技术规程》JGJ 107—2010 对钢筋连接接头力学性能各项指标进行的检验。其主要作用是通过接头的型式检验，按其强度及变形性能划分接头性能等级。接头型式经型式检验确定其等级后，工地现场只需进行现场检验。

14.6.2 下列情况之一时必须进行型式检验

(1) 确定接头性能等级时：

作为工厂新连接钢筋新产品（包括新规格），必须做型式检验明确其接头性能等级；

(2) 材料、工艺、规格进行改动时；

(3) 型式检验报告超过 4 年时；

(4) 上级主管部门或质检部门提出重新进行型式检验要求时；

若接头质量有严重问题，原因又不明，对定型检验结论有重大怀疑时，上级主管部门或质检部门可以提出重新进行型式检验要求。

型式检验是最能全面反映接头力学性能，也是确定接头等级的依据，是钢筋接头最重要和必须的试验检测。但型式试验难度大，费用高。因为型式试验对试验设备要求高，又贵重，为极少有单位拥有。因此难以作为普查手段进行，只能作接头产品定级的依据。施工现场只需对提供钢筋机械连接产品的提供商的该产品规格的型式检验报告进行确认即可。提供商应对其提供的产品负责。

由于试样由生产厂向国家或省部级主管部门认可的检测机构提交试样，进行检测。这些试样都经精心制作和挑选的，试验结果基本上都达到质量最高等级（Ⅰ级）。这表明达到Ⅰ级质量是可能的，但也提示实际工程中的质量有可能不都是Ⅰ级。为了使两者的差距缩小，在施工现场用型式试验的单向拉伸试验进行抽样检验，检验实际结构中受力钢筋接头的力学性能。这是型式试验精神在实际施工的延伸，是控制质量的关键之一。

14.6.3 型式检验的试验方法

(1) 试验的组成

接头的型式检验由：接头单向拉伸试验、高应力反复拉压试验和大变形反复拉试验等三部分组成。接头单向拉伸时的强度和变形是接头的基本性能。高应力反复拉压性能反映接头在风荷载及小地震情况下承受高应力反复拉压的能力。大变形反复拉压性能则反映结构在强烈地震情况下钢筋进入塑性变形阶段接头的受力性能。上述三项性能是进行接头型式检验时必须进行的检验项目。

(2) 型式检验的试件

① 钢筋

用于型式检验的钢筋应符合有关钢筋标准的规定的合格钢筋，而且它的抗拉强度应大于标准值的 1.10 倍。

② 试件数量

对每种型式、级别、规格、材料、工艺的钢筋机械连接接头，型式检验试件不应少于 9 个：其中单向拉伸试件不应少于 3 个，高应力反复拉压试件不应少于 3 个，大变形反复拉压试件不应少于 3 个。全部试件均应在同一根钢筋上截取。

由于型式检验比较复杂和昂贵，对各类钢筋接头只要求对标准型接头进行型式检验。相同类型的接头用于连接不同强度级别（HRB500、HRB400、HRB335）的钢筋时，可以选择其中较高强度级别（如 HRB500 或 HRB400）的钢筋进行接头试件的型式检验。

③ 接头

为使型式检验结果更好地反映现场钢筋接头试件性能，用于型式检验的直螺纹或锥螺纹接头试件应散件送达检验单位，由型式检验单位或在其监督下由接头技术提供单位按本规程表 14.6 或表 14.7 规定的拧紧扭矩进行装配，拧紧扭矩值应记录在检验报告中，为杜绝个别送样单位弄虚作假，型式检验试件必须采用未经过预拉的试件。因为预拉可消除大部分残余变形，造成接头质量造好的假象。

④ 型式检验试件的仪表布置和变形测量标距

型式检验试件的仪表布置和变形测量标距应符合下列规定：

单向拉伸和反复拉压试验时的变形测量仪表应在钢筋两侧对称布置（见图 14.8），取钢筋两侧仪表读数的平均值计算残余变形值。以消除接头弯曲产生的附加变形的影响，提高测量数据的可靠性。

变形测量标距 $L_1 = L + 4d$

式中 L_1——变形测量标距；

L——机械接头长度；

d——钢筋公称直径。

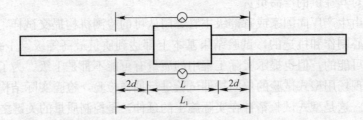

图 14.8 接头试件变形测量标距和仪表布置

型式检验试件最大力总伸长率 A_{sgt} 的测量方法应符合下列要求：

测量标距：不小于 100mm；

测量工具：游标卡尺；

测量精度：0.1mm。

加载前应在套筒两侧的钢筋表面按图 14.9 所示位置分别作测量区标距为 100mm 的标

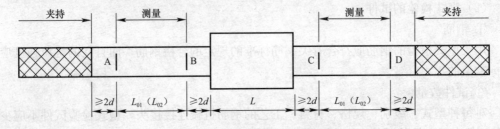

图 14.9 总伸长率 A_{sgt} 的测点布置

记 A、B 和 C、D 标出测量标距 L_{01} 标记线，L_{01} 不应小于 100mm。加载并卸载后，A、B 或 C、D 间的长度为 L_{02}。

试件应按表 14.4 单向拉伸加载制度加载并卸载，当试件颈缩发生在套筒一侧的钢筋母材时，测量另一测（非颈缩一侧）标记间的长度 L_{02}；当破坏发生于接头长度范围内或试验机夹具部位时，应分别测量套筒二侧标记间的长度 L_{01} 和 L_{02} 取二者各自的平均值按下式计算试件总伸长率 δ_{sgt}（%）。

$$A_{sgt} = \left[\frac{L_{01} - L_{02}}{L_{01}} + \frac{f_{mst}^0}{E}\right] \times 100$$

式中　f_{mst}^0，E——分别是试件达到最大力时的钢筋应力和钢筋理论弹性模量。

　　　　L_{01}——加载前 A、B 或 C、D 间的实测长度；

　　　　L_{02}——加载后 A、B 或 C、D 间的实测长度；

式中 $\left[\frac{f_{mst}^0}{E}\right]$ 是在载荷下弹性伸长，$\left[\frac{L_{01} - L_{02}}{L_{01}}\right]$ 是拉断后再测量伸长。两者相加，算出最大力下伸长率。

14.6.4　加载制度

接头的型式检验由：接头单向拉伸试验、高应力反复拉压试验和大变形反复拉试验等三部分。型式检验的试验方法按 JGJ 107—2010 的规定进行接试件型式检验应按表 14.4 和图 14.10、图 14.11、图 14.12 所示的加载制度进行试验。当实验结果符合下列规定时评为合格：

（1）强度检验；

每个接头试件的强度实测值均应符合表 14.2 中相应接头等级的强度要求；

接头试件型式检验的加载制度　　　　　　　　　　　　　　　表 14.4

试验项目		加载制度
单向拉伸		$0 \to 0.6f_{yk} \to 0$（测量残余变形）→最大拉力（记录抗拉强度）→0（测定最大力总伸长率）
高应力反复拉压		$0 \to (0.9f_{yk} \to -0.5f_{yk})$（反复 20 次）→破坏
大变形反复复拉压	Ⅰ级Ⅱ级	$0 \to (2\varepsilon_{yk} \to -0.5f_{yk})$（反复 4 次）→ $(5\varepsilon_{yk} \to -0.5f_{yk})$（反复 4 次）→破坏
	Ⅲ级	$0 \to (2\varepsilon_{yk} \to -0.5f_{yk})$（反复 4 次）→破坏

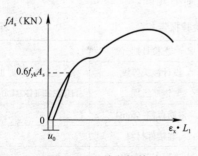

图 14.10　单向拉伸

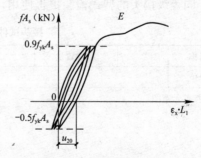

图 14.11　高应力反复拉压

（2）变形检验：

对残余变形和最大力总伸长率，3 个试件实测值的平均值应符合表 14.3 的规定。考虑到国产钢筋的延性较好，在达到强度要求后，接头试件通常仍有较大延性，能满足混凝土结构要求。

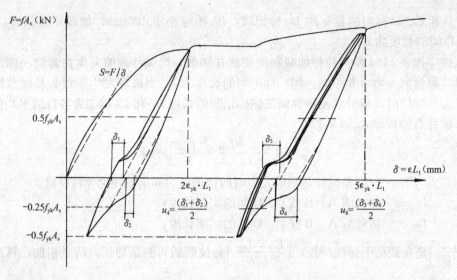

图14.12　大变形反复拉压

14.6.5　数据处理

型式检验的强度合格条件是每个试件均应满足表 14.2 的规定。对 Ⅱ 级和 Ⅲ 级接头，只要试件抗拉强度满足表 14.2 中 Ⅱ 级 Ⅲ 级接头的强度要求即为合格；对 Ⅰ 级接头，当试件断于钢筋母材时，满足条件 $f_{mst}^0 \geqslant f_{stk}$，试件合格；当试件断于机械接头长度区段时，则应满足 $f_{mst}^0 \geqslant 1.10 f_{uk}$ 才能判为合格。

接头的强度要求是强制性条款，只要有一个结果不合格，接头的强调就不合格。接头试件的总伸长率和残余变形测量值比较分散，用三个试件的平均值作为检验依据。

14.6.6　型式检验报告

接头试件型式检验报告包括试件基本参数和试验结果两部分。

型式检验应由国家、省部级主管部门认可的检测机构进行，并应按表 14.5 的格式出具检验报告和评定结论。在连接套筒的尺寸、材料、螺纹规格以及现场丝头加工工艺和连接工艺均不变的情况下，高强度级别钢筋接头的型式检验报告可以兼作低强度级别钢筋的同类型、同等级接头的型式检验报告使用，反之则不允许。

接头试件型式检验报告　　　　　　　　　　　　　　　表 14.5

接头名称		送检数量		送检日期		
送检单位				设计接头等级		Ⅰ级 Ⅱ级 Ⅲ级
接头基本参数	连接件示意图			钢筋级别		HRB335 HRB400 HRB500
				钢筋直径（mm）		
				连接件材料		
				连接工艺参数		
钢筋试验结果	钢筋母材编号	No.1	No.2		No.3	要求指标
	钢筋直径（mm）					
	屈服强度（N/mm）					
	抗拉强度（N/mm）					

续表

单向拉伸试件编号		No. 1	No. 2	No. 3	要求指标
试验结果	单向拉伸	抗拉强度（N/mm²）				
		残余变形（mm）				
		最大力总伸长率（%）				
	高应力反复拉压试件编号	No. 4	No. 5	No. 6	
	高应力反复拉压	抗拉强度（N/mm²）				
		残余变形（mm）				
	大变形反复拉压试件编号	No. 7	No. 8	No. 9	
	大变形反复拉压	抗拉强度（N/mm²）				
		残余变形（mm）				
评定结论					

负责人： 校核： 试验收员：

试验日期： 年 月 日 试验单位：

注：1. 接头试件基本参数应详细记载。套筒挤压接头应包括套筒长度、外径、内径、挤压道次、压痕总宽度、压痕平均直径、挤压后套筒长度；螺纹接头应包括连接套长度、外径、螺纹规格、牙形角、镦粗直螺纹过渡段坡度、锥螺纹锥度、安装时拧紧扭矩等。

2. 破坏形式可分三种：钢筋拉断、连接件破坏、钢筋与连接件拉脱。

14.7 施工现场钢筋接头的加工与安装

14.7.1 钢筋的准备

1. 钢筋的确认

首先应确认钢筋的牌号、规格和外形。如：热轧带肋钢筋，则目前国内的各种机械连接方法都适用，但对 36mm 以上的大规格的钢筋的连接采用何种连接方法，必须考虑到接头的数量、设计的要求、施工的工艺性和成本等因素，选择范围会窄一些。余热处理钢筋是在轧制过程中进行高速水冷，表面硬塑性差、心部又软。有利于采用套筒挤压接头和水泥灌浆充填接头。对于采用必须在钢筋表面切削（锥螺纹接头、镦粗直螺纹接头）、滚压变形（滚轧直螺纹接头）或加热（熔融金属充填接头）等工艺过程的接头，则有一定的难度。强度高的 HRB500 级钢筋和晶粒细化钢筋 HRBF500 等钢筋也有类似的倾向。

对于采用套筒挤压接头和水泥灌浆充填接头、熔融金属充填接头的场合还应对钢筋的外形特别是钢筋的横肋的高、宽，横肋间距是否符合 GB 1499.2—2007 的规定。1988 年北京渔阳饭店大厦施工之初，工艺检验没有通过，原因是这批国外进口钢筋，它的横肋的高、宽，横肋间距都不符合 GB 1499 的规定，换成国产钢筋后工艺检验就通过了。因此，对于通过钢筋横肋传力的接头，必须特别注意钢筋外形是否符合国家标准的规定。

2. 钢筋的端部形态符合要求

（1）一般要求

① 钢筋端部不得有马蹄形；

② 离端部 5 倍直径的长度内不得有弯曲。

这一要求可防止螺纹加工时，在夹持后，钢筋端部在机头里偏斜，会损坏刀具，影响螺纹加工质量。套筒挤压接头、水泥灌浆充填接头和熔融金属充填接头的场合，可防止接头两侧钢筋成角或插不到规定深度，影响接头质量。

③ 钢筋上不得有浮锈。

14.7.2   人员的准备

接头加工工人经专业技术培训合格后上岗，加工工人的岗位应相对稳定，是钢筋接头质量控制的重要环节。

14.7.3   确认有效的型式试验报告

工程中应用结构机械连接时应确认有效的型式试验报告。应确认如下五点：

（1）型式检验报告与供应工地的机械连接的接头型式和性能等级是一致的；

（2）所提供型式检验的接头所用的连接件和相应钢筋在材料、工艺和规格与供应工地上的是一致的；

（3）型式检验报告所依据的 JGJ 107 是当前的版本；

（4）型式检验是由国家、省部主管部门认可的检测机构进行的，出具的型式检验报告是标准格式，并有评定结论；

（5）型式检验报告签发日期不超过 4 年。

14.7.4   接头的工艺检验（确认）

钢筋连接工程开始前，应对不同钢筋生产厂的进场钢筋进行接头工艺检验，施工过程中如更换钢筋生产厂，应补充进行工艺检验。工艺检验是检验接头技术提供单位所确定的工艺参数是否与本工程中的进场钢筋相适应。工艺检验可提高实际工程中抽样试件的合格率，减少在工程应用后再发现问题造成的经济损失。施工过程中如更换钢筋生产厂，也应补充进行工艺检验。此外工艺检验中需接头残余变形的测定，这是控制现场接头加工质量的措施，也是克服钢筋接头型式检验结果与施工现场接头质量严重脱节的重要措施。有些钢筋机械接头尽管其强度满足了规程的要求，接头的残余变形（接头的刚度）不一定能满足要求，尤其是螺纹加工质量较差时。用残余变形作为接头刚度的控制值，测量接头试件单向拉伸残余变形比较简单，较为适合各施工现场的检验条件。进行上述工艺检验可以大大促进接头加工单位的自律，或淘汰一部分技术和管理水平低的加工企业。

接头的工艺检验（确认）也是检验施工现场的进场钢筋与接头加工工艺适应性的重要步骤，应在工艺检验合格后再开始加工，防止盲目大量加工造成损失。

工艺检验实施要点如下：

（1）每种规格钢筋的接头试件应不少于 3 根（见 JGJ 107 中表 A.1.4）；

（2）每根试件的抗拉强度和 3 根接头试件的残余变形的平均值均应符合表 14.2 和 14.3 的规定；

（3）接头试件在测量残余变形后再进行抗拉强度试验，并宜按 JGJ 107—2010 中的单向拉伸加载制度进行试验。

现场工艺检验接头残余变形的仪表布置、测量标距和加载速度应与型式试验相同。考虑到一般万能试验机的实际性能，在进行残余变形检验时允许采用不大于 $0.012A_s f_{yk}$ 的拉力作为名义上的零载荷（注：JGJ 107—2010 A.2.1 及条文解释中的 $0.012A_s f_{stk}$ 是错误的，应是 $0.012A_s f_{yk}$。见标准 A.1.3）。

（4）第一次工艺检验中 1 根试件抗拉强度或 3 根试件的残余变形平均值不合格时，允许再抽 3 根试件进行复检，复检仍不合格时判工艺检验不合格。

14.7.5 钢筋丝头加工

螺纹接头的现场加工应遵守下列规定:

1. 直螺纹丝头加工

直螺纹丝头加工包括镦粗直螺纹钢筋丝头、剥肋滚轧直螺纹钢筋丝头、直接滚轧直螺纹钢筋丝头等3种丝头。具体要求是:

1) 直螺纹钢筋丝头的加工应保持丝头端面的基本平整,使安装扭矩能有效形成丝头在套筒内可相互顶紧,消除或减少钢筋受拉时因螺纹间隙造成的变形。强调直螺纹钢筋丝头应切平或镦平后再加工螺纹,是为了避免因丝头端面不平造成接触端面间相互卡位而消耗大部分拧紧扭矩和减少螺纹有效扣数。

2) 镦粗直螺纹钢筋丝头有时会在钢筋镦粗段产生沿钢筋轴线方向的表面裂纹,这类裂纹不影响接头性能,允许出现这类裂纹,但垂直于钢筋轴线的横向裂纹则是不允许的。

3) 钢筋丝头长度应满足企业标准中产品设计要求,公差应为 $0\sim2.0p$(p 为螺距)钢筋丝头的加工长度应为正公差,保证丝头在套筒内可相互顶紧,以减少残余变形。

4) 钢筋丝头宜满足 $6f$ 级精度要求,应用专用直螺纹量规检验,通规能顺利旋入并达到要求的拧入长度,止规旋入不得超过 $3p$;抽检数量 10%,检验合格率不应小于 95%。螺纹量规检验是施工现场控制丝头加工尺寸和螺纹质量的重要工序,提供合格螺纹量规、对加工丝头进行质量控制是负责丝头加工单位的责任。

2. 锥螺纹丝头加工

锥螺纹接头的现场加工应遵守下列规定:

(1) 锥螺纹钢筋接头在套筒中央不允许钢筋丝头相互接触,应保持一定间隙,因此对钢筋端面的平整度要求水并不高,仅对个别端部严重不平的钢筋需要切平后制作螺纹,因此仅提出不得弯曲的要求;

(2) 钢筋丝头长度应满足设计要求,丝头长度应为负公差($0\sim-1p$),以确保拧紧后的锥螺纹钢筋丝头在套筒中央不相互顶紧而影响接头的强度或变形性能。

(3) 应使用专用锥螺纹量规检验钢筋丝头的锥度和螺距及螺纹长度。抽检数量 10%,检验合格率不应小于 95%。

14.7.6 接头的安装

1. 螺纹接头

(1) 直螺纹接头

① 安装接头时可用管钳扳手宁紧,钢筋丝头在套筒中央位置应相互顶紧,这是减少接头残余变形的最有效的措施,是保证直螺纹钢筋接头安装质量的重要环节;

② 标准型接头安装后的外露螺纹不宜超过 $2p$。外露螺纹不超过 $2p$ 是防止丝头没有完全拧入套筒的辅助性检查手段;

③ 安装后应用10级精度的扭力扳手校核拧紧扭矩,为减少接头残余变形规定最小拧紧扭矩值(表14.6)最小拧紧扭矩对直螺纹钢筋接头的强度没有影响。

直螺纹接头安装时的最小拧紧扭矩值 　　　　　表 14.6

钢筋直径(mm)	≤16	18~20	22~25	28~32	36~40
拧紧扭矩(N·m)	100	200	260	320	360

（2）锥螺纹接头

① 接头安装时应确保钢筋与连接套的规格相一致，因为锥螺纹钢筋接头安装时容易产生连接套筒与钢筋不相匹配的误接；

② 接头安装时应用扭力扳手拧紧，拧紧扭矩值应符合表 14.6 中的拧紧扭矩要求。

③ 锥螺纹钢筋接头的安装拧紧扭矩对接头强度的影响较大，过大或过小的拧紧扭矩都是不可取的，锥螺纹钢筋接头对扭力扳手的精度要求较高。

（3）校核用扭力扳手与安装用扭力扳手应区分使用，校核用扭力扳手至少应每年校核一次，准确度级别应选用 5 级。

锥螺纹接头安装时的拧紧扭矩值   表 14.7

钢筋直径（mm）	≤16	18～20	22～25	28～32	36～40
拧紧扭矩（N·m）	100	180	240	300	360

2. 套筒挤压接头

（1）钢筋端部不得有局部弯曲，不得有严重锈蚀和脏物。

挤压接头依靠套筒与钢筋表面的机械咬合和摩擦力传递拉力或压力，钢筋表面的杂物或严重锈蚀均对接头强度有不利影响；钢筋端部弯曲会影响接头成形后钢筋接头的平直度。

（2）钢筋端部应有检查插入套筒深度的明显标记，钢筋端头离套筒长度中点不宜超过 10mm。确保钢筋插入套筒的长度是挤压接头质量控制的重要环节，由于事后不便检查，应事先作出标记。

（3）挤压应从套筒中央开始，依次按套筒上的标志向两端挤压，挤压道数必须确保。压痕直径的波动范围应控制在供应商认定的允许波动范围内，并提供专用量规进行检验。

挤压过程中套筒会伸长，从两端开始挤压会加大挤压后套筒中央的间隙，影响接头强度，甚至会在最后的挤压道次时钢筋头在挤压头下将套筒剪切，产生质量事故。

（4）挤压后的套筒无论出现纵向或横向裂纹缝均是不允许的。

14.8   接头的施工现场检验与验收

14.8.1   确认有效的型式试验报告

为加强施工管理，工程中应用钢筋机械接头时，应确认由该技术提供单位提交有效的型式检验报告。

14.8.2   工艺检验

详见 14.7.4。

14.8.3   检查连接件产品合格证生产批号标识

接头安装前应检查连接件（套筒）产品合格证及套筒表面生产批号标识。产品合格证应包括适用钢筋直径和接头性能等级、套筒类型、生产单位、生产日期以及可追溯产品原材料力学性能和加工质量的生产批号。

套筒均在工厂生产，影响套筒质量的因素较多，如原材料性能、套筒尺寸、螺纹规格、公差配合及螺纹加工精度等。要求施工现场土建专业质检人员进行批量机械加工产品的检验是不现实的，套筒的质量控制主要依靠生产单位的质量管理和出厂检验，以及现场接头试件的抗拉强度试验。施工现场对套筒的检查主要是检查生产单位的产品合格证是否内容齐全，套筒表面是否有可以追溯产品原材料力学性能和加工质量的生产批号，当出现产品不合格时可以追溯其原因以及区分不合格产品批次并进行有效处理。这对套筒生产单位提出了较高的质量管理要求，有利于整体提高钢筋机械连接的质量水平。

14.8.4 现场抽检

现场检验应进行接头的抗拉强度试验和安装质量检验：接头加工质量应由接头加工单位按钢筋丝头加工要求和接头技术提供单位的企业标准进行检验。对接头有特殊要求的结构，应在设计图纸中另行注明相应的检验项目。

现场检验是由检验部门在施工现场进行的抽样检验。一般应进行接头外观质量检查和接头试件单向拉伸强度试验，对螺纹接头还应进行拧紧扭矩检验。其要点是：

(1) 接头的现场检验应按验收批进行。同一施工条件下采用同一批材料的同等级、同型式、同规格接头，应以 500 个为一个验收批进行检验与验收，不足 500 个也应作为一个验收批。

按验收批进行现场检验。同批条件为：接头的材料、型式、等级、规格、施工条件相同。批的数量为 500 个接头，不足此数时也按一批考虑。

(2) 螺纹接头拧紧扭矩检验：

螺纹接头需要进行拧紧扭矩检验。螺纹接头安装后应按同一施工条件下采用同一批材料的同等级、同型式、同规格接头，应以 500 个为一个验收批进行检验与验收，不足 500 个也应作为一个验收批。抽取 10% 的接头进行拧紧扭矩校核，拧紧扭矩值不合格数超过被校核接头数的 5% 时，应重新拧紧全部接头，直到合格为止。

(3) 检验判据与规则：

1) 验收规则

对接头的每一验收批，必须在工程结构中随机截取 3 个接头试件作抗拉强度试验，按设计要求的接头等级进行评定。

当 3 个接头试件的抗拉强度均符合表 14.2 中相应等级的强度要求时，该验收批评为合格。

如有 1 个试件的强度不符合要求，应再取 6 个试件进行复检。复检中如仍有 1 个试件的强度不符合要求，则该验收批评为不合格。

钢筋机械接头的破坏形态有三种：钢筋拉断、接头连接件破坏、钢筋从连接件中拔出、对Ⅱ级和Ⅲ级接头，无论试件属那种破坏形念，只要试件抗拉强度满足表 14.2 中Ⅱ级和Ⅲ级接头的强度要求即为合格；对Ⅰ级接头，当试件断于钢筋母材时，试件合格，当试件断于接头长度区段时，则应试件抗拉强度大于该钢筋抗拉强度标准值的 1.1 倍才能判为合格。

2) 扩大验收批的规则

现场检验连续 10 个验收批抽样试件抗拉强度试验一次合格率为 100% 时，验收批接头数量可扩大 1 倍。

现场检验当连续十个验收批均一次抽样合格时，表明其施工质量处于优良且稳定的状态。故检验批接头数量可扩大一倍，即按不大于 1000 个接头为一批，以减少检验工作量。

3) 现场截取抽样试件的补接

现场截取抽样试件后，原接头位置的钢筋可采用同等规格的钢筋进行搭接连接，或采用焊接及机械连接方法补接。

14.8.5 对抽检不合格的接头验收批的处理

对抽检不合格的接头验收批，应由建设方会同设计等有关各方对抽检不合格的钢筋接头验收批提出处理方案。例如：可在采取补救措施后再按抽检规则重新检验；或设计部门根据接头在结构中所处部位和接头百分率研究能否降级使用；或增补钢筋，或拆除后重新制作以及其他有效措施。

主要参考文献

[1] 国家质量监督检验检疫. GB 1499.2—2007. 钢筋混凝土用钢 第 2 部分：热轧带肋钢筋. 北京：中国标准出版社，2008.

[2] 国家技术监督局. GB 13014—1991. 钢筋混凝土用余热处理钢筋. 北京：中国标准出版社，1992.

[3] 中华人民共和国住房和城乡建设部 JGJ 107—2010. 钢筋机械连接技术规定. 北京：中国建筑工业出版社，2010.

[4] 田中礼治. いまだかち知りだい鉄筋継手のすべて. 建築技術，1992.

[5] F. 莱昂哈特，E. 门尼希. 钢筋混凝土结构配筋原理. 北京：水利电力出版社，1984.

[6] 徐有邻，吴晓星. 滚轧直螺纹钢筋连接技术. 北京：化学工业出版社，2005.

[7] 山本晃. 螺纹联接的理论与计算. 上海：上海科学技术文献出版社，1984.

[8] 吉本勇. ねじ締結体設計のポイント. 日本規格協会. 1992.

[9] 杨熊川，尹松. 关于钢筋机械连接接头的性能和应用基本条件的若干问题.《钢筋连接技术技术应用文集》建设总科技发展促进中心，1998.

[10] 林静雄，中沢春生，矢部喜堂. 鉄筋継手の歴史と現在の法的な位置づけ. コンクリート工学，2011（4a）.

[11] ダイワスチール. 超高層造 RC マンシヨン用ねじ節鉄筋「ネジバー」と機械式継手・定着金物. JFE 技報，2008，8.

[12] 王爱军. 钢筋灌浆直螺纹连接技术及应用. 建筑机械化，2010 年增刊.

15 钢筋径向套筒挤压连接

15.1 基本原理、特点和适用范围

15.1.1 基本原理

钢筋套筒挤压连接是通过挤压力使连接件钢套塑性变形与带肋钢筋紧密咬合形成接头的连接技术。套筒挤压连接有两种，一种是套筒的变形有径向塑性变形——钢筋径向套筒挤压连接接头；另一种是套筒钢筋轴向变形挤压连接等两种套筒挤压连接。钢筋径向套筒挤压连接应用最多，套筒钢筋轴向变形挤压连接的机具重应用少。一般套筒挤压连接多指钢筋径向套筒挤压连接，以下简称钢筋套筒挤压连接或钢筋挤压连接，见图 15.1。

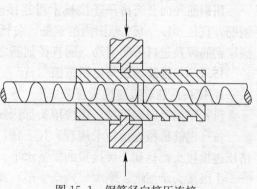

图 15.1 钢筋径向挤压连接

作为住房和城乡建设部"九五"期间新技术重点推广项目，钢筋套筒径向挤压连接技术成熟，普遍推广应用于地震及非地震区的钢筋混凝土结构。

15.1.2 特点

其他钢筋连接相比，钢筋挤压的特点如下：

（1）接头强度高，刚度和韧性也高。能够承受高应力、大变形反复拉压、动力载荷和疲劳载荷。

按 JGJ 107—2010 标准的型式试验，通过单向拉伸、弹性范围反复拉压、塑性范围反复拉压试验中，其强度、刚度和韧性均达到最高等级（Ⅰ级）性能的要求。在结构中的使用部位均可不受限制。更适用于只能采用 100% 的接头百分率Ⅰ级接头的场合，如桥梁施工中钢筋笼对接；地下连续墙与水平钢筋的连接；滑模、提模施工中钢筋的连接等场合。

（2）操作简便，工人经过短时间培训后即可上岗操作。

钢筋套筒挤压连接施工工艺简单，设备操作容易、方便，接头质量控制直观，工人经短时间培训，就能独立操作，制作出合格接头。

（3）连接时无明火，操作不受气候环境影响，在水中和可燃气体环境中均可作业。

挤压连接设备为液压机械设备，施工时，在环境温度下的钢套筒进行冷挤压，无高温也没有明火，完全不受周围环境的影响，即使雨、雪天气，易燃、易爆气体环境，甚至水下连接，都能够正常施工作业。

（4）节约能源，每台设备功率仅为 1.5～2.2kW。

挤压连接设备的动力为小功率三相电机，耗电量小，节省能源。并且，施工无需配备大容量电力设备，减少了现场设备投资，特别适合于电力紧张地区的施工。

（5）接头检验方便。通过外观检查挤压道数和测量压痕处直径即可判定接头质量，现场机械性能抽样数量仅为 0.6%，节省检验试验费用，以及质量控制管理费用。现场抽样检验合格率可达到 100%。

（6）施工速度快。连接一个 $\phi32$ 钢筋接头仅需 2～3min。并且，无需对钢筋端部特别处理。在施工现场，在加工场区，将钢套筒与钢筋连接，完成挤压接头的一半，在现场挤压另一半，减少钢筋因两端加工，而来回搬运的工作和作业场地。

可见，钢筋径向套筒挤压连接技术是一种质量好、速度快、易掌握、易操作、节约能源和材料、综合经济效益好的钢筋连接技术。

15.1.3 适用范围

用钢筋径向套筒挤压连接技术可连接国产 HRB335、HRB400、HRB500 和余热处理钢筋，直径 $\Phi12$～$\Phi50$ 范围内的钢筋，包括塑性和焊接性能差的钢筋、抗腐蚀的环氧树脂涂层钢筋以及进口带肋钢筋。同直径钢筋之间、不同直径之间的钢筋均可连接。

15.1.4 性能等级与应用范围

1. 接头性能等级与接头百分率

（1）钢筋径向套筒挤压连接接头都达到Ⅰ级接头的质量水平。

按《钢筋机械连接技术规程》JGJ 107—2010 规定的型式试验的结果，钢筋径向套筒挤压连接接头都达到Ⅰ级接头的质量水平。

Ⅰ级接头是强度、刚度（残余变形）和韧性（最大力总伸长率）都与母材基本相同的接头，是钢筋机械连接接头中最高质量等级的接头。Ⅰ级接头在结构中的使用部位均可不受限制。当需要在高应力部位设置接头时，Ⅰ级接头的接头百分率除有抗震设防要求的框架的梁端、柱端箍筋加密区外可不受限制。接头宜避开有抗震设防要求的框架的梁端、柱端箍筋加密区；当无法避开时，采用Ⅰ级接头，接头百分率也不应大于 50%。受拉钢筋应力较小部位或纵向受压钢筋，接头百分率可不受限制。对直接承受动力荷载的结构构件，接头百分率不应大于 50%。

（2）Ⅱ级接头。

当需要在高应力部位设置接头时，Ⅱ级接头的接头百分率不应大于 50%；接头宜避开有抗震设防要求的框架的梁端、柱端箍筋加密区；当无法避开时，可采用Ⅱ级接头且接头百分率不应大于 50%。

受拉钢筋应力较小部位或纵向受压钢筋，接头百分率可不受限制。对直接承受动力荷载的结构构件，接头百分率不应大于 50%。

标准从技术经济的角度要求"混凝土结构中要求充分发挥钢筋强度或对延性要求高的部位应优先选用Ⅱ级接头；当在同一连接区段内必须实施 100% 钢筋接头的连接时，应采用Ⅰ级接头"（见 JGT 107—2010 第 4.0.1 条）。本来挤压连接通过适当缩短连接件长度和挤压道数就可简单地变成Ⅱ级接头，这在技术上和经济上都是简单可行的好事。但事实上所有的钢筋连接提供企业所提供的钢筋连接接头型式试验报告钢筋接头等级都是Ⅰ级接头。这一方面是企业为了表明提供的产品质量是最好的，也为了管理上的便利。另一方面设计单位也对采用机械连接接头没有经验，一般趋于保守（安全）只采用质量顶级的Ⅰ级接头。只有在处理钢筋工程质量事故时，将原设计的Ⅰ级接头改判成Ⅱ级接头时，才出现"Ⅱ级接头"。在建设工程的一部分人员的意识中"Ⅱ级接头"成为接头质量差的代名词。

这是对 JGJ 107—2010 接头分级的误解。事实上Ⅰ级和Ⅱ级接头均属于高质量接头，在结构中的使用部位均可不受限制，但允许的接头百分率有差异。通常情况下，在工程设计中应尽可能选用Ⅱ级接头并控制接头百分率不大于50%，这比选用Ⅰ级接头和100%接头百分率更加可靠。

2. 不同直径钢筋之间的连接

不同直径的带肋钢筋可采用挤压连接。当套筒两端外径和壁厚相同时，被连接钢筋的直径相差不应大于5mm。被连接钢筋的直径相差大于5mm时，应采用专门加工两侧内外径不同的套筒。

3. 挤压接头的疲劳性能

对直接承受动力荷载的结构构件，应根据钢筋应力变化幅度，由设计单位提出挤压接头的抗疲劳性能要求。当设计无专门要求时，挤压接头的疲劳应力幅限值应不小于现行国家标准《混凝土结构设计规范》GB 50010—2002 中表 4.2.5-1 普通钢筋疲劳应力幅限值的0.8 倍。

15.2　钢筋径向套筒挤压连接的材料

15.2.1　钢筋

1. 确认钢筋的牌号、规格和外形

首先应确认钢筋的牌号、规格和外形是否符合国家标准。因为挤压接头挤压力使连接件钢套筒塑性变形与带肋钢筋紧密咬合形成的接头。因此，必须确认钢筋的牌号、规格，特别是外形特别是钢筋的横肋的高、宽，横肋间距是否符合标准的规定。

挤压连接能连接任何带肋钢筋，无论是各种强度等级热轧带肋钢筋（HRB335、HRB400、HRB500）、塑性较差的余热处理钢筋规格从 12～50mm 都可以采用挤压连接。但进口钢筋更要仔细确认钢筋的牌号、规格特别是外形否符合国家标准的规定。1988 年北京渔阳饭店大厦施工之初，工艺检验没有通过 原因是国外进口钢筋，它的横肋的高、宽，横肋间距都不符合 GB 1499.2—2007 的规定，换成国产钢筋后工艺检验就通过了。因此，对于通过钢筋横肋传力的接头，必须特别注意钢筋外形是否符合国家标准的规定。

2. 钢筋的端部符合要求

（1）钢筋端部不得有马蹄形；

（2）离端部 5 倍直径的长度内不得有弯曲。以防止套筒挤压接头两侧钢筋的平直度超标或插不到规定深度，影响接头质量；

（3）钢筋上不得有浮锈。

15.2.2　连接件

钢筋挤压连接接头性能取决于钢套筒与连接钢筋横肋的咬合面积和紧密程度，钢筋外表面的横肋越高，接头传力面积越大，连接效果越好。在挤压连接时，钢套筒挤压变形，冷作硬化，也不应对钢筋横肋造成明显损伤。如用 45 号中碳钢作挤压连接钢套筒，其冷挤压加工后不仅易产生脆性断裂，而且因其强度与 HRB 335、HRB 400 级钢筋相当，钢套筒变形时，还会将钢筋横肋压扁，接头难以达到性能要求。因此，挤压连接钢套筒要满足冷加工工艺要求，具有良好的压延性能，并且钢套筒横截面面积大于钢筋，使钢套筒整体承载能力高于母材钢筋承载能力。低碳钢进行冷加工之后，不易产生冷脆性，因此，通常采用低碳钢加工挤压连接钢套筒。低碳钢又分镇静钢和沸腾钢。沸腾钢冷变形后易产生应变时效而脆化，而镇静钢的这种倾向极小，因此钢套筒还必须用低碳镇静钢制作。

在日本，挤压连接用钢套筒的钢种为 STKM13A，这种钢材的抗拉强度大于 471MPa，屈服点大于 216MPa，延伸率：纵向大于 30%，横向大于 25%。目前我国还没有这样强度适中、塑性又好的钢材。因此，我国行业标准《带肋钢筋套筒挤压连接技术规程》JGJ 108 中只规定，钢套筒的力学性能要在一个范围内，见表 15.1，既要保证塑性，同时要保证强度。实践证明，我国的 10～20 号优质碳素结构镇静钢无缝钢管较易满足上述规定要求。为连接 HRB 335、HRB 400 级钢筋，钢套筒的设计截面积一般不小于相应钢筋截面积的 1.7 倍，其抗拉力是连接钢筋的 1.25 倍左右。钢套筒长度由保证接头性能的钢套筒和钢筋的结合面积确定，并与挤压设备压模的形状、尺寸及挤压机具的能力有关。

套筒的标记　　　　　　　　　　　　　　　　　　　表 15.1

名称代号	套筒类型	挤压											
		J											
特性代号	套筒类型	类型	标准型		异径型								
		代号	B		Y								
主参数代号	适用钢筋强度	级别	335 级		400 级		500 级						
		代号	3		4		5						
	钢筋直径	直径	12	14	16	18	20	22	25	28	32	36	40	50
		代号	12	14	16	18	20	22	25	28	32	36	40	50

注：异径型套筒的直径主参数代号为"小径/大径"。

为确保施工质量必须对连接件即套筒有不同的型号、标记、尺寸公差、材料性能、外观质量、套筒生产、防锈及检验的要求。

1. 型号

常用型号分为标准型、异径型两种，见图 15.2。

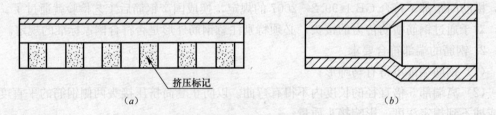

挤压标记

(a)　　　　　　　　　　　　　　　　　　　(b)

图 15.2　挤压套筒示意图

(a) 挤压标准型套筒；(b) 挤压异径型套筒

2. 标记

(1) 套筒的标记由名称代号、特性代号及主参数代号三部分组成，并应符合表 1 的规定。

(2) 标记示例。

1) 示例 1：

挤压套筒、标准型、用于连接 335 级钢筋、直径 32mm 的钢筋连接用套筒，表示为：JB3 32。

2）示例 2：

挤压套筒、异型、用于连接 500 级钢筋、直径 22mm/28mm 的钢筋连接用套筒。表示为：JY5 22/28。

套筒标记表示如下：

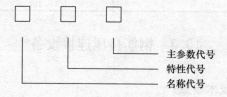

主参数代号
特性代号
名称代号

3. 要求

（1）材料

挤压套筒的材料应根据所连接的钢筋强度级别选用适合压延加工的钢材，宜选用牌号为 10 号、20 号的优质碳素结构钢或牌号为 Q235、Q275 的碳素结构钢，其实测力学性能应符合表 15.2 的要求。

挤压套筒材料的力学性能   表 15.2

项　目	性能指标
屈服强度（MPa）	225～350
抗拉强度（MPa）	375～500
延伸率（%）	≥20
硬度	HRB 60～HRB80 或 HB 102～HB133

（2）力学性能

1）套筒的设计受拉极限承载力标准值不应小于抗拉极限承载力标准值的 1.1 培。

2）套筒除了满足强度要求外，尚应满足 JGJ 107 相应等级钢筋接头变形性能要求。

（3）尺寸及公差

各单位使用的钢套筒规格尺寸并不完全一致，北京建茂建筑设备公司配套使用的钢套筒的规格和尺寸见表 15.3；行业标准 JGJ 108 规定钢套筒尺寸允许偏差见表 15.4。

钢套筒规格和尺寸   表 15.3

钢套筒型号	钢套筒尺寸（mm）			理论质量（kg）
	外径	壁厚	长度	
G40	70	12	250	4.37
G36	63.5	11	220	3.14
G32	57	10	200	2.31
G28	50	8	190	1.58
G25	45	7.5	170	1.18
G22	40	6.5	140	0.75
G20	36	6	130	0.58
G18	34	5.5	125	0.47

（4）外观质量

钢套筒的内外表面不得有裂纹、折叠、重皮或影响性能的其他缺陷；表面应喷涂有清晰、均匀的压接标志，且中间两道压接标志的距离不小于 20mm。

套筒尺寸的允许偏差（mm）   表 15.4

套筒外径 D	外径允许偏差	壁厚（t）允许偏差	长度允许偏差
≤50	±0.5	$+0.12t$ $-0.10t$	±2
>50	±0.01D	$+0.12t$ $-0.10t$	±2

15.3 钢筋挤压连接设备

15.3.1 组成和主要技术参数

钢筋挤压连接设备由超高压泵站、超高压油管、挤压钳三大主要部件组成。为适应不同直径钢筋的连接需要，钢筋挤压机配置不同型号的挤压钳，组成多种型号的系列产品，北京建茂建筑设备有限公司等单位产品的主要技术参数见表 15.5。

钢筋径向挤压连接设备性能及主要技术参数   表 15.5

组成	参数 性能 型号		YJH-25	YJH-32	YJH-40	YJH-50
超高压泵站	额定压力（MPa）	高压柱塞泵	80			
		低压齿轮泵	2			
	电动机		Y100L₁-4 380V 50Hz 2.2kW 1430r/min			
	泵站小车外形尺寸（mm）		720×485×745（长×宽×高）			
	油箱容积（L）		30			
	质量（kg）		98（不含液压油）			
超高压油管	额定压力（MPa）		100			
	内径（mm）		φ6.0			
	长度（m）		3.0（4.0、5.0）			
钢筋挤压钳	额定压力（MPa）		80			
	外形尺寸（mm）		φ154×450	φ154×500	φ165×540	φ200×700
	可装配压模型号		M16. M18. M20. M22. M25	M18. M20. M22. M25. M28. M32.	M28. M32. M36. M40.	M50.
	可连接钢筋规格、直径（mm）		φ16～φ25 Ⅱ、Ⅲ级	φ18～φ32 Ⅱ、Ⅲ级	φ28～φ40 Ⅱ、Ⅲ级	φ50 Ⅱ、Ⅲ级
	挤压钳质量（含模）（kg）		28	36	43	92
	挤压速度（s/每道）		2～3	3～4	3～5	6～8
辅件与附件	挤压钳小滑车		质量 3.5kg，承负质量 200kg			
	挤压钳升降器		质量 3.5kg，悬挂质量 200kg			
	维修工具		30 件套工具及工具箱			
	检验卡板		不同规格钢筋挤压接头压痕深度检验工具			
	生产厂		北京建茂建筑设备有限公司			

续表

组成	性能 \ 参数 \ 型号		油泵 DSD0.8/6	油泵 DSD2/6	压接器 YJ650Ⅲ	压接器 YJ800Ⅲ
超高压泵站	额定压力 (MPa)	高压柱塞泵	80	63		
		低压齿轮泵	2	2.5		
	电动机		1.5kW 380V 50Hz	2.2kW 380V 50Hz		
	泵站小车外形尺寸 (mm)		420×350×570	450×380×680		
	油箱容积 (L)		20	35		
	质量 (kg)		45	69		
超高压油管	额定压力 (MPa)		80	80		
	内径 (mm)		6	6		
	长度 (m)		3~5	3~5		
钢筋挤压钳	额定压力 (MPa)				57	52
	外形尺寸 (mm)				φ155×395	φ180×495
	可装配压模型号				M16~M32	M36~M40
	可连接钢筋 规格、直径 (mm)				16~32	36~40
	挤压钳质量 (含模) (kg)				31	48
	挤压速度 (s/每道)				15~20	20~25
辅件与附件	挤压钳小滑车				质量 3kg 承负 质量 40kg	质量 5kg 承负 质量 50kg
	挤压钳升降器				质量 7kg 承负 质量 40kg	质量 12kg 承负 质量 55kg
	维修工具					
	检验卡板					
生产厂			中国建筑科学研究院 CABR			

组成	性能 \ 参数 \ 型号		GS-A-32	GS-A-40	DL-40
超高压泵站	额定压力 (MPa)	高压柱塞泵	80	80	80, 2.2L/min
		低压齿轮泵	2	2	2.0, 4~6L/min
	电动机		380V；2.2kW 1430r/min	380V；2.2kW 1430r/min	380V 2.2kW 1430r/min
	泵站小车外形尺寸 (mm)		817×605×800	817×605×800	790×540×785
	油箱容积 (L)		40	40	25
	质量 (kg)		90	90	122
超高压油管	额定压力 (MPa)		100	100	80
	内径 (mm)		6	6	6
	长度 (m)		3000	3000	3000

组成	参数 性能	型号	GS-A-32	GS-A-40	DL-40
钢筋挤压钳	额定压力（MPa）		80	80	80
	外形尺寸（mm）		φ150×480	φ170×530	φ150×480
	可装配压模型号		16～32	36～40	M22、M25、M28、M32、M36、M40
	可连接钢筋规格、直径（mm）		φ16～φ32	φ36～φ40	φ22～φ40
	挤压钳质量（含模）（kg）		33	45	32
	挤压速度（s/每道）		<13	<13	3～5
辅件与附件	挤压钳小滑车				质量 2kg 承负质量 40kg
	挤压钳升降器				质量悬挂质量 5kg
	维修工具				
	检验卡板				
生产厂			保定华建机械有限公司		北京第一通用机械厂 对焊机分厂

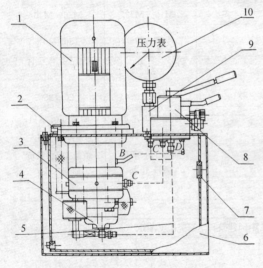

图 15.3 超高压泵站

1—电动机；2—注油通气帽；3—高压柱塞泵；
4—低压齿轮泵；5—管路；6—油箱；7—油标；
8—换向阀；9—组合阀；10—压力表

1. 超高压泵站

超高压泵站是钢筋挤压连接设备的动力源。

工程中常用的钢筋挤压连接设备的超高压泵站一般采用高、低压双联泵结构，如图 15.3所示，它由电动机、超高压柱塞泵、低压齿轮泵、组合阀、换向阀、压力表、油箱、滤油器，以及连接管件等组成。组合阀是由高、低压单向阀、卸荷阀、高压安全阀和低压溢流阀等组成的组合阀块。

在工程中，仅有高压柱塞泵的单速泵站也有应用，该泵站较同样流量的双速泵站体积小、重量轻、结构简单，但因没有低压泵，挤压钳空载移动速度稍慢于双速泵站。

2. 超高压油管

超高压油管是连接泵站和挤压钳，并组成设备系统封闭油路的重要元件。采用双作用油缸结构的挤压钳有两条超高压油管与泵站相连。

超高压油管是由内管、多层的钢丝缠绕（或编织）层、外保护层组成的耐压软油管，其两端用金属接头扣压连接。连接时，油管一端连接在换向阀上，另一端连接在钢筋挤压钳上，组成设备封闭回路。

超高压油管可挠、吸振，使用方便。

3. 挤压钳

挤压钳是钢筋挤压连接设备的执行元件。

挤压钳由油缸、机架（钳口）、活塞、上下压模等组成，其结构如图 15.4 所示。

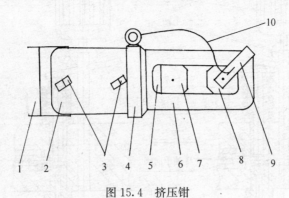

图 15.4　挤压钳
1—提把；2—缸体；3—油管接头；4—吊环；5—活塞；6—U 形机架；
7—上压模；8—下压模；9—模挡铁；10—链绳

挤压钳通常采用双作用油缸体，因而挤压及回程时，活塞移动速度均较快。挤压钳采用 U 形机架结构，可以使机架宽度小，装入钢筋灵活，可方便、灵活地用于钢筋配筋密度较高的作业场合。

挤压钳上压模有圆柱连接柄，连接柄上有环状沟槽。上压模与挤压钳活塞的连接是通过模柄插入活塞端部孔内，用活塞上的两横孔内弹簧、螺钉顶紧钢珠，卡住模柄沟槽来实现的。在活塞的推动下，上压模可在机架导向长槽中沿压钳轴线前后移动。当油缸上油管接头 A 进油时，活塞推动上压模向前运动进行挤压；当油管接头 B 进油时，活塞带动上压模向后运动即回程。下压模侧面有螺孔，用螺钉、垫圈将其与模挡铁连成一体，挤压连接时，将下压模由机架导向长槽中插入，模挡铁钩挂在机架上，将下压模固定；挤压完成后，拨转模挡铁，取出下压模，可将钢筋从 U 形机架内退出。

4. 辅件

钢筋挤压连接设备还配有挤压钳小滑车及升降器等常用辅件。

当在地面上预制接头或进行水平方向挤压连接时，挤压钳放在小滑车上，挤压钳在挤压完一道后，可以轻便地沿钢筋轴线移动到下一道挤压位置，而不必移动长钢筋，从而可以大大减轻操作工人劳动强度，并提高移动速度和准确性。

在竖向钢筋挤压连接作业时，可将挤压钳上的吊环套在升降器的挂钩上。拨动升降器上的棘爪，上下摇动手柄，即可使挤压钳沿钢筋轴线上下移动，以便使压模对准钢套筒上的挤压位置标记。挤压一道后，移到下一道位置进行挤压。升降器轻便，灵活。挤压钳在吊环上可 360°转动，便于挤压钳在各种角度下工作。

15.3.2　主要元件工作原理

1. 高压柱塞泵工作原理

如图 15.5 所示，为斜盘式轴向柱塞泵工作原理示意图。

电动机主轴上装有一个与其轴线有一交角的斜盘。电动机主轴转动时，斜盘也随之转动。柱塞装在泵体端面，沿圆周均匀分布。柱塞依靠弹簧作用，使其头部紧贴在斜盘上。柱塞由于斜盘作用，产生轴向往复运动。如图 15.5 所示，当柱塞在弹簧作用下，由下向上运动时，柱塞下端密封容腔容积增大，压力减小，直至产生真空，使油箱中的液压油在

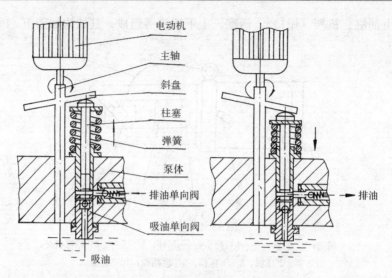

图 15.5 斜盘式轴向柱塞泵工作原理图

大气压力作用下，顶开吸油单向阀钢球进入到柱塞下部的容腔内。同时，排油单向阀钢球在压差作用下，将排油单向阀关闭，完成吸油程序。当斜盘压迫柱塞向下运动时，柱塞下端密封容腔容积减小，压力增大，吸油单向阀关闭，同时，排油单向阀钢球在柱塞内高压油压力作用下，将排油单向阀打开，高压油通过排油单向阀排出，通过系统管路进入执行元件工作腔，以使挤压钳活塞运动，挤压钢套筒。电动机旋转时，斜盘每转一周，每个柱塞往复运动一次，完成吸、压油一次。泵输出的高压油流量取决于电动机转速、柱塞截面积、柱塞行程、密封元件密封效果等。

偏心轴式径向柱塞泵工作原理与轴向柱塞泵相类似。

2. 齿轮泵工作原理

齿轮泵工作原理很简单，就是依靠一对齿轮的啮合运动来完成其吸油和压油过程，见图 15.6。一对相同齿数的齿轮装在泵体中，齿轮宽度与泵体相同。当齿轮按箭头方向旋转时，在右面容腔由于啮合着的齿逐渐脱开，把齿的凹部让出来，产生吸油作用，使油液填满齿谷，形成一小密闭容腔，随着齿轮转动，就把齿谷中的油液带到左面容腔。在这个过程中，各齿谷的容积发生变化，挤压齿谷中的油液形成压油。齿轮不断旋转，就能不断地自右腔把油吸入，再从左腔把油压出。由于上述原理可以看出，当吸油和压油方向确定后，齿轮的旋转方向就有一定的要求。如果齿轮的旋转方向发生变化，吸油和压油的方向就会随之改变；但由于设备中油路已经设定，电动机转向决定了齿轮泵是向油路供油或是无效转动。因此，在启动设备时，一定要注意指示的电动机转向，如不符合转向要求，应切换转向开关旋钮或停机调整输入线的相位。

3. 换向阀工作原理

换向阀用来改变工作油路中液压油流动的方

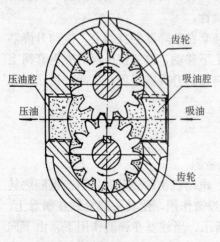

图 15.6 齿轮泵工作原理图

向。某公司生产的钢筋挤压机采用一种平面密封式三位四通阀，其油路原理如图 15.7 所示。它有"0"、"A"、"B"三个工位，及进油、回油、两个出油共四个通路。结构组成由阀体、阀芯、阀座、手柄、上盖、指示标牌等零件组成。

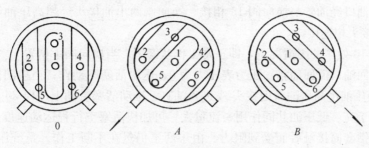

图 15.7 换向阀工作原理图

当换向阀手柄置于"0"位时，进油与回油直接连通成回路，泵输出的液压油经回油孔直接流回油箱；当手柄置于"A"位时，进油与 A 位出油孔连通，泵输出的液压油从 A 位出油孔进入相连的元件油腔，B 位出油孔与回油连通，与 B 位相连的元件油腔内液压油回油箱；当手柄转至"B"位时，进油孔与 B 位出油孔连通，泵输出的液压油从 B 位出油孔进入相连的元件油腔，A 位出油孔与回油连通，元件与 B 位接头连接的油腔内液压油回油箱，从而完成了执行元件工作油路的油液转换。参见图 15.8 中元件 15、16、17 的油路。

15.3.3 钢筋挤压连接设备系统工作原理

钢筋挤压连接设备油路及工作原理图如图 15.8 所示。

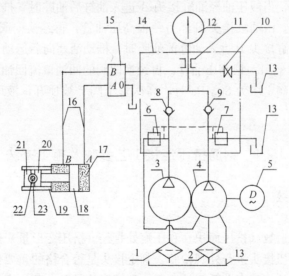

图 15.8 钢筋挤压连接设备油路及工作原理图

1—低压泵滤油器；2—高压泵滤油器；3—低压齿轮泵；4—高压柱塞泵；
5—电动机；6—液控低压溢流阀；7—高压安全阀；8—低压单向阀；
9—高压单向阀；10—卸荷阀；11—阻尼螺钉；12—压力表；13—油箱；
14—组合阀体；15—换向阀；16—高压油管；17—油缸；18—活塞；
19—机架；20—上压模；21—下压模；22—钢筋；23—钢套筒

当电动机 5 启动且旋转方向正确时，与电动机同轴连接的超高压柱塞泵 4 和低压齿轮泵 3 同时工作。油箱 13 中的液压油分别经滤油器 1 和 2 被吸入两泵，并由两泵出油口分别经高压和低压油管压入组合阀体 14。在组合阀内，高压油和低压油分别打开高压单向阀 9 和低压单向阀 8 后相汇合。高低压油汇合后，通向压力表 12、卸荷阀 10 及组合阀出油口。组合阀出油口经油管与换向阀 15 相接。换向阀两出油接头经超高压油管与油缸体上 A、B 两油管接头相连接。

在卸荷阀 10 处于关闭情况下，即正常工作状态下，当换向阀手柄置于"0"位时，液压油经换向阀回油口流回油箱。压力表压力为 0，压钳活塞不动作；当换向阀手柄被转至"A"位时，液压油经高压油管由接头 A 进入油缸，推动活塞带动上压模 20 向左运动。在空行程时，由于高、低压油共同作用，流量大，可加快活塞空行程运动速度。当上、下压模与被挤压的钢套筒接触后而受到阻力。由于两泵仍然在不断工作，系统压力逐渐升高，当系统压力超过 2MPa 时，由于压差，低压单向阀 8 自动关闭，同时，油压使液控低压溢流阀 6 开启，低压油经低压溢流阀，再经回油管流入高压柱塞泵内，对柱塞副起冷却与润滑作用，然后流回油箱。此时，由于低压单向阀 8 关闭，进入油缸推动活塞向左进行挤压的只有高压油，高压油使系统压力继续增高，当达到挤压钢套筒所要求的压力时，将换向阀手柄经"0"位转至"B"位，此时，由换向阀输出的液压油经另一根高压油管，由接头 B 进入油缸，推动活塞并带动上压模向左运动（即回程）。当退到一定位置时，即当压模与钢套筒之间有足够间隙，使得压钳能沿钢套筒轴向移动时，即可将换向阀重新转至"0"位，以进行下一道的挤压。总之，活塞往返空行程时，由于高低压泵同时供油，活塞速度较快。在活塞向前挤压钢套筒时（或后退到极限位置时），压力大于 2MPa 时，低压单向阀 8 自动关闭。另外，当液压油经油缸接头 A 进入油缸后油腔时，推动活塞向前运动，活塞前油腔的油则被压，由油缸接头 B 经另一根高压油管，再经换向阀的回油口流回油箱。反之，当液压油经油缸接头 B 进入油缸前油腔时，推动活塞向后运动，活塞后油腔的油则被压，由油缸接头 A 经另一根高压油管，再经换向阀的回油口流回油箱。

当系统压力超过额定压力 80MPa 时，高压安全阀 7 被顶开，液压油经高压安全阀流回油箱。

15.4 钢筋挤压连接工艺参数及施工方法

15.4.1 工艺参数

1. 压痕宽度

挤压压痕宽度、道数（挤压面积）和压痕处直径（挤压变形量）是挤压工艺的主要参数，同时，也是对挤压接头进行外观检验，判定接头是否合格的重要依据。而压模形状对挤压压痕宽度、压痕处直径有着重要的关系，压模形状是否合理，直接影响着挤压工艺参数的选择、确定。

挤压压模的形状应根据钢筋外形、直径和钢套筒尺寸和挤压钳挤压能力等诸多因素进行综合设计。目前，我国的钢筋主要是月牙肋形钢筋，其横肋只占钢筋周长的 2/3。为增加钢套筒和钢筋的有效结合面积，增加接头的可靠性，某单位设计了圆口型压模，该压模实际挤压时，无论加压角度（加压角度是指挤压方向和钢筋纵肋平面的夹角）是 0°、45°，还是 90°，都能保证钢套筒和钢筋紧密结合，如图 15.9 所示，压痕处有效结合面积达到

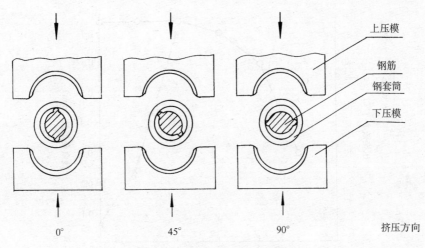

图 15.9 钢筋连接时的挤压方向

95％以上。钢套筒材料和挤压参数相同条件下，虽然挤压角度为 0°的挤压接头的性能不如 90°挤压的接头的性能，但其性能也保证满足 A 级接头性能指标的要求。因此，在工程施工中，有条件时，控制挤压在 90°方向，可更好地保证接头性能；无条件时，即使只能挤压在 0°方向时，只要在规定的道数和压痕深度要求范围内，同样能保证接头性能合格。

在压模形状确定的条件下，压模刃口宽度依设备能力设计，随挤压连接钢筋直径不同而不同，连接小直径钢筋的压模刃口宽度一般比大直径钢筋的压模宽，这样可以充分利用挤压钳的能力，虽然连接钢筋直径不同，但泵站工作压力却基本一致，便于操作人员掌握。

2. 挤压道数

钢筋挤压接头的质量、工效与挤压道数有直接的关系，而挤压道数又与挤压设备的能力，钢筋规格，压模尺寸，钢套筒材质及壁厚尺寸有关。主要原则是以尽量少的挤压道数，使钢筋挤压连接的接头性能达到最优的质量要求。挤压接头在做各种型式试验时，不仅应断在钢筋母材上，根据我国有关标准规定，接头产生的残余变形量必须小于一定值，例如：YB 9250—1993 规定单向拉伸试验时，试件残余变形量不得大于 0.15mm，这样其接头质量才能达到最高级别的要求。接头在拉伸试验时断在钢筋上，只能说明接头强度是合格的，若接头的残余变形不合格，刚度也不会合格，这样的接头也是不合格的。这对钢筋混凝土的裂缝开展会产生影响。大量的挤压接头试验也证明了这一点，挤压接头的压接道数是由试验的结果，并考虑到施工条件确定的。例如 ϕ32HRB 335 级钢筋接头，在钢套筒每侧以 600kN 的压力分别挤压 1～6 道，也就是分别做 6 种试件，挤压 4 道的接头强度效率，即压接效率便达到 100％，见图 15.10，也就是接头拉伸试验时断在钢筋母材上，强度是合格的，但接头的残余变形量不合格，刚度也不合格，这样的接头也是不合格的。挤压 5 道的接头、强度、残余变形量和刚度都合格，但是考虑到在试验室条件下，由专门人员精心制作，可以使试件合格。而工程应用中可能出现各种因素，如操作者不精心或钢筋端部横肋不完整、尺寸偏差大等。因此，挤压连接 ϕ32 钢筋时，在钢套筒每侧都挤压 6 道才是可靠的工艺。

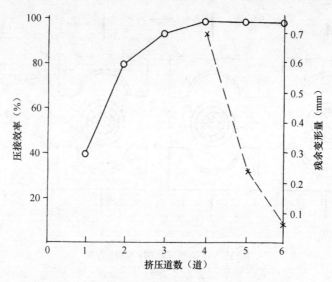

图 15.10 压接道数与接头性能关系

○—○压接效率，σ_b 接头/σ_b 钢筋；✕—✕残余变形量

3. 压痕处直径（挤压变形量）

挤压变形量是挤压连接工艺的另一重要参数，也是鉴定接头是否合格的依据之一。变形量过小，钢套筒与钢筋横肋咬合少，受力时剪切面积小，往往会造成接头强度达不到要求，或接头残余变形量过大，接头不合格。变形量过大，则容易造成钢套筒壁被挤得太薄，挤压处钢套筒截面太小，受力时容易在钢套筒挤压处发生断裂。因此，挤压变形量必须控制在一个合适的范围内。在实际工程应用时，主要控制压痕深度，检测时用相应的检测卡板来检查压痕最小直径，其尺寸控制在允许范围内。

15.4.2 施工方法

1. 设备准备

（1）油箱注油

油箱未经注油严禁开车或试车。液压油应为抗磨液压油，一般可选用 YB-N32 或 YB-N46 型。油面应超过油箱油标中心线以上，油箱缺油时应及时补充。

设备搬运、移动、放置时，均应注意油箱不能过分倾斜，以防液压油由注油通气孔外溢，污染现场环境。

（2）设备连接

进行水平方向挤压连接，挤压钳放在小滑车上；进行竖向挤压连接，挤压钳应吊挂在升降器的吊钩上。搬运挤压钳应提手柄或两手抬两端，若提拉下压模连接钢丝链绳，易使钢丝绳损坏。挤压钳落地时不得摔撞。

用两根高压油管将超高压泵站和挤压钳连接。首先将泵站换向阀出油接头以及挤压钳油缸上油管接头上的防尘帽旋下，油管安装前，应检查压钳和换向阀接头处的密封圈是否缺损，如有缺损应及时更换，以防使用时漏油。油管两端的防尘帽一经取下后，不得将油管接头放在地面上，以防泥沙进入油管、油路。连接时，油管一端插入换向阀出油接头的圆孔中，推到底后，用手将螺帽旋紧，螺纹带满。另一端连接挤压钳上油管接头，用扳手旋紧螺母即可。

超高压油管安装和使用中，应注意两根油管不得绞缠在一起，也不得弯曲小于弯曲半径的小弯，甚至死弯；不得用脚踩踏，并应避免重物压砸或锋利硬物划伤；安装和拆卸时，应用手握住油管接头的固定金属件，严禁拉拽或强行拧转油管，以防接头扣件处损坏而产生漏油。油管拆卸后，两端接头应及时装好防尘塑料帽，同时将换向阀和压钳接头防尘帽拧好，以防液压油外流及泥沙进入油管或设备系统。

（3）电动机接线

电源动力线应按电动机功率要求选择，一般采用 1.5mm² 或 2.0mm² 的四芯橡胶绝缘护套线。电动机接线应由专业电工操作，接地保护应牢靠。配电箱应装有短路或过载保护及缺相保护装置。设备启动时，首先注意电动机转向要符合电动机风扇罩上喷漆箭头方向，即由上向下看，电动机风扇叶应按顺时针方向旋转，严禁反转运行。设备启动或运转过程中，如有电源缺相应立即停机检查，排除故障后方可继续工作。

（4）压模安装

根据所连接钢筋的直径不同，应按表 15.6 或表 15.7 安装或更换相应型号的压模。安装上压模时，应将活塞推出至露出螺钉孔，插好上压模后，将两螺孔依次装入钢球、小弹簧、顶丝，用螺钉旋具将顶丝上紧后，应注意反向退回一圈，留出弹簧活动量。安装时，注意螺钉后端不得超出活塞外表面。螺钉一字槽若有损坏必须更换，否则可能会影响以后拆卸。安装下压模时，用螺钉及带套垫圈与模挡铁连在一起，旋紧即可。挤压连接时，下压模挡铁应勾挂在压钳腿上，以防下压模错位，模挡铁如有较大变形必须修正。

（5）试车运行

确认油箱注油，设备连接符合要求后，检查卸荷阀是否关紧，将换向阀手柄置于"0"位，启动电动机转向正确即可试车运行。

先将手柄由"0"位平推至"A"位，观察压钳活塞是否前进（或后退）。活塞空行程时，压力表指针为 0。当活塞前进（或后退）到极限位置时，压力表指针应迅速升高至额定压力（一般为 80MPa）。再把手柄经"0"位平推至"B"位，观察压钳活塞是否后退（或前进）。活塞空行程时，压力表指针为 0。当活塞前进（或后退）到极限位置时，压力表指针应迅速升高至额定压力。如此，反复试运行几次，电动机及设备无异常声响，设备各密封和连接处无渗漏油现象，说明设备运行正常。

设备除注油和连接电源线外，设备雨罩应一直保持盖好，以防砸、防雨。

2. 钢筋准备

（1）在挤压连接之前，应清除钢筋端部连接部位的铁锈、油污、砂浆等附着物。

（2）钢筋端部应平直，影响钢套筒安装的马蹄、飞边、毛刺应予以修磨或切除。如遇纵肋过高及影响钢套筒插入时，可适当修磨纵肋。由于钢筋横肋对接头性能有重要影响，因此施工时严禁打磨横肋，若因横肋过高影响钢套筒插入，可针对性选择使用内孔直径正偏差的钢套筒。

（3）钢筋端部应按规定要求用油漆画出定位标记和检查标记两条线。标记线应横跨纵肋并与钢筋轴线垂直，长度不宜小于 20mm。标记线不宜过粗，以免影响钢筋插入深度的准确度。

定位标记距钢筋端部的距离为钢套筒长度的一半，见图 15.11 中 *b*；检查标记与定位

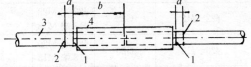

图 15.11　钢筋定位标记和检查标记

1—定位标记；2—检查标记；3—钢筋；4—钢套筒

标记的距离为 a，当钢套筒的长度小于 200mm 时，a 取 10mm；当钢套筒长度等于或大于 200mm 时，a 取 15mm。定位标记指示钢套筒应插入的深度位置，当挤压连接成接头后，由于钢套筒变形伸长，定位标记被钢套筒遮盖，接头外钢筋上只能见到检查标记，通过检查标记的检验，可确定钢套筒中钢筋的位置是否正确。

3. 挤压操作

挤压操作前，对挤压设备必须检查，并根据压接工艺要求，调整相应的工作油压。按连接钢筋规格和钢套筒型号选配压模。

挤压操作应做到四个一致，即被连接钢筋的直径、钢套筒型号、压模型号及检验卡板型号一致，严禁混用，见表 15.6；特别注意不同直径钢筋相连接时，所用钢套筒型号、压模型号、挤压道数、最小压痕直径及检验卡板型号应严格按表 15.7 执行。

相同直径钢筋连接时的挤压工艺参数及钢套筒、压模、检验卡板   表 15.6

两根连接钢筋直径	钢套筒型号	压模型号	接头压痕总宽度	挤压道数	压痕最小直径允许范围（mm）	检验卡板型号
$\phi40-\phi40$	G40	M40	80mm×2	8×2 道	60～63	KB40
$\phi36-\phi36$	G36	M36	70mm×2	7×2 道	54～57	KB36
$\phi32-\phi32$	G32	M32	60mm×2	6×2 道	48～51	KB32
$\phi28-\phi28$	G28	M28	55mm×2	5×2 道	41～44	KB28
$\phi25-\phi25$	G25	M25	50mm×2	4×2 道	37～39	KB25
$\phi22-\phi22$	G22	M22	45mm×2	3×2 道	32～34	KB22
$\phi20-\phi20$	G20	M20	45mm×2	3×2 道	29～31	KB20
$\phi18-\phi18$	G18	M18	40mm×2	3×2 道	27～29	KB18
$\phi16-\phi16$	G16	M16	35mm×2	2×2 道	24～26	KB16

不同直径钢筋连接时的挤压工艺参数及钢套筒、压模、检验卡板   表 15.7

两根连接钢筋直径	钢套筒型号	压模型号	一侧压痕总宽度	挤压道数	压痕最小直径允许范围（mm）	检验卡板型号
$\phi40-\phi36$	G40	$\phi40$ 端 M40 $\phi36$ 端 M36	80mm 80mm	8 道 8 道	60～63 57～60	KB40-36
$\phi36-\phi32$	G36	$\phi36$ 端 M36 $\phi32$ 端 M32	70mm 70mm	7 道 7 道	54～57 51～54	KB36-32
$\phi32-\phi28$	G32	$\phi32$ 端 M32 $\phi28$ 端 M28	60mm 60mm	6 道 6 道	48～51 45～48	KB32-28
$\phi28-\phi25$	G28	$\phi28$ 端 M28 $\phi25$ 端 M25	55mm 55mm	5 道 5 道	41～44 38～41	KB28-25
$\phi25-\phi22$	G25	$\phi25$ 端 M25 $\phi22$ 端 M22	50mm 50mm	4 道 4 道	37～39 35～37	KB25-22
$\phi25-\phi20$	G25	$\phi25$ 端 M25 $\phi20$ 端 M20	50mm 50mm	4 道 4 道	37～39 33～35	KB25-20
$\phi22-\phi20$	G22	$\phi22$ 端 M22 $\phi20$ 端 M20	45mm 45mm	3 道 3 道	32～34 31～33	KB22-20
$\phi22-\phi18$	G22	$\phi22$ 端 M22 $\phi18$ 端 M18	45mm 45mm	3 道 3 道	32～34 29～31	KB22-18
$\phi20-\phi18$	G20	$\phi20$ 端 M20 $\phi18$ 端 M18	45mm 45mm	3 道 3 道	29～31 28～30	KB20-18
$\phi18-\phi16$	G18	$\phi18$ 端 M18 $\phi16$ 端 M16	40mm 40mm	3 道 3 道	27～29 25～27	KB18-16

挤压操作步骤如下：

(1) 将钢筋插入钢套筒内，其插入深度应按钢筋定位标记确定。

(2) 挤压时，钢套筒应靠在压模刃口圆弧中央，注意保持压钳轴线与钢筋轴线垂直。

(3) 挤压时，应调整压钳，使压模刃口对准钢套筒表面的压痕标志。挤压顺序必须是由钢套筒中部的压痕标志依次向钢套筒两端挤压。严禁从两端向中间挤压。

(4) 压接时，应尽可能使压模压在钢筋横肋上，以便压接出的接头具有最佳性能。

(5) 操作换向阀手柄进行挤压时，压力的控制应以满足表 15.6 或表 15.7 中所规定的最小压痕直径为依据，即用检测卡板检测合格时的压力即为合适的挤压力。刚开始挤压时，可能不知道用多大的压力才能达到压痕深度的要求，可以压力小一些，然后用检验卡板来检查，如达不到要求，可在原位置上加大压力，直至达到要求。即可按此时的压力继续顺序挤压。无论哪种规格的钢套筒，在挤压最后一道时，由于拘束减小，则压力应控制在比其他道次的压力小 2~4MPa，否则，最后一道的最小压痕直径就会变小或超出下限。

(6) 每个钢套筒挤压完毕后，都应用检测卡板进行检验。挤压深度、道数不符合要求的，应予以补压或切除。

(7) 拉伸试件必须保证外观检查合格。外观检查从以下几个方面进行：检查钢筋上的检查标记和钢套筒两端的距离，以判定两根钢筋在钢套筒内的插入深度是否一致，即各插入 1/2 钢套筒长度；检查挤压道次是否符合要求，相邻两道不得叠压，最后一道应完整；观察检查标志，判定挤压顺序是否符合从中间依次向两端挤压的要求；用检验卡板检验应符合最小压痕直径范围的要求；压痕及钢套筒表面不得有裂纹；两连接钢筋弯折度应小于 4°。

(8) 钢筋挤压连接可分为地面预制和工位连接。地面预制可先在地面上完成钢筋一侧的压接（或把两根钢筋中间完成全部压接，并完成其中一根钢筋一侧的压接），再在工位上完成另一侧的压接（或剩余的压接）。竖向钢筋连接时，应先在地面上完成待接钢筋一侧的压接，在工位上完成已生根钢筋端部的压接。

在地面上，把两根钢筋中间全部压接完成后，应将上压模退到极限位置，取出下压模，把连接完毕的钢筋由压钳中取出。在工位连接竖向钢筋时，应事先将上压模退到极限位置，取出下压模，把挤压钳机架插入到待接钢筋中，装好下压模，将下压模挡铁与挤压钳机架勾住，再按上述要求进行挤压，挤压完毕后，将上压模退到极限位置，抽出下压模，挤压钳 U 形机架即可由钢筋中抽出。

15.5　设备维护及保养

15.5.1　设备操作注意事项及维护保养

钢筋挤压连接设备操作方法简单，易于掌握，但因其工作在建筑现场，则设备的维护显得更加重要。以下为使用、维护设备的几个要点：

1. 超高压泵站在未注油及油位不足时严禁启动，每日作业前，应检查油位是否正常，视情况加足。加入超高压泵站的液压油必须经过精滤，确保清洁，经常使用时，一般每两个月清洗一次滤油器，每半年清洗一次油箱，同时更换新油。如临时采用了普通液压油，清洗和更换周期还要缩短。

2. 电动机启动或挤压施工过程中，如发现电动机工作不正常，应查找电源电压及接线各处是否正常，待故障排除后，再启动施工，以免烧毁电动机。

3. 由于挤压速度较快，因此在施工过程中，操作人员应注意力集中，在到达所需压力时及时换向，以免挤压过度。

4. 超高压软管在使用时，不得出现打折和死弯（弯曲半径不小于 250mm），严禁其他物体压砸，严禁用其去拖拽其他设备。一般每半年做试压检查一次，用试压泵加压试压时，操作者不可离软管过近，压力在 100MPa 以下发生渗漏、凸起即须更换。

5. 挤压施工可实现全天候作业，但超高压泵工作油温为 $20 \sim 50℃$，操作时，如油温过高，可采取冷却措施或停机，待油液充分冷却后才能使用；油温过低时，需采取加温措施，一般通过外加温或低压泵运转来提高油温。雨天作业时，应将防雨罩盖上，以保护电动机进水或电线短路烧毁电动机。

6. 施工中，在更换挤压钳或油管时，应检查换向阀出油接头及挤压钳进油接头处 O 形密封圈的存在状况，如丢失或破损严重，应及时更换，以免造成漏油的发生。

7. 在施工时，下压模在插入挤压钳时，下压模一定要插入压钳到位，并用模挡铁钢丝绳锁紧，以免造成机架钳腿受侧向力而外张，影响其使用。

8. 超高压泵站工作压力不得任意提高，全套机器通常每年检修一次，全部零件用煤油清洗，注意保护配合面，不得任意磕碰，装配后各运动件应运动灵活。

9. 在扳动换向阀手柄换向时，应水平施力，不应用手过分下压或上抬手柄，用力应平稳，换向如出现上压速度慢时，可稍微转动一下手柄的位置，非挤压过程和停止压模行进时，手柄应置于零位。

10. 挤压过程中，操作者应随时对接头质量进行自检，检查方法见操作部分的质量检查，以确保接头合格。

11. 钢套筒中间未喷挤压标记处严禁挤压，挤压顺序一定为从中间向两边依次挤压。

12. 设备各油路接头必须保持高度清洁，不应有污物附着在接头油口附近；使用完毕后，油管接头应用塑料帽或布条遮盖严，防止污物进入油路系统中。

13. 设备挪动及搬运过程中，不应过分倾斜，以免漏油、污染施工环境。

14. 工作完毕后，设备应妥善保管，置于遮蔽处，防止物件掉落机器上砸坏仪表等部件。

15.5.2　常见故障及排除方法

挤压设备出现的故障按其部位可分为：电动机和电源故障；挤压钳故障；超高压油管漏油；泵站高压压力、流量不足。

排除方法分叙如下：

1. 电动机和电源故障

排除方法：检查线路和电动机，如果电动机烧毁，更换电动机。

2. 压钳故障

压钳故障分为钳腿外张及内泄漏，排除方法：钳腿外张用千斤顶矫直钳腿；内泄漏需将压钳拆开，更换磨损的 O 形密封圈及挡圈。

3. 油管漏油

排除方法：视具体情况需用专用扣头机重新扣头或更换。

4. 高压泵站故障

高压泵站是钢筋挤压连接机的动力源。因此在使用及排除故障时，应详细阅读有关的

《钢筋挤压连接机使用说明书》，熟悉泵站的油路图，了解电动油泵各部件的作用，只有这样，才能准确地判断故障原因，快速排除故障。

泵站常见故障可分为三大类：

（1）压力不足（泵站提供的最高压力不能达到额定压力，使挤压无法实施）；

（2）高压流量不足（泵站最高压力虽能达到额定压力，但高压流量不足，致使挤压速度太慢）；

（3）低压流量不足（表现为挤压钳活塞在空行程时移动过慢，从而导致挤压接头辅助时间太长）。

压力不足和高压流量不足的故障原因及排除方法见表 15.8。

压力不足和高压流量不足的故障原因及排除方法　　　　　　　表 15.8

故障原因	排除方法
1. 高压安全阀调整值过低	1. 调整安全阀，使之达到额定压力
2. 安全锥阀、锥阀座磨损造成泄漏	2. 视情况修磨锥阀、锥阀座或更换
3. 卸荷阀未关紧，造成泄漏	3. 关紧卸荷阀
4. 卸荷阀内钢珠磨损或阀座磨损造成泄漏，而导致压力、流量不足	4. 更换钢珠或修研阀座
5. 换向阀内密封圈及挡圈破损，造成换向阀内泄	5. 更换破损的 O 形密封圈及挡圈
6. 换向阀阀芯与阀座密封配合面磨损严重，造成泄漏	6. 视情况修研阀芯与阀座配合面或更换阀芯、阀座
7. 低压单向阀处钢珠磨损或低压单向阀阀座磨损，造成高压油由低压单向阀处泄漏	7. 更换钢珠或修研低压单向阀阀座
8. 液控低压溢流阀中液控部分密封不良，造成高压油泄漏	8. 视情况更换低压小活塞或低压小活塞处的密封件
9. 压力表故障或阻尼堵塞造成压力指示值失真	9. 检查压力表或检修压力表座
10. 油泵箱体内高压泵与组合阀、组合阀与换向阀之间的高压钢管开裂或接头松动造成泄漏	10. 更换高压油管或紧固接头
11. 柱塞或弹簧折断，造成柱塞副不能正常工作	11. 更换相应零件
12. 长期使用，造成柱塞偶件配合间隙过大而内泄	12. 更换柱塞偶件
13. 高压泵体与柱塞偶件粘结处的粘结胶老化开裂	13. 重新粘结柱塞
14. 高压泵体出现裂纹，造成严重泄漏，导致压力不足	14. 视情况进行补焊或更换
15. 吸油阀、排油阀处铜垫或吸、排油阀与钢珠密封不良造成内泄	15. 视情况更换铜垫、钢珠，修研吸、排油阀与钢珠的配合面或更换之
16. 主轴上的斜盘或平面轴承破损，使柱塞不能正常工作	16. 视情况更换新盘或平面轴承
17. 油面过低，油泵吸空	17. 加足油
18. 油温过低造成吸油困难或油温过高造成容积效率下降，导致流量不足	18. 采取控温措施，控制油温在 20~50℃ 之间
19. 低压单向阀座处有异物，使低压单向阀处钢珠密封不良	19. 去除异物
20. 高压泵滤油器附着异物过多，导致滤油器通油面积不够	20. 清洗滤油器

低压流量不足会造成压接钳活塞空行程移动过慢，其故障原因及排除方法见表 15.9。

低压流量不足故障原因及排除方法　　　　　　　　　　表 15.9

故障原因	排除方法
1. 电动机反转	1. 调整电动机输入线，改变电动机转向
2. 低压溢流阀处密封不良	2. 更换相应的密封件
3. 油箱内低压油管接头松动	3. 紧固接头
4. 低压泵总成轴断或齿轮断裂	4. 更换低压泵总成

15.6　工程管理

根据工程大小，工期要求等，分别选用不同的施工管理方式，并应考虑以下问题。

15.6.1　人员配备

1. 设备操作人员，每台设备应配备油泵操作、挤压操作人员各一名，并均应是接受操作培训考核合格者。

2. 其他人员，如施工管理人员、质量监督检查人员、设备维护人员由相关人员兼任即可。

15.6.2　设备配备

挤压连接设备配置的数量与施工工期、工程种类、资金状况和操作人员熟练程度有关，例如：10 万 m^2 的工程，挤压连接设备 6～10 台可满足工程的需要。小型工程相对使用设备多一些，每万平方米工程配置设备不超过 2 台，大型工程每万平方米工程设备配置一般不超过 1 台。

15.6.3　施工组织

现场施工按挤压连接施工规程要求进行，应先预制一半接头，另一半在工位连接。

在底板施工时，最好在钢筋挤压连接设备泵站下铺放铁板或竹胶板，便于设备的移动。在连接梁、柱的钢筋施工时，如可能应将泵站和挤压钳之间的连接油管加长，或配置 5～10m 的长油管，以方便施工作业。

15.6.4　质量自检

挤压连接操作完成后，应先实行自检，每个操作工利用检验工具对自己连接的接头按照标准规定，分别对定位标记、挤压道数、压痕深度、套筒外观进行检查，如发现不合格的接头应立即处理。

15.7　挤压接头的施工现场检验与验收

15.7.1　确认有效的型式检验报告

为加强施工管理，工程中应用挤压接头时，应确认由该技术提供单位提交挤压接头的有效的型式检验报告。确认如下几点：

（1）型式检验报告的接头型式和性能等级与供应工地的挤压接头是一致的；

（2）所提供型式检验的挤压接头所用的连接件和相应钢筋在材料、工艺和规格与供应工地上的是一致的；

（3）型式检验报告所依据的 JGJ 107 是当前的版本；

（4）型式检验是由国家、省部主管部门认可的检测机构进行的，出具的型式检验报告是标准格式，以及评定结论；

（5）型式检验报告签发日期不超过 4 年。

15.7.2 检查连接件产品合格证生产批号标识

接头挤压前应检查套筒（连接件）产品合格证及套筒表面生产批号标识。产品合格证应包括适用钢筋直径和接头性能等级、套筒类型、生产单位、生产日期以及可追溯产品原材料力学性能和加工质量的生产批号。

挤压连接用连接件（套筒）均在工厂生产，影响套筒质量的因素较多，如原材料性能、套筒尺寸等，套筒的质量控制主要依靠生产单位的质量管理和出厂检验，以及现场接头试件的抗拉强度试验。施工现场对套筒的检查主要是检查生产单位的产品合格证是否内容齐全，套筒表面是否有可以追溯产品原材料力学性能和加工质量的生产批号，当出现产品不合格时可以追溯其原因以及区分不合格产品批次以便进行有效处理。

15.7.3 接头工艺检验

钢筋挤压连接工程开始前，应对不同钢筋生产厂的进场钢筋进行接头工艺检验，施工过程中如更换钢筋生产厂，应补充进行工艺检验。主要是检验接头技术提供单位所确定的工艺参数是否与本工程中的进场钢筋相适应，这可提高实际工程中抽样试件的合格率，减少在工程应用后再发现问题造成的经济损失。施工过程中如更换钢筋生产厂，也应补充进行工艺检验。因为不同的生产厂的钢筋的横肋的尺寸不同，强度和韧性也不同、挤压的模具由于以往大量的作业而磨损以至压痕可能超标，这些都是影响挤压接头使用性能的重要因素。此外工艺检验中用残余变形作为接头刚度的控制值，测量接头试件单向拉伸残余变形比较简单，较为适合各施工现场的检验条件。

工艺检验实施要点如下：

1）每种规格钢筋的接头试件应不少于 3 根；

2）每根试件的抗拉强度和 3 根接头试件的残余变形的平均值均应符合表 14.2 和表 14.3 的规定；

3）接头试件在测量残余变形后再进行抗拉强度试验，并宜按 JGJ 107—2010 中的单向拉伸加载制度进行实验（表 14.4）。

现场工艺检验接头残余变形的仪表布置、测量标距和加载速度应与型式试验相同。考虑到一般万能试验机的实际性能，在进行残余变形检验时允许采用不大于 0.012 倍该钢筋标准屈服载荷的拉力作为名义上的零载荷。

4）第一次工艺检验中 1 根试件抗拉强度或 3 根试件的残余变形平均值不合格时，允许再抽 3 根试件进行复检，复检仍不合格时判为工艺检验不合格。

15.7.4 现场检验内容

现场检验应进行挤压接头的外观质量检查、抗拉强度试验和安装质量检验；接头外观检查按接头技术提供单位的企业标准进行检验。对接头有特殊要求的结构，应在设计图纸中另行注明相应的检验项目。

现场检验是由检验部门在施工现场进行的抽样检验。一般应进行挤压接头的外观质量检查和试件的单向拉伸强度试验。

15.7.5　现场抽检

现场检验是由检验部门在施工现场按验收批进行的抽样检验。一般应进行挤压接头的外观检查和接头试件拉伸强度检验。同一施工条件下采用同一批材料的同等级、同型式、同规格接头，应以 500 个为一个验收批进行检验与验收，不足 500 个也应作为一个验收批。

（1）外观质量检查

钢筋挤压接头优点和特点就是通过外观即可大致检验出它是否合格。因此外观质量检查是保证钢筋挤压连接性能的重要环节之一。通过外观质量检查可以发现和排除钢筋挤压连接施工中影响接头性能的隐患，提高施工质量。外观质量检查要点：

1）外形尺寸挤压后套筒长度为原套筒长度的 1.10～1.15 倍；或压痕处套筒的外径波动范围为原套筒外径的 0.8～0.90 倍。工地外观检验时任选其中一种方法即可。

2）挤压接头的压痕道数应符合型式检验确定的道数。

3）接头处弯折不得大于 4°。

4）挤压后的套筒不得有肉眼可见的裂缝。

5）外观质量检查的抽检数量和合格评定：

每一验收批中应随机抽取 10％的挤压接头作外观检查，如外观质量不合格数少于抽检数的 10％，则该批挤压接头外观质量评为合格。当不合格数超过抽检数的 10％时，应对该批挤压接头逐个进行复检，对外观不合格的挤压接头采取补救措施；不能补救的接头应做标记，在外观不合格的接头中抽取 6 个试件做抗拉强度试验，若有一个试件的抗拉强度低于规定值，则该批外观不合格的挤压接头，应会同设计单位商定处理，并记录存档。

采用这种方法较为经济合理，错判的概率比较小。

表 15.10 为钢筋挤压接头外观质量检查格式记录。

（2）验收时抗拉强度试验的规则

对接头的每一验收批，必须在工程结构中随机截取 3 个接头试件作抗拉强度试验，并作出评定。表 15.11 为现场批检验挤压接头拉伸试验报告格式。当 3 个接头试件的抗拉强度均符合表 14.2 中相应等级的强度要求时，该验收批评为合格。

如有 1 个试件的强度不符合要求，应再取 6 个试件进行复检。复检中如仍有 1 个试件的强度不符合要求，则该验收批评为不合格。

挤压接头的破坏形态有三种：钢筋拉断、接头连接件破坏、钢筋从连接件中拔出。对Ⅱ级和Ⅲ级接头，无论试件属那种破坏形态，只要试件抗拉强度满足表 14.2 中Ⅱ级和Ⅲ级接头的强度要求即为合格；对Ⅰ级接头，当试件断于钢筋母材时，试件合格；当试件断于接头长度区段时，则应试件抗拉强度大于该钢筋抗拉强度标准值的 1.1 倍才能判为合格。

（3）扩大验收批的规则

现场检验连续 10 个验收批抽样试件抗拉强度试验一次合格率为 100％时，验收批接头数量可扩大 1 倍。

现场检验当连续十个验收批均一次抽样合格时，表明其施工质量处于优良且稳定的状态。故检验批接头数量可扩大一倍，即按不大于 1000 个接头为一批，以减少检验工作量。

（4）现场截取抽样试件的补接

现场截取抽样试件后，原接头位置的钢筋可采用同等规格的钢筋进行搭接连接，或采

施工现场挤压接头外观检查记录　　　　　　　　**表 15.10**

工程名称		楼层号		构件类型	
验收批号		验收批数量		抽检数量	
连接钢筋直径（mm）			套筒外径（或长度）（mm）		

外观检查内容		压痕外套筒外径（或挤压后套筒长度）		规定挤压道数		接头弯折≤4°		套筒无肉眼可见裂缝	
		合格	不合格	合格	不合格	合格	不合格	合格	不合格
外观检查不合格接头之编号	1								
	2								
	3								
	4								
	5								
	6								
	7								
	8								
	9								
	10								
评价结论									

备注：1. 接头外观检查抽检数量应不少于验收批接头数量的 10％；
　　　2. 外观检查内容共四项，其中压痕处套筒外径（或挤压后套筒长度），挤压道数，两项的合格标准由产品供应单位根据形式检验结果提供，接头弯折≤4°为合格，套筒表面有无裂缝以无肉眼可见裂缝为合格；
　　　3. 仅要求对外观检查不合格接头做记录，四项外观检查内容中，任一项不合格即为不合格，记录时可在合格与不合格栏中打√；
　　　4. 外观检查不合格接头数超过抽检数的 10％时，该验收批外观质量评为不合格

检查人：_____　负责人：_____　日期：_____

施工现场挤压接头单向拉伸性能试验报告　　　　　　　　**表 15.11**

工程名称				楼层号		构件类型		
设计要求接头性能等级			Ⅰ级　　Ⅱ级		检验批接头数量			
试件编号	钢筋公称直径 D（mm）	实测钢筋横截面面积 A_s（mm²）	钢筋母材屈服强度标准值 f_{yk}（N/mm²）	钢筋母材抗拉强度标准值 f_{uk}（N/mm²）	钢筋母材抗拉强度实测值 f_{st}^0（N/mm²）	接头试件极限拉力 P（N）	接头试件抗拉强度实测值 $f_{mst}^0 = P/A_s$（N/mm²）	接头破坏形态	评定结果
评定结论									
备　注	1. 接头拉断于钢筋且 $f_{mst}^0 \geqslant f_{stk}$ 或 $\geqslant 1.10 f_{stk}$ 断于接头，为Ⅰ级接头；$f_{mst}^0 \geqslant f_{stk}$ 为Ⅱ级接头；$f_{mst}^0 \geqslant 1.25 f_{yk}$ 为Ⅲ级接头； 2. 实测钢筋横截面面积 A_s 用称重法确定； 3. 破坏形态仅作记录备查，不作为评定依据								

试验单位_____ （盖章）负责_____　校核_____

日期_____　　　　抽样_____　试验_____

用焊接及机械连接方法补接。

15.7.6   对抽检不合格的接头验收批的处理

对抽检不合格的挤压接头验收批,应由建设方会同设计等有关各方对抽检不合格的钢筋接头验收批提出处理方案。例如:可在采取补救措施后再按第验收规则重新检验;或设计部门根据接头在结构中所处部位和接头百分率研究能否降级使用;或增补钢筋;或拆除后重新制作以及其他有效措施。

15.8   操作工考试

15.8.1   操作工考试条件

凡经挤压连接技术培训结业的人员可报名参加钢筋挤压连接操作工考试。

15.8.2   技术培训单位

由具备发证资格的单位组织技术培训。

15.8.3   考试单位

考试由经市或市级以上政府有关建设主管部门审查批准的单位负责进行。对考试合格者,签发操作工合格证。

考试部门对操作工制作的试件进行质量检查,其要求应按工艺检验的规则执行。

考试单位应对报考的操作工建立有关技术档案,定期将签发合格证的操作工简况造册,报上级主管部门备案。

15.8.4   考试内容

钢筋挤压连接操作工考试内容包括基础知识和操作技能考试。基础知识考试合格的人员才能参加操作技能的考试。

15.8.5   基础知识考试范围

挤压连接原理及适用材料;挤压连接工艺及参数;接头质量保证措施;液压技术基础知识;设备操作方法与要求;安全技术,接头质量检验要求。

15.8.6   操作技能考试

1. 主考部门确定考试具体要求。考试分同直径钢筋连接和不同直径钢筋连接。

操作工应按考试要求制作试件,每种规格为三个。较大规格试件合格者,可免试该规格以的试件。

2. 操作工对所作试件外观自检,每种规格允许一个试件外观不合格,并重新制作一次。

3. 考试部门对操作工制作的试件进行质量检查,其要求应符合有关规程的规定。

15.8.7   钢筋挤压连接操作工合格证

1. 操作工在操作技能考试中,正确操作设备,试件制作符合规程的有关规定,且拉伸试验合格,即确定为考试合格。

2. 操作工合格证上记录的钢筋规格为允许该操作工连接的最大直径钢筋规格。

3. 钢筋挤压连接操作工合格证式样如下:

塑料证套 　　　　　　　　　封面　　　　塑料证套 　　　　　　　　　封底

钢筋挤压连接操作工

合
格
证

证芯 　　　　　　　　　封二　　　　证芯 　　　　　　　　　封三

姓名＿＿＿＿		考试成绩		
性别＿＿＿＿	相	基础知识：		
	片	操作技能考试：		

	姓名＿＿＿＿
性别＿＿＿＿	相 片

发证单位
公　　章

连接钢筋	力学性能试验结果		
级别规格	1	2	3

工作单位＿＿＿＿

发证单位＿＿＿＿

备　注	
主持人	

发证日期　　年　月　日

编　号＿＿＿＿＿

注意事项

1. 本证系证明钢筋挤压连接操作工操作技能用；
2. 本证记载各项，不得私自涂改；
3. 本证应妥善保存，不得转借他人

15.9　工程应用实例

钢筋径向挤压连接技术已在北京西客站、黄石长江大桥等数百个大中型工程应用，取得良好的技术经济效益。

15.9.1　北京西客站工程

北京西客站北站房建筑面积 30 多万平方米，由地铁车站和主站房两部分组成，由北京城建集团三公司和北京建工集团三公司负责施工。其中地铁站房为目前北京最大的综合地铁车站，最下层为地铁站台，中间为地下商业街，上部为车站通道，地上为火车站站台。整个建筑结构复杂，工期要求紧，技术要求高，钢筋密度大，主筋如采用传统焊接方法，需连接 20 多万个接头，最粗钢筋直径为 $\phi36$，焊接难度非常高。而且施工现场电力紧张满足不了焊接用电需求。由于工地现场条件限制，几乎全部钢筋连接作业均需在现场完成。在施工中由于采用挤压连接工艺减少接头 6 万多个，节约了大量的钢材、人力和电能，提高了施工速度，同时还确保了结构工程质量，提前了工期，节约了大量资金。该项技术被列为西客站工程采用的十项施工新技术的首位。

15.9.2 湖北黄石长江公路大桥

湖北黄石长江公路大桥由交通部北京公路规划设计研究院设计，交通部二航局负责施工，江心四个主桥墩直径为 $20\sim28m$，采用了 $\phi28$ 的集束钢筋，现场施工条件困难。原计划在两个枯水期施工，使桥墩出水平面。由于采用钢筋挤压连接施工技术，克服了电力紧张，钢围堰内防火要求高，工期紧等困难，提前一个枯水期使桥墩出水平面，从而大桥提前通车近半年，创造了显著的经济效益和社会效益。施工单位也获得工期奖数十万元。

在安徽铜陵、湖北武汉、广东三水、广东虎门、长江西陵、重庆等大型桥梁的施工上也相继采用了钢筋挤压连接施工技术，大大提高施工速度，保证了工程质量，得到施工单位和建设单位的欢迎。

15.9.3 北京恒基中心

北京恒基中心建筑面积 28 万 m^2，由北京建工集团负责施工建设。该工程仅基础底板厚 1.4m，面积 30000m^2，混凝土浇筑量 5 万多立方米，$\phi32$ 钢筋配筋量计划要用 15000t，工期要求紧。在采用钢筋挤压连接技术后，在施工人员为经过培训后的普通工人，现场施工作业面狭小等条件下，在 2 个多月的时间内，连接 $\phi32$ 钢筋接头近 20 万个，如期完成了底板施工。在施工中实现了间距 110mm，上下多排近 300m 长的 $\phi32$ 水平钢筋的通长连接，其中大量接头为两端已浇筑分块混凝土，中部要后续铺排钢筋，并于端部连接成整长一根的密集接头。采用 JM-YJH32-4 型设备实现预制连接单班 120 个头/台，施工现场连接单班 80 个头/台。由于根据钢筋挤压连接工艺要求和技术特点组织施工和加工钢筋，对连接接头位置不受限制，无需特意错开钢筋接头位置而对钢筋特别预先进行精确定尺。并采用长钢筋，大大节省了钢筋准备时间和钢筋，提高了施工速度，节约了大量材料。钢筋实际用量 14000t，仅此一项就比常规方法节约钢筋 1000 多吨左右。

15.9.4 汕头妈湾电厂烟囱

汕头妈湾电厂位于汕头特区，施工现场在海边，施工条件艰苦，由中建二局四公司负责施工。施工时间为台风季节，经常出现风雨天气，高空作业不允许出现明火。气候条件和施工环境限制不能使用常规的钢筋连接方法。烟囱高度 210m，钢筋接头数为 2 万多个。在采用钢筋挤压连接技术后，该烟囱在采用 3 台 JM-YJH32-4 型设备配合滑模工艺施工的工艺方法，保证了施工质量和施工安全，大大提高施工速度，整个烟囱施工仅用四个月时间就全部完成。

现场钢筋径向挤压套筒接头连接施工见图 15.12，接头见图 15.13。

图 15.12　现场钢筋径向挤压套筒接头连接施工　　　图 15.13　现场钢筋径向挤压套筒接头

15.9.5　在交通铁路工程中的应用

目前交通工程的发展特别是高速公路、高速铁路、城市发展地铁的工程中桩基钢筋笼，公路、铁路和地铁中的隧道工程、地下连续墙工程都大量使用钢筋挤压连接技术。如图 15.14 所示。

图 15.14　北京时代广场大厦工程中的挤压连接接头，
底板钢筋 32mm 六层布置，间距最小 100mm

高速铁路工程中有大量的桩基钢筋笼，钢筋直径从 28～36mm，钢筋笼对接是施工的质量和施工速度的瓶颈，中铁三局、四局、十二局在项目钢筋笼对接中，采用 JM 钢筋套筒挤压连接，保证了施工质量，大大提高了工效。

高速公路工程中也大量采用钢筋套筒挤压连接技术。如山东滨州到德州高速公路工程中二标、三标、五标、十二、十三、十五标段的桩基钢筋笼大量采用中冶建筑研究总院建茂公司挤压连接技术产品，连接质量好，速度快，得到用户一致好评。图 15.15 钢筋笼挤压对接的施工工艺示意图。

15.9.6　水利港口工程

在大量兴建的水利工程如大坝、渡槽、拦海闸墩、码头、港口、船闸和船坞等工程中大量采用钢筋挤压连接技术。

如：经过三峡水电站、小浪底水利工程中的导流洞工程和青海拉西瓦水利工程导流洞等大型工程中大量采用钢筋挤压连接技术，取得了使用方便、灵活、简单，节省工期，提高效益等效果。

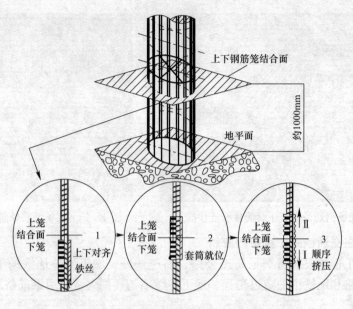

图 15.15   钢筋笼挤压对接的施工工艺示意图

又如；目前亚洲最大的铁矿石中转基地工程——宝钢马迹山港口工程位于浙江嵊泗列岛西南，风大、浪急、水深、气温高、腐蚀条件苛刻，因而在码头工程中采用 22～32mm 环氧树脂涂层钢筋，涂层钢筋的连接是工程的关键之一，为避免损伤涂层，工程全部采用挤压连接涂层钢筋，效果非常好。挤压连接给进一步推广涂层钢筋的应用提供了基础技术保证。

主要参考文献

[1]   YB 9250—1993 带肋钢筋挤压连接技术及验收规程. 北京：冶金工业出版社，1994. 6

[2]   国家技术监督局. GB 13014—1991 钢筋混凝土用余热处理钢筋. 北京：中国标准出版社，1992. 3

[3]   中华人民共和国住房和城乡建设部. JGJ 107—2010 钢筋机械连接技术规程. 北京：中国建筑工业出版社，2010. 5

[4]   杨熊川，尹松. 关于钢筋机械连接接头的性能和应用基本条件的若干问题. 《钢筋连接技术技术应用文集》建设部科技发展促进中心，1998. 5

[5]   F. 莱昂哈特，E. 门尼希. 钢筋混凝土结构配筋原理. 北京：水利电力出版社，1984. 8

[6]   霍箭云. 钢筋挤压连接技术. 工业建筑，1988. （7）

[7]   钱冠龙，尹松，刘世民. 钢筋冷挤压连接接头施工质量控. 建筑技术，1993（11）.

[8]   北京建茂建筑设备有限公司. 钢筋冷挤压连接操作规程. 施工培训教材，2000. 3

[9]   杨熊川，郝志强，钱冠龙. HRB400 级钢筋冷挤压连接技术. 施工技术，2001（10）.

[10]   刘宏波，蔡爱杰，陈士平. 带肋钢筋套筒挤压连接技术在桥梁中的应用. 桥梁建设，1998（4）.

[11]   王启东. 钢筋挤压连接技术在北京城铁施工中的应用. 铁道标准设计，2003（6）.

[12]   郝志强，杨熊川. 环氧树脂涂层钢筋粘接性能及挤压连接技术的研究. 水运工程，1999（8）.

[13]   赵宁阳. ϕ28mm、20MnSi 钢筋挤压接头的静力与疲劳特性及设计参数的研究. 试验技术与试验机，2004，44（3）.

[14]   曾志平. 钢筋套筒冷挤压连接在公路建设中的应用. 交通科技，2008（2）.

[15]   王进志，宫国庆. 钢筋套筒连接技术在宝台山铁路隧道中的应用. 隧道建设，2010，30（5）P577～581.

16 GK型等强钢筋锥螺纹接头连接

16.1 基本原理、特点和使用范围

16.1.1 基本原理

钢筋锥螺纹接头是利用锥螺纹能承受拉、压两种作用力及自锁性、密封性好的原理，将钢筋的连接端加工成锥螺纹，按规定的力矩值把钢筋连接成一体的接头。GK型等强钢筋锥螺纹接头的基本思路是：在钢筋端头切削锥螺纹之前，先对钢筋端头沿径向通过压模施加很大的压力，使其塑性变形，形成以圆锥桩体，之后，再按普通锥螺纹钢筋接头的工艺路线，在预压过的钢筋端头上车削锥形螺纹，再用带内锥螺纹的钢套筒用力矩扳手进行拧紧连接。在钢筋端头塑性变形过程中，根据冷作硬化的原理，变形后的钢筋端头材料强度比钢筋母材提高10%~20%，从而使在其上车削出的锥螺纹强度也相应提高，弥补了由于车削螺纹使钢筋母材截面尺寸减小而造成的接头承载能力下降的缺陷，从而大大提高了锥螺纹接头的强度，使之不小于相应钢筋母材的强度。由于强化长度可调，因而可有效避免螺纹接头根部弱化现象。不用依赖钢筋超强，就可达到行业标准中最高级Ⅰ级接头对强度的要求。

16.1.2 特点

钢筋锥螺纹接头是一种能承受拉、压两种作用力的机械接头。具有工艺简单、可以预加工、连接速度快、同心度好，不受钢筋含碳量和有无花纹限制，无明火作业，不污染环境，可全天候施工，接头质量安全可靠、施工方便、节约钢材和能源等优点。GK型等强钢筋锥螺纹钢筋接头其基本出发点是在不改变主要工艺，不增加很多成本的前提下，使锥螺纹钢筋接头做到与钢筋母材等强，即做到钢筋锥螺纹接头部位的强度不小于该钢筋母材的实测极限强度。钢筋端头预压过程中，除了增加了端头局部强度，而且还直接压出光圆的锥面，大大方便了后续钢筋锥螺纹丝头的车削加工，降低了刀具和设备消耗，同时也提高了锥螺纹加工的精度。对于钢筋下料时端头常有的弯曲、马蹄形以及钢筋几何尺寸偏差造成的椭圆截面和错位截面等现象，都可以通过预压来矫形，使之形成规整的圆锥柱体，确保了加工出来的锥螺纹丝头无偏扣、缺牙、断扣等现象，从另一方面保证了锥螺纹钢筋接头的质量。

锥螺纹接头还拥有其他连接方式不可替代的优势：

1. 自锁性：拧紧力矩产生的螺纹推力与锥面产生的抗力平衡，不会因震动消失。形成稳定的摩擦自锁。

2. 密封性：上述两力使牙面充分贴合，密闭了锥套内部缝隙。

3. 自韧扣：不需人工韧扣，可自行韧扣。特别对于大直径钢筋的小螺距螺纹，韧扣易完成，不易乱扣。

4. 精度高：切削螺纹，能达到较高精度等级。

5. 拧紧圈数少。

6. 通过拧紧力矩产生的螺纹推力与锥面产生的抗力平衡，使牙面充分贴合，消除残

余变形，不用依赖钢筋对顶，就可满足行业标准中最高级Ⅰ级接头对残余变形的要求。

16.1.3 适用范围

钢筋锥螺纹接头适用于工业与民用建筑及一般构筑物的混凝土机构中，钢筋直径为 $\phi16\sim\phi50$ 的 HRB335、HRB400、HRB500 级竖向、斜向或水平钢筋的现场连接施工。

16.2 接头性能等级

16.2.1 接头性能分级

钢筋接头根据静力单向拉伸性能以及高应力和大变形的反复拉压性能的差异，划分为Ⅰ级、Ⅱ级、Ⅲ级三个等级。接头性能等级的确定应由国家、省部级主管部门认可的检测机构进行。

16.2.2 接头型式检验

钢筋接头型式检验包括单向拉伸性能、高应力反复拉压性能、大变形反复拉压性能等三项必检项目，接头的单向拉伸性能是接头承受静载时的基本性能。它包括强度、极限应变和残余变形三项指标；接头的高应力反复拉压性能，反映钢筋接头在风荷载及中、小地震情况下，承受高应力反复拉压的能力；接头的大变形反复拉压性能是反映结构在强地震作用下，钢筋进入塑性变形阶段接头的受力性能。钢筋接头的抗疲劳性能是选试项目。只有当接头用于承受动荷载时（如铁路桥梁、中、重级吊车梁）才需对接头的耐疲劳性能进行检验。钢筋接头的型式检验应按行业标准《钢筋机械连接技术规程》JGJ 107—2010 标准进行。接头性能应符合该标准的 3.0.5 条、3.0.6 条及 3.0.7 条规定。Ⅰ级、Ⅱ级、Ⅲ级接头的检验项目相同，但检验指标不同。这是因为接头的使用范围、部位不同。

16.2.3 接头使用范围

1. 混凝土结构中要求充分发挥钢筋强度或对延性要求高的部位应优先选用Ⅱ级接头；当在同一连接区段内必须实施 100% 钢筋接头的连接时，应采用Ⅰ级接头。

2. 混凝土结构中钢筋应力较高但对延性要求不高的部位可采用Ⅲ级接头。

16.3 接头的应用

确定了性能等级的钢筋接头，施工时只需进行接头的工艺检验和在工程中随机抽取接头试件作抗拉强度检验。

16.3.1 提供有效的型式检验报告

工程中应用 GK 型等强钢筋锥螺纹接头时，施工单位应要求钢筋接头技术提供单位提供有效的型式检验报告，以防工程中使用劣质产品。

16.3.2 接头工艺检验

钢筋连接工程开始前，应对不同钢筋生产厂的进场钢筋进行接头工艺检验，施工过程中如更换钢筋生产厂应对每批进场钢筋和连接接头进行工艺检验，经检验合格方准使用：

1. 每种规格钢筋的接头做抗拉强度和残余变形试验；

2. 每种规格钢筋的接头试件数量不少于 3 根；

3. 3 根接头试件的抗拉强度均应满足相应等级的要求；

4.3根接头试件的残余变形的平均值应满足相应等级的要求。

16.3.3　接头位置

设置在同一构件的同一截面，受力钢筋的接头位置应相互错开。在任一接头中心至长度为钢筋直径的35倍的区段范围内，有接头的受力钢筋截面面积占受力钢筋总截面面积之比：

1. 受拉钢筋应力较小部位或纵向受压钢筋，实际配筋面积与计算配筋面积的比不小于1.5的区域。可采用Ⅰ级、Ⅱ级、Ⅲ级接头，接头百分率可不受限制。

2. 在高应力部位设置接头时，如高层建筑框架底层柱，剪力墙加强部位，大跨度梁跨中及端部，屋架下弦及塑性铰区的受力主筋。在同一连接区段内Ⅰ级接头的接头百分率不受限制；Ⅱ级接头的接头百分率不应大于50%；Ⅲ级接头的接头百分率不应大于25%。

3. 当结构中的高应力区或地震时可能出现塑性铰要求较高延性的部位必须设置接头时。如有抗震设防要求的框架的梁端、柱端箍筋加密区，应该选用Ⅰ级接头，且接头百分率不应大于50%。

4. 对直接承受动力荷载的结构构件，应该选用Ⅰ级接头，接头百分率不应大于50%。

16.4　GK 型等强钢筋锥螺纹接头产品技术条件

16.4.1　超高压液压泵站

超高压液压泵站特点、性能及主要技术参数，见图16.1。

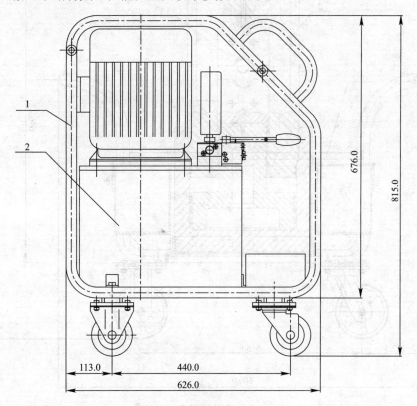

图 16.1　超高压泵站（mm）

1—小车；2—泵站

1. 技术特点：

YTDB 型超高压泵站，其结构形式是阀配流式径向定量柱塞泵与控制阀、管路、油箱、电机、压力表组合成的液压动力装置。

2. 主要技术参数：

（1）特性参数：

额定压力：70MPa   额定流量：3L/min

最大压力：95MPa   容积效率：≥70%

（2）结构参数：

电机功率：3kW   输入电压：380V

电机转速：1410r/min   油箱容积：25L

外形尺寸（长×宽×高）：   626mm×435mm×630mm

重量：105kg

3. 用途：

本泵站作为钢筋端部径向预压机的动力源。

16.4.2 径向预压机

径向预压机特点、性能及主要技术参数，见图 16.2。

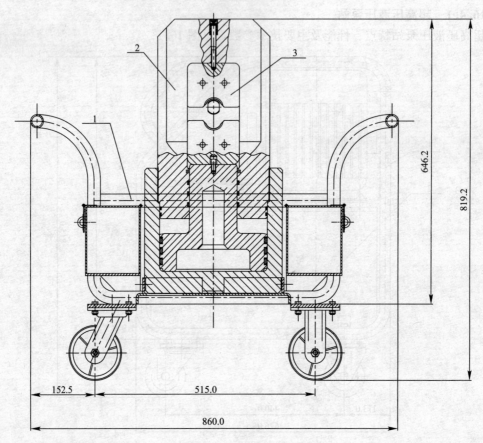

图 16.2 径向预压机（mm）

1—小车；2—预压机；3—压模

1. 技术特点：

径向预压机的结构形式是直线运动双作用液压缸，该液压缸为单活塞无缓冲式，液压缸与撑力架及模具组合成液压工作装置。

2. 主要技术参数：

(1) 性能参数：

项目	单位	GK40 型
额定推力	kgf	178×10^3
最大推力	kgf	191×10^3
外伸速度	m/min	0.12
回程速度	m/min	0.47
工作时间	s	20～60

(2) 结构参数：

项目	单位	GK40 型
外形尺寸	mm（高×直径）	620×320
重量	kg	80
壁厚	mm	25
密封形式		"O" 形橡胶密封圈
缸体连接		键连接

3. 用途：

径向预压机以超高压泵站为动力源，配以与钢筋规格相对应的模具，实现对建筑结构用，直径为 $\phi16 \sim \phi40$ 钢筋端部的径向预压。

16.4.3　径向预压模具（图 16.3）

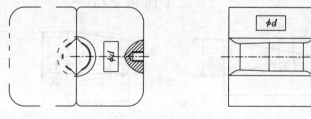

图 16.3　径向预压模具

1. 材质：CrWMn（锻件）

2. 产品质量要求：淬火硬度 HRC＝55～60

3. 用途

用于实现对建筑结构用，直径为 $\phi16 \sim \phi40$mm 钢筋端部的径向预压。

16.4.4　径向预压检测规（图 16.4）

1. 参数：

钢筋规格	A（mm）	B（mm）
$\phi16$	17.0	14.5
$\phi18$	18.5	16.0

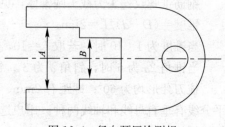

图 16.4　径向预压检测规

$\phi20$	19.0	17.5
$\phi22$	22.0	19.0
$\phi25$	25.0	22.0
$\phi28$	27.5	24.5
$\phi32$	31.5	28.0
$\phi36$	35.5	31.5
$\phi40$	39.5	35.0

2. 用途：

对预压后的钢筋端部进行检测，检测其是否合格。

16.4.5 锥螺纹套丝机

钢筋锥螺纹套丝机是加工钢筋锥螺纹丝头的专用机床。它由电动机、行星摆线齿轮减速

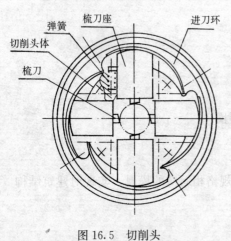

机、切削头、虎钳、进退刀机构、润滑冷却系统、机架等组成。国内现有的钢筋锥螺纹套丝机，其切削头是利用定位环和弹簧共同推动梳刀座，使梳刀张合，进行切削加工航迹锥螺纹的，如图 16.5 所示。

这种套丝机梳刀长，切削阻力大，转速慢，能自动进给、自动张刀，一次成型，牙形饱满，锥螺纹丝头的锥度稳定，更换梳刀略麻烦。

目前国内钢筋锥螺纹接头的锥度有 1：10 和 6° 两种。

圆锥体的锥度一锥底直径 D 与椎体高 L 之比，即 D/L 来表示；锥角为 2α，斜角（亦称半锥角）为 α，见图 16.6（a）。

图 16.5　切削头

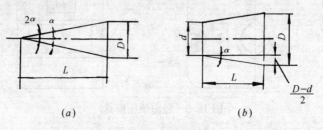

(a)　　　　　　　　(b)

图 16.6　圆锥体锥度

(a) 圆锥体；(b) 截头圆锥体

钢筋锥螺纹丝头为截头圆锥体，见图 16.6 (b)，其锥度表示如下：

锥度 $=(D-d)/L=2\tan\alpha$

当锥度为 1：10 时，若取 $L=10$，$D-d=1$；锥角 $2\alpha=5.27°$，斜角 α 为 $2.86°$。

当锥角 2α 为 6° 时，斜角 α 为 3°；锥度 $D/L=1$：9.54。

梳刀牙形均为 60°；螺距有 2mm、2.5mm、3mm 三种，其中以 2.5mm 居多。牙形角平分线有垂直母线和轴线两种。用户选用时一定要特别注意，切不可混用。否则会降低钢筋锥螺纹接头的各项力学性能。

1. 套丝机规格型号

钢筋锥螺纹接头套丝机规格型号，见表 16.1。

钢筋锥螺纹套丝机参数　　　　　　　　表 16.1

型号	钢筋直径加工范围（mm）	切削头转速（r/min）	主电动机功率（kW）	排屑方法	整机质量（kG）	外形尺寸（mm）	生产厂
JGY-40B	$\phi 16 \sim \phi 40$	49	3.0	内冲洗	385	1250×615×1120	北京市建筑工程研究院有限责任公司

2. 钢筋锥螺纹丝头的锥度和螺距

不同型号钢筋锥螺纹套丝机配套的梳刀不尽相同；在施工中，应根据该项技术提供单位的技术参数，选用相应的梳刀和连接套，且不可混用。以 JGY-40B 型钢筋锥螺纹套丝机为例，若选用 A 型梳刀，钢筋轴向螺距 2.5mm；B 型梳刀，钢筋轴向螺距 3mm；C 型梳刀，钢筋轴向螺距 2mm。1：10（斜角 2.86°，锥度 5.72°）。螺纹牙型角为 60°，牙形角平分线垂直于母线。牙形尺寸按下列公式计算，并参见图 16.7 和表 16.2。

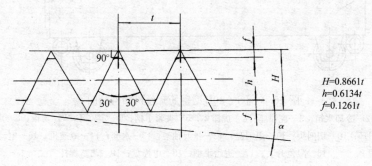

$$H=0.8661t$$
$$h=0.6134t$$
$$f=0.1261t$$

图 16.7　钢筋锥螺纹牙形

t—母线方向螺距；H—螺纹理论高度；h—螺纹有效高度；f—削平高度；α—斜角

螺距和锥度　　　　　　　　表 16.2

规格系列	轴向螺距 P（mm）	锥度 K	母线方向螺距 t（mm）
$\phi 16$			
$\phi 18$	2.0	1：10	2.003
$\phi 20$			
$\phi 22$			
$\phi 25$	2.5	1：10	2.503
$\phi 28$			
$\phi 32$			
$\phi 36$	3	1：10	3.004
$\phi 40$			

3. JGY-40B 型钢筋套丝机及使用

JGY-40B 型钢筋套丝机的构造见图 16.8。

（1）准备工作

1）新套丝机应清洗各部油封，检查各连接体是否松动，水盘、接铁屑盘安放是否稳妥。

2）将套丝机安放平稳，使钢筋托架上平面与套丝机夹钳体中心在同一标高。

3）将套丝机应向减速器通气帽里加极压齿轮油。气温不大于 5℃时加 40 号；常温时

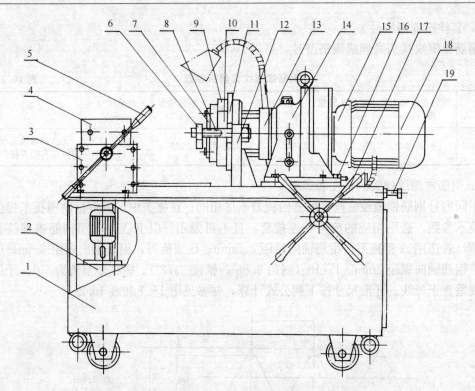

图 16.8 JGY-40B 型钢筋套丝机结构简图

1—机架；2—冷却水箱；3—虎钳座；4—虎钳体；5—夹紧手柄；6—定位环；7—盖板；8—定位杆；

9—进刀环；10—切削头；11—退刀盘；12—张刀轴架；13—水套；14—减速机；15—电动机；

16—限位开关；17—进给手柄；18—电控盘；19—调整螺杆

加 70 号、如已使用两周，应更换新油，以后每 3～6 个月换一次。

4）加配好的切削液或防锈液到水盘上并到水箱的规定标高。

（2）调试套丝机

1）接通电源，开启冷却水泵，检查冷却皂化液流量。

2）启动主电动机，检查切削头旋转方向是否与标牌指示方向相符。

3）检查功能开关是否工作正常，检查步骤如下：

① 扳动进给手柄，使滑板处在中间位置；

② 扳动电源开关置于"开"，使主轴处于运转状态；

③ 顺时针扳动进给手柄，使滑板后移到极限位置，调整限位器螺钉，当螺钉顶住滑板时锁紧螺钉，调整限位器前端圆盘，使其压迫限位开关断电停机；

④ 扳动进给手柄使滑板前移，让限位器开关断电，主电动机启动。为使切削头正常套丝，应将限位器开关行程调至 0.2mm 以内。

4）向切削头配合面注机油润滑机器，并空载运行，做梳刀张、合和开机、停机试验。待各功能运行正常即可停止试验。

5）按所需加工的钢筋直径，把切削头外套上相应的刻线，对准定位盘上的"O"位刻线，然后将两个 M10 螺母锁紧，锁紧螺母时，要确保垫圈上的梳牙和定位盘的梳牙相符后锁紧，严禁十字或交叉使用梳牙垫。

6）钢筋套丝长度调整。根据加工钢筋直径，把定位环内侧面对准钢筋相应规格的刻度后锁死。经试套丝，用卡规检测丝头小端直径符合要求即可。

（3）钢筋套丝

1）检查钢筋端头下料平面是否垂直钢筋轴线。

2）将切削头置于锁刀极限自动停车位置。把待加工钢筋纵肋水平放入虎钳钳口槽内，让钢筋端头平面与梳刀端平面对齐，然后夹紧虎钳。

3）启动冷却润滑水泵。逆时针转动进给手柄，是主电动机启动并平稳进给。开始切削钢筋时应缓慢进给，当切削出三个螺纹时即可松手使其自动进给。

4）当梳刀切削到限定的锥螺纹长度是，梳刀自动张开。此时再顺时针转动进给手柄，当滑板返回到起始位置时自动停机。

5）卸下钢筋。

（4）检查钢筋套丝质量

1）用牙形规检查钢筋丝头的牙形是否与牙形规吻合，吻合为合格。

2）用卡规或环规检查钢筋丝头小端直径是否在其允许误差范围内，允许范围内的为合格。

如果两项中有一项不合格，就应切去一小部分丝头再重新套丝。合格后应在钢筋锥螺纹丝头的一端拧紧保护帽，另一端按规定的力矩值，用力矩扳手拧上连接套。

（5）梳刀更换方式

1）卸下切削头体外端四个螺丝和压盖；

2）卸下外套上四个螺丝，将外套推至最里面，取下进刀环；

3）取出四个梳刀座，松开紧固螺钉取下梳刀；

4）擦干净切削头；

5）将新梳刀对号装入刀体刀槽里，让梳刀的小端对着梳刀座的大端，底面贴实后拧紧锁定螺钉；

6）把梳刀座对号装入切削头体的十字刀槽里（注意装好弹簧），将进刀环的坡口朝外套上；

7）向前拉外套，使进刀环装入外套，对正螺孔拧紧四个螺钉。向各摩擦面注入润滑油，扳动进给扳手，使切削头反复张、合几次梳刀，确保其动作灵活准确。然后检查零位刻度线和长度标尺是否正确。如有误，可按以前两条方法校正，直到换刀结束。

（6）切削头退刀支架调整方法

1）按加工钢筋直径旋转外套，调到对应刻线位置紧固定位。

2）松开定位杆上的两个螺母，把切削头向前摇，按加工的钢筋直径与定位杆上的标尺线对齐。调整螺杆上外侧螺母，直到两盘限位轴承外套平面接近切削头断面。间隙为 0.5～0.75mm，然后把里侧的两个螺母旋合到支架断面并拧紧。

3）将切削头转 90°、180°，检查两盘定位轴承外套端面间隙是否一致。

4）试加工 5～10 个锥螺纹丝头，然后检查两盘限位轴承外套端面与切削端面的间隙是否变动。

（7）维护保养

1）不得加工有马蹄形，翘曲钢筋，以防损坏梳刀和机器；

2）严禁在虎钳上调直钢筋；

3）手柄不得用接长管加力；

4）减速器应按规定更换挤压齿轮油；

5）经常保持滑板轨道和虎钳丝杆干净，每天最少加两次润滑油；

6）随时清除卡盘铁屑，保持其灵活；

7）确保机床连接部件紧固不松动；

8）每半个月清洗一次水箱；

9）每半年给进给轴承加换一次黄油；

10）停止作业时，应切断电源，盖好防护罩。

（8）安全规定

1）操作人必须经专门培训，考核合格后持上岗证作业；

2）套丝机要安放平稳，接好地线确保安全生产；

3）套丝机有故障时，应切断电源，报请有关人员修理，非电工不得修电器；

4）防止冷却液进入开关盒，以防漏电或短路；

5）不得随意取下限位器，以防滑板将穿线管切断发生事故。

（9）常见故障排除方法

1）水泵工作正常但冷却液流出不畅。

解决方法：打开冷却水箱，清除水泵过滤网上的污物。

2）加工的锥螺纹丝头牙形不合格，出现断牙、乱扣、牙瘦等现象。

解决方法：更换新梳刀或重新按顺序装刀。

3）手柄松动。

解决方法：打开套丝机两侧挡板，紧好传动轴的内六角螺钉。

16.4.6　锥螺纹连接套和可调连接器

1. 连接套

连接套是连接钢筋的重要部件。它可连接 $\phi16$—$\phi40$ 同径或异径钢筋。连接套宜用 45 号优质碳素结构钢或经试验确认符合要求的钢材制作。连接套的受拉承载力不应小于被连接钢筋的受拉承载力标准值的 1.10 倍。

连接套的锥度。螺距和牙形角平分线垂直方向，必须与钢筋锥螺纹丝头的技术参数相同。加工时，只有达到良好的精度才能确保连接套与钢筋丝头的连接质量。

同径连接套见图 16.9 和表 16.3；异径连接套见图 16.10 和表 16.4。

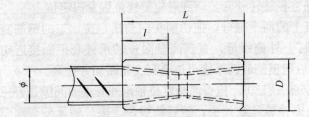

图 16.9　同径连接套

ϕ—钢筋公称直径；D—连接套外径；L—连接套长度；

l—钢筋锥螺纹丝头长度

同径连接套尺寸　　　　　　　　　　表 16.3

钢筋直径 φ (mm)	16	18	20	22	25	28	32	36	40
D (mm)	25	28	30	32	35	39	44	48	52
L (mm)	65	75	85	90	95	105	115	125	135
l (mm)	30	35	40	42	45	50	55	60	65

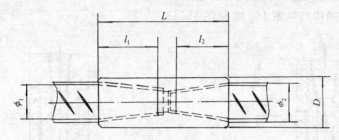

图 16.10　异径连接套

ϕ_1—大钢筋公称直径；ϕ_2—小钢筋公称直径；D—连接套外径；

l_1—大钢筋锥螺纹丝头长度；l_2—小钢筋锥螺纹丝头长度

异径连接套尺寸　　　　　　　　　　表 16.4

大钢筋直径 ϕ_1 (mm)	小钢筋直径 ϕ_2 (mm)	D (mm)	L (mm)	l_1 (mm)	l_2 (mm)
32	28	44	120	55	50
32	25	44	115	55	45
32	22	44	110	55	45
32	20	44	105	55	40
28	25	39	110	50	45
28	22	39	105	50	45
25	22	35	100	45	45
22	20	32	90	45	40
22	16	32	80	45	30
20	16	32	75	40	30

2. 连接套质量检验

连接套质量检验方法是将锥螺纹塞规拧入连接套后，连接套的大端边缘在锥螺纹塞规大端的缺口范围内为合格，见图 16.11。

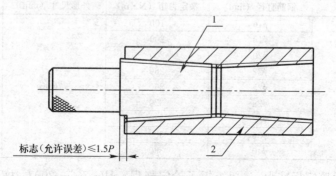

标志(允许误差)≤1.5P

图 16.11 连接套质量检验

1—锥螺纹塞规；2—锥螺纹套筒

3. 可调连接器

单向可调连接器主要用于弯钩有定位要求处，如柱顶钢筋、梁端弯筋；可调连接器主要用于钢筋为弧形或圆形的连接，也可用于柱顶钢筋，梁端钢筋或桩钢筋骨架的连接。

单、双向可调连接器构造特点是：与钢筋连接部分为锥螺纹连接，其余部分为直螺纹连接。单向可调直螺纹为右旋；双向可调直螺纹为左、右旋。

可调连接器应选用 45 号优质碳素结构钢或经试验确认符合要求的钢材制作。

可调连接器的构造见图 16.12 和图 16.13。

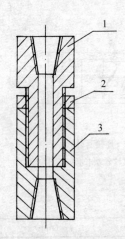 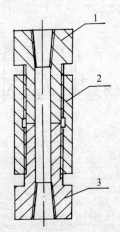

图 16.12　单向可调连接器　　　　　　图 16.13　双向可调连接器
1—可调连接器（右旋）；2—锁母；　　1—可调连接器（右旋）；2—连接套（左、右旋）；
3—连接套　　　　　　　　　　　　　　3—可调连接器（左旋）

16.4.7　力矩扳手

1. 力矩扳手

力矩扳手是钢筋锥螺纹接头连接施工的必备量具。它可以根据所连钢筋直径大小预先设定力矩值。当力矩扳手的拧紧力达到设定的力矩值时，即可发出"咔哒"声响。示值误差小，重复精度高，使用方便，标定、维修简单，可适用于 $\phi16—\phi40$ 范围九种规格钢筋的连接施工。

2. 力矩扳手技术性能见表 16.5。

力矩扳手技术性能　　　　　　　　　　　　　　　表 16.5

型　号	钢筋直径（mm）	额定力矩（N·m）	外形尺寸（mm）	质量（kg）
SF-2	$\phi16$	100	770 长	3.5
	$\phi18$	200		
	$\phi20$	200		
	$\phi22$	260		
	$\phi25$	260		
	$\phi28$	320		
	$\phi32$	320		
	$\phi36$	360		
	$\phi40$	360		

3. 力矩扳手鉴定标准为：《扭矩扳子检定规程》JJG 707—2003 力矩扳手示值误差及示值重复误差不超出±5%。

4. 力矩扳手应由具有生产计量器具许可证的单位加工制造；工程用的力矩扳手应有检定证书，确保其精度满足±5％；力矩扳手应由扭力仪检定，检定周期为半年。

5. 力矩扳手构造见图 16.14。

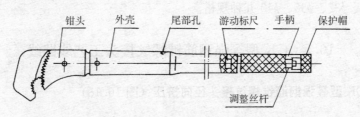

图 16.14　力矩扳手

6. 力矩扳手使用方法。行力矩扳手的游动标尺一般设定在最低位置。使用时，要根据所连钢筋直径，用调整扳手旋转调整丝杆，将游动标尺上的钢筋直径刻度值对正手柄外壳上的刻线，然后将钳头垂直咬住所连钢筋，用手握住力矩扳手手柄，顺时针均匀加力。当力矩扳手发出"咔哒"声响时，钢筋连接达到规定的力矩值。应停止加力，否则会损坏力矩扳手。力矩扳手反时针旋转只起棘轮作用，施加不上力。力矩扳手无声音信号发出时，应停止使用，进行修理；修理后的力矩扳手要进行标定方可使用。

7. 力矩扳手的检修和检定。力矩扳手无"咔哒"声响发出时，说明力矩扳手里边的滑块被卡住，应送到力矩扳手的销售部门进行检修，并用扭矩仪检定。

8. 力矩扳手使用注意事项

（1）防止谁、泥、砂子等进入手柄内；

（2）力矩扳手要端平，钳头应垂直钢筋均匀加力，不要过猛；

（3）力矩扳手发出"咔哒"响声时就不得继续加力，以免过载弄弯扳手；

（4）不准用力矩扳手当锤子、撬棍使用，以防弄坏力矩扳手；

（5）长期不适用力矩扳手时，应将力矩扳手游动标尺刻度值调到 0 位，以免手柄里的压簧长期受压，影响力矩扳手精度。

16.4.8　量规

检查钢筋锥螺纹丝头质量的量规有牙形规（图 16.15）、卡规（图 16.16）或环规（图 16.17）。牙形规用于检查锥螺纹牙形质量。牙形规与钢筋锥螺纹牙形吻合的为合格牙形，如有间隙说明牙瘦或断牙、乱牙，则为不合格牙形；卡规或环规为检查锥螺纹小端直径大小用的量规。如钢筋锥螺纹小端直径在卡规或环规的允差范围时为合格丝头，否则为不合格丝头。

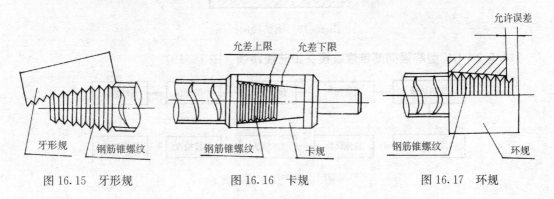

图 16.15　牙形规　　　　图 16.16　卡规　　　　图 16.17　环规

牙形规、卡规或环规应由钢筋连接技术提供单位成套提供。

16.4.9　保护帽

保护帽一般为耐冲击塑料制品。它是用于保护钢筋锥螺纹丝头，有 $\phi16$、$\phi18$、$\phi20$、$\phi22$、$\phi25$、$\phi28$、$\phi32$、$\phi36$、$\phi40$ 九种规格。

16.5　GK 型等强钢筋锥螺纹接头工艺线路线

16.5.1　GK 型等强钢筋锥螺纹接头径向挤压（图 16.18）

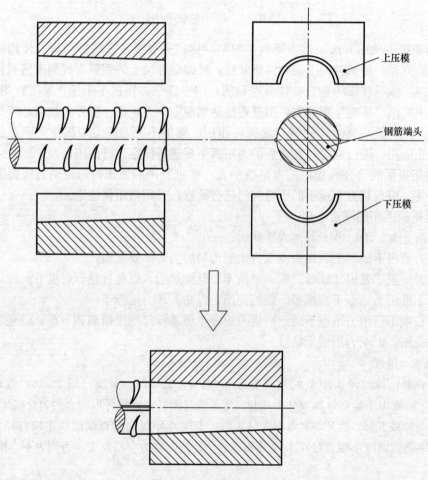

图 16.18　钢筋径向挤压

16.5.2　GK 型等强钢筋锥螺纹接头工艺线路线（图 16.19）

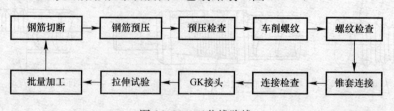

图 16.19　工艺线路线

16.6 施 工

16.6.1 施工准备

1. 根据结构工程的钢筋接头数量和施工进度要求，确定钢筋挤压机和套丝机数量。

2. 根据现场施工条件，确定钢筋套丝机位置，并搭设钢筋托架及防雨棚。

3. 连接备有漏电保护开关的 380V 电源。

4. 由钢筋连接技术提供单位进行技术交底、技术培训并对考核合格的操作工人发给上岗证，实行持上岗证作业。

5. 进行钢筋接头工艺检验。

6. 检查供货质量。锥螺纹连接套应有产品合格证。锥螺纹连接套两端有密封盖并有规格标记；力矩扳手有检定证书。

16.6.2 预压施工

1. 预压设备

（1）在下列情况之一时，生产厂家应对预压机的预压力自行标定：

1）新预压设备使用前；

2）旧预压设备大修后；

3）油压表受损或强烈震动后；

4）压后圆锥面异常且查不出其他原因时；

5）预压设备使用超过一年；

6）预压的丝头数超过 60000 个。

（2）压模与钢筋应相互配套使用，压模上应有相对应的钢筋规格标记。

（3）高压泵应采用液压油。油液应过滤，保持清洁，油箱应密封，防止雨水灰尘混入油箱。

2. 施工操作

（1）操作人员必须持证上岗。

（2）操作时采用的压力值、油压值应符合产品供应单位通过型式检验确定的技术参数要求。压力值及油压值应按表 16.6 执行。

预压压力   表 16.6

钢筋规格	压力值范围（t）	油压值范围（MPa）
$\phi16$	62～73	24～28
$\phi18$	68～78	26～30
$\phi20$	68～78	26～30
$\phi22$	68～78	26～30
$\phi25$	99～109	38～42
$\phi28$	114～125	44～48
$\phi32$	140～151	54～58
$\phi36$	161～171	62～66
$\phi40$	171～182	66～70

注：若改变预压机机型该表中压力值范围不变，但油压值范围要相应改变，具体数值由生产厂家提供。

（3）检查预压设备情况，并进行试压，符合要求后方可作业。

3. 预压操作

（1）钢筋应先调直再按设计要求位置下料。钢筋切口应垂直钢筋轴线，不宜有马蹄形或翘曲端头。不允许用气割进行钢筋下料。

（2）钢筋端部完全插入预压机，直至前挡板处。

（3）钢筋摆放位置要求：

对于一次预压成形，钢筋纵肋沿竖向顺时针或逆时针旋转 20°～40°。对于两次预压成形，第一次预压钢筋纵肋向上，第二次预压钢筋顺时针或逆时针旋转 90°。

（4）每次按规定的压力值进行预压，预压成形次数按表 16.7 执行。

成型次数   表 16.7

预压成形次数	钢筋直径（mm）
1 次预压成形	$\phi16\sim\phi25$
2 次预压成形	$\phi28\sim\phi40$

4. 检验标准

预压操作工人应使用检测规对预压后的钢筋端头逐个进行自检，经自检合格的预压端头，质检人员应按要求对每种规格本次加工批抽检 10%，如有一个端头不合格，即应责成操作工人对该加工批全部检查，不合格钢筋端头应二次预压或部分切除重新预压，经再次检验合格方可进行下一步的套丝加工。检验标准应符合表 16.8 要求。

预压尺寸   表 16.8

钢筋规格	A（mm）	B（mm）
$\phi16$	17.0	14.5
$\phi18$	18.5	16.0
$\phi20$	19.0	17.5
$\phi22$	22.0	19.0
$\phi25$	25.0	22.0
$\phi28$	27.5	24.5
$\phi32$	31.5	28.0
$\phi36$	35.5	31.5
$\phi40$	39.5	35.0

预压后钢筋端头圆锥体小端直径大于 B 尺寸并且小于 A 尺寸即为合格。按表 16.9 要求填写钢筋预压检验记录。

16.6.3 加工钢筋锥螺纹丝头

1. 钢筋端头预压经检验合格。

2. 钢筋套丝。套丝工人必须持上岗证作业。套丝过程必须用钢筋接头提供单位的牙形规、卡规或环规逐个检查钢筋的套丝质量。要求牙形饱满、无裂纹、无乱牙、秃牙缺陷；牙形与牙形规吻合；丝头小端直径在卡规会环规的允许误差范围里。

3. 经自检合格的钢筋锥螺纹丝头，应一头戴上保护帽，另一头拧紧与钢筋规格相同的连接套，并按规定堆放整齐，以便质检或监理抽查。

钢筋预压检验记录　　　　　表 16.9

工程名称				结构所在层数	
压头数量		抽检数量		构件种类	
序　号		钢筋规格		检验结论	

注：1. 按每种规格每批加工数的 10％检验；

　　2. 检验合格的打"√"，不合格的打"×"。

检查单位：　　　　　　　检查人员：

日　　期：　　　　　　　负 责 人：

4. 抽检钢筋锥螺纹丝头的加工质量。质检或监理人员用钢筋套丝工人的牙形规和卡规或环规，对每种规格加工批量随机抽检 10％，且不少于 10 个，并按表 16.10 要求填写钢筋锥螺纹加工检验记录。如有一个丝头不合格，应对该加工批全数检查。不合格丝头应重新加工并经再次检验合格后方可适用。

钢筋锥螺纹加工检验记录　　　　　表 16.10

工程名称				结构所在层数	
接头数量		抽检数量		构件种类	
序　号	钢筋规格	螺纹牙形检验	小端直径检验	检验结论	

注：1. 按每批加工钢筋锥螺纹丝头数的 10％检验；

　　2. 牙形合格、小端直径合格的打"√"；否则打"×"。

检查日期：　　　　　　　检查人员：

日　　期：　　　　　　　负 责 人：

5. 经检验合格的钢筋丝头要加以保护。要求一头钢筋丝头拧紧同规格保护帽，另一头拧紧同规格连接套。

16.6.4 钢筋连接

1. 将待连接钢筋吊装到位。

2. 回收密封盖和保护帽。连接前，应检查钢筋规格与连接套规格是否一致，确认丝头无损坏时，将带有连接套的一端拧入连接钢筋。

3. 用力矩扳手拧紧钢筋接头，并达到规定的力矩值，见表16.11。连接时，将力矩扳手钳头咬住待连接钢筋，垂直钢筋轴线均匀加力，当力矩扳手发出"咔哒"响声时，即达到预先设定的规定力矩值。严禁钢筋丝头没拧入连接套就用力矩扳手连接钢筋。否则会损坏接头丝扣，造成钢筋连接质量事故。为了确保力矩扳手的使用精度，不用时将力矩扳手调到"0"刻度，不准用力矩扳手当锤子、撬棍等使用，要轻拿轻放，不得乱摔、坐、踏、雨淋，以免损坏或生锈造成力矩扳手损坏。

接头拧紧力矩值   表 16.11

钢筋直径（mm）	≤16	18～20	22～25	25～32	36～40
拧紧力矩（N·m）	100	180	240	300	360

4. 钢筋接头拧紧时应随手做油漆标记，以备检查，防止漏拧。

5. 鉴于国内钢筋锥螺纹接头技术参数不尽相同，施工单位采用时应特别注意，对技术参数不一样的接头绝不能混用，避免出质量事故。

6. 几种钢筋锥螺纹接头的连接方法

（1）普通同径或异径接头连接方法见图16.20。

用力矩扳手分别将①与②、②与③拧到规定的力矩值。

（2）单向可调接头连接方法见图16.21。

用力矩扳手分别将①与②、③与④拧到规定的力矩值，再把⑤与②拧紧。

（3）双向可调接头方法见图16.22。

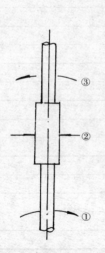 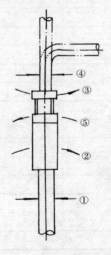 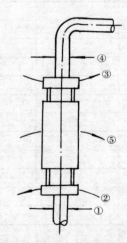

图16.20 普通接头连接　　　图16.21 单向可调接头连接　　　图16.22 双向可调接头连接
①、③—钢筋；②—连接套　　①、④—钢筋；③—可调连接器；　　①、④—钢筋；②、③—可调连接器
　　　　　　　　　　　　　　②—连接套；⑤—锁母　　　　　　　⑤—连接套

分别用力矩扳手将①与②、③与④拧到规定的力矩值，且保持②、③的外露丝扣数相等，然后分别夹住②与③，把⑤拧紧。

(4) 水平钢筋的连接方法：将待连接钢筋用短钢管垫平，先将钢筋丝头拧入待连接里，两人对面站立分别用扳手钳住钢筋，从一头往另一头依次拧紧接头。不得从两头往中间连接，以免造成连接质量事故。

16.7 接头施工现场检验与验收

16.7.1 检查合格证和检验记录

连接套进场时，应检查连接套出厂合格证、钢筋预压检验记录、钢筋锥螺纹加工检验记录，见表 16.9、表 16.10。

16.7.2 外观检查抽检数和质量要求

随机抽取同规格接头数的 10% 进行外观检查。应满足钢筋与连接套的规格一致，接头无完整丝扣外露。

16.7.3 力矩扳手抽检

用质检的力矩扳手，按表 16.11 规定的接头拧紧值，抽检接头的连接质量。抽验数量：梁、柱构件按接头数的 15%，且每个构件的接头抽验数不得少于一个接头；基础、墙、板构件按各自接头数，每 100 个接头作为一个验收批，不足 100 个也作为一个验收批，每批抽检 3 个接头。抽检的接头应全部合格，如有一个接头不合格，则该验收批接头应逐个检查，对查出的不合格接头应进行补强，并按表 16.12 要求填写质量检查记录。

钢筋锥螺纹接头质量检查记录　　　　　　　　　　　　表 16.12

工程名称					检验日期	
结构所在层数					构件种类	
钢筋规格	接头位置	无完整丝扣外露	规定力矩值（N·m）	施工力矩值（N·m）	检验力矩值（N·m）	检验结论

注：1. 检验结论：合格"√"；不合格"×"。

检验单位：　　　　　　　　　检查人员：

检验日期：　　　　　　　　　负　责　人：

16.7.4 验收批

接头的现场检验按验收批进行。同一施工条件下的同一批材料的同等级、同规格接头，以 500 个为一个验收批进行检验与验收，不足 500 个也作为一个验收批。

16.7.5 单向拉伸试验

对接头的每一验收批，应在工程结构中随机截取 3 个试件做单向拉伸试验，按设计要求的接头等级进行检验与评定，并按表 16.13 填写拉伸试验报告。

钢筋锥螺纹接头拉伸试验报告　　　　　　　　　表 16.13

工程名称				结构层数		构件名称		接头等级	
试件编号	钢筋规格 d（mm）	横截面积 A（mm²）	破坏形式	抗拉强度标准值		极限拉力实测值		抗拉强度实测值	评定结果
评定结论									
备注	Ⅰ级接头强度合格条件抗拉强度实测值≥抗拉强度标准值（断于钢筋）或抗拉强度实测值≥1.10 抗拉强度标准值（断于接头）								

试验单位：　　　（盖章）　　　负责人：　　　实验员：　　　试验日期：

16.7.6 验收批数量的扩大

在现场连续检验 10 个验收批，全部单向拉伸试件一次抽样均合格时，验收批接头数量可扩大一倍。

16.7.7 外观检查不合格接头的处理方法

如发现接头有完整丝扣外露，说明有丝扣损坏或有脏物进入接头，丝扣或钢筋丝头小端直径超差或用了小规格的连接套；连接套与钢筋之间如有周向间隙，说明用了大规格连接套连接小直径钢筋。出现上述情况应及时查明原因给予排除，重新连接钢筋。如钢筋接头已不能重新制作和连接，可采用 E50XX 型焊条将钢筋与连接套焊在一起，焊缝高度不小于 5mm。当连接的是 HRB400、HRB500 级钢筋时，应先做可焊性能试验，经试验合格后方可焊接。

16.8　工程应用级实例

16.8.1 工程应用

钢筋锥螺纹接头、GK 钢筋锥螺纹接头连接施工新技术，在 1990～2013 年先后在北京、上海、苏州、杭州、无锡、广东、深圳、武汉、长春、大连、郑州、沈阳、青岛、济南、太原、昆明、厦门、天津、北海等城市广泛应用,建筑面积达 1650 万 m^2,接头数量达 1600 多万个。结构种类有大型公共建筑、超高层建筑、电视塔、电站烟囱、体育场、地铁车站、配电站等工程的基础底板、梁、柱、板墙的水平钢筋、竖向钢筋、斜向钢筋的 $\phi16\sim\phi40$ 同径、异径的 HRB336、HRB400、HRB500 级钢筋的连接施工。

16.8.2 北京社科院工程中的应用

北京社科院工程,占地面积 0.5 万 m^2,建筑面积 60399m^2,地下 3 层,地上 22 层,为现浇钢筋混凝土框架剪力墙结构,按地震设防烈度 8 度设计,结构抗震等级:剪力墙为一级,框架为二级。该工程地下部分钢筋用量很大,地梁钢筋较密。钢筋截面变化多;地上部分工作面积大,防火要求高,工期要求紧,为此采用 GK 型等强钢筋锥螺纹接头连接成套技术。在基础底板施工中,使用了 $\phi20\sim\phi28$ 钢筋接头 20000 个;地上部分使用 $\phi20\sim\phi32$ 钢筋接头 30000 个,合格率为 100%,接头拉伸试验全部断于母材,完全达到 I 级接头标准。取得良好的技术经济效益和社会效益。

现场 GK 型等强钢筋锥螺纹接头,见图 16.23。

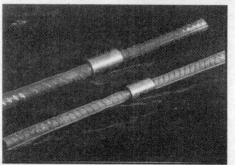
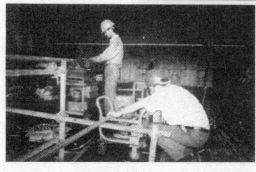

图 16.23 现场 GK 型等强钢筋锥螺纹接头连接施工

主要参考文献

［1］ 中华人民共和国住房和城乡建设部. JGJ 107—2010 钢筋机械连接通用技术规程. 北京：中国建筑工业出版社，2010.

［2］ 上海市标准. 钢筋锥螺纹连接技术规程 DBJ08-209-93

［3］ 北京市标准. 锥螺纹钢筋接头设计施工及验收规程 DBJ01-15-93

17 钢筋镦粗直螺纹连接

17.1 基本原理和特点

17.1.1 基本原理

钢筋镦粗直螺纹连接分钢筋冷镦粗直螺纹连接和钢筋热镦粗直螺纹连接两种。

钢筋冷镦粗直螺纹连接的基本原理是：通过钢筋冷镦粗机把钢筋的端头部位进行镦粗，钢筋端头在镦粗力的作用下产生塑性变形，内部金属晶格变形错位使金属强度提高而强化（即金属冷作硬化），再在钢筋镦粗后将钢筋大量的热轧产生的缺陷（如钢筋基圆呈椭圆、基圆上下错位、纵肋过高、截面的负公差等）膨胀到镦粗外表或在镦粗模中挤压变形，加工直螺纹时将上述缺陷切削掉，把两根钢筋分别拧入带有相应内螺纹的连接套筒，两根钢筋在套筒中部相互顶紧，即完成了钢筋冷镦粗直螺纹接头的连接。由于丝头螺纹加工造成的损失全部被钢筋变形的冷作硬化所补足，所以接头钢筋连接部位的强度大于钢筋母材实际强度，接头与钢筋母材达到等强。

钢筋热镦粗直螺纹连接的基本原理是：通过钢筋热镦粗机把钢筋的端头部位加热并进行镦粗，由于热镦粗时镦粗部分不产生内应力或脆断等缺陷，因此可以将钢筋镦得更粗，由于丝头螺纹的直径比钢筋粗得多，所以接头钢筋连接部位的强度大于钢筋母材实际强度，接头与钢筋母材等强。

17.1.2 钢筋镦粗直螺纹接头形成过程

钢筋镦粗直螺纹接头形成过程如图 17.1。

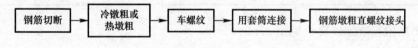

图 17.1 钢筋镦粗直螺纹接头形成过程框图

17.1.3 钢筋镦粗直螺纹连接特点

(1) 接头与钢筋等强，性能达到现行行业标准《钢筋机械连接技术通用规程》JGJ 107—2010 中最高等级（Ⅰ级）的要求；

(2) 施工速度快、检验方便，质量可靠、无工程质量隐患；

(3) 连接时不需要电力或其他能源设备，操作不受气候环境影响，在风、雪、雨、水下及可燃性气体环境中均可作业；

(4) 现场操作简便，非技术工人经过简单培训即可上岗操作。钢筋镦粗和螺纹加工设备的操作都很简单、方便，一般经短时间培训，工人即可掌握并制作出合格的接头；

(5) 钢筋丝头螺纹加工在现场或预制工厂都可以进行，并且对现场无任何污染；

(6) 对钢筋要求较低，焊接性能不好、外形偏差大的钢筋（如：钢筋基圆呈椭圆、基圆上下错位、纵肋过高、截面的负公差等）都可以加工出满足Ⅰ级性能要求的接头，接头质量十分稳定；

（7）套筒尺寸小、节约钢材、成本低。

17.1.4　钢筋镦粗直螺纹接头的分类、型号与标记

1. 接头适用钢筋强度级别

钢筋镦粗直螺纹连接适用于符合现行国家标准《钢筋混凝土用热轧带肋钢筋》GB 1499 中的 HRB 335（Ⅱ级钢筋），HRB 400（Ⅲ级钢筋）和 HRB500，HRBF500。见表 17.1。

接头适用钢筋强度级别　　　　　　　　　　　　　　表 17.1

序　号	接头适用钢筋强度级别	代　号
1	HRB 335（Ⅱ级钢筋）	Ⅱ
2	HRB 400（Ⅲ级钢筋）	Ⅲ
3	HRB 500，HRBF 500	

2. 按使用接头型式分类

钢筋镦粗直螺纹接头由丝头和套筒组成，加锁母型接头尚包括锁母。镦粗直螺纹接头根据现场使用情况可以分为 6 类，其名称、代号和使用情况如表 17.2 所示。

镦粗直螺纹接头型式　　　　　　　　　　　　　　表 17.2

序　号	型　式	使用场合	特性代号
1	标准型	正常情况下连接钢筋	省略
2	加长型	用于转动钢筋较困难的场合，通过转动套筒连接钢筋	C
3	扩口型	用于钢筋较难对中的场合	K
4	异径型	用于连接不同直径的钢筋	Y
5	正反丝扣型	用于两端钢筋均不能转动而要求调节轴向长度的场合	ZF
6	加锁母型	钢筋完全不能转动，通过转动套筒连接钢筋，用锁母锁定套筒	S

不同类型镦粗直螺纹接头见图 17.2。

3. 接头型号

接头型号由名称代号、特性代号及主要参数代号组成。

DZJ·□　△

　　　　主要参数代号，用钢筋强度级别及钢筋公称直径表示；

　　　　特性代号，用表 17.2 中代号表示；

　　　　名称代号，用 DZJ 表示镦粗直螺纹钢筋接头。

标记举例 1：

钢筋公称直径为 32mm，强度级别为 HRB 400（Ⅲ级）的标准型接头。

标记为 DZJ·Ⅲ32

标记举例 2：

公称直径为 36mm 和 28mm，强度级别为 HRB 335（Ⅱ级）的异径型接头。

标记为 DZJ·YⅡ 36/28

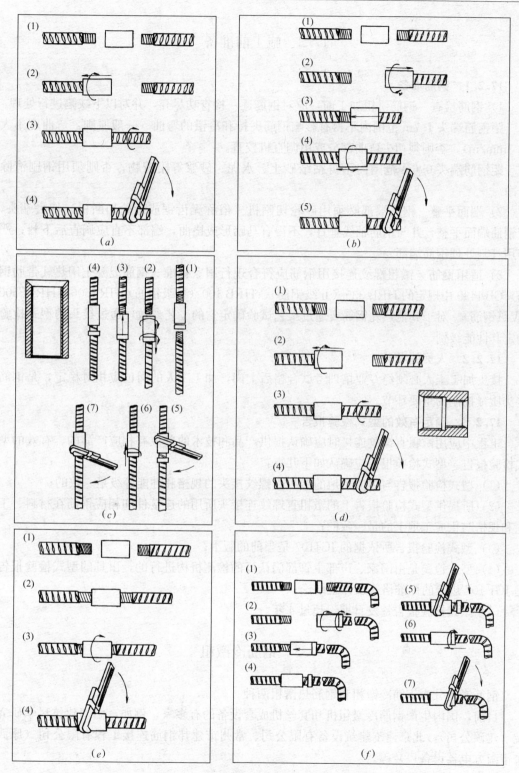

图 17.2　接头按使用接头型式分类示意图

(*a*) 标准型接头；(*b*) 加长型接头；(*c*) 扩口型接头；(*d*) 变径型接头；

(*e*) 正反丝扣型接头；(*f*) 加锁母型接头

17.2　施工前准备

17.2.1　钢筋准备

1) 钢筋检查　钢筋镦粗加工前，应对钢筋逐一检查功尽弃，并对以下缺陷进行处理：

距钢筋端头 1.7m 范围内不得有影响钢筋夹持和冷镦的弯曲（一般原则：弯曲度不大于 3mm/m），否则须切去弯曲部分或用调直机校直。

距钢筋端头 0.6m 范围内不得粘结砂土、水泥、砂浆等附着物，否则须用钢刷清除干净。

2) 端面平整　钢筋端部必须用砂轮切割机（俗称无齿锯或砂轮切断机）切去端头，使钢筋端面平整，并与钢筋轴线垂直，不得有马蹄形或挠曲，端部不直应调直后下料；严禁用气割处理钢筋端部。

3) 适用钢筋　镦粗螺纹连接用钢筋应符合现行国家标准《钢筋混凝土用热轧带肋钢筋》GB 1499 中规定的 HRB 335（Ⅱ级钢筋）、HRB 400（Ⅲ级钢筋）HRB500，HRBF500（Ⅳ级钢筋）。对于其他热轧钢筋要通过工艺试验确定它的工艺参数，通过接头的型式检验确定其性能级别。

17.2.2　人员的准备

接头加工工人必须经专业培训考试合格后上岗，加工工人的岗位应相对稳定，是钢筋接头质量控制的重要环节。

17.2.3　确定有效的型式检验报告

工程中应用镦粗直螺纹连接时应确认提供产品和技术的单位有相应产品的、有效的型式检验报告。型式检验报告应确认如下几点：

（1）型式检验报告与供应工地的镦粗直螺纹接头的规格和性能等级是一致的；

（2）所提供型式检验报告上的镦粗直螺纹连接头所用的连接件和相应钢筋在材料、工艺和规格与供应工地上的是一致的；

（3）型式检验报告所依据的 JGJ107 是当前的版本；

（4）型式检验是由国家、声部主管部门认可的检测机构进行的，出具的型式检验报告是 JGJ 107 规定的标准格式及评定结论；

（5）型式检验报告签发日期不超过 4 年。

17.3　钢筋冷镦粗

钢筋镦粗分为钢筋冷镦粗和钢筋热镦粗两种。

目前，国内生产钢筋冷镦粗机和套丝机成套设备的有多家，例如：中国建筑科学研究院（建硕公司），北京建茂建筑设备有限公司、常州市建邦钢筋连接工程有限公司（原武进市南方电器设备厂）等。

17.3.1　钢筋冷镦粗机

钢筋冷镦粗设备的结构按夹紧方式分类，通常有两种形式，一种为单油缸楔形块夹紧式结构，另一种为双油缸夹紧式结构。

1. 单油缸楔形块夹紧式镦粗机

单油缸楔形块夹紧式机构形式如图 17.3 所示，其优点是：夹紧机构利用了力学上的斜面作用分力，在镦粗同时即形成对钢筋的夹紧力，而不再需另施加这一必须的夹紧力。根据夹紧力需要而设计的楔形角度使夹持力与镦粗力呈一定放大的倍数关系，确保能可靠地夹紧钢筋。该类设备结构简单，体积小，造价低，缺点是：在夹紧钢筋的过程中钢筋端头的位置随夹紧楔块移动而移动，钢筋的外形

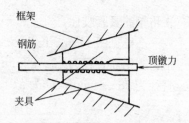

图 17.3　单油缸楔形夹紧
机构示意图

和尺寸偏差可能会影响夹紧过程的移动量和实际镦粗变形长度的精确控制。

常州市建邦钢筋连接工程有限公司（原武进市南方电器设备厂）生产的 GD150 型镦粗机构造特点和性能指标介绍如下。

（1）GD 150 型镦粗机构造

镦粗机是钢筋端部镦粗的关键设备：由油缸、机架、导柱、挂板、拉板、模框、凹模、凸模、压力表、限位装置和电器箱等部分组成。

工作原理是通过双作用油缸活塞连接凸模座和凸模，经拉板、挂板、推动开合凹模，与其连接的夹持装置，在四根导柱上作水平方向移动。在 1min 之内，一次性完成它的镦粗任务，镦粗机构造见图 17.4。

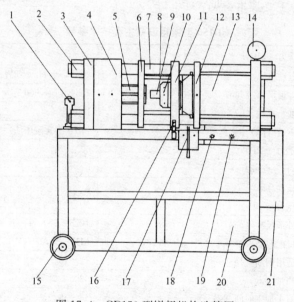

图 17.4　GD150 型镦粗机构造简图

1—钢筋托架；2—螺母；3—座板；4—模框；5—凹模；6—导板；7—导轨轴；8—拉杆；9—凸模；
10—压板螺母；11—导板；12—定位板；13—油缸总成；14—压力表；15—移动轮；16—行程指板；
17—换向装置；18—进油口；19—回油口；20—工具箱；21—电器箱

该镦粗机适用于直径 12～40mm 钢筋，构造简图见图 17.4；凹模见图 17.5，由两块组成，长 170mm，两块合成后，大头宽度约 150mm，缝隙 2～3mm，高度分两种：当钢筋直径为 32mm 及以下，高 75mm；当钢筋直径为 36、40mm，高 90mm。小头、空腔、内螺纹等尺寸均随钢筋直径而改变。空腔用来使钢筋端部镦成所需的镦粗头，内螺纹用

来将钢筋紧紧咬住。

凸模见图 17.6，长 79.5mm，顶头直径 d 随钢筋直径而改变；模底直径 D 有 3 种规格：当钢筋直径为 16～22mm 时，D 为 $\phi48$；当钢筋直径为 25mm 时，D 为 $\phi52$，当钢筋直径为 28～40mm，D 为 $\phi70$。

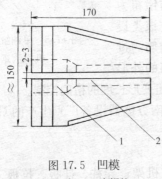

图 17.5 凹模

1—空腔；2—内螺纹

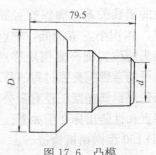

图 17.6 凸模

每台镦粗机配备多种规格的凹模和凸模，凹模和凸模均为损耗部件，在正常情况下，每付可镦粗钢筋头 2000 个。

(2) GD150 镦粗设备主要技术参数

GD150 镦粗设备主要技术参见表 17.3。

GD150 型镦粗设备主要技术参数   表 17.3

高压泵	压力（MPa）	60
	电动机	380V、50Hz、4kW、1440r/min
	外形尺寸（mm）	700×450×600
	油箱容积（L）	100
	质量（kg）	110（不含液压油）
高压油管	压力（MPa）	60
	内径（mm）	6
	长度（m）	2
镦粗机	压力（MPa）	60
	外形尺寸（mm）	1225×570×1100
	可配凹凸模型号	M12～M40
	适用钢筋直径（mm）	12～40
	质量（kg）	530
	镦头加工时间（s/个）	45～50

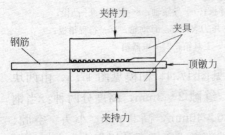

图 17.7 双油缸液压夹紧机构示意图

2. 双油缸夹紧式镦粗机

双油缸夹紧式机构形式如图 17.7 所示，双油缸夹紧式机构的优点是：夹持钢筋动作和镦粗动作分别由两个独立的油缸完成，可以分别控制两油缸的动作和工作参数，如精确地控制夹紧力和镦粗长度等，因而可以针对不同钢筋设计不同的镦粗工艺参数，能保证任何钢筋加工出来的镦粗头质量都满足设计要求。缺点是：该机构两个大吨位油缸和安装两油缸的框架增加了设备结构和操作上的复杂性，主机外形尺寸较大。北京建茂建筑设备公司生产的 JM-LDJ40 型镦粗机介绍如下。

JM-LDJ40 型镦粗机是一台自动型钢筋冷镦粗设备，适用于直径 $\phi16 \sim \phi40$ 的国产 HRB 335 和 HRB 400 钢筋以及国外同类钢筋。设备主要由镦粗主机、液压泵站、连接油管和电控系统等组成，结构简图如图 17.8 所示。

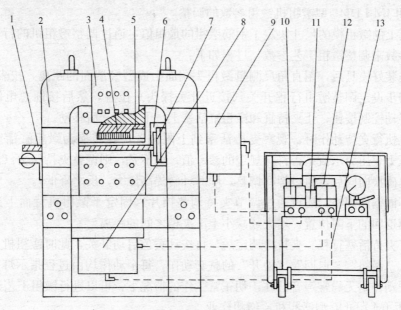

图 17.8　JM-LDJ40 型镦粗机结构简图

1—钢筋；2—框架；3—控制箱；4—夹持模；5—成型模；6—行程控制盒；7—镦粗模；8—夹持油缸；
9—镦粗油缸；10—电磁换向阀；11—电磁卸荷阀；12—压力继电器；13—超高压软管

设备的镦粗主机负责执行镦粗动作，包括镦粗主机框架、夹持油缸、镦粗油缸、夹持和成型模具等主要部件；液压泵站负责提供超高压液压动力，包括超高压泵、油箱、超高压电磁阀、泵站小车等；电控系统则包括行程开关、电压力开关、电器操作控制箱、缆线等。

设备的加工动作程序是：启动设备后，先把待镦粗钢筋插入夹持模具之间，顶至镦粗油缸活塞前的镦粗头端面（完成初始定位），按下自动工作按钮，泵站输出液压油推动夹持油缸活塞动作，把钢筋——夹紧，电控系统在夹持油缸达到设定压力时发出镦粗动作的信号，夹持停止（完成定压力夹持），镦粗油缸活塞开始前进，对钢筋进行镦粗，当镦粗头行进到设定位置后，电控系统发送镦粗结束信号（完成定量镦粗），镦粗油缸和夹持油缸同时动作，镦粗活塞、夹持活塞各自退回到原来的初始位置，电控系统发送结束信号，设备动作停止，把端头被镦粗的钢筋从镦粗机中取出，一个镦粗过程即结束。

17.3.2　钢筋冷镦粗工艺

1. 镦粗工艺参数选择原则

（1）镦粗头部分与后段钢筋过渡的角度（镦粗的过渡坡度）合理：

避免截面突变影响金属流动所导致的影响连接性能和内部缺陷；镦粗的过渡段坡度小，有利于减小内应力，因此，建筑工业行业标准《镦粗直螺纹钢筋接头》JG/T 3057

（修订版送审稿）2004 中提出：镦粗的过渡段坡度应不大于 1：5。理论上镦粗的过渡坡度越小越好，但过渡坡度越小，镦粗时钢筋夹持模外镦粗部分伸出的长度越长，镦粗时伸出部分容易失稳，使镦粗头产生弯曲。因此，镦粗的过渡坡度过小也不现实。

（2）镦粗加工变形量准确，防止镦粗量过小直径不足而使加工出的螺纹牙形不完整，以及镦粗量过大造成钢筋端头内部金属损伤导致的接头脆断现象。

（3）镦粗时夹持钢筋的力量要适度，避免夹持损伤钢筋而影响接头以外的钢筋强度；

2. 采用 JM-LDJ40 型镦粗机镦粗参数的调整

镦粗机上的镦粗模的尺寸决定了钢筋镦粗的最粗值，通过调整镦粗机的行程开关及压力开关的参数来调整镦粗工艺参数，过程如下：

镦粗机装好模具后，用直角尺测量镦粗头端面至成型模端面的距离，按表 17.4 参考镦粗行程初步设定调整镦粗行程开关（接近开关探头）位置，然后接通总电源，启动电机，按动手动控制按钮，让夹持缸和镦粗缸活塞上、下和前、后移动。

镦粗机执行夹持动作时，观察夹持活塞到上限位置，并转换为镦粗缸活塞动作的瞬时，泵站压力表压力示值是否符合规定的参考值，如不是，则调整夹持压力（压力继电器装在泵站电磁换向阀后，通过螺杆调整，顺时针转提高压力，反之降低）。

根据不同钢筋规格，还可通过调节夹持调整挡片（固定于镦粗机背面下连接板处），改变下夹模退回的下限位置，增大或减小上下夹模之间的距离。

镦粗、夹持活塞行程、夹持力调定后，再按动黄色启动开关，此时镦粗机自动执行包括"夹持"、"镦粗"、"退回"、"松开"的整套动作，每个动作均由过程指示灯来指示。镦粗机应无误动作，无异常声音。在一切正常工作的情况下，可以进行镦粗工艺试验工作。

3. 采用 JM-LDJ40 型镦粗机冷镦粗作业

按自动控制"启动"钮，镦粗头和夹具最后退至初始位置停止，将用砂轮锯切锯好的一根 80～100cm 长的钢筋从镦粗机夹持模凹中部穿过，直顶到镦粗头端面，不动为止。钢筋纵肋宜和水平面成 45°左右角度，钢筋要全部落在模具中心的凹槽内，按下"启动"，镦粗机自动完成镦粗全过程（大约 20s 左右）。镦粗完成后，抽出镦好的钢筋，目测并用直尺、卡规（或游标卡尺）检查钢筋镦粗头的外观质量，检查其是否弯曲、偏心、椭圆，表面有无裂纹，有无外径过大处，镦粗长度是否合格。镦粗头的弯曲、偏心和椭圆度程度。镦粗段钢筋基圆直径和长度应满足表 17.4 的要求。

采用 JM-LDJ40 型镦粗机镦粗工艺参数   表 17.4

钢筋规格（mm）	$\phi16$	$\phi18$	$\phi20$	$\phi22$	$\phi25$	$\phi28$	$\phi32$	$\phi36$	$\phi40$
最小镦粗长度 L（mm）	16	18	20	22	25	28	32	36	40
镦粗直径 d（mm）	17.5～18.5	19.5～20.5	21.5～22.5	23.5～24.5	26.5～27.5	29.5～30.5	33.5～34.5	37.5～38.5	41.5～42.5
镦粗行程（参考值）（mm）	13	13	13	13	13	13	13	13	13
夹持压力（参考值）（MPa）	30	35	35	35	40	45	50	60	65
镦粗压力（参考值）（MPa）	18	20	20	20	25	25	25	30	30

如有弯曲、偏心，应检查模具、镦粗头安装情况，钢筋端头垂直度、钢筋弯曲度；如椭圆度过大，要检查钢筋自身椭圆情况，以及选择的夹持方向、夹持力；如有表面裂纹，应检查镦粗长度，对塑性差的钢筋要调整镦粗长度；如镦粗头外径尺寸不足或过大，应改变镦粗长度。最后根据实际情况，再适当调整镦粗工艺参数，至加工出合格的镦粗头。

镦粗工艺参数确定后，连续镦三根钢筋接头试件的镦粗头，再检查其镦粗头，无问题和缺陷，则将该三根钢筋按要求加工螺纹丝头，制作一组镦粗工艺试验试件，送试验单位进行拉伸试验。拉伸结果合格，镦粗机即可正常生产。

4. 采用 GD150 型镦粗机的工艺要求

(1) 镦粗头不得有与钢筋轴线相垂直的表面裂纹。

(2) 不合格的镦粗头，应切去后重新镦粗。

(3) 镦粗机凹凸模架的两平面间距要相等，四角平衡度差距应在 0.5mm 之内，在四根立柱上应平衡滑动。

(4) 凹模由两块合成；凸模由一个顶头和圆形模架组成。对于不同直径的钢筋应配备相应的凹模和凸模，并进行调换。

(5) 凹凸模配合间隙 0.4～0.8mm 之间。

(6) 凸模在凸模座上，装配要合理，接触面不能有铁屑脏物存留，盖一定要压紧，新换凸模压制 10～15 只后，盖要再次紧定。

(7) 凹模在滑板上，滑动要通畅、对称、清洁、并常要拆下清洗，不得有硬物夹在中间。新换装凹模，在最初脱模时，一定要注意拉力情况，一般在压力一松，凸模在模座内能自动弹出，或少许受力，就能轻易拉出；如果退模拉力大于 3MPa 时，应及时检查原因，绝不能强拉强退。

(8) 绝不能超压强工作，导致凸模断裂，一般因压力过高产生。

5. 采用 GD150 型镦粗机的镦粗作业

(1) 操作者必须熟悉机床的性能和结构，掌握专业技术及安全守则，严格执行操作规程，禁止超负荷作业。

(2) 开车前应先检查机床各紧固件是否牢靠，各运转部位及滑动面有无障碍物，油箱油液是否充足，油质是否良好，限位装置及安全防护装置是否完善，机壳接地是否良好。

(3) 各部位要保持润滑状态，如导轨、鳄板（凹模）、座板斜面等工作中，压满 20 只头，应加油一次。

(4) 开始工作前，应作行程试运转 3 次（冷天操作时，先将油泵保持 3min 空运转），开、停、令其正常运转。

(5) 检查各按钮、开关、阀门、限位装置等，是否灵活可靠，确认液压系统压力正常，模架导轨在立柱上运动灵活后方可开始工作。

(6) 钢筋端面必须切平，被压工件中心与活塞中心对中。

(7) 熟悉各定位装置的调节及应用。必须熟记各种钢筋端头镦粗的压力，压力公差不得超过规定压力的 ±1MPa，确保质量合格。

(8) 压长大工件时，要用中心定位架撑好，避免由于工件受力变形，松压时倾倒。

(9) 工作中要经常检查四个立柱螺母是否紧固，如有松动应及时拧紧，不准在机床加压或卸压出现晃动的情况下进行工作。

（10）油缸活塞发现抖动，或油泵发出尖叫时，必须排出气体。

（11）要经常注意油箱，观察油面是否合格，严禁油溢出油箱。

（12）应保持液压油的油质良好，液压油温升不得超过 45℃。

（13）操纵阀与安全阀失灵或安全保护装置不完善时不得进行工作。调节阀及压力表等，严禁他人乱调乱动。操作者在调整完后，必须把锁紧螺母紧固。

（14）提升油缸，压力过高时，必须检查调整回油阀门，故障消除后方可进行工作。

（15）夹持架（凹模）内，在工作中会留下的钢筋铁屑，故压制 15 件为一阶段，必须用专用工具清理。

（16）镦粗好的钢筋端头，根据规格要求，操作者必须自查，不合格的应立刻返工，不得含糊过关；返工时应切去镦粗头重新镦粗，不允许将带有镦粗的钢筋进行二次镦粗。

（17）停车前，模具应处于开启状态，停车程序应先卸工作油压，再停控制电源，最后切断总电源。

（18）工作完毕要擦洗机床、打扫场地、保持整洁、填写好运行记录、做好交接班工作。

镦粗工艺参数见表 17.5。

采用 GD150 型镦粗机镦粗工艺参数 表 17.5

钢筋规格 (mm)	$\phi 12$	$\phi 14$	$\phi 16$	$\phi 18$	$\phi 20$	$\phi 22$	$\phi 25$	$\phi 28$	$\phi 32$	$\phi 36$	$\phi 40$
镦粗长度 L (mm)	15	18	21	24	26	29	32	35	38	42	47
镦粗直径 d (mm)	≥14.5	16.5	21	23	25	28	31	34	37	40	46
镦粗压强 (MPa)	6~14	8~16	11~18	14~19	16.5~20	18~27	29~31	32~34	39~42	47~50	50~54

6. 冷镦粗头的检验

同批钢筋采用同一工艺参数。操作人员应对其生产的每个镦粗头用目测检查外观质量，10 个镦粗头应检查一次镦粗直径尺寸，20 个镦粗头应检查一次镦粗头长度。

每种规格、每批钢筋都应进行工艺试验。正式生产时，应使用工艺试验确定的参数和相应规格模具。

即使钢筋批号未变，每次拆换、安装模具后，也应先镦一根短钢筋，检查确认其质量合格后，再进行成批生产。

不合格的钢筋头要切去头部重新镦粗，不允许对尺寸超差的钢筋头直接进行二次镦粗。

17.4 钢筋热镦粗

17.4.1 钢筋热镦粗设备

钢筋热镦粗设备比冷镦粗设备要多一个加热系统。因此，热镦粗设备比冷镦粗设备稍庞大，一般适用于中、大型钢筋工程。钢筋热镦粗工艺中的镦粗头是在高温状态下进行热镦粗的，不需要冷镦粗设备中的高压泵站（超高压柱塞泵）及与其配套的液压系统、高压镦粗机。热镦粗设备的液压装置压力低，最大工作出力仅为 250kN，可使用耐污染强、能适应建筑施工恶劣条件的齿轮油泵，具有快进快退的功能，同时，设备故障率低，可明显提高工作效率。

目前常用的钢筋热镦粗设备一般由加热装置、压紧装置、挤压装置、气动装置、控制系统及机架等主要部件组成。现以中国地质大学（武汉）海电接头有限公司生产的 HD-GRD-40 型钢筋热镦机为例进行介绍：图 17.9 为江苏连云港核电站工程施工现场钢筋热镦粗加工；图 17.10 为 HD-GRD-40 型钢筋热镦机液压系统图；图 17.11 为 HD-GRD-40 型钢筋热镦机电气原理框图。图 17.12 为 HD-GRD-40 型钢筋热镦机微机控制主程序流程图。

图 17.9　连云港核电站工程施工现场钢筋热镦粗加工

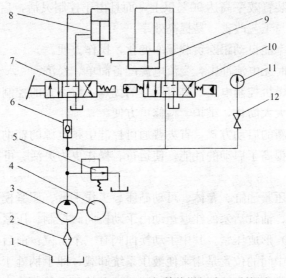

图 17.10　HD-GRD-40 型钢筋热镦机液压系统图

1—油箱；2—滤油器；3—齿轮泵；4—电机（Y160M-6）；5—溢流阀（yF-L20C）；6—单向阀（D_1F-L20H）；7—手动换向阀（34SM-B20H-T）；8—压紧油缸；9—挤压油缸；10—电液换向阀（34DyO-B20H-T）；11—压力表；12—压力表开关

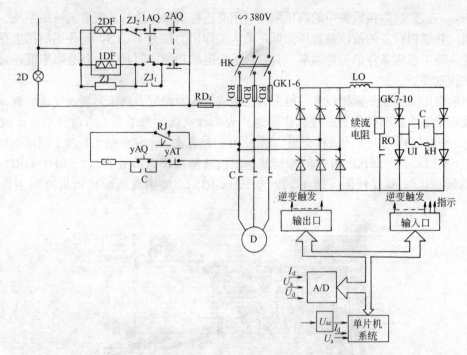

图 17.11　HD-GRD-40 型钢筋热镦机电气原理框图

1. 中频加热装置

中频加热装置是一种静止变频器，它利用可控硅元件把 50Hz 工频三相交流电变换成单相交流电，作为钢筋热镦粗加热的供电电源。

此加热装置的主要优点：

(1) 效率高，该装置效率高达 90％以上，而且由于控制灵活，启动、停止方便，调节迅速，便于参数调整与工艺改善，易提高效率。

(2) 该装置的频率能自动跟踪负载频率变化，操作方便。

(3) 该装置启动时无电流冲击，交流电源配备简单、经济。

(4) 该装置采用微机控制电路，具有明显的优点：数字式的控制使控制更加灵活、精确，且控制电路结构大大简化，维护、检修更方便。

(5) 该装置采用新的启动方式，省去普通可控硅中频电源的辅助启动电路，主电路结构变得更简单，同时提高了启动的性能，使运行、操作更为灵活、可靠。

2. 压紧装置

压紧装置主要由压紧油缸、箱体、可动砧座、工作平台、压紧模具等组成。可动砧座与油缸、活塞杆连接，油缸活塞的往返运动由手动换向阀控制。压紧装置作用是由模具对工件（待镦粗的钢筋）形成压紧。其中手动换向阀有三个工位：前后两个位置是控制压紧油缸油塞的升、降，中间的位置是用来使液压系统卸载，即手柄处于中间位置时，工作的液压油经油泵、手动换向阀直接回到油箱。此时油泵处于无负荷状态，可减少电能消耗及液压系统发热

3. 挤压装置

挤压装置由挤压油缸、箱体、挤压头、电气控制回路、脚踏开关、电液换向阀组成，

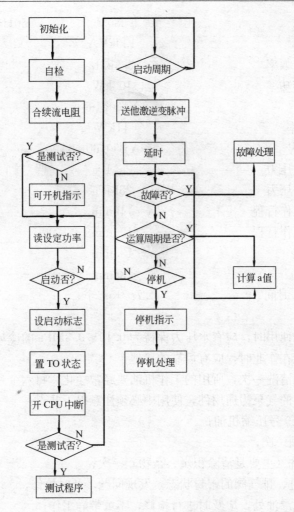

图 17.12 HD-GRD-40 型钢筋热镦粗微机控制主程序流程图

脚踏开关、电液换向阀控制油缸活塞作往返运动对加工件（待镦粗的钢筋端头）挤压成型。

4. 气动装置

气动装置由气泵、储气包、固定风嘴、可动风嘴等组成，该装置用于清除在钢筋热镦粗加工过程中吸附或遗留在模具及工作台上的氧化铁皮，以确保安全生产。

5. 控制系统

控制系统由配电箱、电气控制回路、液压系统与液压元件、气动系统与气动元件、冷却水回路与水压开关等组成，该系统是确保热镦粗设备正常运行。

6. 机架

机架由箱体、工作平台、型钢及其他部件组焊而成，箱体用以安装压紧油缸和挤压油缸，油箱焊在机架的下部，采用风冷冷却器冷却油温。工作平台固定在机架上，形成压紧油缸和挤压油缸的总成。

17.4.2 HD-GRD-40 型钢筋热镦机主要技术参数及使用要求

1. 主要技术参数：

外接电源	三相	380V	50Hz
输入功率		130kVA	
中频输出额定频率		2.5kHz	
中频输出额定功率		100kW	
电动机型号		Y160M-6	
电动机功率		11kW	
齿轮泵型号		YB80/60	
压紧油缸额定压力		25MPa	
挤压油缸额定压力		25MPa	
压紧油缸最大工作行程		140mm	
挤压油缸最大工作行程		190mm	
压紧油缸		135mm	
挤压油缸		135mm	
加热-镦头加工时间		7~15s/个	

2. 使用要求：

(1) 钢筋热镦机使用时，应有水压力保持为 0.15~0.3MPa 的冷却水。

(2) 钢筋热镦机在作业时，应有可靠的接地。

(3) 油箱要一年清洗一次，所用的工作机油要经常净化，每六个月更换一次。

(4) 压气装置中的气泵为通用件，使用中必须注意以下几点：

① 使用机油为 19 号压缩机油；

② 每月补充机油一次；

③ 每六个月清洗（主要是清除积炭、杂物）一次；

④ 要经常检查进、排气阀的密封状态，发现问题，及时检修。

(5) 设备如发现渗油处，应及时进行检修，不可带病工作；

(6) 要按规定对钢筋热镦机进行维护和保养。

17.4.3　钢筋热镦粗工艺设计及作业要求

1. 钢筋热镦粗加热工艺设计

钢筋热镦粗加热工艺的设计是根据现行国家标准《钢筋混凝土用钢　第 1 部分：热轧光圆钢筋》GB 1499.1、《钢筋混凝土用钢　第 2 部分：热轧带肋钢筋》GB 1499.2、《钢筋混凝土用余热处理钢筋》GB 13014 中规定的钢筋化学成分，参照国内各个大型钢厂钢筋轧制工艺中初轧温度及终轧温度实践经验，结合钢筋镦头的特点，制定了各种级别钢筋的始镦温度和终镦温度，并在生产实践中取样进行金相检测，试验结果表明热镦后钢筋镦头部位具有与母材一致的金相组织，性能尚有所改善。热镦粗的过渡段坡度应不大于 1：3。

2. 钢筋热镦粗作业要求：

(1) 钢筋热镦机热镦粗不宜在露天作业。

(2) 钢筋端头镦粗不能成型或成型质量不符合要求，应仔细检查模具、行程、加热温度及原材料等方面的原因，在查出原因和采取有效措施后，方可继续镦粗作业。

(3) 钢筋热镦粗作业要按照作业指导书规定及作业通知书要求选择热镦粗的有关参数进行镦粗作业。

（4）钢筋热镦粗操作者作业时，要按镦头检验规程对镦头进行自检，不符合质量要求的镦头可加热重新镦粗。

（5）钢筋热镦粗作业要注意个人劳动保护和安全防护。

（6）作业完毕，应及时关闭设备的电源，同时要对设备和工作场地清理干净，如实填写运行记录和工程量报表。

17.5 冷镦粗钢筋丝头加工

17.5.1 套丝机

各生产单位生产的套丝机结构基本相同，但各有一些特点。常州市建邦钢筋连接工程有限公司生产的 GZL-45 型套丝机构造简图见图 17.13；北京建茂建筑设备有限公司的 JM-GTS40 型套丝机见图 17.14。

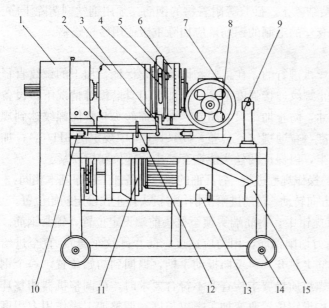
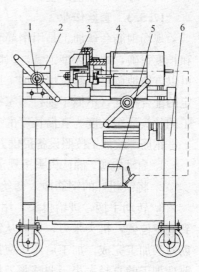

图 17.13 GZL-45 型套丝机构造简图
1—变速箱；2—主轴部总成；3—开刀装置；4—合刀装置；5—微调器；6—切削部总成；7—虎钳；8—虎钳手轮；9—钢筋托架；10—定位电器；11—电机变速部；12—进给指针；13—水泵；14—移动轮；15—存料斗

图 17.14 JM-GTS40 型套丝机简图
1—控制电路；2—虎钳组件；3—机头；4—减速机构；5—冷却机构；6—机架

现以 JM-GJS40 型套丝机为例，作一简单介绍。

设备加工动作程序：首先把钢筋用虎钳夹紧，启动电机，机头转动，转动进给手柄，使套丝机机头前进，当机头上的梳刀组靠上钢筋后，用力转动手柄，使随机头转动的梳刀切削钢筋并在钢筋端头加工出直螺纹，加工出几圈螺纹后，机头即可借助梳刀与钢筋上已加工出的螺纹的配合，随着机头转动完成自动前进动作，并加工出后续螺纹。套丝机机头前进到设定位置后，机头的张刀机构动作，将梳刀跳（张）开，梳刀离开钢筋（机头继续旋转，但不再切削钢筋，只做空转）套丝工作即完成。然后反向转动进给手柄，使套丝机机身后退，退到设定后极限位置，机头上收刀机构做收刀动作，使机头梳刀收起，准备下一次套丝加工。关闭套丝机电源，机头停止转动，松开虎钳，把加工完螺纹的钢筋从虎钳中取出，一次套丝工作完成。

钢筋套丝机的特点是具有一个可调整加工螺纹直径尺寸的调整环，转动调整环，可连续改变机头梳刀的径向位置，从而改变加工的螺纹尺寸大小，当刀具或其他零件磨损造成加工尺寸偏差时，可通过转动调整环修正尺寸，以达到规定的螺纹尺寸要求。

该机结构紧凑，可加工直径 $\phi 16 \sim \phi 40$ 的 HRB 335 和 HRB 400 级钢筋镦粗丝头，加工效率高，操作简单，加工出的螺纹质量好，可满足接头连接性能的要求，机器性能稳定，维护方便。

17.5.2　准备套丝的镦粗钢筋

操作人员应对镦粗完的钢筋端头质量进行检查，发现以下缺陷应进行处理：

（1）距钢筋端头50cm范围内有弯曲的钢筋，须用砂轮锯切去弯曲部分重新镦粗或用调直机校直。

（2）距钢筋端头30cm范围内粘结砂土、砂浆等附着物的钢筋，须用钢丝刷清除干净。

（3）端头有镦粗产生的、影响套丝的毛刺的钢筋，应切除重镦或用砂轮修整。

17.5.3　套丝作业

现场钢筋套丝加工是用钢筋套丝机进行的，在工艺和设备上要保证：加工的螺纹直径和长度正确，螺纹牙型饱满，以防止螺纹连接强度不足；在加工刀具磨损等情况下，设备可以方便地调整、修正螺纹加工尺寸，防止加工尺寸超差，以保证丝头与套筒螺纹达到规定的配合精度（不低于现行国家标准《普通螺纹　公差》GB/T 197 中规定的 6H/6f）；加工的丝头最短长度为套筒长度的一半，以保证两丝头能在套筒中间部位互相顶紧。

钢筋螺纹加工按照设备提供方的操作规程进行。各厂商的套丝设备加工程序基本相同：

1. 启动电源，确认机头按规定方向转动，转动进给手柄，将机头停止在设定初始位置。

2. 将镦粗好的钢筋插入套丝机虎钳中，钢筋端头顶至机头前端设定位置，锁紧钢筋。

3. 转动手柄，进给机头，用梳刀切削钢筋，用力应适度（防止螺纹车薄），直至进给到规定位置，机头张刀，梳刀从钢筋上跳开，再反向扳动手柄，退回到初始位置，一个钢筋丝头加工完成。加工后丝头应按螺纹质量要求检查，不符合要求时，可调整机器调整环改变加工的直径大小，调整张刀机构设定位置改变加工螺纹长度，调整加工操作用力程度改进牙型车薄的问题等。

4. 试加工螺纹丝头合格后，即可批量正式加工。合格的钢筋丝头应套好螺纹保护帽或螺纹套筒，以防钢筋搬运时碰伤螺纹，给组接工作带来麻烦。

5. 丝头质量检查：钢筋丝头的质量按表 17.6 的要求进行检查和判断。

丝头质量检验要求　　　　　　　　　　　　　　　　表 17.6

检验项目	检验工具	验收条件
外观质量	肉眼	牙型饱满，牙顶宽超过 0.6mm 的秃牙部分累计长度不超过一个螺纹周长
外形尺寸	卡尺或专用量具	丝头长度应满足设计要求，标准型接头的丝头长度公差为 +1P
螺纹大径	光面轴用量规	量规通端能通过螺纹大径，量规止端不能通过螺纹大径
螺纹中径和小径	通端螺纹环规	能顺利旋入螺纹并达到旋合长度
	止端螺纹环规	允许环规与端部螺纹部分旋合，旋入量不应超过 3P

注：P 为螺距。

6. 检验规则：每次机器开始运行时，更换钢筋规格或更换螺纹梳刀后，要对加工的丝头按照表 17.6 的要求进行前三件的全面检查。

批量加工中，加工工人应逐个目测检查丝头的加工质量，每 10 个丝头用环规对检查一次并剔除不合格丝头；自检合格的丝头，应由质检员随机抽样进行检验，以一个工作班内生产的钢筋丝头为一个验收批，随机抽检 10%，按表 17.6 的要求进行丝头质量检验，若合格率小于 95%，应加倍抽检，复检中合格率仍小于 95% 时，应对全部钢筋丝头逐个进行检验，并切去不合格丝头，重新镦粗和加工螺纹。

当采用常州市建邦公司生产的 GZL-45 型套丝机时，其加工程序、套丝作业与上述基本相同。丝头尺寸必须与套筒尺寸匹配；对于同一规格的钢筋各生产厂均有所差异，具体数值见相关的设备使用说明书。

17.6　热镦粗钢筋丝头加工

中国地质大学（武汉）海电接头有限公司生产 HD-SW3050 型钢筋螺纹接头套丝机和 HD-ZS40 型钢筋螺纹接头轧丝机，现作简要介绍。

17.6.1　HD-SW3050 型套丝机

HD-SW3050 套丝机构造示意图见图 17.15。

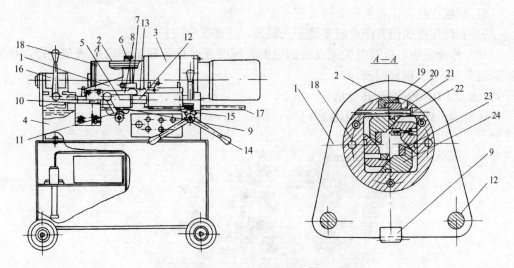

图 17.15　HD-SW3050 套丝机构造示意图

该机主要由机体 4、机头 3、前机座 1、夹钳 16 及冷却系统、润滑装置、电气控制系统等几大部件组成。夹钳 1 固定在机身 4 上，在机身 4 两边分别安装圆导轨 12、前机座 1 和机头体 3 安装在圆导轨 12 上，在机头体 3 的前端输出轴上连接有刀盘 18，刀盘 18 内有靠模体 2 和靠模板 19，刀盘 18 的正方形孔内装有板牙座 24，板牙座上装有平板牙 23，每个板牙座之间都通过斜面接触，其中有一个板牙座通过滑块 20 与靠模板连接，前机座 1 和带有电机和专用减速机的机头 3 的下方分别装有齿轮 11、17，齿条 9、17 啮合机构，可通过手柄 10、14 手动操作，在机体上还装有限位块 8，手动微调器 5。机体下方装有车轮，可在建设施工现场方便移动。

该机不需要更换套丝头或套丝刀具即可加工各种不同直径螺纹,使用比较方便。该机采用改进型专用减速机,传动比为1∶17,输出比较快,且可以正、反转,体积小、质量轻、效率高、故障少、寿命长。

套丝机操作注意事项:

(1) 该套丝机使用380V、50Hz三相四线交流电源,安装时要注意机床的可靠接地。

(2) 每班作业前,应检查机床各部件是否正常,并按操作规程的规定启动机床—空转检查—注油润滑。

(3) 为确保螺纹的加工精度,可分三次左右进刀,精加工螺纹尺寸可通过微调器手动调整(微调每小格精度为0.02mm)。

(4) 套丝作业要按照作业指导书规定及作业通知书要求进行作业(要注意丝头与连接套筒的螺纹相匹配)。

(5) 钢筋丝头加工时,应采用水溶性切削润滑液,当环境温度低于0℃时应有防冻措施,不得使用机油作切削润滑液或不加切削润滑液套丝作业。

(6) 套丝作业过程中还应注意润滑部分的注油,轴承转动部位每隔2h注油一次,其余每班注油两次。

(7) 套丝作业操作者要按套丝作业检验规程对丝头进行自检,不符合质量要求的丝头要立即返工重新加工。

(8) 套丝作业操作者须持上岗证方可上岗作业。

(9) 套丝作业操作者作业时要戴平光眼镜,注意安全防护。

(10) 作业完毕,应及时关闭设备的电源,同时要对设备和工作场地清理干净,如实填写运行记录和工程量报表。

17.6.2　HD-ZS40型轧丝机

HD-ZS40型轧丝机外形见图17.16。

图17.16　HD-ZS40型轧丝机外形

该轧丝机由机架机体、减速电机、虎钳、机头、电器控制系统等组成。

轧丝机机头内部装有四个或三个轧丝轮,上有等距螺纹状的牙形环槽,每个轧丝轮在高度上错开 1/4 螺距，三个轮则错开 1/3，靠调整垫片的厚度差实现。面对机头，轧丝轮大端（靠电机方向）调整垫片厚度，顺序为顺时针方向越来越厚，小端方向则越来越薄。轧丝时机头逆时针旋转，其原理同旋进螺母；钢筋端头进入机头内被刀轮滚压则开始轧制，从而实现了直螺纹成形轧制的无切削加工。

轧丝开始时，将机头调整到待轧制钢筋规格，检查各电器元件动作并调整或复位至正常，行程控制应到位，并将待轧制钢筋在钳口上紧固牢靠。打开水泵开关，按下前进钮，搬动手柄进给，带动轧丝机头开始轧制。轧制到位后行程开关起作用，电机停，延时反转，手动将轧丝机头退回起点，一个丝头滚轧完成。

工艺要求及注意事项

（1）当轧制一定数量钢筋后，轧丝轮可能开始磨损、变形等，如果轧制成的丝头出现螺纹不饱满、紊乱等缺陷，这时需要更换刀具。

（2）电源电压不应超过 10%，各接线点必须牢固可靠，如遇不能启动，应将空断的跳钮按下再行合闸，并检查有无其他问题。

（3）开工前检查各连接部位是否松动，各机件及螺栓缺失应及时处理。机头上连接件不得随意拆开，应始终拧紧。

（4）各运动部位保持清洁油膜使其防锈及润滑，减速机使用一段时间后（约六个月）需更换或加注机油。

（5）轧制加工使用冷却液为皂化油，其与水的比例为 10：1。水过多则影响产品质量且防锈性能不良。

（6）电气控制电源为 380V、三相四线制电源，电压允差±10%，设备应有可靠接地，否则禁止使用。

（7）更换调整刀具或因故拆装机头时不允许用硬物敲打机件，以确保设备的良好状态。

（8）操作者须经培训持证上岗。

17.7 套 筒

17.7.1 套筒材料和尺寸

套筒一般采用 45 号优质碳素结构钢、合金结构钢，供货单位应提供质量保证书。套筒的尺寸应保证接头的屈服承载力和抗拉极限承载力不小于的相应钢筋标准屈服承载力和抗拉极限承载力的 1.1 倍。

17.7.2 套筒的生产

套筒是用来把两根端部加工有连接丝头的待接钢筋连接在一起的连接件，一般采用优质碳素结构钢或合金结构钢加工。

套筒加工主要包括锯切、钻孔和螺纹加工三个过程。套筒加工的核心是螺纹加工技术，目前主要加工方法有：旋风铣加工、丝锥攻丝和 CNC 数控车床加工。

这些加工工艺各有特点：

（1）旋风铣工艺的生产流程是：下料→钻孔→车外圆、镗内孔、车端面→加工套筒螺纹。

该工艺使用的设备是：下料采用锯床（或车床），钻孔采用钻床（或车床），车外圆、镗内孔、车端面采用普通车床，加工螺纹采用普通车床改造的旋风铣设备。旋风铣设备只铣螺纹，镗内孔工序负责将套筒孔径加工到螺纹小径最终尺寸，为保证两次装卡加工的螺纹大径和小径的同心，工艺要求套筒外圆必须加工。

（2）丝锥攻丝生产流程是：下料→钻孔→攻丝。

该工艺使用的设备是：下料采用锯床，钻孔采用钻床，加工螺纹采用钻床或攻丝设备。专门设计用来套筒攻丝的丝锥加工套筒螺纹时，螺纹大径和小径一次完成，不需对套筒外圆进行加工。

（3）CNC 数控车床生产流程：下料→钻孔→加工套筒螺纹和端面。

该工艺使用的设备是：下料采用锯床，钻孔采用钻床，加工螺纹采用 CNC 数控车床。在 CNC 车床上，套筒内径、螺纹和外端面一次加工完成，也不需对套筒外圆进行加工。

表 17.7 对三种套筒加工工艺的特点进行了比较，仅供参考。各生产厂应根据自身条件进行加工制造，按规定加强质量检验，确保产品质量。

螺纹套筒加工工艺比较

表 17.7

项　　目	旋风铣	丝锥攻丝	CNC 数控车床加工
生产工序复杂程度	复杂	简单	简单
加工刀具的精度水平	自制刀具和刀片精度低	专业加工丝锥精度高	进口专业刀具刀片精度高
套筒产品加工精度	低	一般	高
质量稳定性	低	一般	好
成品率（钢材损耗）	一般（大）	较高（一般）	高（少）
生产效率	一般	较高	高
套筒单件成本	低	较低	较高
对接头质量的保证能力	较弱	一般	强

由表 17.7 可知，选择套筒成本低的，就用旋风铣加工的套筒，需牺牲一定的接头质量保证率；选精度好、质量稳定的，就用 CNC 加工的套筒，需增加一部分接头成本支出；而攻丝螺纹精度、质量、成本介于 CNC 和旋风铣之间。

在上述几种加工工艺中，攻丝和 CNC 加工的设备和刀具精度受人为因素影响小，产品质量易于控制和保证。旋风铣加工要采用高精度的机床和刀具才能保证产品质量，但是实际生产中设备、刀具及加工参数都可能受人的因素影响而降低要求，应给予足够重视。

17.7.3　套筒的验收

镦粗直螺纹接头的供方所提供套筒的尺寸的细节各不相同，必须根据供方提供的型式试验报告所用的、符合供方企业标准的套筒的尺寸进行抽检。检验的检具由供方提供，抽检的方案由施工单位参照现行建筑工业行业标准《镦粗直螺纹钢筋接头》JG 171 中套筒出厂检验规定进行，不合格则复检，复检不合格则退货。

镦粗直螺纹套筒标记按 17.1.4 节要求验收，套筒的尺寸及方法分别参照以下诸表验收：镦粗直螺纹套筒的主要型号及规格的最小尺寸参数（表 17.8）；粗螺纹套筒的尺寸公差（表 17.9）；镦粗直螺纹套筒的外观、尺寸的检验方法（表 17.10）。

镦粗直螺纹套筒的主要型号、规格的最小参数（mm）　表 17.8

钢　筋	型　号	尺　寸	12	14	16	18	20	22	25	28	32	36	40	50
400MPa 级	标准正反丝	外径	19.0	22.0	24.8	27.7	30.7	33.6	38.0	43.0	48.0	53.0	60.0	—
		长度	24	28	32	36	40	44	50	56	64	72	80	—
500MPa 级	标准正反丝	外径	20.0	23.5	26.5	29.5	32.5	36.0	40.5	45.5	51.0	57.5	63.5	79.0
		长度	24	28	32	36	40	44	50	56	64	72	80	100

镦粗直螺纹套筒的尺寸公差（mm）　表 17.9

外径 d 允许偏差		螺纹公差	长度允许偏差
加工表面	非加工表面	满足 GB/T 197 中 6H 的要求	±0.10
±0.50	20>d≤30，±0.50 30>d≤50，±0.60 d>50，±0.80		

镦粗直螺纹套筒的外观、尺寸及螺纹尺寸的检测方法　表 17.10

试验项目	量具名称	试验方法
外观	—	目测
外形卡尺	游标卡尺或专用量具	在两个垂直的方向进行测量
螺纹中径	通端螺纹塞规	旋入全部螺纹
	止端螺纹塞规	旋入量不能超过 3 扣
螺纹小径	光面卡规	能通过螺纹小径
	游标卡尺	在两个互相垂直的方向进行测量

17.8　镦粗直螺纹接头的连接

工地连接的作业程序：

1. 拆盖、帽：把钢筋丝头保护帽和钢套筒保护盖拆下，确认螺纹处清洁，无砂土等杂物，螺纹无碰撞变形等缺陷；

2. 安装接头时用专用扳手或管钳扳手把套筒拧在待连接的钢筋丝头上，再把套筒的另一端的待连接钢筋的丝头拧入套筒，两钢筋丝头在套筒中央位置并相互顶紧，这是减少接头安装质量的重要环节；

3. 标准型接头安装后的外露螺纹不宜超过 2 螺距。外露螺纹不超过 2 螺距是防止丝头没有完全拧入套筒的辅助性检查手段；

4. 对于转动钢筋困难的场合，使用的加长型接头的外露丝叩数不限，但应预先做明显记号，以检查进入套筒的长度是否满足要求，最后再锁紧套筒锁母；

5. 其他形式的镦粗直螺纹接头的连接也是同上工作顺序，最终都要将钢筋的丝头在套筒内顶紧，才能确保接头质量。

安装后，应用 10 级精度的扭力扳手校核拧紧扭矩是否合格，为减少接头残余变形规定最小拧紧扭矩值（表 17.11），拧紧扭矩对直螺纹钢筋接头的强度影响不大。

直螺纹接头安装时的最小拧紧扭矩值				表 17.11	
钢筋直径（mm）	≤16	18~20	22~25	28~32	36~40
拧紧扭矩（N·m）	100	200	260	320	360

17.9 接头的施工现场检验与验收

17.9.1 接头的现场工艺检验

钢筋连接工程开始前，应对不同钢筋生产厂的进场钢筋进行接头工艺检验，施工过程中如更换钢筋生产厂，应补充进行工艺检验。工艺检验是检验接头技术提供单位所确定的工艺参数是否与本工程中的进场钢筋相适应，这可提高实际工程中抽样试件的合格率，减少在工程应用后再发现问题造成的经济损失。施工过程中如更换钢筋生产厂，也应补充进行工艺检查。此外工艺检验中需接头残余变形的测定，这是控制现场接头加工质量的措施，也是克服钢筋接头型式检验结果与施工现场接头质量严重脱节的重要措施。有些钢筋机械接头尽管其强度满足了规程的要求，接头的残余变形（接头的刚度）不一定能满足要求，尤其是螺纹加工质量较差时。用残余变形作为接头刚度的控制值，测量接头试件单向拉伸残余变形比较简单，较为适合各施工现场的检验条件。进行上述工艺检验可以大大促进接头加工单位的自律，或淘汰一部分技术和管理水平低的加工企业。

工艺检验实施要点如下：

（1）每种规格钢筋的接头试件应不少于 3 根；

（2）每根试件的抗拉强度和 3 根接头试件的残余变形的平均值均应符合表 14.2 和表 14.3 的规定；

（3）接头试件在测量残余变形后再进行抗拉强度试验，并宜按 JGJ 107—2010 中的单向拉伸加载制度进行试验；

（4）第一次工艺检验中 1 根试件抗拉强度或 3 根试件的残余变形平均值不合格时，允许再抽 3 根试件进行复检，复检仍不合格时判为工艺检验不合格。

17.9.2 检查连接件产品合格证生产批号标识

接头安装前应检查连接件（套筒）产品合格证及套筒表面生产批号标识。产品合格证应包括适用钢筋直径和接头性能等级、套筒类型、生产单位、生产日期以及可追溯产品原材料力学性能和加工质量的生产批号。

套筒均在工厂生产，影响套筒质量的因素较多，如原材料性能、套筒尺寸，螺纹规格、公差配合及螺纹加工精度等，要求施工现场土建专业质检人员进行批量机械加工产品的检验是不现实的，套筒的质量控制主要依靠生产单位的质量管理和出厂检验，以及现场接头试件的抗拉强度试验。施工现场对套筒的检查主要是检查生产单位的产品合格证是否内容齐全，套筒表面是否有可以追溯产品原材料力学性能和加工质量的生产批号，当出现产品不合格时可以追溯其原因以及分不合格产品批次并进行有效处理。这对套筒生产单位提出了较高的质量管理要求，有利于整体提高钢筋机械连接的质量水平。

17.9.3 现场抽检

现场检验应进行接头的抗拉强度试验和安装质量检验；接头加工质量应由接头加工单

位按钢筋丝头加工要求和接头技术提供单位的企业标准进行检验。对接头有特殊要求的结构，应在设计图纸中另行注明相应的检验项目。

现场检验是由检验部门在施工现场进行的抽样检验。一般应进行接头外观质量检查和接头试件单向拉伸强度试验，对螺纹接头尚应进行拧紧扭矩检验。其要点是：

（1）接头的现场检验应按验收批进行。同一施工条件下采用同一批材料的同等级、同型式、同规格接头，应以500个为一个验收批进行检验与验收，不足500个也应作为一个验收批。

按验收批进行现场检验。同批条件为：接头的材料、型式、等级、规格、施工条件相同。批的数量为500个接头，不足此数时也按一批考虑。

（2）螺纹接头拧紧扭矩检验

螺纹接头需要进行拧紧扭矩检验。螺纹接头安装后应按同一施工条件下采用同一批材料的同等级、同型式、同规格接头，应以500个为一个验收批进行检验与验收，不足500个也作为一个验收批。抽取10%的接头进行拧紧扭矩校核，拧紧扭矩值不合格数超过被校核接头数的5%时，应重新拧紧全部接头，直到合格为止。

（3）检验判据与规则

1）验收时的规则

对接头的每一验收批，必须在工程结构中随机截取3个接头试件作抗拉强度试验，按设计要求的接头等级进行评定。

当3个接头试件的抗拉强度均符合表14.2中相应等级的强度要求时，该验收批为合格。

如有1个试件的强度不符合要求，应再取6个试件进行复检。复检中如仍有1个试件的强度不符合要求，则该验收批为不合格。

钢筋机械接头的破坏形态有三种：钢筋拉断、接头连接件破坏、钢筋从连接件中拔出。对Ⅱ级和Ⅲ级接头，无论试件属那种破坏形态，只要试件抗拉强度满足表14.2中Ⅱ级和Ⅲ级接头的强度要求即为合格；对Ⅰ级接头，当试件断于钢筋母材时，试件合格；当试件断于接头长度区段时，则应在试件抗拉强度大于该钢筋抗拉强度标准值的1.1倍时才能判为合格。

2）扩大验收批的规则

现场检验连续10个验收批抽样试件抗拉强度试验一次合格率为100%时，验收批接头数量可扩大1倍。

现场检验当连续十个验收批均一次抽样合格时，表明其施工质量处于优良且稳定的状态。故检验批接头数量可扩大一倍，即按不大于1000个接头为一批，以减少检验工作量。

17.9.4 现场截取抽样试件的补接

现场截取抽样试件后，原接头位置的钢筋可采用同等规格的钢筋进行搭接连接，或采用焊接及机械连接方法补接。

17.9.5 对抽检不合格的接头验收批的处理

对抽检不合格的接头验收批，应由建设方会同设计等有关各方对抽检不合格的钢筋接头验收批提出处理方案。例如：可在采取补救措施后再按抽检规则重新检验；或设计部门根据接头在结构中所处部位和接头百分率研究能否降级使用；或增补钢筋，或拆除后重新制作以及其他有效措施。

17.10   工程应用实例

20世纪90年代初法国开发的镦粗直螺纹接头是将钢筋端部镦粗，然后切削直螺纹，再用连接套连接的钢筋接头。这种接头具有强度高、施工方便、连接速度快、应用范围广等多种优点，香港会展中心、青马大桥、马来西亚石油大厦（世界最高建筑）、法国诺曼底大桥（世界最大跨度斜拉桥）、泰国帝后公园大厦、我国广州中信大厦（80层）、广东岭澳核电站等数百项大型工程均采用了法国公司开发的镦粗直螺纹接头。

我国20世纪90年代末也开发了钢筋镦粗直螺纹连接技术。并得到广泛的应用，比较有代表性研发和推广单位的推广应用情况简介如下：

17.10.1   采用中国建筑科学研究院生产设备

采用中建院生产钢筋镦粗直螺纹设备用于工程中的有：重庆国际大厦60层，约25万个接头；北京西客站南广场大厦8.6万 m^2 ；深圳邮电信息枢纽大厦52层，12万 m^2 ；天津海河大桥主跨：310m+190m，全长2.6km；重庆鹅公岩长江大桥等众多重大工程，均取得良好效果。

17.10.2   采用建茂公司生产钢筋镦粗直螺纹设备

采用建茂公司生产钢筋镦粗直螺纹设备用于许多工程，其中大的工程有：陕西咸阳国际机场，北京国际机场第三航站楼、秦山核电站，北京现代城、上海越江隧道、三峡工程、台北新庄体育馆、辽宁长山跨海大桥、京沪高速铁路中最大的桥梁-南京大胜关大桥（长江二桥）等工程（图17.17、图17.18），连接HRB 335和HRB 400钢筋接头达一千三百多万个。高效安全、技术经济效益显著。

图17.17 南京大胜关长江大桥钢筋加工厂中镦粗钢筋端头加工和车丝现场

图17.18 南京大胜关长江大桥钢筋笼预制厂：用专用胎具绑扎钢筋笼
（钢筋最大直径40mm，钢筋笼最密处
钢筋沿周边双层布置达120根钢筋）

17.10.3   采用常州市建邦钢筋连接工程有限公司生产设备

采用建邦公司生产钢筋镦粗直螺纹设备用于工程中的有：西安高新国际商务中心工程，主楼地下2层，地上40层，建筑面积6.4万 m^2 ，钢筋牌号HRB 335，直径16～40mm，接头数10万个，由中天集团施工。裙房地下2层，地上4层，公寓楼地下2层，地上33层，建筑面积8.26万 m^2 ，接头数共13万个，由江都建总施工。还有：上海巨金大厦、上海红塔大酒店、秦山核电站、苏州体育场等工程。接头质量优良，得到各方的好评。

17.10.4　采用中国地质大学（武汉）海电接头有限公司生产设备

采用中国地质大学（武汉）海电接头有限公司提供的钢筋热镦粗直螺纹接头技术及配套设备的工程主要有：长江三峡枢纽工程（现有约 656 万个接头）、江苏连云港核电站工程（321 万个接头）、广西龙滩水电站工程（现有 220 万个接头）、贵州乌江渡水电站扩建工程（148 万个接头）、广西百色水利枢纽工程（现有 165 万个接头）、贵州洪家渡水电站工程（85 万个接头）、贵州引子渡水电站工程（60 万个接头）、云南小湾水电站工程（现有 55 万个接头）、湖北水布垭电站枢纽工程（现有 42 万个接头）……在施工过程中，适应性强，现场连接工效高，质量稳定可靠，体现机械连接接头优越性，为确保上述重点工程的工期和质量、降低造价起到重要作用。

主要参考文献

[1] 中华人民共和国住房和城乡建设部. JGJ 107—2010 钢筋机械连接技术规程. 北京：中国建筑工业出版社，2010，5.

[2] JGJ 171—2005 镦粗直螺纹钢筋接头. 北京：中国建筑工业出版社，2005，5.

[3] 北京建茂建筑设备有限公司. 镦粗螺纹钢筋接头操作规程. 施工培训教材，2006，3.

[4] 吉本勇. ねじ締結体設計のポイント. 日本規格協会，1992，3.

[5] 刘永颐. HRB400 级钢筋镦粗直螺纹钢筋接头及钢筋机械连接问题. 施工技术，2000（10）.

[6] 程力行，王海云，殷建茂. 钢筋镦粗直螺纹连接技术的研究开发. 上海建设科技，1999（1）.

[7] 刘英富. 镦粗直螺纹钢筋连接技术在桥梁桩基中的应用. 湖南交通科技，2009，35（3）.

[8] 叶章旺，童建军. 等强镦粗直螺纹钢筋连接技术在高墩施工中的应用. 铁道建筑，2008，12.

[9] 郭铁刚. 钢筋机械连接技术与全自动钢筋镦粗机. 建筑机械，2001（10）.

[10] 中国地质大学（武汉）海电接头有限公司. 钢筋机械连接技术，2001，1.

18 钢筋滚轧直螺纹连接

钢筋滚轧直螺纹连接是一项成熟的钢筋连接技术。由于它具有接头强度高，相对变形小，工艺操作简便，施工速度快，连接质量稳定等优点，因此发展很快。目前已成为应用最为广泛的钢筋机械连接形式。它的工艺特点是将钢筋端面切平，用滚轧机床在钢筋端部滚轧直螺纹，再用相应的连接套筒将两根钢筋利用螺纹咬合连接在一起，连接套筒在工厂成批生产。

钢筋滚轧直螺纹连接适用于直径不小于 16mm、中等或较粗直径的热轧带肋钢筋、细晶粒钢筋和余热处理钢筋的连接，包括牌号为 HRB、HRBF、RRB 和带后缀-E（抗震）的强度等级为 335MPa、400MPa、500MPa 的各种钢筋。

18.1 基 本 原 理

18.1.1 连接的特点

1. 机械连接的机理

钢筋机械连接依靠连接套筒使一根钢筋的内力传给另一根钢筋，是间接传力的一种形式。与钢筋搭接传力的不同是，其不靠握裹层混凝土而是依靠钢制的套筒传力，因而接头的长度和尺寸减小，传力性能也比较可靠。钢筋机械连接近年迅速发展，已成为混凝土结构中钢筋连接的重要形式。

2. 机械连接的发展

20 世纪 80 年代，钢筋的套筒挤压连接技术开始得到应用。但是由于操作速度慢；施工效率低；套筒长度大且费料；成本较高；因而应用逐渐减少。

20 世纪 80 年代后期，钢筋锥螺纹连接技术发展起来。其连接套筒短；依靠螺纹连接，因此施工比较方便。但是加工精度要求高；容易发生"自锁"、"倒牙"等缺陷；还容易发生"拉脱"破坏，目前基本已不再应用。

20 世纪 90 年代，钢筋镦粗直螺纹连接技术得到推广。其克服了锥螺纹连接的缺陷，但是加工设备复杂；工艺繁琐；镦粗工艺引起钢筋劈裂和金相组织紊乱；接头变形性能受到影响；而且容易发生断裂破坏，因此近年应用逐渐减少。

20 世纪 90 年代以来，钢筋滚轧直螺纹连接技术开始应用，并得到迅速发展。目前已得到工程界的普遍认可，成为钢筋机械连接的主要形式。

3. 滚轧直螺纹连接的特点

滚轧直螺纹连接是在被连接钢筋的端部，采用滚丝轮直接滚轧的方式加工丝头；并与工厂化生产的套筒螺纹连接；从而实现受力钢筋间内力的传递。由于其直接采用滚轧加工，将钢筋纵肋、横肋部分的钢材滚轧到连接螺纹中；并且利用"滚轧强化"而增强了螺纹咬合齿的承载传力性能；因此在不"镦粗"而增加截面的条件下，也能够全部传递被连接钢筋的内力。正是这个特点，简化了加工工艺；保证了传力性能；成为钢筋机械连接的最佳形式。

"丝头"是用滚丝机滚轧加工而形成一定长度外螺纹的钢筋端部,作为被连接钢筋的一端,起到与套筒连接后传力的作用。"套筒"是用以连接两端钢筋,并有与丝头相应内螺纹的连接件。套筒是由专业工厂提供的产品,筒壁厚度足以承担被连接钢筋拉力的传递,筒内的螺纹在拧入钢筋丝头以后,能够实现被连接钢筋内力的过渡而传递钢筋拉力。

施工时,两根被连接钢筋的丝头旋入套筒,并在套筒中部对顶以后,就实现了受力钢筋的连接。任何一端的钢筋受力后,即可通过丝头与套筒之间互相咬合的螺纹实现内力的过渡。最后通过连接套筒传递钢筋全部拉力,实现连接接头的传力功能。

滚轧直螺纹不靠金属切削加工形成螺纹,而用滚轧挤压的方式形成螺纹。通过滚轧加工以后的钢材微观组织变得致密(图 18.1);而且由于将占钢筋体积约 6% 的材料挤入连接螺纹,最大限度地保留了原钢筋的承载截面积。此外,由于依靠滚轧而非切削加工,钢材的纤维未被切断,而且强度和承载能力都有一定程度的提高,使这种连接接头具有最为优越的性能。

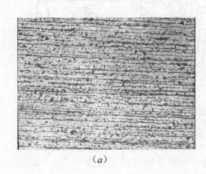
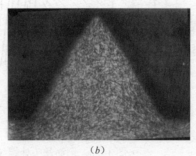

(a)　　　　　　　　　　　(b)

图 18.1　钢筋及螺纹的微观组织

(a) 钢筋的微观组织;(b) 滚轧加工后螺纹的微观组织

4. 滚轧直螺纹连接的加工工艺

滚轧直螺纹连接的加工工艺有三种形式:直接滚轧、剥肋滚轧和部分剥肋滚轧。

(1) 直接滚轧

钢筋被连接的端头不经任何整形处理,直接滚轧成为直螺纹。其优点是钢筋截面未受削弱;纵肋、横肋的材料被挤入螺纹;因此接头的力学性能得到保证。缺点是对钢筋外形偏差的适应性较差,影响加工质量;容易产生"不完整螺纹";影响观感效果;滚丝轮磨损大,使用寿命短,消耗大。

(2) 剥肋滚轧

先将钢筋端部的纵肋、横肋通过切削加工去掉,然后将钢筋滚轧加工成为直螺纹。其优点是螺纹比较光洁;外观质量好;滚丝轮不容易损坏,使用寿命长。缺点是多了一道工序;而且钢筋承载面积受到削弱;特别是钢筋的外形偏差(不圆度、错半圆)影响受力面积;施工适应性差;接头的力学性能受到影响;容易在丝头的螺尾处被拉断。

(3) 部分剥肋滚轧

将钢筋端部的纵肋、横肋凸起通过切削加工部分去掉,然后将钢筋滚轧加工成为直螺纹。其性能介于前两种形式之间,不再赘述。

18.1.2　术语

由于滚轧直螺纹钢筋连接是一种特殊工艺，在此定义一些与此有关的专用术语。

1. 滚轧直螺纹钢筋连接

将钢筋端部用滚轧工艺加工成直螺纹，并用相应具有内螺纹的连接套筒将两根钢筋相互连接的钢筋连接方式。

2. 丝头

经滚轧加工，带有直螺纹的钢筋端部。

3. 连接套筒

用以连接钢筋并具有与丝头螺纹相对应内螺纹的连接件。

4. 完整螺纹

牙顶和牙底均具有完整形状的螺纹。亦即通常意义上的螺纹，如图 18.2 所示。

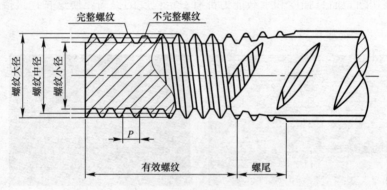

图 18.2　钢筋丝头处螺纹的形状及螺纹的完整性

P—螺纹的螺距

5. 不完整螺纹

牙顶不完整的螺纹，是与上述完整螺纹相对而言的外形不完整的螺纹（图 18.2）。

6. 螺纹中径

螺纹牙型中部沟槽和凸起宽度相等的地方，所构成的假想圆柱的直径为螺纹中径（图 18.2）。从受力的观点来看螺纹是悬臂，而其传力则是靠螺纹齿中部互相接触部位的相互推挤来完成的，通过该处的假想圆柱直径即为螺纹中径。从承载传力的角度而言，不完整螺纹只要其残缺部分仅在螺纹牙型的顶部而未达到螺纹中径处，则靠咬合齿互相推挤的传力作用基本未受到影响，亦即不完整螺纹只要螺纹中径完整，基本不影响螺纹的传力。

7. 有效螺纹

由完整螺纹和不完整螺纹组成的螺纹（不包括螺尾）称为有效螺纹（图 18.2）。这里的不完整螺纹是指螺纹齿顶不完整但受力的螺纹中径处并未受到削弱的情况。由于滚轧直螺纹加工完全可以做到在螺纹中径处保持完整，而螺纹传力主要依靠螺纹中径处的咬合。因此，尽管滚轧直螺纹的全部螺纹中可能包含有少量不完整螺纹，但是有效螺纹基本上可以保证承载受力，能够起到通过接头传递被连接钢筋拉力的作用。

8. 螺尾

向钢筋表面过渡的不连续螺纹称为螺尾（图 18.2）。这是由钢筋滚轧加工时，工艺决定的加工过渡段。螺尾一般在连接套筒以外，而且并不起咬合传力的作用，因此不包括在有效螺纹的范围之内。

9. 锁母

锁定连接套筒与丝头相对位置的螺母。

18.1.3 符号

P——螺纹的螺距（mm）。相邻两个螺纹之间的距离，与套筒及丝头之间的咬合、加工精度等有关。螺距是连接接头加工及施工时经常要用到的重要参数。

Φ——HRB 335 级普通热轧带肋钢筋；

Φ^F——HRBF 335 级细晶粒热轧带肋钢筋；

Φ——HRB 400 级普通热轧带肋钢筋；

Φ^F——HRBF 400 级细晶粒热轧带肋钢筋；

Φ^R——RRB 400 级余热处理带肋钢筋；

Φ——HRB 500 级普通热轧带肋钢筋；

Φ^F——HRBF 500 级细晶粒热轧带肋钢筋；

G——滚轧直螺纹钢筋连接接头；

F——正反丝扣型套筒；

Y——异径型套筒；

K——扩口型套筒；

S——加锁母型套筒。

18.1.4 分类

1. 按性能等级分类

滚轧直螺纹钢筋连接接头按性能等级分为：Ⅰ级、Ⅱ级、Ⅲ级，具体性能指标要求见现行行业标准《钢筋机械连接通用技术规程》JGJ 107 中的有关规定。

2. 按钢筋强度级别分类

滚轧直螺纹钢筋连接接头按被连接钢筋强度等级分类见表 18.1。代号与设计规范的符号一致。

接头按钢筋强度等级分类　　　　　　　　　　表 18.1

序　号	接头钢筋强度等级（MPa）	代　号
1	335	Φ　Φ^F
2	400	Φ　Φ^F　Φ^R
3	500	Φ　Φ^F

3. 按套筒使用条件分类

滚轧直螺纹钢筋连接接头按连接套筒的使用条件分类见表 18.2。

接头按连接套筒的使用条件分类　　　　　　　　表 18.2

序　号	使用要求	套筒形式	代　号	示　意
1	正常情况下的钢筋连接	标准型	省略	图 18.3（a）
2	用于两端钢筋均不能转动的场合	正反丝扣型	F	图 18.3（b）
3	用于不同直径钢筋的连接	异径型	Y	图 18.3（c）

序　号	使用要求	套筒形式	代　号	示　意
4	用于较难对中钢筋的连接	扩口型	K	图 18.3 (d)
5	钢筋完全不能转动，通过连接套筒连接钢筋后，再用锁母锁紧套筒	加锁母型	S	图 18.3 (e)

接头按连接套筒的使用条件分类示意见图 18.3。

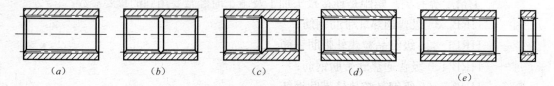

图 18.3　接头按套筒基本使用条件分类示意图

(a) 标准型；(b) 正反丝口型；(c) 异径型；(d) 扩口型；(e) 加锁母型

18.1.5　标记

滚轧直螺纹钢筋连接接头的连接套筒应有标记和型号。标记和型号由名称代号、特征代号及主参数代号组成，见图 18.4。

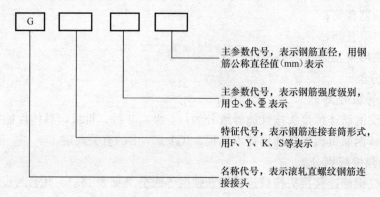

主参数代号，表示钢筋直径，用钢筋公称直径值(mm)表示

主参数代号，表示钢筋强度级别，用Φ、Φ、Φ表示

特征代号，表示钢筋连接套筒形式，用F、Y、K、S等表示

名称代号，表示滚轧直螺纹钢筋连接接头

图 18.4　连接套筒的标记

注：1. 当同类型接头需要改型时（如改变套筒长度、改变套筒壁厚等），可在标记末端增加改型序号，按大写英文字母 A、B、C 排列；

　　2. 当接头的使用条件为表 18.2 中各种使用条件的组合时，可将其特征代号顺序排列组合表达。

标记示例：

(1) 滚轧直螺纹钢筋连接接头，RRB 400 级钢筋，公称直径 25mm，标准型连接套筒，第一次改型。套筒标记为 G Φ^R 25A。

(2) 滚轧直螺纹钢筋连接接头，HRB 335 级钢筋，公称直径 28mm，正反丝扣型连接套筒。套筒标记为 GF Φ 28。

(3) 滚轧直螺纹钢筋连接接头，HRBF 400 级钢筋，公称直径分别为 36mm 及 32mm，异径型连接套筒。套筒标记为 GY Φ^F 36/32。

(4) 滚轧直螺纹钢筋连接接头，HRB 500 级钢筋，公称直径分别为 36mm 及 32mm，且被连接两根钢筋均不能转动，为异径型加正反丝扣型连接套筒。套筒标记为 GYF Φ 36/32。

18.2 连 接 套 筒

18.2.1 材料

1. 套筒材料

套筒原材料宜采用牌号为 45 号的圆钢或普通热轧、冷拔无缝钢管，其外观及力学性能应符合规范 GB/T 699、GB/T 8162 的规定。

套筒原材料也可选用其他经型式检验证明可以满足接头性能要求的钢材，钢材延伸率不应小于 6%。

2. 无缝钢管材料

采用冷拔或冷轧精密无缝钢管制造套筒时，原材料应采用牌号为 45 号或 40Cr 管坯钢，并符合标准 YBT 5221、YBT 5222 的规定；冷拔或冷轧无缝钢管除应符合 GB/T 3639 的相关规定外，钢管的抗拉强度不应大于 850MPa，延伸率不应小于 6%。

3. 焊接套筒材料

需要与型钢等钢材焊接的套筒，其原材料尚应满足可焊性的要求。

4. 优质碳素结构钢指标

现行国家标准《优质碳素结构钢》GB/T 699 中，45 号优质碳素结构钢的化学成分和力学性能指标，见表 18.3 和表 18.4。

45 号优质碳素结构钢的化学成分（%）　　　　　　　　表 18.3

统一数字代号	C	Si	Mn	Cr	Ni	Cu	P	S
U20452	0.42~0.50	0.17~0.37	0.50~0.80	0.25	0.30	0.25	0.035	0.035

45 号优质碳素结构钢的力学性能　　　　　　　　表 18.4

牌　号	力学性能		
	抗拉强度 σ_b (N/mm²)	屈服点 σ_S (N/mm²)	断后伸长率 δ_5 (%)
45	600	355	16

18.2.2 套筒加工

1. 工艺流程

根据所使用材料、设备的不同，套筒的加工工艺应有所不同。连接套筒为工厂化生产，一般可分为如下三种加工工艺路线，其工艺流程如图 18.5 图~图 18.7 所示。

（1）第一方案

第一种加工方案的原材料为圆钢，工艺流程如图 18.5 所示。

（2）第二方案

第二种加工方案的原材料为无缝钢管，工艺流程如图 18.6 所示。

（3）第三方案

第三种加工方案的原材料为圆钢和无缝钢管，工艺流程如图 18.7 所示。

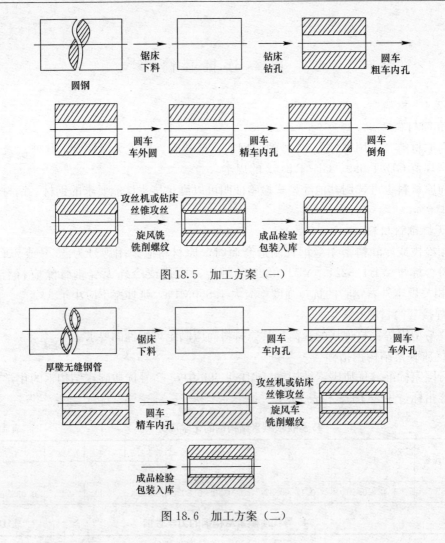

图 18.5　加工方案（一）

图 18.6　加工方案（二）

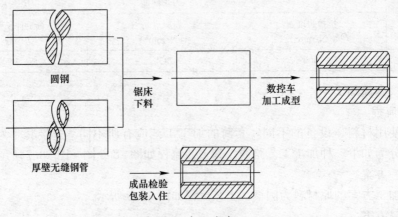

图 18.7　加工方案（三）

2. 螺纹精度

滚轧直螺纹钢筋连接接头是由两个钢筋丝头和一个连接套筒构成的组装件。因此，钢筋丝头外螺纹和连接套筒内螺纹的螺纹参数和配合精度，是直接影响钢筋连接质量的重要因素。

套筒内螺纹的中径尺寸公差宜满足现行国家标准《普通螺纹公差与配合》GB/T 197中 6H 级精度规定的要求。相关等级精度的公差见表 18.5、表 18.6。

内螺纹的基本偏差（μm）   表 18.5

螺距 P（mm）	G	H
2.0	+38	0
2.5	+42	0
3.0	+48	0
3.5	+53	0
4.0	+60	0

内螺纹中径公差（μm）   表 18.6

公称直径（mm）		螺距	公差等级			
大于	不大于	P（mm）	5	6	7	8
11.2	22.4	2.0	170	212	265	335
		2.5	180	224	280	355
22.4	45	2.0	180	224	280	355
		3.0	212	265	335	425
		3.5	224	280	355	450
		4.0	236	300	375	475

实例：公称直径为 M26×3.0，螺纹精度等级为 6H 的连接套筒内螺纹。求其螺纹中径极限偏差值。

根据螺纹中径的计算公式得出公称直径为 M26×3.0 螺纹的内螺纹中径

$$d_2 = 26 - 0.6495 \times 3.0 = 24.052(\text{mm})$$

由表 18.5、表 18.6 中可以查出：6H 精度等级的螺纹极限偏差的公差带为：0～0.265mm。因此，M26×3.0 的内螺纹中径极限偏差值为：

连接套筒内螺纹中径的最大值 $d_{2\max} = 24.052 + 0.265 = 24.317$（mm）

连接套筒内螺纹中径的最小值 $d_{2\min} = 24.052 + 0 = 24.052$（mm）

3. 套筒检验

连接套筒检验分原材料检验、连接套筒加工过程中的自检和连接套筒出厂前的抽样检验。连接套筒自检和抽检的内容包括连接套筒外径、长度、螺纹的尺寸以及外观质量的检验。

（1）原材料检验

原材料提供单位应向使用单位提供原材料的材质证明书。连接套筒加工企业在材料使用前应进行复检，原材料的各项性能指标应满足相关标准的要求。复检不合格的原材料不得使用。原材料复检的检验批、抽样方法、试件制作及试验方法，参照相关标准的有关规定执行。

（2）自检

连接套筒生产操作者应对加工完毕的连接套筒或锁母逐个进行自检。自检不合格的连接套筒或锁母不得使用。不合格产品与合格产品应分区摆放。自检的检验项目如下：

1）连接套筒或锁母外径和长度检验

连接套筒应符合产品设计的要求。外径测量应采用精度不大于 0.02mm 测量器具量测，或用专用的卡规测量。

2）连接套筒或锁母的内螺纹检验

采用专用的螺纹塞规检验，塞通规应能顺利旋入。塞止规旋入的长度不得超过 $3P$（图 18.8）。

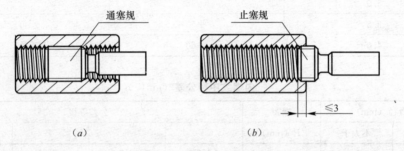

通塞规   止塞规

≤3

（a）   （b）

图 18.8 螺纹塞规检验

（a）塞通规检验；（b）塞止规检验

（3）抽样检验

连接套筒或锁母的抽样检验，是指生产厂家的质量检验部门对加工完毕即将入库的连接套筒进行的抽样检验。检验项目与自检相同。

根据《滚轧直螺纹钢筋连接接头》JG 163—2004 的规定，连接套筒或锁母的内螺纹尺寸检验按连续生产的套筒或锁母每 500 个为一个检验批。每批按 10% 随机抽检，不足 500 个也按一个检验批计算。

连接套筒或锁母抽检的合格率应不小于 95%。当抽检合格率小于 95% 时，应另抽取同样数量的产品重新检验。当两次检验的总合格率不小于 95% 时，该批产品合格。当合格率仍小于 95% 时，应对该批产品进行逐个检验，合格者方可使用。

18.3 丝 头 加 工

18.3.1 钢筋丝头的加工

1. 技术交底和培训

滚轧直螺纹钢筋连接的技术提供单位，应向使用单位进行相关技术的交底。让使用单位了解所提供技术的相关参数、技术要点、操作注意事项和质量控制要求。

技术提供单位应负责对现场施工操作的人员进行技术培训。让现场施工的操作人员了解滚轧直螺纹钢筋连接的基本知识，滚轧机床的操作与维护以及相关的安全知识等。培训完毕后，技术提供单位应对设备操作人员进行考核。考核合格后，由技术提供单位发给上岗操作证。现场设备的操作人员必须持证上岗，并且认真按照技术提供单位的技术要求，进行加工和自检。

2. 钢筋下料

下料前，应检验钢筋待加工螺纹的端部是否有弯曲现象。如有弯曲，应予以调直。

应使用无齿锯下料；不得使用气割或其他热加工的方法切断钢筋。

为保证钢筋连接时钢筋丝头在连接套筒中的对顶效果，下料切割端面应与轴线垂直，端面不得产生由切断机切断形成的马蹄形。

3. 丝头加工

（1）加工流程

参加钢筋丝头加工的人员必须进行技术培训，经考核合格后方可持证上岗操作。钢筋丝头滚轧加工流程如图 18.9：

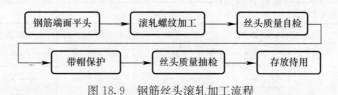

图 18.9 钢筋丝头滚轧加工流程

（2）操作要点

1）钢筋端面平头

平头的目的是让钢筋端面与母材轴线方向垂直。宜采用砂轮切割机或其他专用切断设备，严禁气割，并避免马蹄形端面。

2）滚轧螺纹加工

使用钢筋滚轧直螺纹设备，将待连接钢筋的端头加工成螺纹。

3）丝头质量自检

操作者对加工丝头进行的质量检验。

4）戴帽保护

用专用的钢筋丝头保护帽或连接套筒对钢筋丝头进行保护，防止螺纹被磕碰或被污物污染。

5）丝头质量抽检

对自检合格的丝头进行的抽样检验。

6）存放待用

将带丝头的钢筋按规格型号及类型进行分类码放，码放不得与地面直接接触且注意防尘、防雨。

18.3.2 钢筋丝头的质量要求

1. 螺纹尺寸

钢筋丝头螺纹中径、牙型角及有效螺纹长度，均应符合设计的规定。

2. 加工精度

（1）精度要求

丝头有效螺纹中径尺寸公差宜满足现行国家标准《普通螺纹公差与配合》GB/T 197 中 $6f$ 级精度规定的要求。

相关等级精度的公差见表 18.7、表 18.8。

外螺纹的基本偏差（μm）   表 18.7

螺距 P（mm）	e	f	g
2.0	−71	−52	−38
2.5	−80	−58	−42
3.0	−85	−63	−48
3.5	−90	−70	−53
4.0	−95	−75	−60

外螺纹中径公差（μm）   表 18.8

公称直径（mm）		螺距 P（mm）	公差等级			
大于	不大于		5	6	7	8
11.2	22.4	2.0	125	160	200	250
		2.5	132	170	212	265
22.4	45	2.0	132	170	212	265
		3.0	160	200	250	315
		3.5	170	212	265	335
		4.0	180	224	280	355

（2）实例

公称直径为 M26×3.0，螺纹精度等级为 $6f$ 的钢筋丝头，求其螺纹中径极限偏差值。

螺纹中径的计算公式如下：

$$d_2 = d - 0.6495P$$

求得公称直径为 M26×3.0 螺纹的螺纹中径：

$$d_2 = 26 - 0.6495 \times 3.0 = 24.052 \text{(mm)}$$

由表 18.7，表 18.8 可以查出：

$6f$ 精度等级的螺纹极限偏差的公差带为：−0.063～−0.263mm

因此，M26×3.0 的螺纹中径极限偏差值为：

钢筋丝头螺纹中径的最大值

$$d_{2\max} = 24.052 - 0.063 = 23.989 \text{(mm)}$$

钢筋丝头螺纹中径的最小值

$$d_{2\min} = 24.052 - 0.263 = 23.789 \text{(mm)}$$

3. 螺纹中径误差

为了控制钢筋丝头螺纹中径的锥度、椭圆度等影响钢筋连接性能的偏差，钢筋丝头有效螺纹中径的圆柱度（每个螺纹的中径）误差不得超过 0.20mm。

4. 螺纹长度允许误差

为保证钢筋丝头与连接套筒的旋合长度，除加长螺纹钢筋丝头外，各种类型接头的钢筋丝头有效螺纹长度应不小于 1/2 连接套筒长度，且允许误差为 +2P。

5. 螺纹端面凹陷

钢筋丝头螺纹加工后，端面会出现凹陷现象（图 18.10）。这种现象是螺纹滚轧加工固有的现象，对螺纹连接性能基本无影响。技术提供单位在产品设计时已经予以考虑。

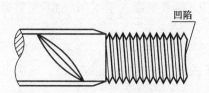

图 18.10 丝头端面的凹陷

6. 螺纹牙高控制

带肋滚轧钢筋丝头应避免由于滚丝轮磨损造成的螺纹牙高不足，牙高不足时应及时更换滚丝轮。

7. 剥肋控制

剥肋滚轧钢筋丝头应注意剥肋长度与滚丝长度的关系，避免剥肋长度过长对接头性能产生的影响。同时应合理控制剥肋直径，尽可能减少对钢筋承载截面的削弱。

8. 加工润滑液

钢筋丝头加工时，应使用水性润滑液，不得使用油性润滑液。

9. 丝头保护帽

钢筋丝头加工完毕经自验合格后，应立即带上丝头保护帽或拧上连接套筒，防止搬运钢筋时损坏丝头。

10. 丝头防锈措施

钢筋丝头加工应根据工程用量加工制作，钢筋丝头加工完毕后应尽快使用，否则应采取必要的防锈措施。

18.3.3 钢筋丝头螺纹的检验

1. 外观质量检验

(1) 自检

现场钢筋丝头加工的操作人员，应对加工钢筋丝头的外观质量逐个进行自检。通过目测检查钢筋丝头表面是否有影响接头连接性能的损坏及锈蚀。不合格的钢筋丝头，应切去重新加工。

(2) 现场抽样检验

现场抽样检验是由现场质检部门的专职检验人员，在施工现场随机抽样进行的检验。以一个工作班加工的丝头为一个检验批，随机抽检 10%，且不少于 10 个。

通过目测检查钢筋丝头表面是否有影响接头连接性能的损坏及锈蚀。

(3) 合格条件

现场钢筋丝头外观质量检验的抽检合格率不应小于 95%。当抽检合格率小于 95% 时，应另抽取同样数量的丝头重新检验。

当两次检验的总合格率不小于 95% 时，该批丝头合格。当合格率仍小于 95% 时，则应对该检验批的全部钢筋丝头进行逐个检验，合格者方可使用。

2. 外形质量检验

(1) 自检

现场钢筋丝头加工的操作人员，应对加工钢筋丝头的外形质量逐个进行自检。检验的内容如下：

1）钢筋丝头有效螺纹中，牙顶宽度大于 $0.3P$ 的不完整螺纹，累计长度不得超过两个螺纹周长；

2）标准型接头的钢筋丝头有效螺纹长度，应不小于 1/2 连接套筒长度，且允许误差为 $+2P$；其他连接形式接头的钢筋丝头有效螺纹长度，应满足产品设计的要求。

（2）现场抽样检验

由现场质检部门的专职检验人员在施工现场，以一个工作班加工的丝头为一个检验批。随机抽检 10％，且不少于 10 个。检验内容如下：

1）现场加工钢筋丝头的有效螺纹长度是否符合技术提供单位的产品设计要求；

2）钢筋丝头有效螺纹中牙顶宽度大于 $0.3P$ 的不完整螺纹累计长度不得超过两个螺纹周长；

3）标准型接头的钢筋丝头有效螺纹长度应不小于 1/2 连接套筒长度，其他连接形式接头的钢筋丝头应满足产品设计的要求。

（3）合格条件

现场钢筋丝头外观质量检验的抽检合格率不应小于 95％。

当抽检合格率小于 95％时，应另抽取同样数量的丝头重新检验。当两次检验的总合格率不小于 95％时，该批丝头合格。

当合格率仍小于 95％时，则应对该检验批全部丝头进行逐个检验，合格者方可使用。

3. 钢筋丝头螺纹尺寸检验

（1）自检

现场钢筋丝头加工的操作人员，应对加工的钢筋丝头螺纹尺寸逐个进行自检。

（2）检验内容

用专用的螺纹环规检验，其环通规应能顺利地旋入并通过全部有效螺纹长度的螺纹；环止规旋入长度不得超过 $3P$（图 18.11）。

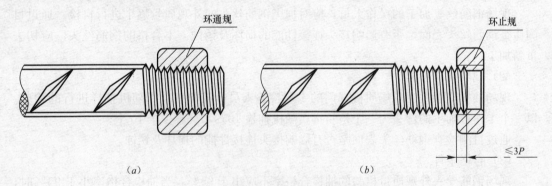

图 18.11　钢筋丝头螺纹环规检验示意图
(a) 环通规检验；(b) 环止规检验

（3）现场抽样检验

1）由现场质检部门专职检验人员在施工现场以一个工作班加工的丝头为一个检验批，随机抽检 10％，且不少于 10 个。

2) 用专用的螺纹环规检验，其环通规应能顺利地旋入并通过全部有效螺纹长度的螺纹，环止规旋入长度不得超过 $3P$（图 18.11）。

（4）合格条件

现场钢筋丝头螺纹尺寸检验的抽检合格率不应小于 95%。

当抽检合格率小于 95% 时，应另抽取同样数量的丝头重新检验。当两次检验的总合格率不小于 95% 时，该批产品合格。

当合格率仍小于 95% 时，则应对该检验批全部丝头进行逐个检验，合格者方可使用。

18.4 钢筋的连接

18.4.1 钢筋接头的现场连接

1. 现场连接流程

滚轧直螺纹钢筋现场连接应用的流程如图 18.12 所示。

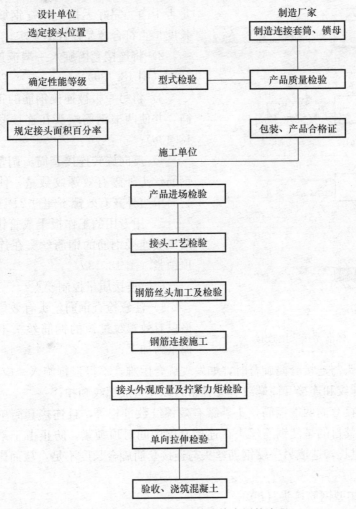

图 18.12 滚轧直螺纹钢筋连接应用的流程

根据现场钢筋连接的不同连接方式和使用条件，滚轧直螺纹钢筋连接接头共有标准型接头、正反丝扣型接头、异径型接头、扩口型接头和加锁母型接头五种基本连接形式。也可以根据上述五种基本形式进行组合，形成新的连接接头形式。下面详细介绍不同连接条件下接头的施工操作。

2. 标准型钢筋接头

（1）应用条件

标准型钢筋接头是应用最普遍的接头形式。它由两根相同规格直径且带有右旋螺纹的钢筋丝头，与带有右旋内螺纹的连接套筒组成。钢筋丝头的有效螺纹长度为不小于 1/2 连接套筒长度的标准型钢筋丝头，连接套筒为标准型连接套筒。

其使用条件为被连接的两根钢筋中，至少有一根不受旋转和轴向移动的限制，可以进行连接套筒及钢筋的旋合施工。在结构中，常见的使用部位为：板、梁、墙、柱等构件中的受力钢筋。

（2）连接方法及步骤

1）检查连接套筒是否与被连接钢筋规格相符；检查钢筋丝头螺纹和连接套筒内螺纹是否干净、完好无损；检查钢筋丝头有效螺纹长度是否符合产品设计的要求；

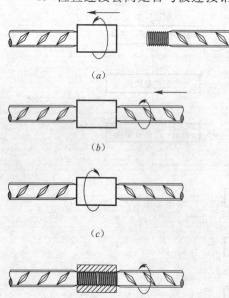

（a）

（b）

（c）

（d）

图 18.13 标准型接头的连接

2）将连接套筒旋入一端被连接钢筋的钢筋丝头（图 18.13a）；

3）将另一根被连接钢筋的钢筋丝头旋入套筒，并使两根钢筋端头在连接套筒中对顶（图18.13b）；

4）反向旋转连接套筒，调整连接套筒两端钢筋丝头外露有效螺纹数量，使其相等且连接套筒单边外露有效螺不超过 2P（图 18.13c）；

5）用专用的工作扳手或管钳旋转钢筋，使两根被连接钢筋的钢筋丝头在连接套筒中间对顶锁紧（图 18.13d）。

（3）连接质量控制要点

1）注意检查钢筋丝头有效螺纹长度是否合格；有效螺纹过短的钢筋丝头不得使用，应切掉重新加工；

2）钢筋丝头与连接套筒旋合时，如发现旋合困难，不得强行旋入。应立即退下螺纹，检查钢筋丝头螺纹和连接套筒螺纹有无异常，以免造成螺纹勒扣；

3）调整连接套筒两端钢筋丝头外露有效螺纹数量相等，且连接套筒单边外露有效螺纹不超过 2P。其目的是使钢筋丝头在连接套筒中间对顶锁紧，防止由于某一端钢筋丝头旋入连接套筒过长，造成另一端钢筋丝头与连接套筒旋合长度不足，从而影响钢筋接头的承载能力。

3. 正反丝扣型钢筋接头（F）

（1）应用条件

正反丝扣型接头一般应用于被连接的两根钢筋不能旋转，但至少一根钢筋可以轴向移动时的连接，它应用于连接两根同规格直径的钢筋。

　　一根钢筋带有右旋螺纹的钢筋丝头，另一根钢筋带有左旋螺纹的钢筋丝头。连接套筒一端是右旋螺纹，另一端是左旋螺纹。钢筋丝头的有效螺纹长度不小于 1/2 连接套筒长度，一根是标准型钢筋丝头，另一根是反丝钢筋丝头，而连接套筒为正反丝扣型连接套筒。

　　其使用条件为被连接的两根钢筋均受到旋转的限制，至少有一根钢筋不受轴向移动的限制。在结构中，常见的使用部位为：板、梁、墙、柱等构件中的受力钢筋的端头。

　　（2）连接方法及步骤

　　1）检查连接套筒是否与被连接钢筋规格相符；检查钢筋丝头螺纹和连接套筒内螺纹是否干净、完好无损；检查钢筋丝头有效螺纹长度是否符合产品设计的要求；

　　2）将两根被连接钢筋移至连接套筒两端口（图 18.14a），旋转连接套筒使两根钢筋顺利地旋入连接套筒（图 18.14b）；

　　3）当钢筋丝头旋入连接套筒一半时，观察连接套筒两端外露未旋入钢筋丝头螺纹的数量。当钢筋丝头外露数值之差大于 1P 时，及时旋转外露螺纹较长的一根钢筋（图 18.14c），调整至两端外露螺纹长度相等，继续旋转连接套筒直至钢筋丝头在套筒中间对顶（图 18.14d）；

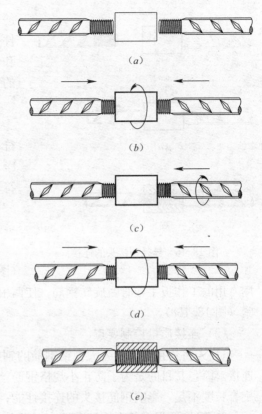

图 18.14　正反丝扣型接头的连接

　　4）确定连接套筒两端有外露螺纹且数量相等后，用专用的工作扳手或管钳旋转钢筋，使两根被连接钢筋的钢筋丝头在连接套筒中间对顶锁紧（图 18.14e）。

　　（3）连接质量控制要点

　　1）注意检查钢筋丝头有效螺纹长度是否合格；有效螺纹过短的钢筋丝头不得使用，应切掉重新加工；

　　2）钢筋丝头与连接套筒开始旋合时，注意观察两根钢筋丝头旋入是否同步；当两根钢筋丝头外露数值之差大于 1P 时，应及时调整，直至两端外露螺纹长度相等；

　　3）钢筋接头拧紧前，确定连接套筒两端有外露螺纹且数量相等；若连接套筒两端没有外露螺纹，说明钢筋丝头并没有在连接套筒中对顶，即使连接套筒拧紧，钢筋接头仍极有可能是松动的。

　　4. 异径型钢筋接头（Y）

　　（1）应用条件

　　异径型钢筋接头是应用于连接规格（直径）不同的两根钢筋。它由两根不同规格且均带有右旋螺纹的钢筋丝头，与带有右旋内螺纹但两端具有不同规格螺纹的连接套筒组成。钢筋丝头的有效螺纹长度为连接套筒相应规格螺纹长度，一般小规格钢筋丝头为标准型钢

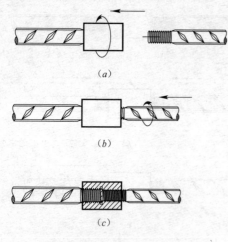

图 18.15 异径型接头的连接

筋丝头，连接套筒为异径型连接套筒。其使用条件为被连接的两根钢筋中，至少有一根不受旋转和轴向移动的限制。常见使用条件为：直径不同的钢筋连接。

（2）连接方法及步骤

1）检查连接套筒是否与被连接钢筋规格相符；检查钢筋丝头螺纹和连接套筒内螺纹是否干净、完好无损；检查钢筋丝头有效螺纹长度是否符合产品设计的要求；

2）先将连接套筒旋入大规格钢筋的钢筋丝头一端，并拧紧（图 18.15a）；

3）将小规格钢筋的钢筋丝头旋入连接套筒（图 18.15b），确定两根钢筋在连接套筒中对顶后，用专用的工作扳手或管钳旋转钢筋；使两根被连接钢筋的钢筋丝头在连接套筒中间对顶锁紧（图 18.15c）。

（3）连接质量控制要点

1）先将连接套筒旋入大规格钢筋的钢筋丝头一端，再将小规格钢筋的钢筋丝头旋入连接套筒，其目的是为了防止小规格钢筋丝头旋入过量，造成大规格钢筋丝头与连接套筒旋合长度不足，影响钢筋接头的连接性能；

2）确定两根钢筋在连接套筒中对顶的先决条件是，钢筋连接完毕后连接套筒两端均有外露有效螺纹。

5. 扩口型钢筋接头（K）

扩口型钢筋接头主要应用于钢筋连接施工时，钢筋与连接套筒对中比较困难的情况。

通过连接套筒某一端部的扩口引导进行连接。它由两根相同规格且带有右旋螺纹的钢筋丝头，与带有右旋内螺纹且某一端有一引导扩口的连接套筒组成。钢筋丝头是有效螺纹长度不小于 1/2 连接套筒内螺纹长度标准型钢筋丝头，连接套筒为扩口型连接套筒。

其使用条件为被连接的两根钢筋，至少有一根不受旋转和轴向移动的限制。在结构中，常见的使用部位为柱，特别是柱中的粗直径竖向钢筋的连接。

扩口型钢筋接头的连接方法和质量控制要点与标准型接头完全相同。仅连接套筒一端的扩口更便于引导连接钢筋对中就位，因此更方便钢筋连接施工，不再重复介绍。

6. 加锁母型钢筋接头（S）

（1）应用条件

加锁母型钢筋接头应用于两根钢筋不能在连接套筒中对顶锁紧，只能靠锁母的锁紧力消除螺纹间隙而实现锁紧的情况。

它是由两根相同规格且带有右旋螺纹的钢筋丝头，与带有右旋内螺纹的连接套筒和锁母组成。两根钢筋中一根是有效螺纹长度为 1/2 连接套筒长度标准型钢筋丝头；另一根是有效螺纹长度为连接套筒长度加锁母厚度的加长丝扣型钢筋丝头。连接套筒为标准型连接套筒和锁紧用的锁母。

其使用条件为被连接的两根钢筋均受到旋转和轴向移动的限制。常见使用部位为钢筋笼对接；钢筋骨架中；预制构件受力钢筋及底板；梁、柱等构件中的受力钢筋的端头。

（2）连接方法及步骤

1）检查连接套筒是否与被连接钢筋规格相符；检查钢筋丝头螺纹和连接套筒内螺纹是否干净、完好无损；检查钢筋丝头有效螺纹长度是否符合产品设计的要求；

2）将锁母旋入带有加长螺纹的钢筋丝头一端，锁母旋至螺纹末端的螺尾处（图18.16a）；

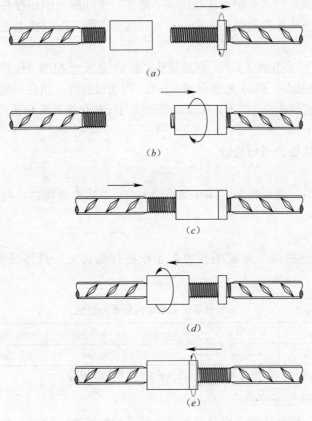

图 18.16　加锁母型接头的连接

3）将连接套筒旋入带有加长螺纹的钢筋丝头一端，旋至锁母处（图18.16b）；

4）将另一根带有标准丝头的被连接钢筋端面顶紧带连接套筒及锁母的被连接钢筋的端面（图18.16c）；

5）反向旋转连接套筒，使连接套筒旋入另一根钢筋的标准钢筋丝头，并将连接套筒拧紧（图18.16d）；

6）将锁母反向旋转至连接套筒端面，拧紧锁母（图18.16e）。

（3）连接质量控制要点

1）注意检查钢筋丝头有效螺纹长度是否合格，标准型钢筋丝头有效螺纹应为连接套筒长度的1/2，加长丝扣型钢筋丝头的有效螺纹长度应大于套筒长度加锁母的厚度；

2）加长型钢筋丝头与连接套筒及锁母旋合时，应轻松旋入。如发现旋合困难时不得强行旋入，应立即退下螺纹，检查钢筋丝头螺纹和连接套筒螺纹有无异常，以免造成螺纹勘扣，影响接头连接质量；

3）锁母及连接套筒旋入加长钢筋丝头后，钢筋端头应露出连接套筒端面，以便另一根钢筋端面与其对顶，保证加长丝头最终与连接套筒的旋合长度；

4）加锁母型钢筋接头的锁紧原理与其他几种连接形式的钢筋接头不同。加长丝头端的锁紧是靠锁母与连接套筒端面的顶紧力锁紧，标准丝头端的锁紧是靠丝头螺尾与连接套筒端口螺纹锁紧。因此，标准型丝头端连接套筒外不应有外露有效螺纹。

上述几种钢筋接头形式是钢筋连接的基本形式。实际施工中还存在着各种不同的连接工况。在保证钢筋接头连接质量的前提下，可以根据实际工况，按上述几种基本连接形式合理地加以组合。

例如：异径-正反丝扣型（Y-F）钢筋接头；扩口-正反丝扣型（K-F）钢筋接头；异径-扩口型（Y-K）钢筋接头；扩口-加锁母型（K-S）钢筋接头等。组合的原则是：在钢筋丝头和连接套筒配合精度不变的前提下，保证钢筋丝头与连接套筒的旋合长度，以及能够消除螺纹的间隙。

18.4.2 钢筋连接的现场检验

1. 外观检验

钢筋连接完毕后，连接套筒两端外钢筋丝头均有外露有效螺纹，且外露有效螺纹均应不大于 $2P$。

2. 拧紧力矩检验

安装完毕后的钢筋接头应使用扭力扳手校核拧紧力矩，具体拧紧力矩的控制值见表 18.9。

滚轧直螺纹钢筋接头拧紧力矩值   表 18.9

钢筋直径（mm）	≤16	18～20	22～25	28～32	36～40
拧紧力矩值（N·m）	100	200	260	320	360

注：当不同直径的钢筋连接时，拧紧力矩值按较小直径钢筋的相应值取用。

3. 钢筋接头力学性能检验

钢筋接头的力学性能检验主要分两大类：型式检验和现场检验。现场检验又分为工艺检验和抽样检验。

（1）型式检验

型式检验是指在钢筋接头产品批量生产前，对产品定型的检验。通过型式检验决定钢筋接头产品的各项重要参数，确定钢筋接头的性能等级。

根据《钢筋机械连接通用技术规程》JGJ 107 的规定，在下列情况下应进行型式检验：

1）确定接头性能等级时；

2）材料、工艺、规格有改动时；

3）型式检验报告超过 4 年时。

（2）现场接头工艺检验

根据《钢筋机械连接技术规程》JGJ 107 中的规定："钢筋连接工程开始前，应对不同钢筋生产厂家的进场钢筋，进行接头的工艺检验。施工过程中，当更换钢筋生产厂家时，尚应补充进行工艺检验。"

1）工艺检验的取样

《钢筋机械连接通用技术规程》JGJ 107 中规定，工艺检验的取样数量为各种规格钢筋的接头试件不应少于 3 根。

钢筋接头试件的制作应与施工现场的加工制作同条件进行，钢筋接头的相关重要参数应与型式检验报告所提供的参数相吻合。

2）工艺检验的合格评定

钢筋接头的工艺检验除进行抗拉强度检验外，还应进行残余变形检验。3 根接头试件的抗拉试验及 3 根接头试件的残余变形平均值均应符合表 18.10 中的规定。

接头的抗拉强度和残余变形性能　　　　　　　　　　　表 18.10

接头等级	Ⅰ 级	Ⅱ 级	Ⅲ 级
抗拉强度	$f_{mst}^0 \geqslant f_{stk}$ 断于钢筋 或 $f_{mst}^0 \geqslant 1.10 f_{stk}$ 断于接头	$f_{mst}^0 \geqslant f_{stk}$	$f_{mst}^0 \geqslant 1.25 f_{yk}$
残余变形	$u_0 \leqslant 0.10$ $(d \leqslant 32)$ $u_0 \leqslant 0.14$ $(d \geqslant 32)$	$u_0 \leqslant 0.10$ $(d \leqslant 32)$ $u_0 \leqslant 0.14$ $(d \geqslant 32)$	$u_0 \leqslant 0.10$ $(d \leqslant 32)$ $u_0 \leqslant 0.14$ $(d \geqslant 32)$

第一次工艺检验中 1 根试件抗拉强度或 3 根试件的残余变形平均值不符合时，允许再抽 3 根试件进行复检，复检仍不符合时，判为检验不合格。

（3）现场接头抽样检验

根据《钢筋机械连接技术规程》JGJ 107 中的规定："对接头的每一验收批，必须在工程结构中随机截取 3 根接头试件作抗拉强度试验，按设计要求的接头等级进行评定。

当 2 个接头试件的抗拉强度均符合 JGJ 107 规程表 3.0.5 中相应等级的强度要求时，该验收批应评为合格。如有一根试件的抗拉强度不符合要求，应再取 6 个试件进行复检。复检中如仍有 1 个试件的抗拉强度不符合要求，则该验收批应评为不合格。

18.5　常见问题及处理措施

18.5.1　钢筋连接技术的配套问题

1. 连接技术的配套原则

与一般的商品不同，滚轧直螺纹钢筋连接技术是一种配套技术。它包括与相关技术配套的钢筋加工设备、连接套筒的设计、钢筋丝头螺纹参数的设计、螺纹配合参数及精度的设计、钢筋连接施工的工法设计以及相关的质量控制流程，并通过型式检验对这一配套产品进行分等定级。

由于各个生产单位的许多关键技术和工艺参数受到专利保护，因此各生产单位自行开发钢筋连接技术的相关技术参数各有不同，质量控制要求也不一样。因此，作为配套的钢筋连接技术，都应该配套使用，只有这样才能有效地保证钢筋连接的质量。

2. 违反配套原则的后果

随着滚轧直螺纹钢筋连接技术的推广应用，有些施工单位在对该项技术不甚了解的情况下，盲目从某一生产单位购进钢筋加工设备，又从另一生产单位购进连接套筒，进行现场制作和连接施工。这种做法严重违反了滚轧直螺纹钢筋连接技术的配套使用原则，因此而带来的问题可能有以下几个方面。

(1) 质量受到影响

两个生产单位的工艺参数有所不同，钢筋丝头加工与钢筋现场连接的操作规定不同，质量控制要点不同。如此不配套地施工，钢筋连接质量必将受到严重的影响。

(2) 无法分等定级

钢筋连接接头的型式检验，是对某一配套连接技术进行参数确定和分等定级的检验。上述这种做法，用两种工艺参数制作的钢筋接头无法分等定级。

(3) 无法分清责任

由于是不同生产单位混用的技术，一旦发现质量问题，责任无法分清。

因此，作为配套使用的滚轧直螺纹钢筋连接技术，应该杜绝上述做法。作为滚轧直螺纹钢筋连接技术的各生产单位，也应该拒绝这种对工程不负责任的要求。

18.5.2   套筒无法旋到规定位置

1. 现象

钢筋丝头有效螺纹尺寸检验时通规旋入规定位置，止规旋入长度大于 $3P$，但连接套筒无法旋入到规定的位置。这种现象一般在加长型钢筋丝头加工时出现，而且钢筋丝头螺距累计误差并不大，螺纹单一中径误差也小于 0.20mm。

2. 缺陷原因

(1) 钢筋丝头螺纹中径直线性差。螺纹环通规和环止规与钢筋丝头螺纹旋合长度，属于中等旋合和短旋合，而加长型钢筋丝头与连接套筒的旋合属于长旋合。对于长旋合螺纹配合，在螺纹几何尺寸符合标准要求的情况下，还应考虑螺纹中径直线度的问题。

(2) 滚丝轮结构设计不合理，修正齿过短。

(3) 设备稳定性差，滚丝头沿着钢筋弯曲的轨迹滚轧出钢筋螺纹。

3. 纠正措施：

(1) 加长滚丝轮的修正齿，合理设计滚丝轮的结构。

(2) 提高滚丝机的刚度，更换相关零配件。

(3) 用牙型规检查钢筋丝头螺纹牙型，判断是否合格。

18.5.3   套筒两端外露螺纹数量差大

1. 现象

标准型钢筋连接接头连接完毕后，连接套筒两端外露的有效螺纹数量相差较大。

2. 缺陷原因：

(1) 钢筋丝头螺纹长度超差。

(2) 钢筋连接缺少调整工序。

3. 纠正措施

(1) 对这种钢筋接头，应保证两根钢筋丝头在连接套筒内的旋合长度相等。在保证接头力学性能的前提下，可根据《滚轧直螺纹钢筋连接接头》JG 163—2004 的规定，进行让步验收。

(2) 加强钢筋连接工人的操作培训。钢筋连接施工中，连接完毕后的外露螺纹调整，往往是人们所忽视的一个环节，应引起有关人员的重视。

18.5.4 套筒两端无外露有效螺纹

1. 现象

标准型钢筋连接接头连接完毕后,连接套筒两端均无外露有效螺纹。这种现象是钢筋丝头加工和钢筋连接中常出现的问题。前面已经介绍过,这种连接极易出现影响接头承载能力的超短旋合接头。

2. 缺陷产生原因

钢筋丝头螺纹加工长度不够。

3. 纠正措施

应加强钢筋丝头螺纹加工的检查,坚决杜绝超短丝头的出现。

18.5.5 套筒与丝头旋合困难

1. 现象

钢筋连接施工时,连接套筒与钢筋丝头旋合困难,此时严禁强行旋入。按《滚轧直螺纹钢筋连接接头》JG 163—2004 中规定的螺纹配合精度,连接套筒应能很顺利地与钢筋丝头旋合。强行旋入所造成的螺纹勒扣,将影响接头的承载能力。

2. 缺陷产生原因

(1) 钢筋丝头螺纹中径偏大,或连接套筒内螺纹中径偏小。

(2) 钢筋丝头螺纹或连接套筒内螺纹有杂物,钢筋丝头有机械损伤。

3. 纠正措施

(1) 重新加工钢筋丝头,加强钢筋丝头加工的质量管理。

(2) 钢筋连接施工前,应检查钢筋丝头是否有杂物和机械损伤。

18.5.6 连接施工的拧紧力矩问题

《钢筋机械连接技术规程》JGJ 107 中,规定了钢筋连接施工中拧紧力矩的要求。其目的是使对顶的两根钢筋丝头,通过一定的拧紧力矩拧紧,消除螺纹配合间隙,提高钢筋连接接头的刚度。但是对于小规格的钢筋连接接头,拧紧力不宜过大,以免造成螺纹勒扣,影响连接接头的承载能力。

18.5.7 正反丝扣型接头连接施工中的问题

1. 现象

正反丝扣型钢筋连接接头在连接施工中,往往出现连接套筒拧紧后,钢筋仍能旋转的不正常现象。

2. 缺陷产生原因

(1) 钢筋丝头螺纹长度不够,一端钢筋丝头螺纹已全部与连接套筒旋合,而另一端钢筋丝头螺纹并未全部旋合,钢筋丝头并未在连接套筒中对顶。连接套筒拧紧只是与一端钢筋丝头螺尾锁紧,而另一端钢筋丝头与连接套筒仍处于自由旋合状态,螺纹配合间隙并未消除,因此连接套筒即使拧紧,钢筋仍能旋转。

(2) 连接初始时,旋转连接套筒两根钢筋丝头没有同步旋入,且两根钢筋旋入长度相差较大,又没有及时调整,致使钢筋丝头无法在连接套筒中对顶。

(3) 设备稳定性差,是滚丝头沿着钢筋弯曲的轨迹滚轧出钢筋螺纹。

3. 纠正措施

(1) 重新加长钢筋丝头,加强钢筋丝头加工的质量管理。

（2）建议按不同形式接头的连接方法进行施工。

18.5.8 异径钢筋连接施工中存在的问题

1. 现象

异径型钢筋接头大规格钢筋丝头旋合长度不足，外露有效螺纹。

2. 缺陷产生原因

异径型钢筋接头连接施工常出现小规格钢筋丝头旋入长度过长，使大规格钢筋丝头的旋合长度受到影响。严重时，也有可能对接头的承载能力产生一定的影响。

3. 纠正措施

异径型钢筋接头连接，应先将连接套筒与大规格钢筋丝头旋合，拧紧后再与小规格钢筋丝头旋合。这样可以充分保证两种不同规格钢筋丝头，能够达到在连接套筒中规定的旋合长度，这一点也是人们在施工中容易忽视的。

19 钢筋套筒灌浆连接

19.1 基本原理、特点和适用范围

钢筋套筒灌浆连接是用高强、快硬的无收缩无机浆料填充在钢筋与灌浆套筒连接件之间，浆料凝固硬化后形成钢筋接头，如图 19.1 所示。灌浆连接主要适用于预制装配式混凝土结构中的竖向构件、横向构件的钢筋连接，也可用于混凝土后浇带钢筋连接、钢筋笼整体对接及加固补强等方面，可连接直径为 12～40mm 热轧带肋钢筋或余热处理钢筋。

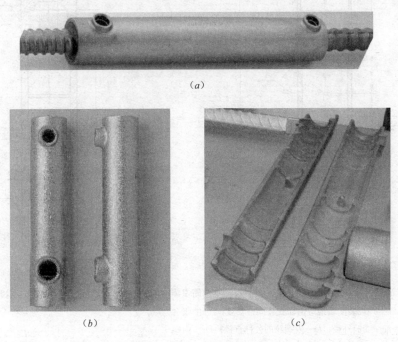

(a)

(b)   (c)

图 19.1 套筒灌浆连接接头

(a) 套筒灌浆连接接头外形图；(b) 套筒外形；(c) 剖开的套筒

钢筋套筒灌浆连接接头是预制装配式钢筋混凝土构件连接用的主要钢筋连接接头型式之一，适用于钢筋混凝土预制梁、预制柱、预制剪力墙板、预制楼板之间的钢筋连接，具有连接质量稳定可靠、抗震性能好、施工简便、安装速度快、可实现异径钢筋连接等特点，在我国和日本、美国、东南亚、中东、新西兰等国家的钢筋混凝土剪力墙结构、框架结构、框架剪力墙结构工程建设中得到了广泛的应用。

19.2 钢筋连接灌浆套筒

钢筋连接用灌浆套筒是指通过水泥基灌浆料的传力作用将钢筋对接连接所用的金属套

筒，通常采用铸造工艺或者机械加工工艺制造。

19.2.1　灌浆套筒分类

灌浆套筒按加工方式分为铸造灌浆套筒和机械加工灌浆套筒；按结构形式分为全灌浆套筒和半灌浆套筒；半灌浆套筒按非灌浆一端连接方式分为直接滚轧直螺纹灌浆套筒、剥肋滚轧直螺纹灌浆套筒和镦粗直螺纹灌浆套筒。

全灌浆套筒的结构简图如图 19.2 所示；

半灌浆套筒的结构简图如图 19.3 所示；

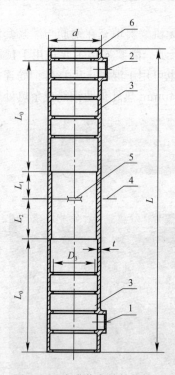

图 19.2　全灌浆套筒结构简图

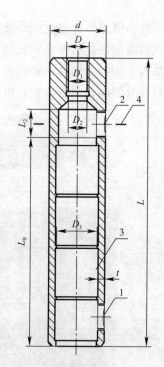

图 19.3　半灌浆套筒结构简图
（图注见图 19.2）

L—灌浆套筒总长；L_0—锚固长度；L_1—预制端预留钢筋安装调整长度；L_2—现场装配端预留钢筋安装调整长度；t—灌浆套筒壁厚；d—灌浆套筒外径；D—内螺纹的公称直径；D_1—内螺纹的基本小径；D_2—半灌浆套筒螺纹端与灌浆端连接处的通孔直径；D_3—灌浆套筒锚固段环形突起部分的内径；1—灌浆孔；2—排浆孔；3—剪力槽；4—强度验算用截面；5—钢筋限位挡块；6—安装密封垫的结构

19.2.2　灌浆套筒结构和材料要求

灌浆套筒的结构形式和主要部位尺寸应符合 JG/T 398—2012 的有关规定。全灌浆套筒的中部、半灌浆套筒的排浆孔位置在计入最大负公差后的屈服承载力和抗拉承载力的设计应符合 JGJ 107 的规定；套筒长度应根据试验确定，且灌浆连接端长度不宜小于 8 倍钢筋直径，灌浆套筒中间轴向定位点两侧应预留钢筋安装调整长度，预制端不应小于 10mm，现场装配端不应小于 20mm。剪力槽两侧凸台轴向厚度不应小于 2mm；剪力槽的数量应符合表 19.1 的规定。

灌浆套筒剪力槽数量表　　　　　　　　　　　表 19.1

连接钢筋直径（mm）	12～20	22～32	36～40
剪力槽数量（个）	≥3	≥4	≥5

机械加工灌浆套筒的壁厚不应小于 3mm，铸造灌浆套筒的壁厚不应小于 4mm。铸造灌浆套筒宜选用球墨铸铁，机械加工灌浆套筒宜选用优质碳素结构钢、低合金高强度结构钢、合金结构钢或其他经过接头型式检验确定符合要求的钢材。采用球墨铸铁制造的灌浆套筒，材料在符合 GB/T 1348 的规定同时，其材料性能尚应符合表 19.2 的规定。

球墨铸铁灌浆套筒的材料性能　　　　　　　　　表 19.2

项　目	性能指标
抗拉强度 σ_b（MPa）	≥550
断后伸长率 δ_5（%）	≥5
球化率（%）	≥85
硬度（HBW）	180～250

采用优质碳素结构钢、低合金高强度结构钢、合金结构钢加工的灌浆套筒，其材料的机械性能应符合 GB/T 699、GB/T 1591、GB/T 3077 和 GB/T 8162 的规定，同时尚应符合表 19.3 的规定。

钢制灌浆套筒的材料性能　　　　　　　　　　表 19.3

项　目	性能指标
屈服强度 σ_s，（MPa）	≥355
抗拉强度 σ_b，（MPa）	≥600
断后伸长率 δ_5，（%）	≥16

19.2.3　灌浆套筒尺寸偏差和外观质量要求

灌浆套筒的尺寸偏差应符合表 19.4 的规定。

灌浆套筒尺寸偏差表　　　　　　　　　　　表 19.4

序号	项目	灌浆套筒尺寸偏差					
		铸造灌浆套筒			机械加工灌浆套筒		
	钢筋直径（mm）	12～20	22～32	36～40	12～20	22～32	36～40
1	外径允许偏差（mm）	±0.8	±1.0	±1.5	±0.6	±0.8	±0.8
2	壁厚允许偏差（mm）	±0.8	±1.0	±1.2	±0.5	±0.6	±0.8
3	长度允许偏差（mm）	±(0.01×L)			±2.0		
4	锚固段环形突起部分的内径允许偏差（mm）	±1.5			±1.0		
5	锚固段环形突起部分的内径最小尺寸与钢筋公称直径差值（mm）	≥10			≥10		
6	直螺纹精度	/			GB/T 197 中 6H 级		

铸造灌浆套筒内外表面不应有影响使用性能的夹渣、冷隔、砂眼、缩孔、裂纹等质量缺陷；机械加工灌浆套筒表面不应有裂纹或影响接头性能的其他缺陷，端面和外表面的边棱处应无尖棱、毛刺。灌浆套筒外表面标识应清晰，表面不应有锈皮。

19.2.4　灌浆套筒力学性能要求

灌浆套筒应与灌浆料匹配使用，采用灌浆套筒连接钢筋接头的抗拉强度应符合 JGJ 107 中 I 级接头的规定。

19.2.5　球墨铸铁套筒铸造要求

采用球墨铸铁制造灌浆套筒时，由于套筒内部结构比较复杂，选用合理铸造成型工艺对铸件的质量影响非常重要。

（1）由于铸造球墨铸铁是在高碳低硫的条件下产生的，球化过程中铁水的温度会降低，铁水的流动性也会变差，一般应将铁水出炉温度控制在 1300℃以上。铁水的含碳量的高低会影响球化效果，一般应该将含碳量控制在 3.8～4.2 左右；

（2）合理选择铸造用砂，包括外形砂、芯砂，控制用砂含水量。芯砂质量和制作工艺对灌浆套筒内部残砂清理起着至关重要的作用，一旦芯砂质量出现偏差，灌浆套筒内部残砂清理将非常困难。

（3）合理设计铸造浇口、分型面、冒口、拔模斜度，对制造球墨铸铁灌浆套筒的质量有重要影响。

19.2.6　灌浆套筒检验与验收

灌浆套筒质量检验分为出厂检验和型式检验。出厂检验项目包括材料性能、尺寸偏差、外观质量；型式检验除了出厂检验项目外，还要进行套筒力学性能检验。

灌浆套筒材料性能主要检验材料的屈服强度、抗拉强度和断后伸长率，铸造套筒还要检查球化率和硬度。铸造灌浆套筒的材料性能采用单铸试块的方式取样，机械加工灌浆套筒的材料性能通过原材料的方式取样；铸造材料试样制作采用单铸试块的方式进行，试样的制作应符合 GB/T 1348 的规定；圆钢或钢管的取样和制备应符合 GB/T 2975 的规定；材料性能试验方法应符合 GB/T 228.1 的规定。球化率试验采用本体试样，从灌浆套筒的中间位置取样，灌浆套筒尺寸较小时，也可采用单铸试块的方式取样；实验试样的制作应符合 GB/T 13298 的规定；球化率试验方法应符合 GB/T 9441 的规定，以球化分级图中 80% 和 90% 的标准图片为依据，球化形态居两者中间状态以上为合格。硬度试验采用本体试样，从灌浆套筒中间位置截取约 15mm 高的环形试样，灌浆套筒壁厚较小时，也可采用单铸试块的方式取样；试验试样的制作应符合 GB/T 231.1 的规定；采用直径为 2.5mm 的硬质合金球，试验力为 1.839kN，取 3 点，试验方法应符合 GB/T 231.1 的规定。

灌浆套筒主要尺寸检验有套筒外径、壁厚、长度、凸起内径、螺纹中径、灌浆连接段凹槽大孔。外径、壁厚、长度、凸起内径采用游标卡尺或专用量具检验，卡尺精度不应低于 0.02mm；灌浆套筒外径应在同一截面相互垂直的两个方向测量，取其平均值；壁厚的测量可在同一截面相互垂直两方向测量套筒内径，取其平均值，通过外径、内径尺寸计算出壁厚；直螺纹中径使用螺纹塞规检验，螺纹小径可用光规或游标卡尺测量；灌浆连接段凹槽大孔用内卡规检验，卡规精度不应低于 0.02mm。

灌浆套筒的力学性能试验通过灌浆套筒和匹配灌浆料连接的钢筋接头试件进行，接头抗拉强度的试验方法应符合 JGJ 107 的规定。

灌浆套筒出厂检验的组批规则、取样数量及方法是：材料性能检验应以同钢号、同规格、同炉（批）号的材料作为一个验收批，每批随机抽取 2 个；尺寸偏差和外观应以连续生产的同原材料、同炉（批）号、同类型、同规格的 1000 个灌浆套筒为一个验收批，不足 1000 个灌浆套筒时仍可作为一个验收批，每批随机抽取 10%，连续 10 个验收批一次性检验均合格时，尺寸偏差及外观检验的取样数量可由 10%降低至 5%。

出厂检验判定规则是：在材料性能检验中，若 2 个试样均合格，则该批灌浆套筒材料性能判定为合格；若有 1 个试样不合格，则需另外加倍抽样复检，复检全部合格时，则仍可判定该批灌浆套筒材料性能为合格；若复检中仍有 1 个试样不合格，则该批灌浆套筒材料性能判定为不合格。在尺寸偏差及外观检验中，若灌浆套筒试样合格率不低于 97%时，该批灌浆套筒判定为合格；当低于 97%时，应另外抽双倍数量的灌浆套筒试样进行检验，当合格率不低于 97%时，则该批灌浆套筒仍可判定为合格；若仍低于 97%时，则该批灌浆套筒应逐个检验，合格者方可出厂。在有下列情况之一时，应进行型式检验：

(1) 灌浆套筒产品定型时；

(2) 灌浆套筒材料、工艺、规格进行改动时；

(3) 型式检验报告超过 4 年时。

型式检验取样数量及取样方法是：材料性能试验以同钢号、同规格、同炉（批）号的材料中抽取，取样数量为 2 个；尺寸偏差和外观应以连续生产的同原材料、同炉（批）号、同类型、同规格的套筒中抽取，取样数量为 3 个；抗拉强度试验的灌浆接头取样数量为 3 个。型式检验判定规则是：所有检验项目合格方可判定为合格。

19.2.7 灌浆套筒标识与包装

灌浆套筒表面应刻印清晰、持久性标识；标识至少应包括厂家代号、型号及可追溯材料性能的生产批号等信息；灌浆套筒包装箱上应有明显的产品标志，标志内容包括：

(1) 产品名称；

(2) 执行标准；

(3) 灌浆套筒型号；

(4) 数量；

(5) 重量；

(6) 生产批号；

(7) 生产日期；

(8) 企业名称，通信地址和联系电话等。

灌浆套筒应用纸箱、塑料编织袋或木箱按规格、批号包装，不同规格、批号的灌浆套筒不得混装。通常情况下，采用纸箱包装，纸箱强度应保证运输要求，箱外应用足够强度的包装袋捆扎牢固。

灌浆套筒出厂时应附有产品合格证，样式可参见表 19.5。产品合格证内容应包括：

(1) 产品名称；

(2) 灌浆套筒型号；

(3) 生产批号；

(4) 材料牌号；

(5) 数量；

（6）检验结论；

（7）检验合格签章；

（8）企业名称、通信地址和联系电话等。

当有较高防潮要求时，应用防潮纸将灌浆套筒逐个包裹后，装入木箱内。

钢筋连接用灌浆套筒产品合格证样式　　　　　　　　　表 19.5

合格证编号：

产品名称：钢筋连接用灌浆套筒			出厂日期：	
明细				
灌浆套筒型号	生产批号	材料牌号	数量	备注
执行标准	行业标准：《钢筋连接用灌浆套筒》JG/T ××××-××××			
检验结论	经检验，各项检测项目均符合上述执行标准的要求，判定为合格 检验员：			
邮政编码 通信地址				
联系电话、传真	电话：　　　　　　　　　　　传真：			

企业名称

（盖章有效）

19.3　钢筋套筒连接用灌浆料

钢筋连接用套筒灌浆料是以水泥为基本材料，配以适当的细骨料，以及少量的混凝土外加剂和其他材料组成的干混料，加水搅拌后具有大流动度、早强、高强、微膨胀等性能，填充于套筒和带肋钢筋间隙内，形成钢筋套筒灌浆连接接头，简称"套筒灌浆料"。

钢筋套筒连接用灌浆料的性能应符合表 19.6 的要求。

钢筋套筒连接用灌浆料的性能 表 19.6

检测项目		性能指标
流动度（mm）	初始	≥300
	30min	≥260
抗压强度（MPa）	1d	≥35
	3d	≥60
	28d	≥85
竖向膨胀率（%）	3h	≥0.02
	24h 与 3h 差值	0.02~0.5
氯离子含量（%）		≤0.03
泌水率（%）		0

19.3.1 套筒灌浆料检验

套筒灌浆料产品检验分出厂检验和型式检验。出厂检验项目包括：初始流动度、30min 流动度，1d、3d 抗压强度，3h、24h 竖向膨胀率，当用户需要时进行 28d 抗压强度检测。型式检验项目除出厂检验项目外，还有氯离子含量和泌水率。

检验样品的取样：在 5 天内生产的同配方产品作为一生产批号，最大数量不超过 10t，不足 10t 也作为同一生产批号；取样应有代表性，可连续取，也可从多个部位取等量样品；取样方法按《水泥取样方法》GB 12573 进行。检验用水应符合《混凝土拌合用水标准》JGJ 63 的规定，砂浆搅拌机应符合《试验用砂浆搅拌机》JG/T 3033 规定。将抽取的套筒灌浆料样品放入砂浆搅拌机中，加入规定用水量 80% 后，开动砂浆搅拌机使混合料搅拌至均匀，搅拌 3~4min 后，再加入所剩的 20% 规定用水量，控制总搅拌时间一般不少于 5min。搅拌完成后进行流动度、抗压强度、竖向膨胀率试验，流动度、抗压强度和竖向膨胀率的试验方法按《水泥基灌浆材料应用技术规范》GB/T 50448 附录 A.0.2、附录 A.0.4 和附录 A.0.5 进行。当出厂检验项目的检验结果全部符合要求时判定为合格品，若有一项指标不符合要求时则判定为不合格。

氯离子含量检验采用新搅拌砂浆，测定方法按《水泥基灌浆材料应用技术规范》GB/T 50448 的要求进行；泌水率试验按《普通混凝土拌合物性能试验方法标准》GB/T 50080 的规定进行。

有下列情况之一时，应进行型式检验：

(1) 新产品的试制定型鉴定；

(2) 正式生产后如材料及工艺有较大变动，有可能影响产品质量时；

(3) 停产半年以上恢复生产时；

(4) 国家质量监督机构提出型式检验专门要求时。

当产品首次提供给用户使用时，材料供应方应提供有效产品型式检验报告；当用户需要出厂检测报告时，生产厂应在产品发出之日起 7 天内寄发除 28d 抗压强度以外的各项试验结果，28d 检测数值，应在产品发出之日起 40 天内补报。

19.3.2 套筒灌浆料交货与验收

套筒灌浆料交货时产品的质量验收可抽取实物试样，以其检验结果为依据，也可以产品同批号的检验报告为依据。采用何种方法验收由买卖双方商定，并在合同或协议中注明。以抽取实物试样的检验结果为验收依据时，买卖双方应在发货前或交货地共同取样和封存。取样方法按《水泥取样方法》GB 12573 进行，均分为两等份。一份由卖方保存 40 天，一份由买方按标准规定的项目和方法进行检验。在 40 天内，买方检验认为质量不符合标准要求，而卖方有异议时，双方应将卖方保存的另一份试样送省级或省级以上国家认可的质量监督机构进行仲裁检验。以同批号产品的检验报告为验收依据时，在发货前或交货时买方在同批号产品中抽取试样，双方共同签封后保存两个月，或委托卖方在同批号产品中抽取试样，签封后保存两个月。在两个月内，买方对产品质量有疑问时，则买卖双方应将签封的试样送省级或省级以上的国家认可的质量监督机构进行仲裁检验。

19.3.3　套筒灌浆料包装与标识

钢筋接头灌浆料采用防潮袋包装，并满足《定量包装商品计量监督管理办法》相关规定，每袋净重量 25kg 或 50kg；包装袋上应标明产品名称、净重量、生产厂家、单位地址、联系电话、生产批号、生产日期等。

19.4　钢筋套筒灌浆连接施工

19.4.1　施工基本要求

采用套筒灌浆连接的钢筋屈服强度标准值应不大于 500MPa、抗拉强度标准值应不大于 630MPa 的带肋钢筋，钢筋套筒灌浆连接接头应采用同一供应商配套提供并由专业工厂生产的灌浆套筒和灌浆料，接头性能应满足现行行业标准《钢筋机械连接技术规程》JGJ 107 中 I 级接头的要求，灌浆套筒中连接钢筋的位置和长度应满足设计要求。

采用钢筋套筒灌浆连接时，灌浆套筒、灌浆料及配件应按现行相关标准要求进行进场验收，未经检验或检验不合格的产品不应使用。在预制构件生产前应进行钢筋套筒灌浆连接接头的抗拉强度试验，每种规格连接接头试件数量不应少于 3 个，试验结果应符合现行行业标准《钢筋机械连接技术规程》JGJ 107 中 I 级接头要求。在施工现场钢筋套筒灌浆前，应在施工现场随机抽样制作三组灌浆连接接头进行工艺性检验，试验结果合格后方可进行灌浆作业。

19.4.2　施工机具及操作

1. 施工配件

为保证施工的正常进行，灌浆套筒一端或两端配有橡胶或塑料堵头，以保证在浇灌混凝土时套筒端的密封，防止混凝土浆流入套筒内。在套筒两端的注浆口及排浆口也配有相应的栓塞，栓塞如图 19.4 所示。

2. 施工机具

为使套筒灌浆施工饱和和浆料均匀，应配备有专用的小型电动灰浆搅拌器、小型机械式注浆泵或者手动注浆泵，如图 19.5 和图 19.6 所示。

3. 施工操作

首先将灌浆料按照规定水灰比称量后加水搅拌均匀，然后将灰浆从注浆口

图 19.4　竖向接头出浆口栓塞

图 19.5 搅拌器搅拌制浆

图 19.6 注浆泵注浆

注入套筒中。当采用构件上端预埋套筒时，可预先注入灰浆，然后将上层构件接头钢筋插入套筒灰浆内；当采用构件下端预埋套筒方式时，在构件安装完毕后自下端注入口注入灰浆到上端排出口出浆为止，然后堵塞上下口，如图 19.7 所示；用于水平接头时，应将套筒套入一端的插筋内，待另一端构件安装完毕后，再将套筒推到接头中间，然后固定套筒注入灰浆，即可完成全部接头，如图 19.8 所示。

图 19.7 预制墙（手动）灌浆

图 19.8 水平灌浆接头（手动）灌浆

19.4.3 套筒灌浆施工规定

套筒灌浆连接施工前应制定套筒灌浆操作的专项质量保证措施，套筒灌浆连接时所用的有关材料、机具、作业人员应满足专项施工检查和质量控制要求；被连接钢筋与套筒中心线的偏移量不应超过 5mm，灌浆操作全过程应有人员旁站监督施工；灌浆料应由经培训合格的专业人员按配比要求计量灌浆材料和水的用量，经搅拌均匀后测定其流动度满足标准要求后方可灌注；搅拌的浆料应在制备后 30min 内用完，灌浆作业应采取压浆法从下口灌注，当浆料从上口流出时应及时封堵，持压 30s 后再封堵下口；灌浆作业应及时形成施工质量检查记录表，并按要求每工作班制作一组 40mm×40mm×160mm 的长方体试件；冬期施工时环境温度应在 5℃以上，并应对连接处采取加热保温措施，保证浆料在 48h 凝结硬化过程中连接部位温度不低于 10℃。

混凝土框架或剪力墙结构中装配节点灌浆套筒连接区，后浇混凝土、砂浆或水泥浆强度均达到设计要求后，方可承受全部设计荷载。混凝土浇筑时，应采取留置必要数量的同条件试块或其他混凝土实体强度检测措施，以核对混凝土的强度已达到后续施工的条件。临时固定措施，可以在不影响结构安全性前提下分阶段拆除，对拆除方法、时间及顺序，应事先进行验算及制定方案。拆除临时固定措施前，应确认装配式结构达到后续施工的承载能力、刚度及稳定性要求。

　　套筒和钢筋宜配套使用，连接钢筋型号可比套筒型号小一级，预留钢筋型号可比套筒型号大一级；连接钢筋和预留钢筋伸入套筒内长度的偏差应分别在 ±20mm 和 0～10mm 范围内；连接钢筋和预留钢筋应对中、顺直，在套筒内每 1000mm 偏移量不应大于 10mm；相邻套筒的间距不应小于 20mm；用于柱的主筋连接时，套筒区段内柱的箍筋间距不应大于 100mm；用于抗震墙或承重墙的主筋续接时，应沿套筒全长设置加强螺旋筋，螺旋筋直径不应小于 6mm，螺距不应大于 80mm；拆除采用套筒灌浆连接构件的临时支撑或使其承受由相邻构件传来的荷载时，同条件养护的砂浆试块立方体抗压强度不应小于 35MPa。灌浆连接接头如图 19.9 所示：

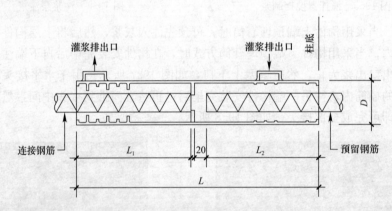

图 19.9　钢筋套筒灌浆连接接头示意图

19.5　接头施工现场检验与验收

19.5.1　进入现场前检验

　　套筒灌浆连接接头进入现场时，应检查灌浆套筒型检报告、出厂合格证、灌浆料型检报告、出厂合格证和套筒灌浆连接接头型式检验报告，在检验报告中，对套筒灌浆连接接头试件基本参数应详细记载，包括套筒型号、钢筋型号、砂浆强度、套筒重量、套筒长度、套筒外径、钢筋插入口径、注浆口位置、出浆口位置、钢筋埋入深度、封浆橡胶厚度等。套筒灌浆连接接头的型式检验除应按现行行业标准《钢筋机械连接技术规程》JG 107 的有关规定执行外，尚应在施工前的现场同条件制作接头工艺性检验试件，养护 28d 后测定接头的抗拉强度应满足设计要求。

19.5.2　构件制作和安装验收检验

　　1. 接头工艺检验

　　钢筋连接工程开始前，应对不同规格、不同钢筋生产厂的进场钢筋进行连接接头工艺检验，施工过程中如更换钢筋生产厂，应补充进行工艺检验。

　　工艺检验应符合下列要求：

（1）每种规格钢筋的接头试件应不少于 3 根；

（2）每根试件的抗拉强度和 3 根试件残余变形的平均值均应符合 JGJ 107 规程中 Ⅰ 级接头的规定；接头试件在测量残余变形后可再进行抗拉强度试验；

（3）第一次工艺检验中 1 根试件抗拉强度或 3 根试件残余变形的平均值不合格时，允许再做 3 根试件进行复检，复检仍不合格时判为工艺检验不合格。

接头工艺性能检验合格后，方可开始钢筋连接施工。

2. 灌浆接头施工现场检验

接头安装前应检查灌浆套筒产品合格证及套筒表面生产批号标识；产品合格证应包括适用钢筋直径和接头性能等级、套筒类型、生产单位、生产日期以及可追溯产品原材料力学性能和加工质量的生产批号。现场检验应进行接头的抗拉强度试验，加工和安装质量检验；对接头有特殊要求的结构，应在设计图纸中另行注明相应的检验项目。

施工现场检验应按验收批进行。在构件预制中，同一施工条件下、同一批材料、同规格的灌浆接头，以 500 个为一个验收批进行检验和验收，不足 500 个的也作为一个验收批。检验项目包括外观检验和接头性能检验，外观检查主要检查灌浆饱和度和钢筋插入深度标识，接头性能检验按与施工同等条件制作 3 个试件进行单向拉伸试验，单向拉伸强度应符合 JGJ 107 规程中 Ⅰ 级接头的性能指标。外观检查和试件单向拉伸试验均符合要求时，该验收批评为合格。如接头单向拉伸试验中有 1 个试件的强度不合格，应再取 6 个试件进行复检，复检中有 1 个试件试验结果不合格，则此验收批判为不合格。预制构件安装后套筒灌浆连接接头现场检验应以每层或 500 个接头为一个检验批，每个检验批均应进行全数检查其施工记录和每班试件强度试验报告。

3. 工程验收

预制构件在混凝土浇筑成型前，应对灌浆接头进行隐蔽工程检查，检查项目应包括下列内容：

（1）纵向受力钢筋的品种、规格、数量、位置等；

（2）钢筋接头位置、接头数量、接头面积百分率等；

（3）灌浆套筒的规格、数量、位置等；

（4）箍筋、横向钢筋的品种、规格、数量、间距等；

（5）钢筋和灌浆接头的混凝土保护层厚度。

工程验收时套筒灌浆连接接头应提交下列资料和记录：

（1）灌浆套筒、灌浆料的产品合格证书、灌浆接头型式检验报告、进场工艺检验报告；

（2）套筒灌浆连接的施工检验记录和灌浆料浆体强度检测报告。

19.6　工程应用及实例

钢筋套筒灌浆连接是日本在 20 世纪 80 年代初期开始开发应用的一种钢筋连接技术，是预制钢筋混凝土构件用的钢筋接头主要连接方法之一。由于其抗震性能可靠、施工简便、安装速度快、适用于大小不同直径带肋钢筋连接的特点，已广泛应用于日本、美国、东南亚、中东、新西兰等国家的工程建设中，应用在预制大板结构体系装配式住宅中建筑高度达到 2～12 层，应用在预制框架结构体系装配式住宅中建筑高度达到 11～14 层，还应用在学校、购物中心、停车场、混凝土车库和超高层（38 层）旅店等工程中。

我国钢筋套筒灌浆连接技术的研究开发刚刚起步，2009 年北京建茂公司与北京万科公司合作开发了钢筋套筒灌浆直螺纹连接技术，2010 年完成试验工作，目前已应用于高层装配式混凝土结构工程中。钢筋套筒灌浆螺纹连接技术采用灌浆-直螺纹复合连接结构，接头一端采用等强直螺纹连接，套筒直螺纹连接段，可采用剥肋滚轧直螺纹连接，也可采用镦粗直螺纹连接，连接螺纹孔底部设有限位凸台，使钢筋直螺纹丝头拧到规定位置后可顶紧在凸台上，从而降低了直螺纹配合间隙；另一端采用套筒灌浆连接，套筒灌浆连接段内壁设计为多个凹槽与凸肋交替的结构，能可靠保证钢筋受拉或受压时套筒与水泥砂浆、水泥砂浆与钢筋之间的连接达到设计承载力，如图 19.10 所示。接头灌浆材料均采用水泥基灌浆材料，由水泥基胶凝材料、细骨料、外加剂和矿物掺合料等原材料组成，并具有合理级配的一种干混料，加适当比例的水，均匀搅拌即可使用。钢筋连接灌浆材料不仅能在套筒灌浆腔内壁和钢筋之间快速流动，密实填充，而且操作时间长，在无养护条件下快硬、高强。与传统灌浆接头相比，接头一端采用等强直螺纹连接，钢筋的连接长度以及套筒长度可大大减小，达到节约钢材的目的，又可缩短连接时间，加快施工进度。

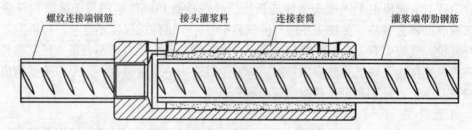

图 19.10   钢筋套筒灌浆-直螺纹连接接头

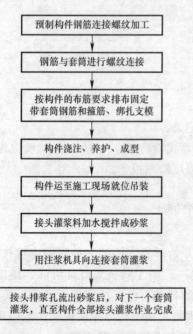

图 19.11   钢筋套筒灌浆连接施工

钢筋套筒灌浆直螺纹连接施工包括螺纹接头连接和灌浆连接两部分，这两部分的生产加工分别在预制构件生产工厂内和建筑施工现场进行，其连接施工工艺如图 19.11 所示。

在构件连接施工现场，当构件为竖向安装的墙板时，套筒灌浆可采用图 19.12 所示方式，将砂浆从接头下方灌浆口注入，直至接头上端排浆孔流出砂浆，一个接头灌浆结束。为加快灌浆速度，可在构件间建立一个连通的灌浆腔，从一个接头套筒灌浆腔注入砂浆，直至该构件全部接头依次充满砂浆。

当预制构件为横向安装的梁或楼板时，可采用图 19.13 所示方式灌浆，套筒的灌浆孔和排浆孔口向上，从套筒一端灌浆孔注入砂浆，直至另一端排浆孔流出砂浆。也可反之，从排浆孔灌入砂浆，至灌浆孔有砂浆流出。

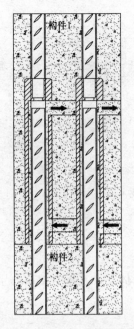

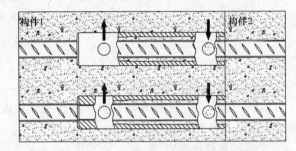

图 19.12 竖向接头灌浆示意图　　　　　图 19.13 横向接头灌浆示意图

19.6.1 国外在装配式框架中的应用

1. 十字形梁柱框架体系：

图 19.14 (a) 所示为 38 层的阿拉摩亚纳旅馆采用的结构体系及接头示意图。柱子分

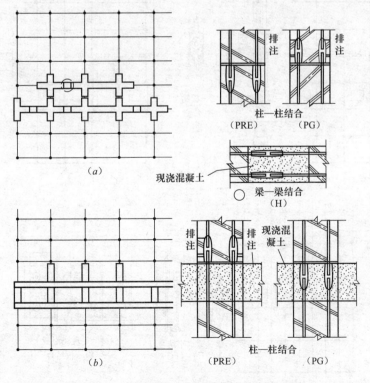

图 19.14 套筒接头在框架结构中的应用 (一)

(a) 十字形体系；(b) 预制梁柱现浇板

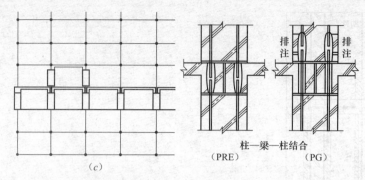

图 19.14　套筒接头在框架结构中的应用（二）
(c) 预制梁板柱

别采用了上插入式或下插入式，梁部位采用水平接头。

2. 预制梁柱现浇楼板体系：

图 19.14（b）为用于 6 层银行大楼的预制梁柱现浇楼板体系，其垂直接头分别采用置于柱根或浇入楼板两种情况。

3. 预制梁板柱体系：

图 19.14（c）示为马来西亚 11 层的装配式住宅采用的情况。

19.6.2　国外在大板体系中应用

志木新城 8 层住宅的预制外墙如图 19.15（a）；12 层的高层住宅（现浇楼板）如

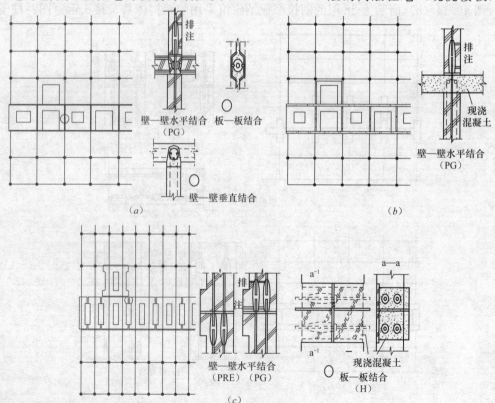

图 19.15　墙板体系应用实例

图 19.15（b）；用于 22 层的诺斯乌埃斯市国家人寿保险公司的格构墙体系如图 19.15（c）。

19.6.3 国内在剪力墙结构中应用

北京"中粮万科假日风景"13 层的住宅工业化楼是装配式剪力墙结构，直径 16mm 钢筋连接采用套筒灌浆连接接头 1 万余个，主要用于带保温层预制构件的复合剪力墙竖向连接。钢筋直螺纹采用剥肋滚轧工艺，钢筋螺纹丝头加工和与套筒连接、灌浆套筒在预制构件中定位固定、绑扎、支模和浇注养护均在预制构件厂内完成，预制成复合剪力墙构件产品，见图 19.16 和图 19.17。在工地现场施工时，剪力墙在结构上吊装就位、固定后，进行接头灌浆作业，见图 19.18 和图 19.19，灌浆 1 天后，墙体支护固定装置即可拆除，装配构件连接完成。

图 19.16　灌浆套筒

图 19.17　预制剪力墙构件

图 19.18　剪力墙构件吊装就位

图 19.19　剪力墙构件固定、套筒灌浆

钢筋套筒灌浆连接技术在国外已有几十年应用和发展的历史，技术成熟、可靠，广泛应用于各类装配式混凝土结构建筑的主筋连接，是影响结构整体安全性和抗震性能的关键因素之一。我国近年来在建筑工业化的推动下该项技术发展较快，除了北京中粮万科假日风景 13 层的住宅工业化楼项目外，应用于装配式剪力墙结构的工程项目还有北京万科长阳半岛、北京公安局半步桥公租房、沈阳万科春河里、沈阳凤凰新城保障房、长春基隆街廉租房等，应用于装配式框架结构的工程项目有沈阳浑南十二届运动会安保指挥中心、南京万科上坊保障房青年公寓等。随着我国工程应用量的扩大，钢筋套筒灌浆连接技术必将

得到进一步的发展和完善,在我国建筑工业化进程中发挥更大的作用。

主要参考文献

[1] 中华人民共和国住房和城乡建设部. JG/T 398—2012 钢筋连接用灌浆套筒. 北京:中国标准出版社,2013.

[2] JGJ 107—2010 钢筋机械连接技术规程. 北京:中国建筑工业出版社,2013.

[3] 钢筋套筒连接用灌浆料(报批稿).

[4] 王爱军. 钢筋灌浆直螺纹连接技术及应用. 中冶建筑研究总院有限公司.

[5] 余宗明. 日本的套筒灌浆式钢筋接头. 北京市住宅建设总公司.

[6] 钱冠龙. 钢筋套筒灌浆钢筋连接技术及其工程应用. 北京建茂建筑设备有限公司.

20 带肋钢筋熔融金属充填接头连接

20.1 基本原理

20.1.1 名词解释

钢筋热剂焊（thermit welding of reinforcing steel bar）的基本原理是，将容易点燃的热剂（通常为铝粉、氧化铁粉、某些合金元素相混合的粉末）填入于石墨坩埚中，然后点燃，形成放热反应，使氧化铁粉还原成液态钢水，温度在 2500℃以上，穿过坩埚底部的封口片（小圆钢片），经石墨浇注槽，注入两钢筋间预留间隙，使钢筋端面熔化，冷却后，形成钢筋焊接接头。为了保证钢筋端部的充分熔化，必须设置预热金属贮存腔，让最初进入铸型的高温钢水在流过钢筋间缝隙后进入预热金属贮存腔时，将钢筋端部预热，而后续浇注的钢水则填满钢筋接头缝隙，冷却后形成牢固焊接接头，焊接示意图见图 20.1。

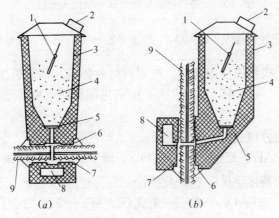

图 20.1　钢筋热剂焊接[1]

(a) 水平位置；(b) 垂直位置

1—高温火柴；2—坩埚盖；3—带有出钢口的坩埚；4—热剂；5—封口片；
6—型砂；7—石棉；8—预热金属贮存腔；9—钢筋

该种方法亦称钢筋铝热焊；由于工艺比较繁杂，已很少使用。

带肋钢筋熔融金属充填接头连接（melting metal filled sleeve splicing of ribbed steel bar），原称带肋钢筋铝热铸熔锁锭连接[2]，其基本原理是，在上述钢筋热剂焊的基础上加以改进，在接头连接处增加一个带内螺纹或齿状沟槽的钢套筒，省去预热金属贮存腔，见图 20.2。

这样，经铝热反应产生的液态钢水直接注入套筒与钢筋表面之间的缝隙，以及两钢筋之间缝隙。冷却凝固后，充填金属起到与套筒内螺纹和钢筋表面螺纹（肋）的相互咬合作用，传递应力，形成牢固的连接接头。施加荷载后，充填金属受剪切力。

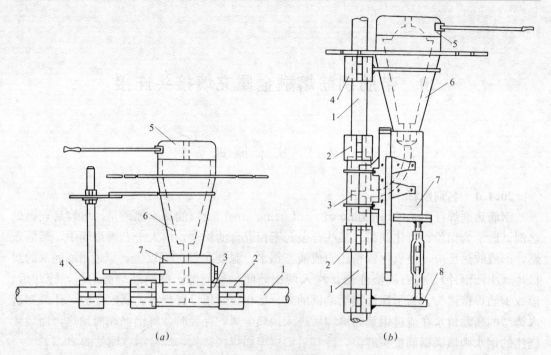

图 20.2 带肋钢筋熔融金属充填接头连接

(*a*) 水平位置；(*b*) 垂直位置

1—钢筋；2—夹头；3—钢套筒；4—坩埚架；5—坩埚盖；6—石墨坩埚；7—导流块；8—支承架

该种方法属于钢筋机械连接的范畴。在现行行业标准《钢筋机械连接技术规程》JGJ 107—2010 条文说明 2.1.1 条中，其定义为：由高热剂反应产生熔融金属充填在钢筋与连接件套筒间形成的接头。

20.1.2 化学反应方程式[3]

热剂通常由铝粉（Al）、氧化铁粉（Fe_3O_4），即 Fe_2O_3 与 FeO 的混合物，以及某些合金元素组成，燃烧时，其化学反应方程式如下：

$$3Fe_3O_4 + 8Al \longrightarrow 4Al_2O_3 + 9Fe + 3328.2J$$

Al_2O_3 很轻，浮在钢水上，为熔渣。氧化铁粉中常含有 C、Mn 元素，Fe 成为钢水，重，注入套筒。在某些场合，也可采用镁粉代替铝粉。

20.2 特点和适用范围

20.2.1 特点

带肋钢筋熔融金属充填接头连接的特点如下：

1. 在现场不需要电能源，在缺电或供电紧张的地方，例如岩体护坡锚固工程等，可进行钢筋连接，并能减少现场施工干扰；

2. 工效高，在水电工程中便于争取工期；

3. 接头质量可靠；

4. 减轻工人劳动强度。

20.2.2 适用范围

适用于带肋的 HRB 335、HRB 400、RRB 400 钢筋在水平位置、垂直位置、倾斜某一角度位置的连接。钢筋直径为 20~40mm。在装配式混凝土结构的安装中尤能发挥作用；在特殊工程中有良好应用效果。

20.3 设备和消耗材料

20.3.1 带肋钢筋熔融金属充填接头连接设备

1. 带有出钢口的特制反应坩埚及坩埚盖；
2. 钢筋固定及调节装置；
3. 坩埚支承装置；
4. 钢水浇注槽（导流块）。

20.3.2 消耗材料

1. 铝热剂；
2. 适用于不同牌号、不同规格钢筋的连接套筒；
3. 封口用小圆钢片；
4. 高温火柴或其他点火材料；
5. 封堵连接处缝隙的耐火材料，通常为耐火棉，或硅酸铝纤维棉；
6. 一次性衬管。

20.4 连 接 工 艺

20.4.1 钢筋准备

钢筋端面必须切平，最好采用圆片锯切割；当采用气割时，应事先将附在切口端面上的氧化皮、熔渣清除干净。

20.4.2 套筒制作

钢套筒一般采用 45 号优质碳素结构钢或低合金结构钢制成。

设计连接套筒的横截面面积时，套筒的屈服承载力应大于或等于钢筋母材屈服承载力的 1.1 倍，套筒的抗拉承载力应大于或等于钢筋母材抗拉承载力的 1.1 倍。套筒内径与钢筋外径之间应留一定间隙，以使钢水能顺畅地注入各个角落。

设计连接套筒的长度时，应考虑充填金属抗剪承载力。充填金属抗剪承载力等于充填金属抗剪强度乘钢筋外圆面积（套筒长度乘钢筋外圆长度）。充填金属的抗剪强度可按其抗拉强度 0.6 倍计算。钢筋母材承载力等于国家标准中规定的屈服强度或抗拉强度乘公称横截面面积。充填金属抗拉强度可按 Q215 钢材的抗拉强度 $335N/mm^2$ 计算。

设计连接套筒的内螺纹或齿状沟槽时，应考虑套筒与充填金属之间具有良好的锚固力（咬合力）。应在连接套筒接近中部的适当位置加工一小圆孔，以便钢水从此注入。

20.4.3 热剂准备

热剂的主要成分为雾滴状或花瓣状铝粉和鱼鳞状氧化铁粉，两者比例应通过计算和试验确定。为了提高充填金属的强度，必要时，可以加入少量合金元素。热剂中两种主要成分应调合均匀。若是购入袋装热剂，使用前应抛摔几次，务必使其拌合均匀，以保证反应充分进行。

20.4.4　坩埚准备

坩埚一般由石墨制成，也可由钢板制成，内部涂以耐火材料。耐火材料由清洁而很细的石英砂 3 份及黏土 1 份，再加 1/10 份胶质材料相均匀混合，并放水 1/12 份，使产生合宜的混合体。若是手工调合，则在未曾混合之前，砂与黏土必须是干燥的，该两种材料经混合后，才可加入胶质材料和水。其中，水分应越少越好。胶质材料常用的为水玻璃。

坩埚内壁涂毕耐火材料后，应缓缓使其干燥，直至无潮气存在；若加热干燥，其加热温度不得超过 150℃。

当工程中大量使用该种连接方法时，所有不同规格的连接套筒、热剂、坩埚、一次性衬管、支架等均可由专门工厂批量生产，包装供应，方便施工。

20.5　现场操作

20.5.1　固定钢筋

安装并固定钢筋，使两钢筋之间，留有约 5mm 的间隙。

20.5.2　安装连接套筒

安装连接套筒，使套筒中心在两钢筋端面之间。

20.5.3　固定坩埚

用支架固定坩埚，放好坩埚衬管、放正封口片；安装钢水浇注槽（导流块），连接好钢水出口与连接套筒的注入孔。用耐火材料封堵所有连接处的缝隙。

20.5.4　坩埚使用

为防止坩埚形成过热，一个坩埚不应重复使用 15～20min 之久。如果希望连接作业，应配备几个坩埚轮流使用。

使用前，应彻底清刷坩埚内部，但不得使用钢丝刷或金属工具。

20.5.5　热剂放入

先将少量热剂粉末倒入坩埚，检查是否有粉末从底部漏出。然后将所有热剂徐徐地放入，不可全部倾倒，以免失去其中良好调和状况。

20.5.6　点火燃烧

全部准备工作完成后，用点火枪或高温火柴点火，热剂开始化学反应过程。之后，迅速盖上坩埚盖。

20.5.7　钢水注入套筒

热剂化学反应过程一般为 4～7s，稍待冶金反应平静后，高温的钢水熔化封口片，随即流入预置的连接套筒内，填满所有间隙。

20.5.8　扭断结渣

冷却后，立即慢慢来回转动坩埚，以便扭断浇口至坩埚底间的结渣。

20.5.9　拆卸各项装置

卸下坩埚、导流块、支承托架和钢筋固定装置，去除浇冒口，清除接头附近熔渣杂物，连接工作结束。

20.6 接头型式试验

在我国行业标准《钢筋机械连接通用技术规程》JGJ 107—1996 发布施行之前，原水利电力部第十二工程局施工科学研究所参考日本建设省 RPCT 委员会《钢筋接头性能评定标准》A 级水平[4]和我国原水利电力部标准《水工混凝土施工规范》SDJ 207—1982 等有关标准，对带肋钢筋熔融金属充填接头连接进行了型式试验。钢筋为直径 25mm 的 20MnSiⅡ级钢筋和日本进口钢筋 SD35，共 2 种。

20.6.1 试验项目

主要试验项目：接头拉伸试验；接头静载试验；接头高应力反复承载试验；接头高应力拉伸压缩反复承载试验；接头疲劳性能试验；接头低温性能试验。

20.6.2 符号

σ_{b0}——钢筋的标准抗拉强度；

σ_{s0}——钢筋的标准屈服强度；

E——视在弹性模量；

E_0——钢筋的弹性模量。

20.6.3 试验用的主要设备与仪器

(1) 1000kN 万能试验机；

(2) YJ-5 型静态电阻应变仪；

(3) 100kN 程序控制高频率疲劳试验机；

(4) INSTRON 1343 系列伺服液压疲劳试验机；

(5) DRI 快速冻融试验机（含低温冰箱）；

(6) 蝶式延伸仪（含自制大距离双刀口双表引伸计）；

(7) 带百分表的游标卡尺。

20.6.4 试验结果

(1) 12 根接头试件在 1000kN 万能试验机上拉伸至强度极限，全部失效在钢筋母材上。

(2) 接头静载试验：

加荷程序：$0 \to 0.95\sigma_{s0} \to 0.02\sigma_{s0} \to 0.5\sigma_{s0} \to 0.7\sigma_{s0} \to 0.95\sigma_{s0} \to \sigma_b$

其结果应满足：

强度：$\sigma_b \geqslant 1.35\sigma_{s0}$ 或 σ_{b0}

刚度：$0.7\sigma_{s0}E > E_0$

塑性：$\varepsilon_\mu > 0.04$

残余变形量：$\delta < 0.3\text{mm}$

两组接头试件静载试验结果见表 20.1。

接头试样静载试验结果 表 20.1

试件组号	σ_b (MPa)	$0.7\sigma_{s0}E$ (10^5MPa)	$0.95\sigma_{s0}E$ (10^5MPa)	塑性 ε_μ	残余变形量 δ（mm）
1	545	2.365	2.28	0.053	0.051
2	555	2.410	2.30	0.057	0.085

（3）接头高应力反复承载试验

加荷程序：

$$0 \rightarrow \overset{30次}{(0.95\sigma_{s0} \leftrightarrows 0.02\sigma_{s0})} \rightarrow \sigma_b$$

其结果应满足：

强度：$\sigma_b \geqslant 1.35\sigma_{s0}$ 或 σ_{b0}

刚度：30 次 $E > 0.85 \cdot 1$ 次 E

塑性：30 次 $\varepsilon_\mu > 0.04$

残余变形量：30 次 $\delta < 0.3$mm

两组接头试件高应力反复承载试验结果见表 20.2。

接头试件高应力反复承载试验结果　　　　表 20.2

试件组号	σ_b（MPa）	视在弹性模量（10^5MPa）		30 次 E/1 次 E	30 次 ε_μ	30 次 δ（mm）
		一次 E	30 次 E			
1	580~625	2.37~2.48	2.30~2.355		0.044~0.061	0.086~0.126
2	600	2.425	2.33	0.96	0.053	0.106

（4）接头高应力拉伸压缩反复承载试验

加荷程序：

$$0 \rightarrow \overset{20次}{(0.95\sigma_{s0} \leftrightarrows -0.5\sigma_{s0})} \rightarrow \sigma_b$$

其结果应满足：

强度：$\sigma_b \geqslant 1.35\sigma_{s0}$ 或 σ_{b0}

刚度：20 次 $E > 0.85 \cdot 1$ 次 E

残余变形量：20 次 $\delta < 0.3$mm

接头试件高应力拉伸压缩反复承载试验结果见表 20.3。

接头试件高应力拉压反复承载试验结果　　　　表 20.3

σ_b（MPa）	1 次 E（10^5MPa）	20 次 E（10^5MPa）	20 次 E/1 次 E	20 次 δ（mm）
630	2.39	2.25	0.94	0.12

（5）接头疲劳性能试验

127.5MPa $\leftrightarrows$ 29.5MPa 的脉冲承载 200 万次以上，残余变形量应满足：$\delta < 0.2$mm。接头疲劳性能试件拉伸在 127.5MPa $\leftrightarrows$ 29.5MPa 的脉冲载荷作用下，经受 200 万次以上，接头未见异常，残余变形量 δ 为 0.03mm。

（6）接头低温性能试验

接头低温强度性能试验是在 1000kN 万能试验机上进行的，首先用硅酸铝纤维棉包裹接头的受试部分（仅留万能试验机夹持部分），而后将接头试件置于低温冰箱内冷冻到 −30℃，并恒温 1.5h 后开箱，立即进行拉伸试验，见图 20.3。试验结果。接头低温强度均高于钢筋母材的强度，并失效在钢筋母材上（钢筋母材在夹持处附近因热传导快产生颈缩)。

20.6.5 试验结果分析

带肋钢筋熔融金属充填接头在上述大量试验中,全部失效在钢筋母材上,说明接头强度性能符合相应标准。接头静载试验、接头高应力反复承载试验、接头高应力拉伸压缩反复承载试验结果表明,接头性能符合日本建设省RPCJ委员会《钢筋接头性能评定标准(第二次案)》的规定;接头疲劳性能和接头低温强度性能也符合相关标准的要求。带肋钢筋熔融金属充填接头连接工艺适用于大型水电工程和粗钢筋快速施工。

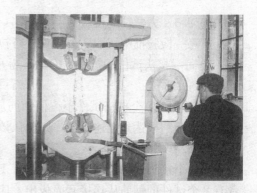

图 20.3 低温拉伸试验

20.7 施工应用规定

20.7.1 持证上岗

施工单位应对接头操作人员进行技术培训,包括安全知识,经考试合格后,持证上岗。考试时,接头质量要求与现场接头质量检验与验收时相同。

20.7.2 钢筋符合国家标准规定要求

进场钢筋的质量应符合现行国家标准《钢筋混凝土用钢 第2部分:热轧带肋钢筋》GB 1499.2 及《钢筋混凝土用余热处理钢筋》GB 13014 中有关规定,并具有质量证明书。进场后,还应抽样复检。

20.7.3 消耗材料和坩埚等应有产品合格证

使用的连接套筒、热剂、特制坩埚应有出厂产品合格证。

20.7.4 连接工艺试验

施工前,应模拟现场施工条件进行接头连接的工艺试验,合格后,方可正式投入生产。

20.7.5 确保安全施工

施工前,对操作人员应进行安全生产教育。施工中,由于铝热放热反应,钢水温度高,散发大量烟雾,应防止坩埚倾翻,钢水外溢,发生工人烫伤等事故。工人应穿戴防护服和防护鞋。

热剂贮存、运输应按危险品处理。

20.8 接头质量检验与验收的建议

20.8.1 检验批批量

以500个同牌号、同规格钢筋连接接头为一检验批。

20.8.2 外观检查

全部接头进行外观检查;检查结果,应无钢瘤等缺陷。

20.8.3　力学性能检验

从每一检验批中切取 3 个接头进行拉伸试验，试验结果应符合下列要求：

1. 每一接头试件的抗拉强度均不得小于该牌号钢筋规定的抗拉强度（钢筋抗拉强度标准值）；

2. 至少有 2 个接头试件不得使钢筋从连接套筒中拔出。

当试验结果达到上述要求，则确认该检验批接头为合格品。

20.8.4　复验

当 3 个接头试件拉伸试验结果，有 1 个试件的抗拉强度小于钢筋规定的抗拉强度，或者有 2 个试件的钢筋从连接套筒拔出，应进行复验。

复验时，应再切取 6 个接头试件进行拉伸试验；试验结果，若仍有 1 个接头试件的抗拉强度小于钢筋规定的抗拉强度，或者有 3 个试件的钢筋从连接套筒拔出，则判定该批接头为不合格品。

20.8.5　一次性判定不合格

当 3 个接头试件拉伸试验结果，有 2 个试件的抗拉强度小于钢筋规定的抗拉强度，或者 3 个试件的钢筋均从连接套筒中拔出，则一次判定该批接头为不合格品。

20.8.6　验收

每一检验批接头首先由施工单位自检，合格后，由监理（建设）单位的监理工程师（建设单位项目专业技术负责人）验收，并列表备查。

20.9　工程应用实例

20.9.1　紧水滩水电站导流隧洞工程的应用

图 20.4　现场钢筋连接

在紧水滩水电站导流隧洞工程中，共完成直径 20～36mm 的原Ⅱ级、Ⅲ级钢筋熔融金属充填接头 2162 个，质量可靠，对保证导流隧洞的提前完工起到了重要作用。现场钢筋连接见图 20.4。水利水电建设总局在紧水滩工地召开评审会，对上述新技术作出较好评价，认为可推广应用于直径 30～36mm 的原Ⅱ级、Ⅲ级钢筋的接头连接[5]。随后，在紧水滩水电站混凝土大坝泄洪孔（中孔、浅孔）工程中，应用熔融金属充填接头 8 千多个，钢筋为原Ⅱ级、Ⅲ级，钢筋直径为 22～36mm。

20.9.2　厦门国际金融大厦工程中的应用[6]

厦门国际金融大厦为塔楼式建筑，高 95.75m，地上 26 层，见图 20.5，由中建三局三公司负责施工。工程中钢筋直径多数为 32～40mm，且布置密集。钢筋连接采用了原水电部十二局施工科研所科技成果：粗直径带肋钢筋熔融金属充填接头连接技术、冷挤压机械连接技术和电弧焊-机械连接技术；在主要部位应用上述接头共 17880 个，其中大部分为熔融金属充填接头，见图 20.6。由于采用上述新颖钢筋连接技术，施工速度快，适应性比较强，工艺较简单，接头性能可靠，取得了较好的经济效益。特别是在 1989 年 5 月，在主体工程第 25 层直斜梁中，钢筋直径为 32～40mm 大小头连接接头及外层十字梁钢筋施工中，就使用了上述接头 1568 个，共抽样 96 个，接头合格率 100％，为主体工程提前 60 天封顶，发挥了应有的作用。

图 20.5　厦门国际金融大厦

图 20.6　熔融金属充填接头在工程中应用

20.9.3　龙羊峡水电站工程中的应用

龙羊峡水电站地处西北青藏高原，高寒、缺氧、气候恶劣，给钢筋焊接施工带来许多意想不到的困难。为确保工程质量和工期，承担工程建设的原水利电力部第四工程局在设计单位原水利电力部西北勘测设计院有力协助下，在龙羊峡水电工程中推广应用了带肋钢筋熔融金属充填接头连接技术，（使用前进行了高原地区适应性试验）施工后，取得了较好的工程效益和社会效益。为此，原水利电力部第四工程局获我国水利水电科技进步奖[7]。

主要参考文献

[1]　中国机械工程学会焊接学会编. 焊接手册，第 1 卷，1992.

[2]　水利电力部第十二工程局施工科研所李本端等. 粗钢筋铝热铸熔锁锭连接技术的研究与应用. 水力发电，1985，1.

[3]　Robert C. Weast，CRC. Handbook of chemistry and physics，60th ed.，1979—1980.

[4]　（日本横滨国立大学）池田尚治. 最近钢筋技术的动向. 1987.

[5]　水利电力部水利水电建设总局主持召开粗钢筋铝热铸熔锁锭连接技术评审会会议纪要. 1984.

[6]　游全章. 国际金融大厦提前 60 天封顶. 厦门日报，1989，6.

[7]　水利水电优秀科技成果获奖项目. 水电站施工杂志，1985（2）（总第四期）.